高等学校土木工程专业教材

Soil Properties and Soil Mechanics

土质学与土力学

（第五版）

钱建固　袁聚云　赵春风　梁发云　刘　芳　编　著

高大钊　主　审

内 容 提 要

本书是根据全国高等学校土木工程学科专业指导委员会对土木工程专业的培养要求和目标而编写。

本书系统地介绍了土质学与土力学的基本原理和分析计算方法，其内容包括土的物理性质及工程分类、黏性土的物理化学性质、土中水的运动规律、土中应力计算、土的压缩性与地基沉降计算、土的抗剪强度、土压力计算、土坡稳定分析、地基承载力、土的动力性质和压实性以及土工试验与原位测试结果的分析与利用等共十一章，每章均附有较全面、详细的例题以及习题和思考题。

本书可作为高等学校土木工程专业、道路桥梁与渡河工程专业的教学用书，亦可供其他相关专业师生及技术人员参考。

图书在版编目(CIP)数据

土质学与土力学 / 钱建固等编著. — 5 版. — 北京：人民交通出版社股份有限公司, 2015. 12（2026.1重印）

高等学校土木工程专业教材

ISBN 978-7-114-12532-4

Ⅰ. ①土… Ⅱ. ①钱… Ⅲ. ①土质学—高等学校—教材②土力学—高等学校—教材 Ⅳ. ①P642. 1②TU43

中国版本图书馆 CIP 数据核字(2015)第 243449 号

高等学校土木工程专业教材

Tuzhixue yu Tulixue

书　　名：土质学与土力学(第五版)

著 作 者：钱建固　袁聚云　赵春风　梁发云　刘　芳

责任编辑：曲　乐　李　喆

责任印制：刘高彤

出版发行：人民交通出版社股份有限公司

地　　址：(100011)北京市朝阳区安定门外外馆斜街 3 号

网　　址：http://www.ccpcl.com.cn

销售电话：(010)85285911

总 经 销：人民交通出版社股份有限公司发行部

经　　销：各地新华书店

印　　刷：北京交通印务有限公司

开　　本：787×1092　1/16

印　　张：17.75

字　　数：410 千

版　　次：1979 年 12 月　第 1 版
1986 年 3 月　第 2 版
2001 年 5 月　第 3 版
2009 年 2 月　第 4 版
2015 年 12 月　第 5 版

印　　次：2026 年 1 月　第 5 版　第 14 次印刷　总第 61 次印刷

书　　号：ISBN 978-7-114-12532-4

定　　价：35.00 元

第五版前言

本书第五版是根据全国高等学校土木工程学科专业指导委员会对土木工程专业的培养要求和目标,在2009年出版的《土质学与土力学》(第四版)基础上编写而成。本书由多年从事土力学教学的教师参与编写,在编写过程中,充分吸取前几版教材的优点和近几年来本学科工程技术的新进展,采用了国家及有关行业的最新规范与规程,同时还采纳了有关院校应用该教材的经验和要求。

《土质学与土力学》最初曾于1961年由同济大学俞调梅教授主编出版,1979年由人民交通出版社出版了由高大钊教授主编的《土质学与土力学》试用教材第一版,1986年作为高等学校教材由洪毓康教授主编出版了第二版,2001年由高大钊教授和袁聚云教授主编出版了第三版,2009年由袁聚云教授等主编出版了第四版。由俞调梅教授开创的这门课程,经过五十多年的教学实践和发展,已经积累了丰富和宝贵的教学经验,第五版的编写是在保持前四版基本框架和教材体系的前提下,依据现行的相关规范与行业标准,根据土木工程专业的培养要求进行修订和补充,以满足学生综合能力培养的需要。

本书系统地介绍了土质学与土力学的基本原理和分析计算方法,其内容包括土的物理性质及工程分类、黏性土的物理化学性质、土中水的运动规律、土中应力计算、土的压缩性与地基沉降计算、土的抗剪强度、土压力计算、土坡稳定分析、地基承载力、土的动力性质和压实性以及土工试验与原位测试结果的分析与利用等共十一章。本书每章都给出了相应的例题、习题和思考题,便于学生复习和自学。

书后还给出了必要的参考书与文献，便于教师备课时参考，也可为希望深入学习的学生提供方便。

本书由钱建固、袁聚云、赵春风、梁发云、刘芳编著，其中绪论、第四、五、六、七章由钱建固教授编写，第一、十一章由袁聚云教授编写，第八、九章由赵春风教授编写，第二、三章由梁发云教授编写，第十章由刘芳副教授编写。

全书由同济大学高大钊教授主审。

土力学是一门理论性和实践性都很强的课程，本书充分强调理论联系实际，尽可能地反映一些既经过工程实践考验又符合教学要求的内容，以更好地满足土木工程专业的教学需要，同时通过对一些具体工程问题的分析，希望有助于培养学生适应工程实践和分析实际问题的能力。

本书第五版继承了前几版的编写原则和基本格局，并是在前几版作者俞调梅、洪毓康、高大钊、胡中雄、王天龙、沈锡英、张宏鸣等教授多年积累的教学经验和科研资料的基础上形成的，在此深表感谢。

恳请读者提出批评和建议。

编　者

2015 年 8 月于同济大学

第四版前言

本书系根据全国高等学校土木工程专业指导委员会对土木工程专业的培养要求和目标，在2001年出版的《土质学与土力学》(第三版)基础上编写而成。本书由多年从事土力学教学的教师编写，在编写过程中，充分吸取前几版教材的优点和近几年来本学科工程技术的新进展，采用了国家及有关行业的最新规范与规程，同时还采纳了有关院校应用该教材的经验和要求。

《土质学与土力学》最初曾于1961年由同济大学俞调梅教授主编出版，1979年由人民交通出版社出版了《土质学与土力学》试用教材第一版，1986年作为高等学校教材由洪毓康教授主编出版了第二版，2001年由高大钊教授和袁聚云教授主编出版了第三版。由俞调梅教授开创的这门课程，经过五十多年的教学实践和发展，已经积累了丰富和宝贵的教学经验，第四版的编写是在保持第三版基本框架和教材体系的前提下，根据土木工程专业的培养要求进行修订和补充，以满足学生综合能力培养的需要。

本书系统地介绍了土质学与土力学的基本原理和分析计算方法，其内容包括土的物理性质及工程分类、黏性土的物理化学性质、土中水的运动规律、土中应力计算、土的压缩性与地基沉降计算、土的抗剪强度、土压力计算、土坡稳定分析、地基承载力、土的动力性质和压实性以及土工试验与原位测试结果的分析与利用等共十一章。本书每章都给出了必要的例题、习题和思考题，以利于学生复习和自学。书后还给出了必要的参考书与文献，便于教师备课时参考，也可为希望深入学习的学生提供方便。

本书由袁聚云、钱建固、张宏鸣、梁发云编著，其中绪论、第一、二、六、十、十一章由袁聚云教授和梁发云副教授编写，第四、五、七章由钱建固副教授编写，第三、八、九章由张宏鸣副教授编写。

全书由同济大学高大钊教授主审。

土力学是一门理论性和实践性都很强的课程，本书充分强调理论联系实际，尽可能地反映一些既经过工程实践考验又符合教学要求的内容，以更好地满足土木工程专业的教学需要，同时通过对一些具体工程问题的分析，希望有助于培养学生适应工程实践和分析实际问题的能力。

本书第四版继承了前几版的编写原则和基本格局，并是在前几版作者俞调梅、洪毓康、高大钊、胡中雄、王天龙、沈锡英等教授多年积累的教学经验和科研资料的基础上形成的，在此深表感谢。

恳请读者提出批评和建议。

编　者

2008 年 10 月于同济大学

第三版前言

本书系根据全国高等学校路桥及交通工程教学指导委员会制定的《土质学与土力学》教学大纲编写而成。在编写过程中征求了有关学校对本课程教学的意见,吸收了近十年来本学科工程技术的进展,同时考虑了扩大专业面的教学改革的发展要求。

《土质学与土力学》最初曾于1961年由同济大学俞调梅教授主编出版。70年代末由人民交通出版社出版了《土质学与土力学》试用教材第一版,第二版作为高等学校教材于80年代中期出版。这一次编写的第三版在吸取前几版教材优点的基础上,根据技术发展的要求,补充了一些新的或有利于扩大学生知识面的内容,删去了一些不适宜于教学或比较陈旧的材料,力求有所进步与发展。

本书由同济大学土力学基础工程教研室高大钊教授、袁聚云教授主编,由长安大学谢永利教授主审,并由同济大学土力学基础工程教研室多年从事该课程教学的老师承担编写任务,各章编写的分工如下:

高大钊　绪论、第一、十一章;

胡中雄　第二章;

张宏鸣　第三、八章;

沈锡英　第四章;

陈光敬　第五章;

袁聚云　第六章;

钟才根　第七、九章；

王天龙　第十章。

本书每章都给出了必要的例题、习题和思考题，这些大多经过多年课堂教学的使用，表明有利于学生的自学。最后还给出了必要的参考书与文献，这是为了便于教师备课时参考，也可为希望深入学习的学生提供方便，但不要求每个学生必读。

本书在处理与技术规范的关系时，遵循以阐明土力学基本原理为主并有助于学生正确理解规范的原则，不拘于长篇引用一本规范的特殊内容，以使学生能灵活使用不同行业的工程建设规范，有利于培养学生适应工程实践的能力。

土力学是一门理论性和实践性都很强的课程，本书编写时注意了理论与实际的结合，通过对一些工程问题的分析，希望有助于培养学生分析与解决实际问题的能力。

限于编者的水平，能否处理好上述这些关系尚无把握，错误之处恳请读者指正。

编　者

千禧龙年于同济大学

第二版前言

本书是根据1982年4月在长沙召开的全国高等院校路、桥专业教材编委会扩大会议上所讨论制定的《土质学及土力学》教材编写大纲编写的。在编写过程中,曾广泛征求各高等院校近年来对本课程的教学意见,力求使本教材能更好地满足各院校的教学要求。本书编写时,主要参考了1979年出版的高等院校试用教材《土质学及土力学》,吸取了该教材的优点,也吸取了近年来各院校试用该教材的经验,并参考了国内外近年来出版的比较成熟的教科书及有关的文献资料。

本书由同济大学土力学及基础工程教研室洪毓康主编,北京工业大学土力学与地基基础教研室叶于政教授主审。参加编写的有同济大学朱小林和魏道垛。编写分工是:洪毓康编写绪论、第三、四、七、八、九章;朱小林编写第一、二、十一章;魏道垛编写第五、六、十章。

遵照国务院发布的《关于在我国统一实行法定计量单位的命令》,及文化部出版局和国家计量局发出的贯彻《中华人民共和国法定计量单位》的联合通知要求,本书编写时采用了中华人民共和国法定计量单位。在书末附录二中给出了法定计量单位与公制单位的换算表。

为了便于自学,本书每章都给出了必要的例题、习题和思考题。在附录中还列出了主要参考书目和文献。

本书在编写中力图做到叙述简明、重点突出、文字简练、易于自学,并密切联系工程实践,适当地反映近代土力学中国内外的新成果。但限于编者水平,书中缺点和谬误之处在所难免,尚希读者批评指正。

第一版前言

本书根据1978年3月在西安召开的交通部公路工程专业和桥梁与隧道专业全国统编教材编写大纲会议所制定的教材大纲编写的。编写时,参考了1961年出版的高等学校试用教科书《土质学及土力学》;学习了兄弟院校的教学经验;并充实了在教学和科学研究中积累的一些资料。在编写过程中,力图吸收和反映近代土力学的国内外最新成果,但限于水平与篇幅,反映得还很不够。

本书试图把土质学和土力学更好地结合起来,为了有利于教学,在内容安排上按先易后难,先简后繁的顺序分为两大部分共九章。

第一部分从第一章到第五章,是最基本、实用的土力学原理;从第六章开始的第二部分主要是土质学与土力学相结合的一些比较深入和比较新的问题(由于内容安排上的原因,也包括了一些实用的基本内容)。对于第二部分,各院校可以根据专业要求、地区特点以及具体条件,有选择地讲授其中的部分或全部。这样的教材体系是否恰当,有待在教学实践中检验。

按照教育部关于新编大、中专教材采用国际单位制的指示精神,本书对主要物理量都详细介绍了国际制单位及换算方法,在书末附有国际单位换算表,并给出了用国际制运算的例题和习题。对于现行规范、规程、经验公式和经验数据仍采用原有的公制单位。但在每一种单位第一次出现时都同时介绍国际制单位,并在有关公制数据下加注与国际单位制的换算关系。

本书由同济大学土力学与基础工程研究室高大钊主编,北京工业大学地基基础教研室陈建平参加编写,重庆建筑工程学院地基基础教研室漆锡基主审。编写分工是:陈建平编写第一、六、七章(其中第一章由高大钊修改,第七章由洪毓康修改),高大钊编写第二、三、四、五章以及第八、九章(其中第五章由洪毓康修改)。第六章粘性土的物理化学性质在以往教学中难点较多,编写时作了反复研究和修改,尽可能结合工程需要来阐明粘土矿物及其与水相互作用的基本概念;在陈建平编写了两稿的基础上,由陈士衡编写了部分修改稿,俞调梅教授对这一章的体系和内容选择提出了具体方案,并提供许多新的资料,最后由高大钊执笔定稿,朱小林校订。

本书是在俞调梅教授的指导下完成的。洪毓康对本书的编写作了许多帮助并校阅了全书。

目录

绪　论

一、土质学与土力学的研究对象及发展简史

土质学与土力学是将土作为建筑物地基、建筑材料或建筑物周围介质来研究的一门学科，主要研究土的工程性质以及土在周围环境与荷载作用下的渗透、应力、变形和强度的问题，为工程设计与施工提供土的工程性质指标与评价方法以及土的工程问题的分析计算原理，是土木工程专业的技术基础课。

土质学是从工程地质学范畴里发展起来的，它从土的成因与成分出发，研究土的工程性质的本质与机理，对土在荷载、温度及湿度等因素作用下发生的变化做出数量上的评价，并根据土的强度、变形机理提出改良土质的有效途径。

土力学是从工程力学范畴里发展起来的，它把土作为物理—力学系统，根据土的应力—应变—强度关系提出力学计算模型，用数学力学方法求解土在各种条件下的应力分布、变形以及土压力、地基承载力与土坡稳定及渗流等课题，同时根据土的实际情况评价各种力学计算方法的可靠性与适用条件。

土质学和土力学是两门关系非常密切的学科，在发展过程中互相渗透、互相结合。在工程学科范围内把土的微观与亚微观结构的研究和土的应力—应变—强度关系的研究结合起来，把土的变形、强度机理和土的工程性质指标结合起来，进一步说明土的力学现象的本质，为近代计算技术在土力学中的应用提供比较符合实际的计算模型，以解决比较复杂的工程问题。从工程的要求出发，将土质学和土力学结合起来学习，这有利于将土的定性研究与定量研究紧

密结合起来,从而更全面地理解土的工程特点。

对土力学的研究始于18世纪,有关土力学的第一个理论是1773年由库仑(Coulomb)建立并由莫尔(Mohr)发展了的土的库仑—莫尔强度理论,为土压力、地基承载力和土坡稳定分析奠定了基础。1776年库仑发表了建立在滑动土楔平衡条件分析基础上的土压力理论;1857年朗金(Rankine)提出了建立在土体极限平衡条件分析基础上的土压力理论;1856年达西(Darcy)通过室内试验建立了有孔介质中水的渗透理论;1885年布西奈斯克(Boussinesq)和1892年弗拉曼(Flamant)分别提出了均匀的、各向同性的半无限体表面在竖向集中力和线荷载作用下的位移和应力分布理论。这些早期的著名理论奠定了土力学的基础。20世纪初,土力学继续取得进展,普朗特尔(Prandtl)根据塑性平衡原理,研究了坚硬物体压入较软的、均匀的、各向同性材料的过程,导出了著名的地基极限承载力公式;在此基础上,太沙基(Terzaghi)、梅耶霍夫(Meyerhof)、魏锡克(Vesic)和汉森(Hansen)等分别对普朗特尔理论进行了修正、补充和发展,提出了各种地基极限承载力公式;费伦纽斯(Fellenius)提出了分析土坡稳定性的瑞典圆弧法;特别是太沙基建立了饱和土的有效应力原理和一维固结理论,比奥(Biot)建立了土骨架压缩和渗透耦合理论,为近代土力学的发展提供了理论依据。太沙基在1925年发表的《土力学》是最早系统地论述土力学体系的著作,也是土力学形成一门独立学科的标志。20世纪中叶,太沙基的《理论土力学》以及太沙基和派克(Peck)合著的《工程实用土力学》是对土力学的全面总结,该书1996年由派克和梅斯里(Mesri)修订为第三版,进一步概括了19世纪和20世纪土力学的主要成果。

早期土质学的著作,如普里克朗斯基(Приклонский)的《土质学》和杰尼索夫(Денисов)的《黏性土的工程性质》,系统地论述了土质学的基本原理,对我国土的工程性质研究有很大的影响;近代著作,如黄文熙的《土的工程性质》和米切尔(Mitchell)的《土的基本性质》,代表了国内和国外在土的工程性质研究方面所达到的水平。

将土质学和土力学结合在一起的教材,有20世纪50年代巴布可夫(Бабков)的《土学及土力学》与60年代俞调梅的《土质学及土力学》。在这些土力学教材中,特别强调了应当重视对土的基本性质的认识和土工试验,并将黏性土的物理化学性质内容列入教材,从而形成了土力学与土的工程性质紧密结合的教材体系。

二、土质学与土力学的学习内容

为满足培养宽口径复合型人才的需要,在目前的专业目录中,原来的工民建、桥梁工程、地下建筑工程、岩土工程等专业均已合并为统一的土木工程专业,这要求学生必须有更宽的知识面,毕业后能适应土木工程中各个行业技术工作的需要,因此,本书在编写时也相应地扩大了其内容的涵盖面。本书根据土木工程专业的教学要求编写,主要是向读者系统地介绍土质学与土力学的基本原理和分析计算方法,内容包括土的物理性质及工程分类、黏性土的物理化学性质、土中水的运动规律、土中应力计算、土的压缩性与沉降计算、土的抗剪强度、土压力计算、土坡稳定分析、地基承载力、土的动力性质和压实性以及土工试验与原位测试结果的分析与利用等,共十一章。全书可分为两种类型的内容:第一类是关于土的基本性质的试验、分析以及基本规律性;第二类是关于土的应力、变形和强度的分析计算。在每一章中都有关于工程应用的内容,同时在最后的第十一章特别侧重介绍土质学与土力学在工程实践中的应用,包括土的鉴别、对试验指标可靠程度的分析以及若干代表性的工程实例分析。

第一章　土的物理性质及工程分类　主要介绍描述土的物质组成和干湿、疏密状态的指标试验与计算，以及利用土工指标进行土的工程分类的方法。

第二章　黏性土的物理化学性质　主要讨论土颗粒表面与水的相互作用所引起的一系列物理化学现象及其工程意义。

第三章　土中水的运动规律　主要研究土的渗透特性和冻结时土中水分的积聚机理。土中水的存在是土区别于其他材料的重要因素，土中水的渗流、土的渗透破坏、水的浮力以及土的冻胀和翻浆是工程设计与施工必须考虑的问题，也是许多工程事故的主要原因。

第四章　土中应力计算　主要研究在外荷载作用下，土中应力状态的变化及其计算方法。土中应力的变化通常是造成土体变形或强度破坏的内在原因，在沉降计算时则需要计算土中附加应力沿深度的变化，这一章为后面几章的学习提供关于土中应力分布与计算的方法。

第五章　土的压缩性与地基沉降计算　主要介绍土的压缩性指标的试验方法和建筑物沉降计算方法。沉降的计算与控制是地基基础设计的重要内容，过大的沉降与不均匀沉降常常是影响工程安全与正常使用的主要原因，这一章还介绍了分析沉降与时间关系的饱和土固结理论。

第六章　土的抗剪强度　主要讨论土的极限平衡理论、土的抗剪强度指标的试验方法以及指标的工程应用。土的抗剪强度是土力学的重要课题之一，包括地基承载力、土压力和边坡稳定在内的土体稳定性验算都需要正确地测定与应用土的抗剪强度指标。

第七章　土压力计算　主要讨论静止土压力、主动土压力及被动土压力的基本概念，介绍朗金土压力理论和库仑土压力理论的基本原理及实用计算方法，特别在各种特殊条件下土压力的计算方法。

第八章　土坡稳定分析　主要介绍均质土和层状土的土坡稳定分析的几种实用方法，讨论在各种工程条件下土坡稳定计算需要考虑的一些特殊问题。

第九章　地基承载力　主要讨论地基破坏的三种模式，介绍地基临塑荷载、临界荷载和极限荷载理论公式的基本概念和实用计算表达式，同时还介绍了有关规范给出的确定地基承载力的实用经验方法。

第十章　土的动力性质和压实性　讨论了土的动强度、动模量的基本概念与试验方法，介绍饱和粉细砂和粉土的液化机理与液化判别方法，还讨论了填土击实控制的原理与击实性指标的工程应用。

第十一章　土工试验与原位测试结果的分析与利用　主要讨论了影响试验指标可靠性的因素及其解决方法，土工指标之间的依存关系，在实际工程中对土工指标的判别、利用和分析计算；并通过工程事故实例和大型原型试验实例将试验指标、计算结果与实测数据之间作定性或定量的对比分析，希望能将本书各章的内容尽可能地联系起来加以分析，以获得比较完整的知识。正确地理解土力学的基本概念以及了解土力学理论与工程实际之间的联系，这对于土木工程师是非常重要的。

三、土质学及土力学与专业的关系

土质学与土力学是研究与土的工程问题有关的学科，它既是工程力学的一个分支学科，又是土木工程学科的一部分。土是一种自然地质的历史产物，是一种特殊的变形体材料，它既服从连续介质力学的一般规律，又有其特殊的应力—应变关系和特殊的强度、变形规律，因此，土质学与土力学形成了不同于一般固体力学的分析方法和计算方法，所以在学习本课程以前必须具备工程地质学、水力学、弹性力学、材料力学等预备知识。而土质学与土力学的理论与分析计算方法又是学习土木工程专业课程以及从事土木工程技术工作必需的基础知识，是一门介于基础课与专业课之间的技术基础课。

所有的工程建设项目，包括高层建筑、高速公路、机场、铁路、桥梁、隧道及水利工程等，都与它们赖以存在的土体有着密切的关系，在很大程度上取决于土体能否提供足够的承载力，取决于工程结构是否遭受超过允许的沉降和差异变形等，所以从事土木工程的技术人员在工程实践中必然会遇到大量与土有关的工程技术问题。

在建筑工程中，土被作为建筑物的地基，上部结构的荷载通过基础传递给土层，如果基础下的地基土体失稳或变形过大，都会造成建筑物的破坏或影响其正常使用，因此需要对地基承载力加以验算，并对地基变形进行控制，这就要涉及土中应力计算、土的压缩性、土的抗剪强度以及地基极限承载力等土力学基本理论。

在路基工程中，土既是修筑路堤的基本材料，又是支承路堤的地基。路堤的临界高度和边坡的取值都与土的抗剪强度指标及土体的稳定性有关；为了获得具有一定强度和良好水稳定性的路基，需要采用碾压的施工方法压实填土，而碾压的质量控制方法正是基于对土的击实特性的研究成果；挡土墙设计的侧向荷载——土压力的取用需借助于土压力理论计算；近年来，我国高速公路及铁路大量修建，对路基的沉降与控制提出了很高的要求，而解决沉降问题需要对土的压缩特性进行深入的研究。

在路面工程中，土基的冻胀与翻浆在我国北方地区是非常突出的问题，防治冻害的有效措施是以土质学的原理为基础的；稳定土是比较经济的基层材料，它就是根据土的物理化学性质提出的一种土质改良措施，目前深层搅拌水泥土桩在公路的软基处理中得到了广泛应用；道路在车辆的重复荷载作用下工作，因此需要研究土在重复荷载作用下的变形特性；抗震设计更需要研究土的动力特性。

在桥梁工程中，基础常常是建桥成败的关键，基础工程的造价占桥梁总造价的比重很大，经济、合理的桥梁基础设计需要依靠土力学基本理论的支持；对于超静定的大跨度桥梁结构，基础的沉降、倾斜或水平位移是引起结构过大次生应力的重要因素；在软土地区高速公路建设中的“桥头跳车”是影响工程质量的技术难题，解决这一难题的技术关键在于如何处理好桥墩与高路堤之间沉降差，这涉及桩基和高路堤的沉降计算与控制、填土的碾压质量控制以及软基的加固处理等问题。

由此可见，土质学与土力学这门课程与土木工程专业课的学习和今后的土木工程技术工作有着非常密切的关系。土质学与土力学还十分重视实践经验，因此，在学习本课程时，应尽可能地与工程实践结合起来，从而能更好地解决有关土的工程问题。

第一章

土的物理性质及工程分类

土是由岩石经过物理风化和化学风化作用后的产物,是由各种大小不同的土粒按各种比例组成的集合体,土粒之间的孔隙中包含着水和气体,因此,土是一种三相体系。本章主要讨论土的物质组成以及定性、定量描述其物质组成的方法,包括土的三相组成、土的颗粒特征、土的三相比例指标、黏性土的界限含水率、砂土的密实度和土的工程分类。这些内容是学习土质学与土力学所必需的基本知识,也是评价土的工程性质以及分析与解决土的工程技术问题的基础。

第一节　土的三相组成

土是由固体颗粒(固相)、水(液相)和气体(气相)三部分组成的,通常称之为土的三相组成,随着三相物质的质量和体积比例的不同,土的性质也随之不同。因此,要了解土的性质,首先要对土的三相组成物质有一个了解。

1. 土的固相

土的固相物质包括无机矿物颗粒和有机质,是构成土的骨架最基本的物质。土中的无机矿物成分又可以分为原生矿物和次生矿物两大类。

原生矿物是岩浆在冷凝过程中形成的矿物，如石英、长石、云母等。

次生矿物是由原生矿物经过化学风化作用后所形成的新矿物，如三氧化二铝、三氧化二铁、次生二氧化硅、黏土矿物以及碳酸盐等。次生矿物按其与水的作用程度可分为易溶的、难溶的和不溶的，次生矿物的水溶性对土的性质有着重要的影响。黏土矿物的主要代表性矿物为高岭石、伊利石和蒙脱石，由于其亲水性不同，当其含量不同时，土的工程性质也随之不同。

在以物理风化为主的过程中，岩石破碎但其成分并不改变，岩石中的原生矿物得以保存下来；但在化学风化的过程中，有些矿物分解成为次生的黏土矿物。黏土矿物是很细小的扁平颗粒，表面具有极强的与水相互作用的能力，颗粒越细，表面积越大，亲水的能力就越强，对土的工程性质的影响也就越大。

在风化过程中，由于微生物作用，土中会产生复杂的腐殖质矿物，此外还会有动植物残体等有机物，如泥炭等。有机颗粒紧紧地吸附在无机矿物颗粒的表面，形成了颗粒间的联结，但是这种联结的稳定性较差。

2. 土的液相

土的液相是指存在于土孔隙中的水。通常认为水是中性的，在零度时结冻，但土中的水实际上是一种成分非常复杂的电解质水溶液，它与亲水性的矿物颗粒表面有着复杂的物理化学作用。按照水与土相互作用程度的强弱，可将土中水分为结合水和自由水两大类。

结合水是指处于土颗粒表面水膜中的水，受到表面引力的控制而不服从静水力学规律，其冰点低于零度。结合水又可分为强结合水和弱结合水。强结合水存在于最靠近土颗粒表面处，水分子和水化离子排列得非常紧密，以致其密度大于1，并有过冷现象（即温度降到零度以下而不发生冻结的现象）。在距土粒表面较远地方的结合水则称为弱结合水，由于引力降低，弱结合水的水分子排列不如强结合水紧密，弱结合水可能从较厚水膜或浓度较低处缓慢地迁移到较薄水膜或浓度较高处，亦即弱结合水可能从一个土粒的周围迁移到另一个土粒的周围，这种运动与重力无关。这层不能传递静水压力的水定义为弱结合水。

自由水包括毛细水和重力水。毛细水不仅受到重力的作用，还受到表面张力的支配，能沿着土的毛细孔隙从潜水面上升到一定的高度。毛细水上升对于公路路基土的干湿状态及建筑物的防潮有重要影响。重力水在重力或压力差作用下能在土中渗流，对于土颗粒和结构物都有浮力作用，在土力学计算中应当考虑这种渗流及浮力的作用力。在第三章中将进一步讨论毛细水和重力水的作用与计算问题。

3. 土的气相

土的气相是指充填在土孔隙中的气体，包括与大气连通和不连通两类气体。与大气连通的气体的成分与空气相似，对土的工程性质没有多大影响，当土受到外力作用时，这种气体很快从土孔隙中挤出；但是密闭的气体对土的工程性质有很大影响，在压力作用下这种气体可被压缩或溶解于水中，而当压力减小时，气泡则会恢复原状或重新游离出来。土孔隙中充满水而不含气体的土称为饱和土，而含气体的土称为非饱和土，非饱和土的工程性质研究已成为土力学的一个新分支。

第二节　土的颗粒特征

一、土粒粒组的划分

天然土是由大小不同的颗粒所组成的，土粒的大小通常以其平均直径表示，称为粒径，又称为粒度。土颗粒的大小相差悬殊，从大于几十厘米的漂石到小于几微米的胶粒，同时由于土粒的形状往往是不规则的，因此很难直接测量土粒的大小，故只能用间接的方法来定量地描述土粒的大小及各种颗粒的相对含量。常用的方法有两种，对粒径大于0.075mm的土粒常用筛分析的方法，而对小于0.075mm的土粒则用沉降分析的方法。

天然土的粒径一般是连续变化的，为了描述的方便，工程上常把大小相近的土粒合并为组，称为粒组。粒组之间的分界线是人为划定的，划分时应使粒组界限与粒组性质的变化相适应，并按一定的比例递减关系划分粒组的界限值。

对粒组的划分，各个国家，甚至一个国家的各个部门都有不同的规定，我国规范采用的粒组划分标准见表1-1。从表中可见，《公路土工试验规程》（JTG E40—2007）的粒组划分标准与《土的工程分类标准》（GB/T 50145—2007）基本相同，但是前者取0.002mm作为黏粒与粉粒的分界粒径，而后者的黏粒与粉粒分界粒径则为0.005mm。

我国规范规定的粒组划分标准　　表1-1

粒组	《土的工程分类标准》（GB/T 50145—2007）			《公路土工试验规程》（JTG E40—2007）		
	颗粒名称		粒径范围（mm）	颗粒名称		粒径范围（mm）
巨粒	漂石（块石）		>200	漂石（块石）		>200
	卵石（碎石）		60～200	卵石（小块石）		60～200
粗粒	砾粒	粗砾	20～60	砾（角砾）	粗砾	20～60
		中砾	5～20		中砾	5～20
		细砾	2～5		细砾	2～5
	砂粒	粗砂	0.5～2	砂粒	粗砂	0.5～2
		中砂	0.25～0.5		中砂	0.25～0.5
		细砂	0.075～0.25		细砂	0.075～0.25
细粒	粉粒		0.005～0.075	粉粒		0.002～0.075
	黏粒		≤0.005	黏粒		≤0.002

二、土粒组成的表示方法

土的颗粒大小及其组成情况，通常用土中各个不同粒组的相对含量（各粒组干土质量的百分比）来表示，称为土的颗粒级配，它可用以描述土中不同粒径土粒的分布特征。

常用的土的颗粒级配的表示方法有表格法、累计曲线法和三角坐标法。

1. 表格法

表格法是以列表形式直接表达各粒组的相对含量，它用于土的颗粒分析是十分方便的。表格法有两种不同的表示方法，一种是以累计含量百分比表示的，如表 1-2 所示；另一种是以粒组表示的，如表 1-3 所示。累计百分含量是直接由试验求得的结果，而以粒组表示的土粒分析结果则是由相邻两个粒径的累计百分含量之差求得的。

颗粒分析的累计百分含量表示法 表 1-2

粒径 d_i (mm)	粒径小于或等于 d_i 的颗粒累计百分含量 p_i(%)		
	土样 A	土样 B	土样 C
10	—	100.0	—
5	100.0	75.0	—
2	98.9	55.0	—
1	92.9	42.7	—
0.50	76.5	34.7	—
0.25	35.0	28.5	100.0
0.10	9.0	23.6	92.0
0.075	—	19.0	77.6
0.010	—	10.9	40.0
0.005	—	6.7	28.9
0.001	—	1.5	10.0

颗粒分析的粒组表示法 表 1-3

粒组(mm)	土样 A	土样 B	土样 C
5 ~ 10	—	25.0	—
2 ~ 5	1.1	20.0	—
1 ~ 2	6.0	12.3	—
0.5 ~ 1	16.4	8.0	—
0.25 ~ 0.5	41.5	6.2	—
0.100 ~ 0.250	26.0	4.9	8.0
0.075 ~ 0.100	9.0	4.6	14.4
0.010 ~ 0.075	—	8.1	37.6
0.005 ~ 0.010	—	4.2	11.1
0.001 ~ 0.005	—	5.2	18.9
<0.001	—	1.5	10.0

2. 累计曲线法

累计曲线法是一种图示的方法，通常用半对数纸绘制，横坐标（按对数比例尺）表示某一粒径，纵坐标表示小于某一粒径的土粒的百分含量。表 1-2 中的三种土的累计曲线示于图 1-1。

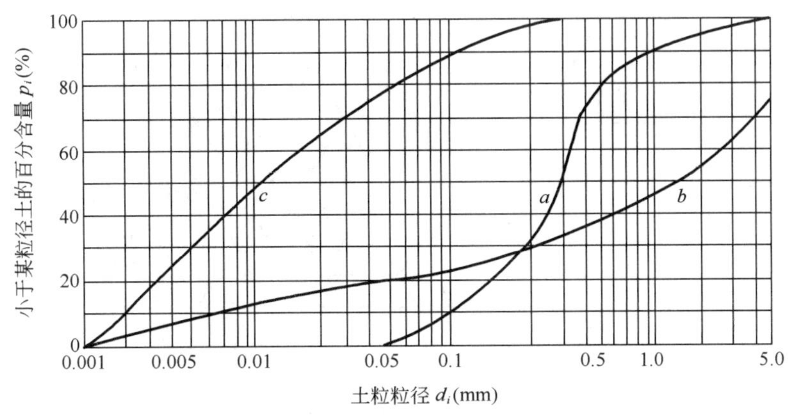

图 1-1 土的累计曲线

在累计曲线上,可确定两个描述土的级配的指标:

不均匀系数

$$C_u = \frac{d_{60}}{d_{10}} \tag{1-1}$$

曲率系数

$$C_s = \frac{d_{30}^2}{d_{60}d_{10}} \tag{1-2}$$

式中:d_{10}、d_{30}、d_{60}——分别相当于累计百分含量为 10%、30% 和 60% 的粒径;d_{10}称为有效粒径,d_{60}称为限制粒径。

不均匀系数 C_u 反映的是大小不同粒组的分布情况,$C_u<5$ 的土称为匀粒土,级配不良;C_u越大,表示粒组分布范围比较广,但如 C_u 过大,表示可能缺失中间粒径,属不连续级配,故需同时用曲率系数 C_s 来评价。曲率系数 C_s 是描述累计曲线整体形状的指标,工程中,当同时满足 $C_u \geqslant 5$ 和 $C_s=1\sim3$ 时,土的级配良好,为不均匀土。

3. 三角坐标法

三角坐标法也是一种图示法,它利用等边三角形内任意一点至三个边的垂直距离(h_1、h_2、h_3)的总和恒等于三角形之高 H 的原理(图 1-2),用以表示组成土的三个粒组的相对含量,即图中的三个垂直距离可以确定一点的位置。三角坐标法只适用于划分为三个粒组的情况。例如,当把黏性土划分为砂土、粉土和黏土粒组时,就可以用图 1-2 所示的三角坐标图来表示。从图 1-2 中的 m 点分别向三条边作平行线,得到 m 点的坐标分别为:黏粒含量 28.9%,粉粒含量48.7%,砂粒含量 22.4%,三粒组之和为 100%。对照表 1-3 的数据可以发现,此土样即为表中的土样 C。

上述三种土粒组成的表示方法各有其特点和适用条件。表格法能很清楚地用数量说明土样各粒组的含量,但对于大量土样之间的比较就显得过于冗长,且无直观概念,使用比较困难。

累计曲线法能用一条曲线表示一种土的颗粒组成,而且可以在一张图上同时表示多种土的颗粒组成,因此能直观地比较各土样之间的颗粒级配状况。目前,在土的颗粒分析试验成果整理中大多采用累计曲线法。

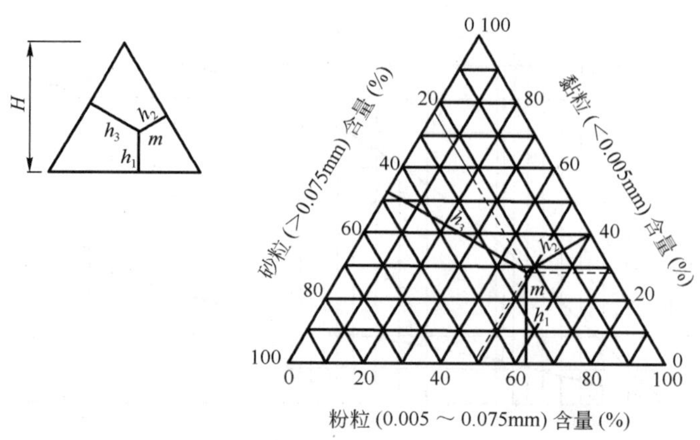

图 1-2　三角坐标图

三角坐标法能用一点表示一种土的颗粒组成，并在一张图上能同时表示许多种土的颗粒组成，便于进行土料的级配设计。三角坐标图中不同的区域表示土的不同组成，因而还可以用来确定按颗粒级配分类的土名。

在工程上可根据使用的要求选用适合的表示方法，也可以在不同的场合选用不同的方法。

三、土的颗粒分析方法

土的颗粒分析可采用土的颗粒分析试验方法，简称颗分试验，其中又可分为筛析法和沉降分析法。对于粒径大于 0.075mm 的土粒可采用筛析法，而对于粒径小于 0.075mm 的土粒则必须用沉降分析法来分析土的颗粒组成情况。

筛析法是用一套不同孔径的标准筛把各种粒组分离出来，这与建筑材料的粒径级配筛分试验是一样的，但很细的粒组却无法用筛析法分离出来。按我国现有的标准，最小孔径的筛为 0.075mm，这相当于美国 ASTM 标准的 200 号筛（即在 1 平方英寸面积上共有 200 个筛孔），这是在国际上比较通用的标准。在采用最小孔径的筛作筛分试验时应当采用水筛的方法，如此才能把联结在一起的细颗粒分开。通过 0.075mm 筛的土粒用筛析法则无法再加以细分，这就需要采用沉降分析法进行土粒分析。将筛析法和沉降分析法的结果综合在一起，就可以得到完整的以累计百分含量表示的土的颗粒级配，如表 1-2 所示。

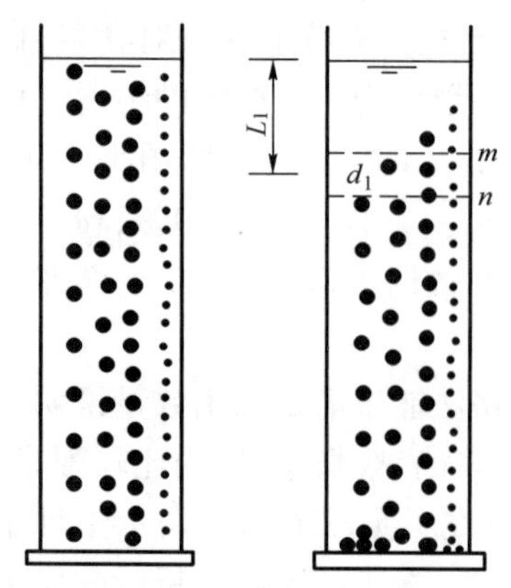

图 1-3　土粒在悬液中的沉降

沉降分析法是依据司笃克斯（Stokes）定律进行测定的。当土粒在液体中靠自重下沉时（图 1-3），较大的颗粒下沉较快，而较小的颗粒下沉则较慢。一般认为，对于粒径为 0.2 ~ 0.002mm 的颗粒，在液体中靠自重下沉时，作等速运动，这符合司笃克斯定律。但实际上，土粒并不是球形颗粒，因此采用司笃克斯定律计算得到的并不是实际土粒的尺寸，而是与实际土粒有相同沉降速度的理想球体的直径，称为水力直径。

沉降分析测定悬液密度的方法有两种，即密度计法（比重计法）和移液管法。密度计法是将一定量的土样（粒径 <0.075mm）放在量筒中，然后加纯水，经过搅拌，使土的大小颗粒在水中均匀分布，制成一定量的均匀浓度的土悬液

(1 000mL),静止悬液,让土粒沉降,在土粒下沉过程中,用密度计测出在悬液中对应于不同时间的不同悬液密度,根据密度计读数和土粒的下沉时间,就可计算出小于某一粒径的颗粒占土样的百分数。移液管法是根据司笃克斯定律计算出某粒径的颗粒自液面下沉到一定深度所需要的时间,并在此时间间隔用移液管自该深度处取出固定体积的悬液,将取出的悬液蒸发后称干土质量,通过计算此悬液占总悬液的比例来求得此悬液中干土质量占全部试样的百分数。具体的试验方法可见有关试验标准。

四、土粒的形状

土粒的形状是多种多样的,卵石接近于圆形,而碎石具有颇多棱角;砂是粒状的,而黏土颗粒大多是扁平的。土粒形状对于土的密实度和土的强度有显著的影响,棱角状的颗粒互相嵌挤咬合形成比较稳定的结构,强度较高;而磨圆度好的颗粒之间容易滑动,土体的稳定性比较差。

土粒的形状与土的矿物成分有关,也与土的成因条件及地质历史有关。云母是薄片状,而石英砂却是颗粒状的;未经长途搬运的残积土的颗粒大多呈棱角状,而在河流下游沉积的颗粒大多已经磨圆了。

描述土粒的形状一般用肉眼观察鉴别的方法,或借助电子显微镜扫描照片,采用计算机图像处理的方法研究土粒的几何参数;还有用体积系数和形状系数描述土粒的形状,这些指标只能用于定性的评价。

体积系数 V_c

$$V_c = \frac{6V}{\pi d_m^3} \tag{1-3}$$

式中:V——土粒体积(mm^3);

d_m——土粒的最大粒径(mm)。

V_c 越大,土粒越接近于圆形。圆球状土粒 $V_c=1$;立方体土粒 $V_c=0.37$;棱角状土粒的 V_c 则更小。

形状系数 F

$$F = \frac{AC}{B^2} \tag{1-4}$$

式中:A、B、C——分别为土粒的最大、中间和最小粒径。

第三节 土的三相比例指标

土的三相物质在体积和质量上的比例关系称为土的三相比例指标。土的三相比例指标反映了土的干燥与潮湿、疏松与紧密,是评价土的工程性质最基本的物理性质指标,也是工程地质勘察报告中不可缺少的基本内容。

为了推导土的三相比例指标,通常把在土体中实际上是处于分散状态的三相物质理想化地分别集中在一起,构成如图 1-4 所示的三相图。在图 1-4c)中,右边注明土中各相的体积,左边注明土中各相的质量。土样的体积 V 为土中空气的体积 V_a、水的体积 V_w 和土粒的体积 V_s

之和;土样的质量 m 为土中空气的质量 m_a、水的质量 m_w 和土粒的质量 m_s 之和;通常认为空气的质量可以忽略,则土样的质量就仅为水的质量和土粒质量之和。

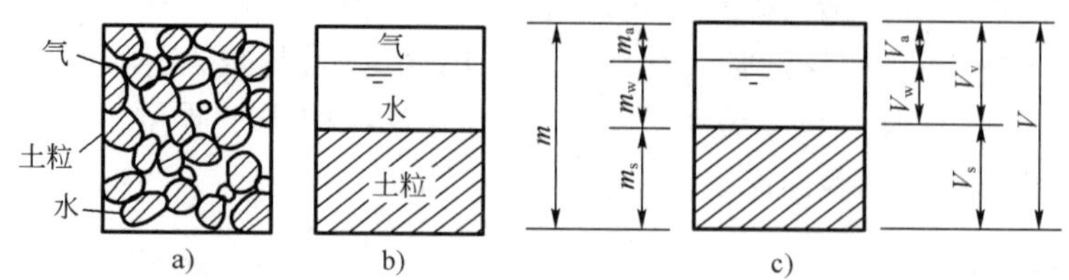

图 1-4　土的三相图

a)实际土体;b)土的三相图;c)各相的质量与体积

土的三相比例指标可分为两类:一类是试验指标;另一类是换算指标。

一、试验指标

通过试验测定的指标称为试验指标,有土的密度、土粒比重和土的含水率。

1. 土的密度 ρ

土的密度是单位体积土的质量,单位为 g/cm³。若令土的体积为 V,质量为 m,则土的密度 ρ 可由式(1-5)表示:

$$\rho = \frac{m}{V} \tag{1-5}$$

土的密度常用环刀法测定,就是采用一定体积的环刀切取土样,并称出土的质量,环刀内土的质量与环刀体积之比即为土的密度。一般土的密度为 1.60~2.20g/cm³。当用国际单位制计算重力 W 时,由土的质量产生的单位体积的重力称为重力密度 γ,简称为重度;重力等于质量乘以重力加速度,因此重度由密度乘以重力加速度 g 求得,其单位是 kN/m³,即:

$$\gamma = \rho g \tag{1-6}$$

对天然土求得的密度称为天然密度或湿密度,相应的重度称为天然重度或湿重度,以区别于其他条件下的指标,如干密度和干重度、饱和密度和饱和重度等。

2. 土粒比重 G_s

土粒比重是土粒质量 m_s 与同体积 4℃时纯水的质量之比,可由式(1-7)表示:

$$G_s = \frac{m_s}{V_s \cdot \rho_{w1}} = \frac{\rho_s}{\rho_{w1}} \tag{1-7}$$

式中:ρ_{w1}——纯水在 4℃时的密度(=1g/cm³);

ρ_s——土粒密度。

土粒比重在数值上等于土粒密度(g/cm³),但土粒比重无量纲。

土粒比重可采用比重瓶法测定,基本原理就是利用称好质量的干土放入盛满水的比重瓶的前后质量差异,来计算出土粒的体积,从而进一步计算出土粒比重。但土粒比重主要取决于土的矿物成分,不同土类的土粒比重变化幅度并不大,在有经验的地区可按经验值选用,一般土的土粒比重见表 1-4。

土粒比重的一般数值 表 1-4

土 名	砂 土	砂质粉土	黏质粉土	粉质黏土	黏 土
土粒比重	2.65～2.69	2.70	2.71	2.72～2.73	2.74～2.76

3. 土的含水率 w

土的含水率是土中水的质量 m_w 与土粒质量 m_s 之比，可由式(1-8)表示：

$$w = \frac{m_w}{m_s} \times 100\% \tag{1-8}$$

土的含水率一般采用烘干法测定，就是将试样放在温度能保持 105～110℃ 的烘箱中，烘至恒量时所失去的水质量与达到恒量后干土质量的比值即为土的含水率。土的含水率是描述土的干湿程度的重要指标，常以百分数表示。土的天然含水率变化范围很大，从干砂的含水率接近于零到蒙脱土的含水率可达百分之几百。

二、换算指标

除了上述土的三个试验指标之外，还有一些土的指标可以通过计算求得，称为换算指标，包括土的干密度（干重度）、饱和密度（饱和重度）、有效重度、孔隙比、孔隙率和饱和度。

1. 土的干密度 ρ_d

土的干密度是土的颗粒质量 m_s 与土的总体积 V 之比，单位为 g/cm^3，可由式(1-9)表示：

$$\rho_d = \frac{m_s}{V} \tag{1-9}$$

土的干密度越大，土则越密实，强度也就越高，水稳定性也好。干密度常用作为填土密实度的施工控制指标。

2. 土的饱和密度

土的饱和密度是当土的孔隙中全部为水所充满时的密度，即全部充满孔隙的水的质量 m_w 与颗粒质量 m_s 之和与土的总体积 V 之比，单位为 g/cm^3，可由式(1-10)表示：

$$\rho_{sat} = \frac{m_s + V_v\rho_w}{V} \tag{1-10}$$

式中：V_v——土的孔隙体积；

ρ_w——水的密度（≈1g/cm^3）。

当用干密度或饱和密度计算重力时，应乘以重力加速度 g 变换为干重度 γ_d 或饱和重度 γ_{sat}，单位为 kN/m^3，可由式(1-11)或式(1-12)表示：

$$\gamma_d = \rho_d g \tag{1-11}$$

$$\gamma_{sat} = \rho_{sat} g \tag{1-12}$$

3. 土的有效重度 γ'

当土浸没在水中时，土的颗粒受到水的浮力作用，单位土体积中土粒的重力扣除同体积水的重力后，即为单位土体积中土粒的有效重力，称为土的有效重度（又称浮重度），单位为 kN/m^3，可由式（1-13）表示：

$$\gamma' = \frac{m_s g - V_s \gamma_w}{V} = \gamma_{sat} - \gamma_w \tag{1-13}$$

式中：γ_w——水的重度。

4. 土的孔隙比 e

土的孔隙比是土中孔隙的体积 V_v 与土粒体积 V_s 之比，以小数计，由式（1-14）表示：

$$e = \frac{V_v}{V_s} \tag{1-14}$$

孔隙比可用来评价土的紧密程度，或从孔隙比的变化推算土的压密程度，是土的一个重要的物理性指标。

5. 土的孔隙率 n

土的孔隙率是土中孔隙的体积 V_v 与土的总体积 V 之比，常以百分数计，由式（1-15）表示：

$$n = \frac{V_v}{V} \times 100\% \tag{1-15}$$

6. 土的饱和度 S_r

土的饱和度是指孔隙中水的体积 V_w 与孔隙体积 V_v 之比，常以百分数计，由式（1-16）表示：

$$S_r = \frac{V_w}{V_v} \times 100\% \tag{1-16}$$

三、三相比例指标的换算关系

土的三相比例指标之间可以互相换算，根据土的密度、土粒比重和土的含水率三个试验指标，可以换算求得全部计算指标，也可以用某几个指标换算其他的指标。

图 1-5 所示的是土的三相草图，假定土的颗粒体积 $V_s = 1$，并假定 $\rho_{w1} = \rho_w$，则孔隙体积 $V_v = e$，总体积 $V = 1 + e$，颗粒质量 $m_s = V_s G_s \rho_{w1} = G_s \rho_w$，水的质量 $m_w = w m_s = w G_s \rho_w$，总质量 $m = G_s(1 + w)\rho_w$，于是根据定义有：

$$\rho = \frac{m}{V} = \frac{G_s(1 + w)\rho_w}{1 + e} \tag{1-17}$$

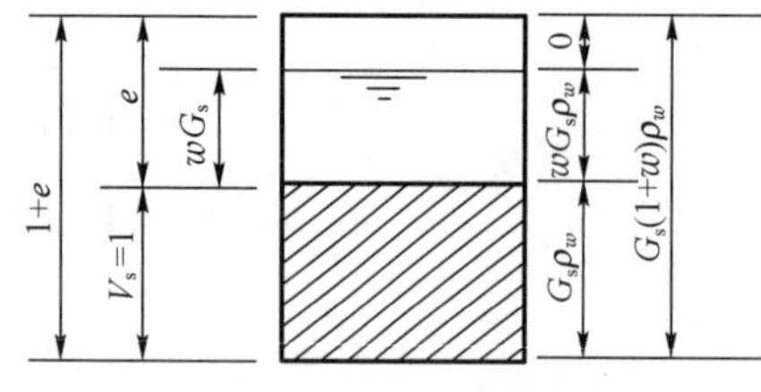

图 1-5　土的三相草图

$$\rho_d = \frac{m_s}{V} = \frac{G_s \rho_w}{1 + e} = \frac{\rho}{1 + w} \tag{1-18}$$

$$e = \frac{G_s \rho_w}{\rho_d} - 1 = \frac{G_s(1 + w)\rho_w}{\rho} - 1 \tag{1-19}$$

$$\rho_{sat} = \frac{m_s + V_v \rho_w}{V} = \frac{(G_s + e)\rho_w}{1 + e} \tag{1-20}$$

$$\gamma' = \frac{m_s g - V_s\gamma_w}{V} = \frac{m_s g - (V - V_v)\gamma_w}{V}$$

$$= \frac{m_s g + V_v\gamma_w - V\gamma_w}{V} = \gamma_{sat} - \gamma_w$$

$$= \frac{(G_s + e)\gamma_w}{1 + e} - \gamma_w = \frac{(G_s - 1)\gamma_w}{1 + e} \tag{1-21}$$

$$n = \frac{V_v}{V} = \frac{e}{1 + e} \tag{1-22}$$

$$S_r = \frac{V_w}{V_v} = \frac{\frac{m_w}{\rho_w}}{e} = \frac{\frac{wG_s\rho_w}{\rho_w}}{e} = \frac{wG_s}{e} \tag{1-23}$$

土的三相比例指标换算公式一并列于表 1-5。

土的三相比例指标换算关系 表 1-5

换 算 指 标	用试验指标计算的公式	用其他指标计算的公式
孔隙比 e	$e = \frac{G_s(1+w)\gamma_w}{\gamma} - 1$	$e = \frac{G_s\gamma_w}{\gamma_d} - 1$ $e = \frac{wG_s}{S_r}$
饱和重度 γ_{sat}	$\gamma_{sat} = \frac{\gamma(G_s - 1)}{G_s(1+w)} + \gamma_w$	$\gamma_{sat} = \frac{G_s + e}{1+e}\gamma_w$ $\gamma_{sat} = \gamma' + \gamma_w$
饱和度 S_r	$S_r = \frac{\gamma G_s w}{G_s(1+w)\gamma_w - \gamma}$	$S_r = \frac{wG_s}{e}$
干重度 γ_d	$\gamma_d = \frac{\gamma}{1+w}$	$\gamma_d = \frac{G_s}{1+e}\gamma_w$
孔隙率 n	$n = 1 - \frac{\gamma}{G_s(1+w)\gamma_w}$	$n = \frac{e}{1+e}$
有效重度 γ'	$\gamma' = \frac{\gamma(G_s - 1)}{G_s(1+w)}$	$\gamma' = \gamma_{sat} - \gamma_w$

例题 1-1 已知土的试验指标,重度 $\gamma = 17.0\text{kN/m}^3$、土粒比重 $G_s = 2.72$ 和含水率 $w = 10.0\%$,求孔隙比 e、饱和度 S_r 和干重度 γ_d。

解 可以有两种解法。第一种方法是直接采用表 1-5 中的换算公式计算;第二种方法则是利用试验指标按三相草图分别求出三相物质的重力和体积,然后按定义计算。

方法一:

$$e = \frac{G_s(1 + w)\gamma_w}{\gamma} - 1 = \frac{2.72 \times (1 + 10.0\%) \times 9.81}{17.0} - 1 = 0.727$$

$$S_r = \frac{wG_s}{e} = \frac{10.0\% \times 2.72}{0.727} = 0.374 = 37.4\%$$

$$\gamma_d = \frac{\gamma}{1+w} = \frac{17.0}{1+10.0\%} = 15.5\text{kN/m}^3$$

方法二：

设　土粒体积 $V_s = 1\text{m}^3$

则　土粒的重力 $W_s = V_s G_s \gamma_w = 1 \times 2.72 \times 9.81 = 26.68\text{kN}$

　　水的重力 $W_w = wW_s = 10.0\% \times 26.68 = 2.67\text{kN}$

　　土的重力 $W = W_s + W_w = 26.68 + 2.67 = 29.35\text{kN}$

已知土的重度 $\gamma = 17.0\text{kN/m}^3$

则　土的体积 $V = \frac{W}{\gamma} = \frac{29.35}{17.0} = 1.727\text{m}^3$

　　孔隙体积 $V_v = V - V_s = 1.727 - 1 = 0.727\text{m}^3$

　　水的体积 $V_w = \frac{W_w}{\gamma_w} = \frac{2.67}{9.81} = 0.272\text{m}^3$

求得三相物质的重力和体积后，就可根据定义计算孔隙比 e、饱和度 S_r 和干重度 γ_d 的数值，为：

$$e = \frac{V_v}{V_s} = \frac{0.727}{1} = 0.727$$

$$S_r = \frac{V_w}{V_v} = \frac{0.272}{0.727} = 0.374 = 37.4\%$$

$$\gamma_d = \frac{W_s}{V} = \frac{26.68}{1.727} = 15.4\text{kN/m}^3$$

从上述两种方法计算的结果看出，在尾数上有一个单位的误差，这是方法二计算误差积累的缘故，在工程实用上一般都采用第一种方法计算。

例题 1-2　已知饱和黏土的含水率为 36%，土粒比重 $G_s = 2.75$，求其孔隙比 e。

解　此题虽只给出两个试验指标，但同时指出该黏土为饱和黏土，饱和土的饱和度 S_r 为 1，则由表 1-5 可得：

$$e = \frac{wG_s}{S_r} = \frac{0.36 \times 2.75}{1} = 0.99$$

对饱和土来说，孔隙比与含水率一般呈线性关系，大量实测数据的统计也证明了这一点。

第四节　黏性土的界限含水率

在生活中经常可以看到这样的现象，对于土路，雨天时泥泞不堪，车辆驶过便形成深深的车辙；而在久晴以后，土路却又异常坚硬，这种现象说明土的工程性质与其含水率有着十分密切的关系。

一、黏性土的状态与界限含水率

黏性土从泥泞到坚硬经历了几个不同的物理状态,含水率很大时土就成为泥浆,是一种黏滞流动的液体,称为流动状态。含水率逐渐减小时,黏滞流动的特点渐渐消失而显示出可塑性,称为可塑状态。所谓可塑性就是指土可以塑成任何形状而不发生裂缝,并在外力解除以后能保持已有的形状而不恢复原状的性质。黏性土的可塑性是一个十分重要的性质,对于土木工程有着重要的意义。当含水率继续减小时,则发现土的可塑性逐渐消失,从可塑状态变为半固体状态。如果同时测定含水率减小过程中土的体积变化,则可发现土的体积随着含水率的减小而减小,但当含水率很小的时候,土的体积却不再随含水率的减小而减小了,这种状态称为固体状态。黏性土从一种状态转到另一种状态的分界含水率称为界限含水率,流动状态与可塑状态间的界限含水率称为液限 w_L;可塑状态与半固体状态间的界限含水率称为塑限 w_P;半固体状态与固体状态间的界限含水率称为缩限 w_S。

塑限 w_P 和液限 w_L 在国际上称为阿太堡(Atterberg)界限,来源于农业土壤学,后来被应用于土木工程,成为表征黏性土物理性质的重要指标。

测定黏性土的塑限 w_P 的试验方法主要是滚搓法。把可塑状态的土在毛玻璃板上用手滚搓,在缓慢地、单方向地搓动过程中,土膏内的水分渐渐蒸发,当土条的直径搓到3mm左右时产生裂缝并断裂为若干段,此时试样的含水率即为塑限 w_P。

测定黏性土的液限 w_L 的试验方法主要有圆锥仪法和碟式仪法,也可采用液塑限联合测定法测定。在欧美等国家,大多采用碟式仪法测定液限,仪器为碟式液限仪,又称卡萨格兰德(Casagrande)液限仪,仪器构造见图1-6。试验时,将土膏分层填在圆碟内,表面刮平,使试样中心厚度为10mm,然后用刻槽刮刀在土膏中刮出一条底宽2mm的V形槽,以每秒2次的速率转动摇柄,使圆碟上抬10mm并自由落下,当碟的下落次数为25次时,两半土膏在碟底的合拢长度恰好达到13mm,此时试样的含水率即为液限 w_L。

我国采用圆锥仪法测定液限 w_L,仪器为平衡锥式液限仪,平衡锥质量为76g,锥角为30°,试验仪器见图1-7。试验时使平衡锥在自重作用下沉入土膏,当达到规定的深度时的含水率即为液限 w_L。沉入深度按试验标准有两种规定,《建筑地基基础设计规范》(GB 50007—2011)和《岩土工程勘察规范》(GB 50021—2001)采用的沉入深度为10mm;《土的工程分类标准》(GB/T 50145—2007)采用沉入深度为17mm的标准。按两种不同标准得到的液限值是不相同的,后一种液限的数值大于前一种液限值;同时,圆锥仪法与碟式仪法测定的液限值也是不相同的,应注意区别。

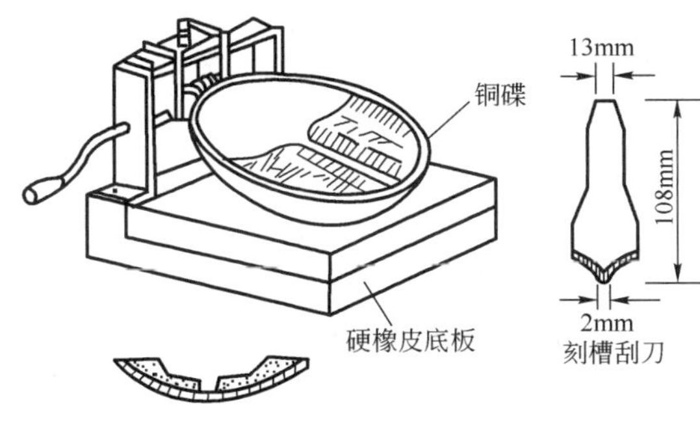

图1-6 碟式液限仪

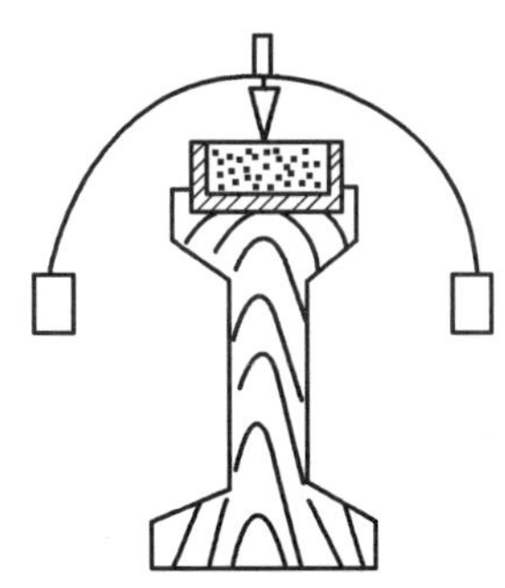

图1-7 平衡锥式液限仪

《公路土工试验规程》(JTG E40—2007)采用的液限塑限联合测定法,其锥的质量分别为76g 或 100g,锥角 30°,其中 76g 锥的试验标准与《土的工程分类标准》(GB/T 50145—2007)相同;而 100g 锥则取沉入深度为 20mm 时的含水率为液限 w_L。

液限测定标准的差别给不同系统之间数据的交流与利用带来了困难,基于这些指标的一系列技术标准也存在一定的差异,因此不能相互通用。

二、塑性指数

可塑性是黏性土区别于砂土的重要特征。可塑性的大小可用黏性土处在可塑状态的含水率变化范围来衡量,从液限到塑限的变化范围越大,土的可塑性也越好,这个范围称为塑性指数 I_P。

$$I_P = w_L - w_P \tag{1-24}$$

塑性指数习惯上用不带“%”的数值表示。

液限和塑限是细粒土颗粒与土中水相互物理化学作用的结果。土中黏粒含量越多,土的可塑性就越大,塑性指数也相应增大,这是由于黏粒部分含有较多的黏土矿物颗粒和有机质的缘故。

塑性指数是黏性土的最基本和最重要的物理指标之一,它综合地反映了土的物质组成,因此广泛应用于土的分类和评价。但由于液限测定标准的差别,同一土类按不同标准可能得到不同的塑性指数,因此即使塑性指数相同的土,其土类也可能完全不同。

三、液性指数

土的天然含水率是反映土中含有水量多少的指标,在一定程度上可说明黏性土的软硬与干湿状况。但仅有含水率的绝对数值也不能确切地说明黏性土处在什么状态。如果有几个含水率相同的土样,但它们的液限和塑限不同,那么这些土样所处的状态可能不同。例如,土样的含水率为 32%,则对于液限为 30% 的土是处于流动状态,而对液限为 35% 的土来说则是处于可塑状态。因此,需要提出一个能表示天然含水率与界限含水率相对关系的指标来描述黏性土的状态。

液性指数 I_L 是指黏性土的天然含水率和塑限的差值与塑性指数之比。液性指数可被用来表示黏性土所处的软硬状态,由式(1-25)定义:

$$I_L = \frac{w - w_P}{I_P} = \frac{w - w_P}{w_L - w_P} \tag{1-25}$$

可塑状态的土的液性指数在 0 到 1 之间,液性指数越大,表示土越软;液性指数大于 1 的土处于流动状态;小于 0 的土则处于固体状态或半固体状态。

液性指数固然可以反映黏性土所处的状态,但必须指出,液限和塑限都是用重塑土膏测定的,没有完全反映出水对土的原状结构的影响。保持原状结构的土即使天然含水率大于液限,但仍有一定的强度,并不呈流动的性质,可称为潜流状态。也就是说,虽然天然含水率大于液限,原状土并不流动,但一旦天然结构被破坏时,强度立即丧失而出现流动的性质。

《岩土工程勘察规范》(GB 50021—2001)与《公路桥涵地基与基础设计规范》(JTG D63—2007)规定黏性土应根据液性指数 I_L 划分状态,其划分标准和状态定名都是相同的,见表 1-6 的规定。但对于表中的液性指数 I_L,《岩土工程勘察规范》(GB 50021—2001)采用 76g 圆锥仪沉入深度 10mm 的液限求得;而《公路桥涵地基与基础设计规范》(JTG D63—2007)只规定采用 76g 锥试验方法,没有对沉入深度作明文规定。但应指出的是,表 1-6 中的黏性土状态划分,只能采用 76g 锥沉入深度 10mm 的液限计算的液性指数来评价。

黏性土状态划分(GB 50021—2001、JTG D63—2007) 表 1-6

液性指数 I_L 值	状 态	液性指数 I_L 值	状 态
$I_L \leqslant 0$	坚硬	$0.75 < I_L \leqslant 1$	软塑
$0 < I_L \leqslant 0.25$	硬塑	$I_L > 1$	流塑
$0.25 < I_L \leqslant 0.75$	可塑		

例题 1-3 已知黏性土的液限为 41%,塑限为 22%,土粒比重为 2.75,饱和度为 98%,孔隙比为 1.55,试计算塑性指数、液性指数,并确定黏性土的状态。

解 根据液限和塑限可以求得塑性指数,为:

$$I_P = w_L - w_P = 41 - 22 = 19$$

土的含水率及液性指数可由下式求得:

$$w = \frac{eS_r}{G_s} = \frac{1.55 \times 98\%}{2.75} = 55.2\%$$

$$I_L = \frac{w - w_P}{w_L - w_P} = \frac{0.552 - 0.22}{0.41 - 0.22} = 1.74 > 1$$

由于 $I_L > 1$,故黏性土的状态应为流塑状态。

第五节 无黏性土的密实度

无黏性土一般是指碎石土和砂土,粉土属于砂土和黏性土的过渡类型,但是其物质组成、结构及物理力学性质主要接近砂土,特别是砂质粉土。无黏性土的密实度是判定其工程性质的重要指标,它综合地反映了无黏性土颗粒的矿物组成、颗粒级配、颗粒形状和排列等对其工程性质的影响,无黏性土的密实状态对其工程性质具有重要的影响。密实的无黏性土具有较高的强度,且结构稳定,压缩性小;而松散的无黏性土则强度较低,稳定性差,压缩性大。因此在进行岩土工程勘察与评价时,必须对无黏性土的密实程度做出判断。

一、砂土相对密度

土的孔隙比一般可以用来描述土的密实程度,但砂土的密实程度并不单独取决于孔隙比,在很大程度上还取决于土的颗粒级配情况。颗粒级配不同的砂土即使具有相同的孔隙比,但由于颗粒大小不同,颗粒排列不同,所处的密实状态也会不同。为了同时考虑孔隙比和颗粒级配的影响,引入砂土相对密度的概念。

砂土相对密度是砂土处于最疏松状态的孔隙比与天然状态孔隙比之差和最疏松状态的孔隙比与最紧密状态的孔隙比之差的比值。

当砂土处于最密实状态时,其孔隙比称为最小孔隙比 e_{min};而砂土处于最疏松状态时的孔隙比则称为最大孔隙比 e_{max}，按式(1-26)可计算砂土的相对密度 D_r：

$$D_r = \frac{e_{max} - e}{e_{max} - e_{min}} \tag{1-26}$$

从上式可以看出，当砂土的天然孔隙比接近于最小孔隙比时，相对密度 D_r 接近于 1，表明砂土接近于最密实的状态；而当天然孔隙比接近于最大孔隙比时，则表明砂土处于最松散的状态，其相对密度 D_r 接近于 0。根据砂土的相对密度可以按表 1-7 将砂土划分为密实、中密和松散三种密实度。

砂土密实度按相对密度划分 表 1-7

密实度	密实	中密	松散
相对密度	1 ~ 0.67	0.67 ~ 0.33	0.33 ~ 0

我国一些地区砂土最大孔隙比和最小孔隙比的实测资料见表 1-8。从表中可以看出颗粒的大小和级配对砂土最大孔隙比和最小孔隙比的影响，随着粒径增大，最大孔隙比和最小孔隙比都相应地减小；级配良好的砂土与级配均匀的砂土相比，最大孔隙比增大，最小孔隙比减小。

砂土最大孔隙比和最小孔隙比实测资料 表 1-8

土类		地区	最大孔隙比	最小孔隙比
粉砂		黑龙江	1.21	0.62
细砂			1.08	0.59
中砂			1.01	0.55
粗砂			0.98	0.52
砾砂			0.98	0.48
中砂	(级配均匀)	四川德阳	1.05	0.67
	(级配良好)		1.14	0.51
粗砂	(级配均匀)		0.89	0.56
	(级配良好)		0.94	0.48
砾砂	(级配均匀)		0.64	0.40
	(级配良好)		0.74	0.38

二、无黏性土密实度分类

从理论上讲，用相对密度划分砂土的密实度是比较合理的。但由于测定砂土最大孔隙比和最小孔隙比的试验方法存在缺陷，试验结果常有较大的出入；同时也由于很难在地下水位以下的砂层中取得原状砂样，砂土的天然孔隙比很难准确地测定，这就使相对密度的应用受到限制。因此，在工程实践中通常采用标准贯入击数来划分砂土的密实度。

标准贯入试验是用规定的锤重(63.5kg)和落距(76cm)，把标准贯入器(带有刃口的对开管，外径 50mm，内径 35mm)打入土中，记录贯入一定深度(30cm)所需的锤击数 N 值的原位测试方法。标准贯入试验的贯入锤击数反映了土层的松密和软硬程度，是一种简便的测试手段。《岩土工程勘察规范》(GB 50021—2001)规定砂土的密实度应根据标准贯入锤击数按表 1-9 的规定划分为密实、中密、稍密和松散四种状态。

砂土密实度按标准贯入锤击数 N 分类(GB 50021—2001)　　表 1-9

标准贯入锤击数 N	密实度	标准贯入锤击数 N	密实度
$N \leq 10$	松散	$15 < N \leq 30$	中密
$10 < N \leq 15$	稍密	$N > 30$	密实

碎石土的密实度可根据圆锥动力触探锤击数按表 1-10 或表 1-11 确定,表中的 $N_{63.5}$ 和 N_{120} 应按触探杆长进行修正。

碎石土密实度按重型动力触探锤击数 $N_{63.5}$ 分类(GB 50021—2001)　　表 1-10

重型动力触探锤击数 $N_{63.5}$	密实度	重型动力触探锤击数 $N_{63.5}$	密实度
$N_{63.5} \leq 5$	松散	$10 < N_{63.5} \leq 20$	中密
$5 < N_{63.5} \leq 10$	稍密	$N_{63.5} > 20$	密实

注:本表适用于平均粒径等于或小于 50mm,且最大粒径小于 100mm 的碎石土。对于平均粒径大于 50mm,或最大粒径大于 100mm 的碎石土,可用超重型动力触探或用野外观察鉴别。

碎石土密实度按超重型动力触探锤击数 N_{120} 分类(GB 50021—2001)　　表 1-11

超重型动力触探锤击数 N_{120}	密实度	超重型动力触探锤击数 N_{120}	密实度
$N_{120} \leq 3$	松散	$11 < N_{120} \leq 14$	密实
$3 < N_{120} \leq 6$	稍密	$N_{120} > 14$	极密
$6 < N_{120} \leq 11$	中密		

粉土的密实度可根据孔隙比 e 按表 1-12 划分为密实、中密和稍密。

粉土密实度按孔隙比 e 分类(GB 50021—2001)　　表 1-12

孔隙比	密实度	孔隙比	密实度
$e < 0.75$	密实	$e > 0.90$	稍密
$0.75 \leq e \leq 0.90$	中密		

第六节　土的工程分类

一、概述

土的工程分类是岩土工程设计的前提,一个正确的设计必须建立在对土的正确评价的基础上,而土的工程分类正是岩土工程勘测评价的基本内容。因此土的工程分类一直是岩土工程界普遍关心的问题之一。

从为工程服务的目的来说,土的分类系统是把不同的土分别安排到各个具有相近性质的组合中去,其目的是为了使人们有可能根据同类土已知的性质去评价其使用性能,或为工程师提供一个可供采用的描述与评价土的方法。由于各类工程的特点不同,分类依据的侧重面也就不同,因而形成了服务于不同工程类型的分类体系。对同样的土如果采用不同的规范分类,定出的土名可能会有差别,因此在对土进行分类时必须充分注意这个问题。

土的工程分类只能提供一些最基本的信息,指导工程师选择合适的勘察方法与试验方法,明确评价的重点,建议必要的施工措施,但分类不能代替试验和评价。在进行分类研究的时候,要遵循同类土的工程性质最大程度相似和异类土的工程性质显著差异的原则来选择分类指标和确定分类界限。离开了工程性质变化规律这一前提,就不可能得出正确的工程分类结果。

目前我国各行业的标准中关于土的分类存在着不同的体系,即使在同一行业中,不同的规范之间也存在差异,以下主要介绍建筑工程和公路工程两个行业的土的分类标准。

二、碎石土分类

碎石土是指粒径大于2mm的颗粒质量超过总质量的50%的土,按颗粒级配和颗粒形状可进一步划分为漂石、块石、卵石、碎石、圆砾和角砾,《岩土工程勘察规范》(GB 50021—2001)和《公路桥涵地基与基础设计规范》(JTG D63—2007)采用相同的划分标准,见表1-13。

碎石土的分类(GB 50021—2001、JTG D63—2007) 表1-13

土的名称	颗粒形状	颗粒级配
漂石	圆形及亚圆形为主	粒径大于200mm的颗粒质量超过总质量的50%
块石	棱角形为主	
卵石	圆形及亚圆形为主	粒径大于20mm的颗粒质量超过总质量的50%
碎石	棱角形为主	
圆砾	圆形及亚圆形为主	粒径大于2mm的颗粒质量超过总质量的50%
角砾	棱角形为主	

注:定名时应根据颗粒级配由大到小以最先符合者确定。

三、砂土分类

砂土是指粒径大于2mm的颗粒质量不超过总质量的50%,且粒径大于0.075mm的颗粒质量超过总质量的50%的土。按颗粒级配,砂土可进一步划分为砾砂、粗砂、中砂、细砂和粉砂,《岩土工程勘察规范》(GB 50021—2001)和《公路桥涵地基与基础设计规范》(JTG D63—2007)采用相同的划分标准,见表1-14。

砂土的分类(GB 50021—2001、JTG D63—2007) 表1-14

土的名称	颗粒级配
砾砂	粒径大于2mm的颗粒质量占总质量的25%~50%
粗砂	粒径大于0.5mm的颗粒质量超过总质量的50%
中砂	粒径大于0.25mm的颗粒质量超过总质量的50%
细砂	粒径大于0.075mm的颗粒质量超过总质量的85%
粉砂	粒径大于0.075mm的颗粒质量超过总质量的50%

注:定名时应根据颗粒级配由大到小以最先符合者确定。

四、细粒土分类

粒径大于0.075mm的颗粒质量不超过总质量的50%的土属于细粒土,按塑性指数,细粒土可再划分为粉土和黏性土两大类,黏性土可再进一步划分为粉质黏土和黏土两个亚类。

《岩土工程勘察规范》(GB 50021—2001)和《公路桥涵地基与基础设计规范》(JTG D63—2007)采用相同的划分标准,划分标准见表1-15。

细粒土的分类(GB 50021—2001、JTG D63—2007)　　表1-15

土 的 名 称	塑 性 指 数	土 的 名 称	塑 性 指 数
黏土	$I_P > 17$	粉土	$I_P \leq 10$
粉质黏土	$10 < I_P \leq 17$		

注:表中的塑性指数应由相应于76g圆锥仪沉入土中深度为10mm时测定的液限计算而得。

粉土是介于砂土和黏性土之间的过渡性土类,它具有砂土和黏性土的某些特征,根据黏粒含量可以将粉土再划分为砂质粉土和黏质粉土,具体划分标准见表1-16。

粉土的划分(DGJ 08-11—2010)　　表1-16

土 的 名 称	黏 粒 含 量
砂质粉土	粒径小于0.005mm的颗粒质量小于总质量的10%
黏质粉土	粒径小于0.005mm的颗粒质量大于等于总质量的10%,小于等于总质量的15%

五、塑性图分类

塑性图分类最早由美国卡萨格兰特(Casagrande)于1942年提出,是美国试验与材料协会(ASTM)统一分类法体系中细粒土的分类方法,后来为欧美许多国家所采用。塑性图以塑性指数为纵坐标,液限为横坐标,如图1-8所示。图中有两条经验界限,斜线称为A线,它的方程为 $I_P = 0.73(w_L - 20)$,它的作用是区分有机土和无机土、黏土和粉土,根据卡萨格兰特的建议,A线上侧是无机黏土,下侧是无机粉土或有机土;竖线称为B线,其方程为 $w_L = 50\%$,用以区分高塑性土和低塑性土。

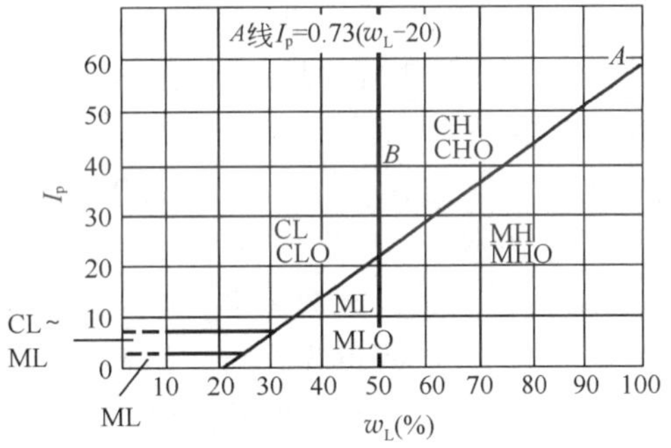

图1-8　塑性图

注:图中的液限为用碟式仪测定的液限含水率或用质量76g、锥角为30°的液限仪锥尖入土深度17mm对应的含水率。

在ASTM的分类体系中,在A线以上的土分类为黏土,如果液限大于50%,称为高塑性黏土CH,液限小于50%的土称为低塑性黏土CL;在A线以下的土分类为粉土,液限大于50%的土称为高塑性粉土MH,液限小于50%的土称为低塑性粉土ML。在低塑性区,如果土样处于A线以上,而塑性指数范围为4~7,为低塑性黏土~低塑性粉土过渡区(CL~ML),则土的分类应给以相应的搭界分类。

在应用ASTM塑性图分类时,应注意其试验标准与我国的不同,在ASTM的分类体系中,其液限是用卡萨格兰特碟式仪测定的,碟式仪在欧美国家是通用的液限仪;而我国《土的工程分类标准》(GB/T 50145—2007)和《公路土工试验规程》(JTG E40—2007)列出了76g圆锥仪沉入深度17mm液限的塑性图分类。由于试验标准不同,测定的结果不一样,因此用塑性图分类的结果也可能不同。

《土的工程分类标准》(GB/T 50145—2007)和《公路土工试验规程》(JTG E40—2007)将

土分为巨粒土、粗粒土、细粒土三大类，见表 1-17。

例题 1-4 对表 1-2 中的 3 个土样分别按《岩土工程勘察规范》（GB 50021—2001）和《公路土工试验规程》（JTG E40—2007）定名。

解 根据表 1-2 所列数值，对土样 A 求得粒径大于 0.5mm 的颗粒含量为 23.5%；粒径大于 0.25mm 的颗粒含量为 65%。对土样 B 求得粒径大于 2mm 的颗粒含量为 45%；大于 0.5mm的颗粒含量为 65.3%。对土样 C 求得粒径大于 0.075mm 的颗粒含量为 22.4%。

《土的工程分类标准》和《公路土工试验规程》的土分类标准 表 1-17

土类	划分标准		亚类	
			《土的工程分类标准》（GB/T 50145—2007）	《公路土工试验规程》（JTG E40—2007）
巨粒土	巨粒含量超过 15%	巨粒含量 75% ~100%	漂（卵）石	漂（卵）石
		巨粒含量 50% ~75%	混合土漂（卵）石	漂（卵）石夹土
		巨粒含量 15% ~50%	漂（卵）石混合土	漂（卵）石质土
粗粒土	巨粒含量少于或等于 15%，且巨粒含量与粗粒含量之和超过 50%	砾粒含量多于砂粒含量	砾类土	砾类土
		砾粒含量少于或等于砂粒含量	砂类土	砂类土
细粒土	细粒含量多于或等于 50%	位于塑性图 A 线或 A 线以上和 $I_P \geq 7$	黏土	黏土
		位于塑性图 A 线以下或 $I_P < 4$	粉土	粉土
		位于塑性图 A 线以上和 $4 \leq I_P < 7$	黏土或粉土	黏土或粉土

（1）按《岩土工程勘察规范》（GB 50021—2001）分类

A、B、C 三个土样中均无满足表 1-13 碎石土的标准，因此应以表 1-14 按砂土分类。土样 A 满足中砂的条件，即粒径大于 0.25mm 的颗粒质量超过总质量的 50%；土样 B，粒径大于 2mm 的颗粒含量为 45%，介于 25% 与 50% 之间，故应定名为砾砂；土样 C，粒径大于 0.075mm 的颗粒含量为 22.4%，不足 50%，故应属于细粒土。对于土样 B，大于 0.5mm 的颗粒含量为 65.3%，虽也满足粗砂的标准，但不能定名为粗砂，这是因为规范规定了定名时应从粗到细，以最先符合者为准，既然先符合了砾砂的标准，就应按砾砂定名而不能按后符合的粗砂来定名。

（2）按《公路土工试验规程》（JTG E40—2007）分类

对照表 1-2 可知，三个土样中均无巨粒粒组，土样 A 中无细粒粒组含量，全部为粗粒粒组含量，且砂粒粒组含量超过 50%，因此根据表 1-17 应定名为砂类土；土样 B 细粒土含量为 19%，粗粒土含量为 81%，属粗粒土，其中砾粒粒组为 45%，少于 50%，定名为砂类土；土样 C 的细粒粒组已超过 50%，故定名为细粒土。

例题 1-5 完全饱和的土样含水率为 30%，由 76g 圆锥仪沉入土中深度 10mm 时测得的液限为 29%，塑限为 17%，试按塑性指数定名，并确定其状态。

解 塑性指数 I_P 由下式求得：

$$I_P = w_L - w_P = 29 - 17 = 12$$

液性指数 I_L 由下式求得：

$$I_L = \frac{w - w_P}{w_L - w_P} = \frac{30 - 17}{29 - 17} = 1.08$$

按表 1-15 的规定定名该土样为粉质黏土，按表 1-6 确定其状态为流塑状态。

【习题】

［1-1］ 试证明以下三相比例指标的换算关系式：

(1) $\gamma_d = \dfrac{G_s}{1+e}\gamma_w$；

(2) $S_r = \dfrac{wG_s(1-n)}{n}$。

［1-2］ 某土样采用环刀取样试验，环刀体积为 $60cm^3$，环刀加湿土的质量为 156.6g，环刀质量为 45.0g，烘干后土样质量为 82.3g，土粒比重为 2.73。试计算该土样的含水率 w、孔隙比 e、孔隙率 n、饱和度 S_r 以及天然重度 γ、干重度 γ_d、饱和重度 γ_{sat} 和有效重度 γ'。

［1-3］ 土样试验数据见表 1-18，求表内“空白”项的数值。

习题 1-3 的数据 表 1-18

土样号	γ(kN/m³)	G_s	w(%)	γ_d(kN/m³)	e	n	S_r	体积(cm³)	土的重力(N)	
									湿	干
1		2.72	34			0.49		—	—	—
2	17.3	2.74			0.73			—	—	—
3	19.0	2.74		14.5					0.19	0.145
4		2.73					1.00	86.2	1.62	

［1-4］ 习题 1-3 中的 4 个土样的液限和塑限数据见表 1-19，试按《岩土工程勘察规范》(GB 50021—2001)将土的定名及其状态填入表中。

习题 1-4 的数据 表 1-19

土样号	w_L(%)	w_P(%)	I_P	I_L	土的名称	土的状态
1	31	17				
2	38	19				
3	39	20				
4	33	18				

［1-5］ 某砂土土样的密度为 $1.75g/cm^3$，含水率为 10.5%，土粒比重为 2.68，试验测得最小孔隙比为 0.460，最大孔隙比为 0.941，试求该砂土的相对密实度 D_r。

［1-6］ 用塑性图对表 1-20 给出的 4 种土样定名。

习题 1-6 的数据 表 1-20

土样号	w_L(%)	w_P(%)	土的定名
1	35	20	
2	12	5	
3	65	42	
4	75	30	

【思考题】

［1-1］ 试比较土中各类水的特征,并分析它们对土的工程性质的影响。

［1-2］ 比较分析土的颗粒级配分类法和塑性指数分类法的差别及其适用条件。

［1-3］ 比较孔隙比和相对密度这两个指标作为砂土密实度评价指标的优点和缺点。

［1-4］ 既然可用含水率表示土中含水率的多少,为什么还要引入液性指数来评价黏性土的软硬程度?

［1-5］ 比较砂粒和黏粒粒组对土的物理性质的影响。

［1-6］ 试比较塑性指数分类法和塑性图分类法,说明它们的区别和适用条件。

［1-7］ 进行土的三相指标计算至少必须已知几个指标？为什么?

［1-8］ 试分析例题 1-4,说明土样 A 和 B 按两种规范定名出现差异的原因。

第二章

黏性土的物理化学性质

在第一章中学习过黏性土随着含水率的不同会呈现出从泥泞到坚硬的不同物理状态，而砂性土却没有这种性质。黏性土这种性质主要取决于黏粒粒组的含量与黏粒的矿物成分，本章将进一步讨论黏性土这种特有的物理化学性质。

我国土工试验规程一般将黏粒定义为0.005mm，国外也有用0.002mm来定义的。由于黏土矿物的粒径小于0.005mm，因此具有很大的比表面（所谓比表面就是指单位体积内颗粒表面积的总和，颗粒越细，比表面越大，表面能也越大）。

黏土矿物可以分成蒙脱石、伊利石和高岭石三种类型。这些黏土矿物具有独特的结晶结构特征，即组成矿物的原子和分子的排列以及原子与原子之间或分子与分子之间的联结力，这种联结力统称为键力。黏性土的可塑性、压缩性、胀缩性、强度等工程性质主要受上述各种因素与颗粒周围介质之间的相互作用所制约，这也是黏性土物理化学特性的本质。本章首先介绍关于键力的基本概念和黏土矿物结晶结构，然后再深入阐述黏土颗粒与介质的相互作用及其对黏性土工程性质的影响。掌握本章内容，除了有助于对某些工程现象进行定性分析外，还可以根据这些基本原理，更合理地选择地基处理的方法以及发展更好的地基处理方法。

第一节　键力的基本概念

键力主要有化学键、分子键及氢键三种。

一、化学键

原子与原子之间的联结称为化学键，也称为主键或高能键。根据联结的形式又可分为离子键、共价键和金属键三种。

离子键是一种化学联结。它是由不同元素的原子通过化学反应，一种元素的原子失去其最外电子层中的一个或多个电子成为阳离子，而另一种元素的原子获得一个或多个电子成为阴离子。阳离子与阴离子之间的静电引力所形成的键力即为离子键。例如钠原子 Na 失去外层一个电子成为带正电荷的钠离子 Na^+；而氯原子 Cl 最外层获得一个电子成为带负电荷的氯离子 Cl^-。Na^+离子与 Cl^-离子之间通过离子键联结构成了新的化学物质氯化钠 NaCl 分子的晶格。离子键是无方向性的。

共价键是同一种元素的两个原子以共有的外层电子联结而成同种元素的分子，例如两个氢原子联结构成一个氢分子或两个氯原子联结构成一个氯分子。例如：

$$H\cdot + \cdot H = H{:}H$$

$$:\dot{\underset{\cdot\cdot}{Cl}}\cdot + \cdot\dot{\underset{\cdot\cdot}{Cl}}: = :\dot{\underset{\cdot\cdot}{Cl}}:\dot{\underset{\cdot\cdot}{Cl}}:$$

共价键是有方向性的，方向角称为键角。

金属元素中的自由电子将金属原子或离子联结而成金属晶格，这种联结力即为金属键。

简单地说，不同元素的原子通过化学反应构成一种新的物质分子，异性原子之间的联结力称为离子键；两个同性原子形成同一元素分子的联结力称为共价键；通过自由电子而将原子或离子联结成结晶格架的联结力称为金属键。

离子键、共价键和金属键都属于主键。主键的影响范围最小，约为 0.1 ~ 0.2nm，而其联结能则最大，相当于 8.4 ~ 84J/kmol。

二、分子键

分子键又称范德华（Van der Waals）键或次键、低能键。所谓分子键就是指分子与分子之间的联结力。虽然中性分子正负电荷相等，但由于分子的正电荷与负电荷的分布不对称而形成极性分子，如图 2-1 所示水分子的形成。当极性分子间相反电荷的偶极端相互接近时相互吸引，所以该键力的产生是与分子的定向作用、诱导作用和分散作用有关。分子键的能量大小与温度有关，当温度升高时，其能量就减小。

一个非极性分子有可能受到邻近极性分子的激发，非极性分子的正负电荷在极性分子电场的诱导作用下发生位移产生诱导偶极，称为诱导范德华力。分子的电子层在不停地转动，在转动的瞬间也会出现瞬间偶极，由瞬间偶极产生的相互吸引力，称为分散作用的范德华键力。

分子键力的影响范围比离子键力大得多，约为 0.3 ~ 100nm，但其键能则比离子键能小得多，约为 2.1 ~ 21J/kmol。

三、氢键

氢键是介于主键与次键之间的一种键力。氢原子失去一个电子成为一个裸露的原子核，当它与其他带有负电荷的原子相互吸引时，即构成特殊的氢键。由于氢离子尺寸小，只允许与两个相邻原子靠拢，故氢键只能连接两个原子，如水分子 H_2O。氢键是一个重要的键力组成部分。氢键的影响范围很小，约为 0.2 ~ 0.3nm，键能则达 21 ~ 42J/kmol。图 2-2 为上述几种键力的作用范围。

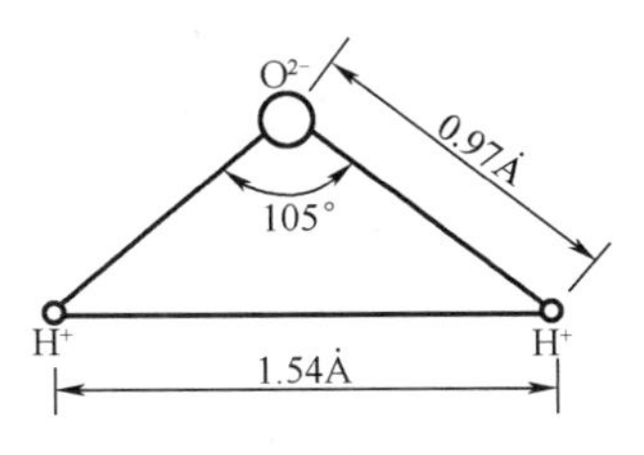

图 2-1 水的极性分子

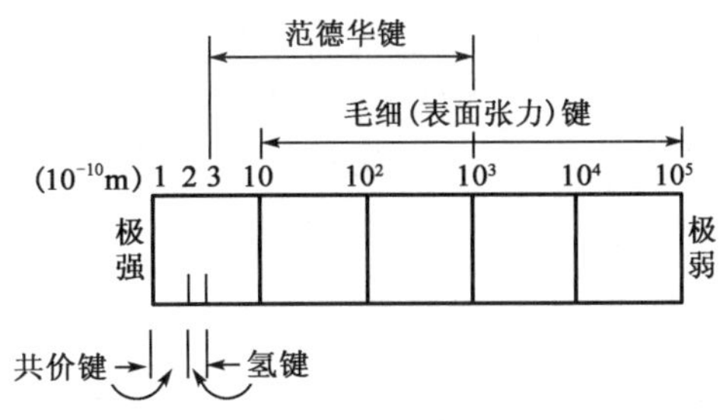

图 2-2 几种主要键力的作用范围

黏性土其土粒本身,大多数是由硅酸盐矿物所组成。土粒本身的强度是由主键形成的,而土粒与土粒之间、土粒与水分子之间的吸引力则由次键及氢键形成,土粒之间的联结力远比土粒本身的强度小,因此,土体的强度主要取决于土粒之间的联结。

第二节 黏土矿物颗粒的结晶结构

矿物可以按化学元素的组成分类,如碳酸盐、磷酸盐、氧化物、硅酸盐等,也可以按原子的排列分类。由于黏土矿物大都属于硅酸盐,晶体的原子排列与矿物颗粒的物理性质、光学性质和化学性质有非常密切的关系。所以必须对黏土矿物的结晶结构有一个详细的了解,从而可以更好地掌握黏土的工程性质。

黏土矿物的结晶结构主要由两个基本结构单元组成,即:硅氧四面体和氢氧化铝八面体(也称三水铝石八面体)。

硅氧四面体晶体单元见图 2-3a)所示,四个氧原子构成一个等边的四面体,四面体四个面均为等边三角形,在四面体的中心位置上有一个硅原子。每一个四面体底面上的三个氧原子与相邻四面体共用,以共价键的形式联结在一起,形成一个顶尖向上的四面体片。用梯形简图 ⏢ 表示。

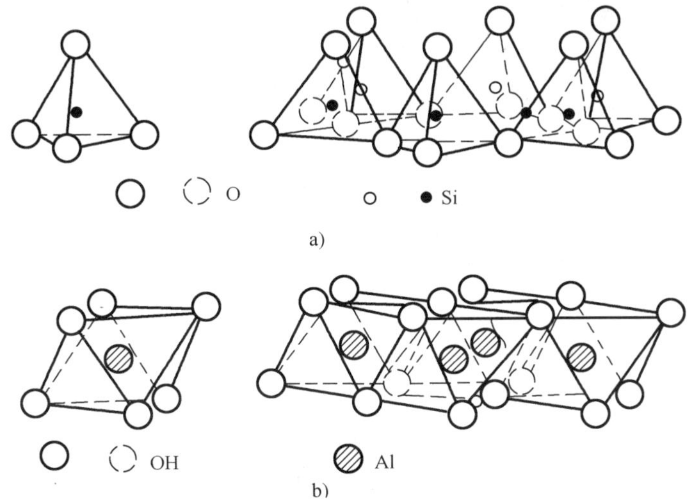

图 2-3 四面体片与八面体片

a)四面体片;b)八面体片

氢氧化铝八面体结晶单元见图2-3b）所示，它是由6个氧或氢氧离子以相等的距离排列而成，铝离子居中。同样八面体亦排列成网格层状结构，成为八面体片，以矩形简图□表示。

四面体片与八面体片的不同组合堆叠，形成了不同类型的黏土矿物，土中常见的黏土矿物主要有高岭石、蒙脱石和伊利石三大类。以下介绍高岭石、蒙脱石和伊利石的结晶构造。

高岭石的晶格是由一个四面体片与一个八面体片重复堆叠而成的，如图2-4所示，称为1∶1型结构单位层，亦称为二层型。

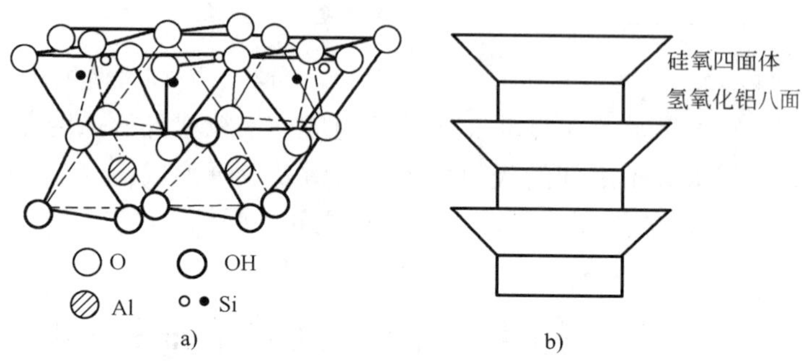

图2-4　高岭石结晶结构

a）晶格构造；b）晶格简图

蒙脱石的晶格是由两个四面体晶片中间夹一个八面体晶片堆叠而成的，如图2-5所示，称为2∶1型结构单位层，亦称为三层结构型。

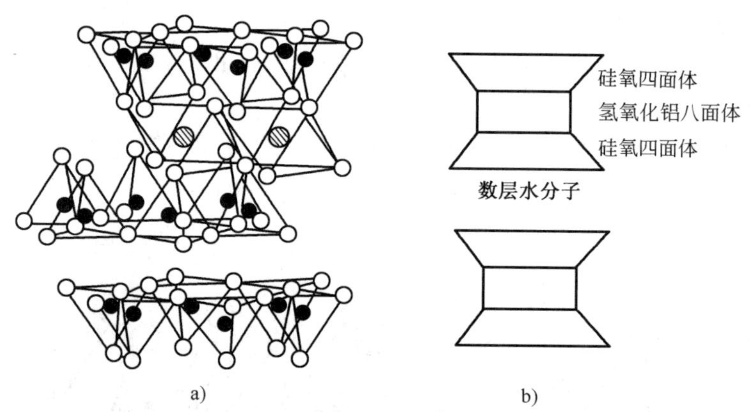

图2-5　蒙脱石的结晶结构

a）晶格构造；b）晶格构造简图

伊利石的晶格构造与蒙脱石相似，同属2∶1型结构单位层，但伊利石类在四面体片之间六角形网格眼中央嵌有一个钾原子，如图2-6所示。

从上面的晶格结构中可以看出，四面体片和八面体片之间都是共用一个原子，所以四面体片与八面体片间的键力为主键联结，但结构单位层间的联结则比较薄弱。当与周围介质接触时，就会显示出不同的工程性质。

高岭石类黏土矿物中，结构单位层之间为氧与氢氧联结或氢氧与氢氧联结，单位层与单位层之间除范德华键外，还有氢键，因此提供了较强的联结力，故高岭石在水中，结构单位层之间不会分散，晶格活动性小，浸水后结构单位层间的距离变化很小，所以高岭石的膨胀性和压缩性都较小。

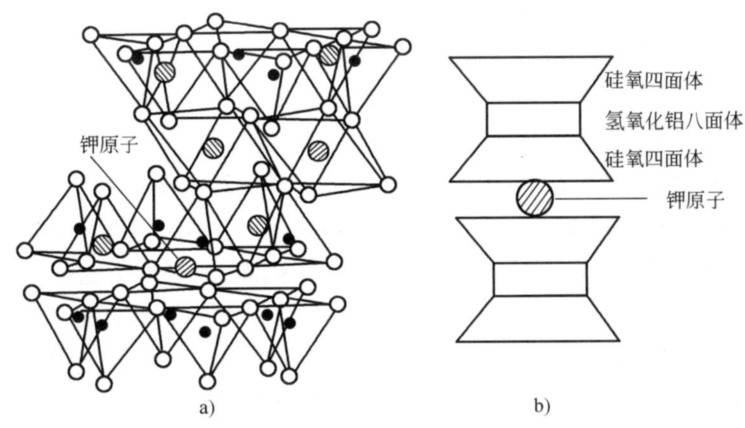

图 2-6 伊利石的结晶结构

a) 晶格构造;b) 晶格构造简图

蒙脱石类黏土矿物中,结构单位层间为氧与氧联结,其键力很弱,易为具有氢键的强极化水分子锲入而分开。此外,在八面体中的铝离子 Al^{3+} 常为低价的其他离子如镁离子 Mg^{2+} 所置换,如此在八面体片层面上就会出现多余的负电荷,这些多余的负电荷可以吸附水中的阳离子如 Na^{+}、Ca^{2+} 来补偿,这种阳离子吸引极化水分子成为水化阳离子,水化阳离子进入结构单位层之间使层间距离增大。因此,蒙脱石的晶格活动性极大,表现出来的工程特性是膨胀性及压缩性都比高岭石大得多。

伊利石矿物晶格结构虽与蒙脱石相似,但在单位层面之间嵌有带正电荷的钾离子,单位层之间的联结介于高岭石和蒙脱石之间,故表现出来的膨胀性和压缩性也介于高岭石和蒙脱石之间。

第三节 黏土颗粒的胶体化学性质

胶体化学中称小于 0.1μm 的颗粒为胶体颗粒,实际上粒径为 0.1 ~ 5μm 的颗粒已经具有胶体粒径,可称为准胶体颗粒。黏土颗粒粒径非常微小,小于 0.005mm(5μm),在介质中具有明显的胶体化学特性,这起源于黏土颗粒表面带电性。认识这一基本属性,在工程上具有非常重要的意义。

一、黏土颗粒表面带电的成因

黏土颗粒表面带电的成因,主要有以下几个方面:

(1)边缘破键造成电荷不平衡。理想晶体的内部正负电荷是平衡的,黏土颗粒粒径非常微小,是一个高分散体系,在颗粒外部边缘处结晶格架的连续性受到破坏,从而造成电荷的不平衡。这些被破坏的键常使黏土颗粒带有净负电荷。颗粒越细,破键越多,所以比表面越大,表面能也就越大。

(2)同晶置换作用。硅氧四面体中的硅原子常为铝或其他低价的阳离子置换;八面体中的铝原子又常为铁、镁离子所置换,置换后即引起电荷的不平衡,在颗粒表面产生了过剩的未饱和负电荷，使黏土颗粒表面带负电。

(3)水化解离作用。黏土矿物颗粒表面与水作用，形成一层偏硅酸 H_2SiO_3，偏硅酸在水中离解为 H^+ 及 SiO_3^{2-} 离子，H^+ 向水溶液中扩散，而硅酸根 SiO_3^{2-} 与晶格不分离，从而使颗粒表面带有负电荷。

(4)选择性吸附。所谓选择性吸附，就是颗粒只吸附与其本身晶格中离子成分相同或相近的离子。例如 $CaCO_3$ 在 Na_2CO_3 溶液中，只吸附 CO_3^{2-}；而 $CaCO_3$ 在 $CaCl_2$ 溶液中，则只吸附 Ca^{2+}。所以，在水化解离作用中，SiO_3^{2-} 被晶格吸附而不剥离，就是这个道理。

各种不同类型的黏土矿物，由于其结晶构造不同，工程性质的差异也就很大，表 2-1 列出了高岭石、蒙脱石和伊利石三类矿物性质的有关资料，可以看出，这三类矿物颗粒直径和厚度有如下关系：高岭石 > 伊利石 > 蒙脱石。蒙脱石的比表面积为高岭石的 80 倍，为伊利石的 10 倍。蒙脱石的塑性指数可达 100 ~ 650，压缩性为高岭石的 5 ~ 15 倍，有效内摩擦角也是最小的。

黏土矿物的性质

表 2-1

黏土矿物类型	符号①	平均比表面积 S ($m^2/g \cdot m$) 直径 d(μm) 厚度 t(μm)	单位晶包负电荷	阳离子交换容量② (mcq/100g)	液限 w_L	塑限指数 I_p	活动性 d_c	压缩指数 C_c	排水后的摩擦角
高岭石	强的 H^+ 键	$S=10$ $d=0.3\sim4$ $t=0.05\sim5$	-0.01	3	50	20	0.2	0.2	20° ~ 30°
伊利石	强的 K^+ 键	$S=100$ $d=0.1\sim2$ $t=0.01\sim0.2$	-1.0	25	100 ~ 120	50 ~ 65	0.6	0.6 ~ 1	20° ~ 25°
蒙脱石	非常弱的键	$S=800$ $d=0.1\sim1$ $t=0.001\sim0.01$	-0.03	100	150 ~ 700	100 ~ 650	1 ~ 6	1 ~ 3	12° ~ 20°

注：① ⏢ 硅片，□铝片。
②mcq/100g = 毫克当量/100 克干土。

二、双电层的概念

黏土矿物晶格构造的不同对工程性质的影响，本质上是这些矿物的颗粒与土中水相互作用的反映。土中水与固体颗粒之间并不是机械地混合，而是有机地参加土的结构，是一种复杂的物理化学作用。土的性质不仅取决于水的绝对含量，而且还取决于水的形态、结构以及介质的物理条件及化学成分。

水具有许多特点，如介电常数高、表面张力小、压缩性低等。特别是水分子是一个极性分子(图 2-1)，氢原子一端显示正电荷，氧原子一端显示负电荷，因此，它在电场作用下具有定向排列的特性；同时它极易与被溶解的物质，如水中的阳离子结合而成水化离子。

由于土的颗粒表面通常带有负电荷，因此水在带电固体颗粒之间，受到表面电荷电场的作用，水分子和水化阳离子就会向颗粒周围聚集。见图 2-7 所示。根据水受颗粒表面静电引力作用的强弱,可以将土中水划分为三种类型:强结合水、弱结合水和自由水。

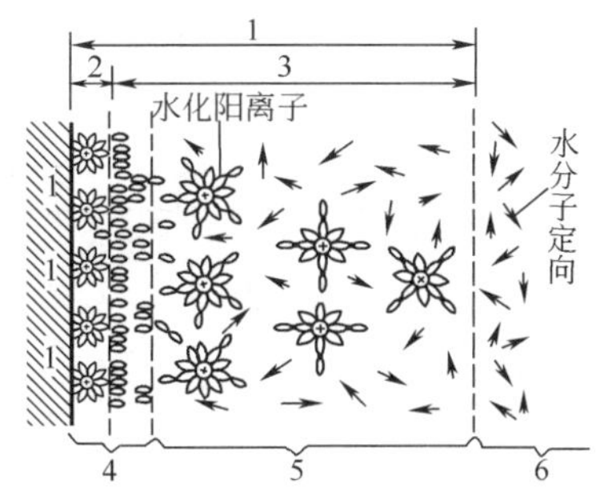

图 2-7 结合水形成的一般图式

1-双电层;2-吸附层;3-扩散层;4-吸附结合水;5-渗透吸附水;6-自由水

1.强结合水

强结合水是指紧靠土颗粒表面的水,受表面电荷静电引力最强。静电引力把极性水分子和水化阳离子牢固地吸附在颗粒表面上形成固定层。这部分水的特征是没有溶解能力,不能传递静水压力、不能自由移动,只有吸热变成蒸汽时才能移动。它极其牢固地结合在土粒表面上,其性质接近于固体,密度约为 1.2 ~ 2.4g/cm^3,冰点为 −78℃,具有极大的黏滞性。如果将完全干燥的土移置在天然湿度的空气中,则土的质量将增加,直到土中吸着强结合水达到最大容量为止。土颗粒越细,土的比表面越大,则最大吸湿容量就越大。强结合水层称为吸附层或固定层。

2.弱结合水

弱结合水就是紧靠强结合水外围的一层水膜。在这层水膜范围内,水分子和水化阳离子仍受到一定程度的静电引力,离颗粒表面距离越远,受静电引力越小。这部分水仍然不能传递静水压力,但水膜较厚的弱结合水能向邻近较薄水膜处缓慢转移。

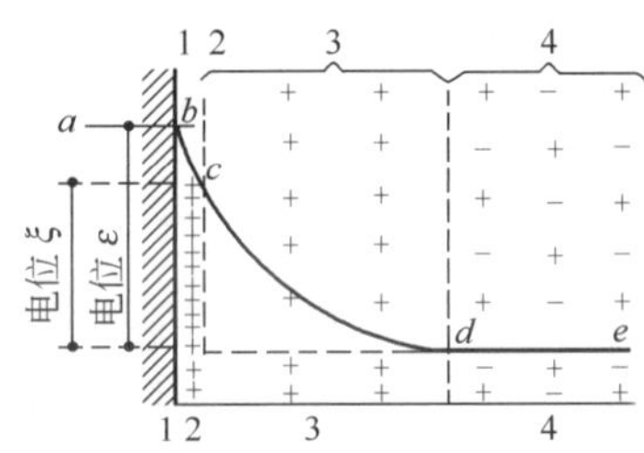

图 2-8 双电层的结构及其电位变化示意图

1-1 层为内层;2-2 层为固定层;3-3 层为扩散层;4-4 层为自由液体;$a-b$-表示固体表面的电位;$d-e$-表示液体表面的电位;bcd 曲线-表示固体与液体界面上的电位差,界面上的电位称为热力电位,其值为 ε;cd 曲线-表示固定层与扩散层之间的电位差,固定层面上的电位称为电动电位 ξ

弱结合水层称为扩散层。固定层和扩散层与土粒表面负电荷一起构成所谓双电层,如图 2-8 所示。黏土颗粒表面称为内层,内层所具有的电位称为热力电位 ε,热力电位的大小与土粒的矿物成分、分散度等因素有关。当这部分电位被强结合水(包括水化阳离子)平衡一部分后,在固定层界面上的电位变成 ξ 电位,称为电动电位。电动电位继续吸引水分子和水化阳离子,直到其对水的影响完全消失为止。

扩散层的厚度首先取决于内层的热力电位。当内层电位一定时,扩散层的厚度可随外界条件的变化而变化,如:

(1)阳离子的原子价高,扩散层的厚度变薄;

(2)阳离子的浓度大,扩散层的厚度变薄;

(3)阳离子直径大,扩散层的厚度变厚;

(4)阳离子交换能力,一般高价离子的交换能力大于低价离子;同价离子中,半径小的交换能力小于半径大的。常见离子的交换能力顺序如下:

$$Fe^{3+} > Al^{3+} > H^{+} > Ba^{2+} > Ca^{2+} > Mg^{2+} > K^{+} > Li^{+} > Na^{+}$$

离子交换的结果,会改变土颗粒周围扩散层水膜的厚度。扩散层水膜的厚度对黏性土的工程性质有直接的影响。水膜厚度大,土的可塑性高;颗粒之间的距离相对也大,因此土体的膨胀性和收缩性大,土的压缩性也大,而强度相对降低。所以在工程实践中可利用这一机理来改良土质，增加土的稳定性。

表2-2所列为离子浓度及离子价变化时扩散层厚度的变化。

表面电荷一定时，扩散层厚度的变化 表2-2

离子浓度(mol/m^3)	双电层厚度 ($10^{-10}m$)	
	一价离子	二价离子
1	1 000	500
1 000	100	50
100 000	10	5

3. 自由水

自由水又称重力水，是指不受土粒表面电荷电场影响的水。它的性质和普通水一样，能传递静水压力，在水头差作用下流动，冰点为0℃，具有溶解能力。

第四节 黏性土工程性质的利用和改良

黏土矿物具有特殊的结晶构造和带电的特性。因此黏土矿物的成分和含量对黏性土的工程性质具有非常重要的影响。在工程实践中，可以利用其特性为工程服务；也可根据其特性，正确有效地选择处理的措施，达到改良和加固的目的。此外，掌握这些特性，可以帮助工程技术人员，定性地认识许多工程现象，从而增强预见性，避免盲目性。

一、电渗排水和电化学加固

列依斯(Reuss)在1807年进行了一个有名的实验，其装置如图2-9所示。把两根带有正负电极的玻璃管插入一块潮湿的黏土块中，在玻璃管底部铺一层洗净的砂，并加水至相同的高度。接通直流电后发现：

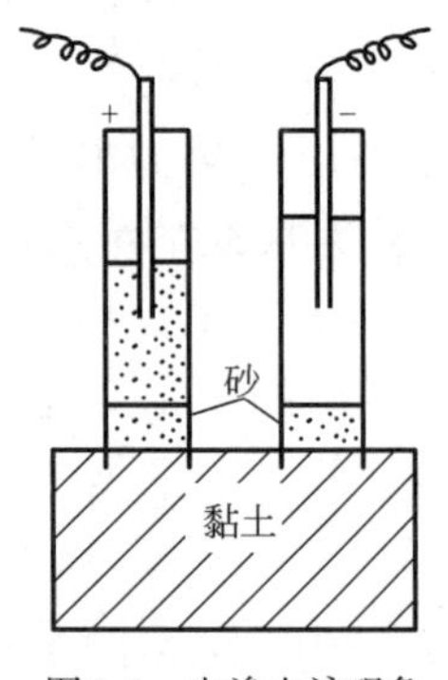

图2-9 电渗电泳现象

(1)在阳极管中，水自下而上地浑浊起来，与此同时，水位逐渐下降；

(2)在阴极管中，水仍是极其清澈，但水位逐渐上升。

如将两根电极，直接插入黏土块中，通电后发现阳极周围土逐渐变干，而阴极周围土体变得更湿。

在电场作用下，带有负电荷的黏土颗粒向阳极移动，这种电动现象称为电泳；而水分子及水化阳离子向阴极移动，这种电动现象称为电渗。

1. 电渗排水

在渗透系数小于10^{-6}cm/s的饱和软黏土地层中开挖基坑或其他地下工程活动中，可以采用电渗排水的方法降低地下水位。

2. 电化学加固

利用电渗电泳原理来改良软黏土的工程性质，方法很多，现举一种双液灌浆的例子加以说明。

在需要加固的土体中打入两根带有花眼的金属管。在阳极管内灌入氯化钙$CaCl_2$溶液，阴极管内灌入水玻璃 $Na_2O \cdot n(SiO_2)$ 溶液。通直流电后,两个电极管中的正负水化离子就在孔隙水中相向移动,当它们相互接触时,发生化学反应,生成一种不可溶的二氧化硅凝胶:

$$Na_2O \cdot n(SiO_2) + CaCl_2 + xH_2O \rightarrow$$
$$2NaCl + CaSiO_2 \cdot xH_2O + (n-1)\underset{\text{二氧化硅凝胶}}{SiO_2}$$

这种二氧化硅凝胶既填充了土中的孔隙,又可提高颗粒之间的胶结力,从而使土体的强度提高。

二、利用离子交换改良黏土的工程性质

当黏性土中的黏土颗粒主要由强亲水性的蒙脱石和伊利石所组成时,这类土具有吸水膨胀和失水收缩的特性,称为膨胀土。

膨胀土在我国分布很广泛,主要分布在广西、云南、贵州、湖北、河北、河南、四川、安徽、陕西等地,呈区域性岛状分布。国外主要分布于美国的中西部、非洲和南亚地区。

膨胀土对工程的危害十分严重。吸水后土的体积膨胀,可使其上的建筑物隆起,造成墙体开裂,管线破裂;而对道路路面,则可产生幅度很大的横向波浪形变形。雨季时路面渗水,导致路基软化,在行车荷载下形成泥浆,并沿路面裂缝、伸缩缝处溅浆冒泥。

表 2-3 给出了蒙脱石、伊利石和高岭石三种主要黏土矿物以及吸附不同阳离子时所反映出来可塑性变化的情况。从表中可以看出,当吸附交换阳离子相同时,如吸附一价阳离子 Na^+,蒙脱石的液限比伊利石的大 5.9 倍;比高岭石的大 13.4 倍。对于蒙脱石来说,吸附一价钠离子比吸附三价铁离子液限大 5 倍。低价离子使土颗粒周围的水膜变厚,其可塑性明显地显示出来,这些都可以用双电层中扩散层变化理论来解释。因此,在工程实践中,可以利用高价阳离子置换低价离子的办法来改善土的工程性质。例如:云南小龙潭电厂的埋管工程中,在管沟中填充富含钙离子的石灰砂来减弱膨胀土对管道的危害;合肥市在膨胀土地区的城市道路建设中,采用粉煤灰,再加上消石灰,按质量比 8:2,经搅拌和碾压形成的二灰垫层作为路基,取得了良好的效果。

主要黏土矿物的塑性特征(Cornell,1951) 表 2-3

黏土矿物	交换阳离子	液限(%)	塑限(%)	塑性指数	缩限(%)
蒙脱石	Na^+	710	54	656	9.9
	K^+	660	98	562	9.3
	Ca^{2+}	510	81	429	10.5
	Mg^{2+}	410	60	350	14.7
	Fe^{3+}	290	75	215	10.3
	$(Fe)^{3+}$	140	73	67	—
伊利石	Na^+	120	53	67	15.4
	K^+	120	60	60	17.4
	Ca^{2+}	100	45	55	16.8
	Mg^{2+}	95	46	49	14.7
	Fe^{3+}	110	49	61	15.3
	$(Fe)^{3+}$	79	46	33	—

续上表

黏土矿物	交换阳离子	液限（%）	塑限（%）	塑性指数	缩限（%）
高岭石	Na^+	53	32	21	26.8
	K^+	49	29	20	—
	Ca^{2+}	38	27	11	24.5
	Mg^{2+}	54	31	23	28.7
	Fe^{3+}	59	37	22	29.2
	$(Fe)^{3+}$	56	35	21	—

除了黏土矿物的成分对工程性质有明显影响外，黏土颗粒的含量也有较大的影响。在工程实践中，提出了一个既能反映黏土矿物成分，又能反映黏土颗粒含量影响的综合指标 A_c，称为胶体活动性指数，其表达式为：

$$A_c = \frac{I_P}{p_{<0.002}} \tag{2-1}$$

式中：I_P——土的塑性指数；

$p_{<0.002}$——黏粒（<0.002mm）的百分含量。

从式（2-1）可以看出，若两个黏性土试样的塑性指数相同，则黏粒含量 $p_{<0.002}$ 小的黏土，含有黏土矿物的活动性比较大。因此，就可以根据 A_c 的大小，从宏观上来判断黏土矿物的成分。不同黏土矿物的 A_c 大致有如下范围：蒙脱石为 1～7；伊利石为 0.5～1；高岭石为 0.2～0.5。工程中常按 A_c 值把黏性土分为：

非活动性黏性土　　$A_c < 0.75$

正常黏性土　　$0.75 < A_c < 1.25$

活动性黏性土　　$A_c > 1.25$

A_c 越大，黏粒对土的可塑性影响越大。

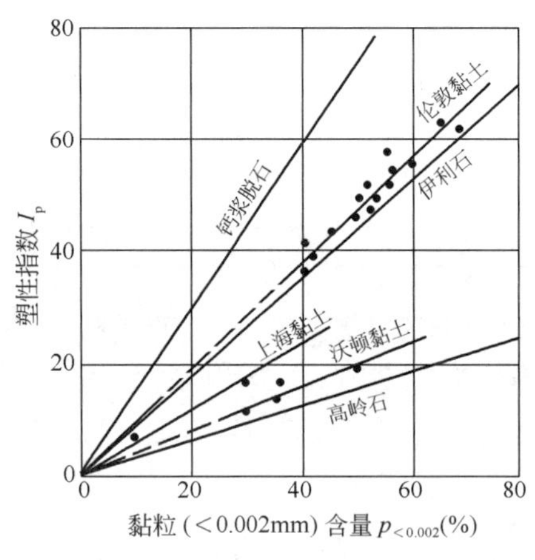

图 2-10　塑性指数与黏粒含量关系

图 2-10 给出了三种黏土矿物蒙脱石、伊利石和高岭石的塑性指数和黏粒含量百分率之间的关系。图中直线的坡度就是胶体活动性指数 A_c。从黏粒带电的概念来看，胶体活动性指数的大小的不同，说明颗粒表面力与水分子之间相互作用的强烈程度的不同。从图中可以看出，伦敦黏土的活动性介于蒙脱石与伊利石之间，与伊利石相近；上海黏土处在高岭石和伊利石之间，胶体活动性指数 A_c 约为 0.57，属于非活动性黏性土。

三、黏性土的结构性

土的颗粒表面带有电荷，表面电荷与矿物成分和颗粒大小有关。对于粗颗粒土，如碎石土和砂土等，其表面电荷非常微弱，粒间没有联结存在，因此，在沉积过程中只表现为重力堆积，称为单粒结构，如图 2-11 所示。根据颗粒排列的程度，单粒结构可分为疏松的单粒结构和紧密的单粒结构。在静荷载下，尤其在振动荷载下，疏松的单粒结构会趋于紧密；而在剪应力作用下,紧密的单粒结构则会发生膨胀。

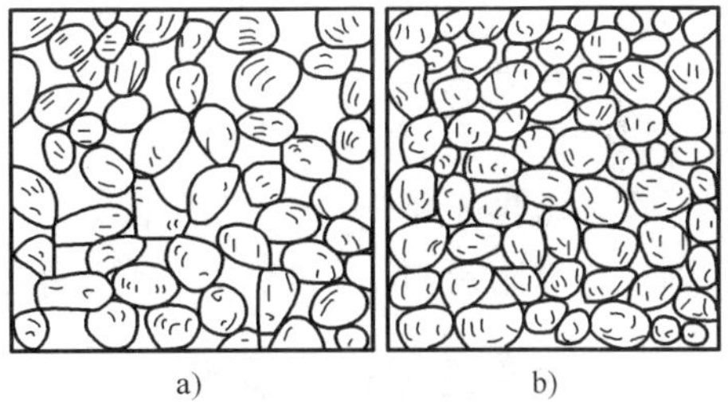

a) b)

图 2-11 单粒结构

a)疏松的;b)紧密的

黏土颗粒在沉积过程中就要复杂得多。由于高分散度,破键产生的电荷在颗粒表面分布不均匀。在黏土颗粒薄片的面上分布着负电荷,而在边角处常呈现正电荷。因此黏土颗粒在沉积过程中除受到重力作用外,还受到静电的吸力和斥力作用。研究表明,排斥力势随距离按指数关系衰减;而吸引力势与距离的 7 次方成反比。在沉积过程中,因排斥作用使各颗粒相互分开成为分散状态,在分散状态情况下,黏土颗粒处于悬浮状态,直到它们在其本身重力作用下沉至底部。如果两个土颗粒在运动过程中相互碰撞,它们就吸引在一起,逐渐形成一个大的颗粒集合体,由于其重力大,很快就下沉于底部,这个过程称为絮凝作用。

吸引势和排斥势都会受到离子的浓度、离子价以及温度等因素的影响。在成土过程中如果某种因素发生变动,吸引势和排斥势也会随之变动。例如当离子浓度增大,或离子的价数增大,就会促进絮凝沉积;相反,如果二价钙离子为一价钠离子所替换,就会发生分散作用。如果吸引势是均匀分布于黏土颗粒表面,两个颗粒就会相互平行地靠拢在一起,因为这是能量最小的位置,如图 2-12a)所示。颗粒相互大致平行堆积,这种沉积结构类型称为片堆结构。颗粒的边或角被吸附到带负电荷的面上来,边—面接触,这种结构形式称为絮凝结构,如图 2-12b)所示。较多的黏性土介乎这两种极端结构之间,称为重塑结构,如图 2-12c)所示。

a)

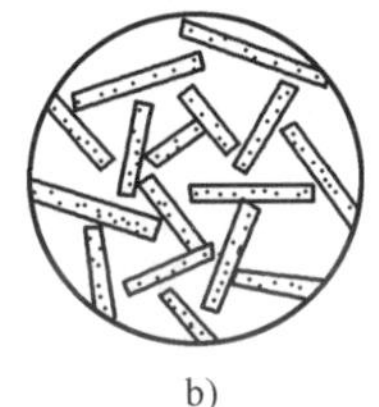

b)

c)

图 2-12 黏土结构

a)片堆结构;b)絮凝结构;c)重塑结构

在海洋环境中沉积的黏性土大都具有絮凝结构,而在江河淡水中沉积的,是介于絮凝和片堆结构之间的结构。

从土的结构构造,不难理解土的结构对土工程性质的影响。片堆结构的土片具有平行向堆积,因此力学和变形性质具有明显的方向性,竖向强度大于平行向的强度,水平向渗透系数比竖直向大得多。根据对上海黏性土室内试验测定的结果,淤泥质粉质黏土水平向渗透系数约为竖直向的 12 倍,淤泥质黏土约为 3 倍左右。对于絮凝结构的土,力学性质无方向性,这种结构很不稳定,在外力作用下很容易散架,强度很快降低。若把原状结构的强度与结构破坏后的强度之比定义为灵敏度 S_t。絮凝结构土的灵敏度比片堆结构土的要高得多。在北欧斯堪的纳维亚地区有一种高灵敏黏土(称为快黏土),即使处在很平缓的边坡,受到打桩振动或其他外力的影响,也很快会强度降低而失去稳定,出现大规模滑动。

在工程实践中,参考灵敏度的大小通常把黏性土分成如下三类:

一般黏性土 $1 < S_t \leq 2$

灵敏性黏性土 $2 < S_t \leq 4$

高灵敏性黏性土　　　　　　　　$S_t > 4$

但是在瑞典等一些北欧国家，灵敏性黏性土较为普遍，对灵敏性黏性土划分标准有所不同。

在灵敏性土中进行施工活动时，要十分注意避免对土体的扰动，以防止产生过大的变形，特别在边坡附近打桩、爆破等，更要避免由于振动使土的强度丧失而造成事故。

四、触变性和触变泥浆

在工程建设中，可利用黏土矿物颗粒带电的特性来为生产服务。将纯黏土矿物（高岭土或蒙脱石等）与水制成泥浆时，矿物颗粒吸附大量水化离子和水分子，由于颗粒的水膜很厚，颗粒与颗粒之间的引力很薄弱，可以长时期悬浮在水中。当悬浮液在静止状态时，颗粒之间的微弱引力，使其聚集起来，悬液便成为一种糊状、黏滞度较大的流体，可是，一旦受到振动或扰动时，颗粒之间的联结会立即丧失，又恢复成为流动的液体，这种性质称为触变性。

由于黏土矿物泥浆具有触变的特性，在探矿、桩基以及地下连续墙、沉井等施工过程中，被广泛地用来保护钻孔壁和沟槽的槽壁。

触变泥浆稳定槽壁的机理，主要是利用黏土矿物能长期呈悬浮状态、不发生沉淀的特点，从而维持悬液较高的重度，使得孔壁或槽壁的应力差减小。悬液的重度是可以人工控制的，悬液重度越大，对孔壁或槽壁的稳定性越有利。

在沉井下沉过程中，有时侧壁的摩阻力过大造成下沉困难，可以利用触变泥浆在井壁四周设置一层泥浆套，从而减小下沉阻力。

【思考题】

[2-1]　试从结晶构造的差异性，说明由高岭石、伊利石、蒙脱石等黏土矿物组成的土在工程性质上的差异性。

[2-2]　试述黏土颗粒表面带电的原因及其影响因素。

[2-3]　试述双电层的概念，并从双电层的理论说明土的可塑性、膨胀性和收缩的现象。

[2-4]　试根据影响扩散层厚度的因素，论述土的灵敏性机理。

[2-5]　试讨论如何利用黏土矿物结构和带电的特性，来改良黏性土的工程性质。

第三章

土中水的运动规律

土中的水并非处于静止不变的状态,而是运动着的。土中水的运动原因和形式很多,例如:在重力的作用下地下水的流动(土的渗透性问题);在土中附加应力作用下孔隙水的挤出(土的固结问题);由于表面现象产生的水分移动(土的毛细现象);在土颗粒的分子引力作用下结合水的移动(如冻结时土中水分的移动)等。土中水的运动将对土的性质产生影响,在许多工程实践中碰到的问题,如流砂、冻胀、渗透固结、渗流时的边坡稳定等,都与土中水的运动有关。本章着重研究土中水的运动规律及其对土性质的影响。

第一节　土的毛细性

土的毛细性是指能够产生毛细现象的性质。土的毛细现象是指土中水在表面张力作用下,沿着细的孔隙向上及向其他方向移动的现象。这种细微孔隙中的水被称为毛细水。土的毛细现象在以下几个方面对工程有影响:

(1)毛细水的上升是引起路基冻害的因素之一;

(2)对于房屋建筑,毛细水的上升会引起地下室过分潮湿;

(3)毛细水的上升可能引起土的沼泽化和盐渍化,对建筑工程及农业经济都有很大影响。

为了认识土的毛细现象,下面分别讨论土层中的毛细水带、毛细水上升高度和上升速度以及毛细压力。

一、土层中的毛细水带

土层中由于毛细现象所湿润的范围称为毛细水带。根据毛细水带的形成条件和分布状况，毛细水带可分为三种，即正常毛细水带、毛细网状水带和毛细悬挂水带，如图 3-1 所示。

1. 正常毛细水带

它又称毛细饱和带，位于毛细水带的下部，与地下潜水连通。这一部分的毛细水主要是由潜水面直接上升而形成的，毛细水几乎充满了全部孔隙。正常毛细水带随着地下水位的升降而作相应的移动。

2. 毛细网状水带

它位于毛细水带的中部，当地下水位急剧下降时，它也随之急速下降，这时在较细的毛细孔隙中有一部分毛细水来不及移动，仍残留在孔隙中，而在较粗的孔隙中因毛细水下降，孔隙中留下空气泡，这样使毛细水呈网状分布。毛细网状水带中的水，可以在表面张力和重力作用下移动。

3. 毛细悬挂水带

它位于毛细带的上部。这一带的毛细水是由地表水渗入而成的，水悬挂在土颗粒之间，它不与中部或下部的毛细水相连。当地表有大气降水补给时，毛细悬挂水在重力作用下向下移动。

上述三个毛细水带不一定同时存在，主要取决于当地的水文地质条件。如地下水位很高时，可能只有正常毛细水带，而没有毛细悬挂水带和毛细网状水带；反之，当地下水位较低时，则可能同时出现三个毛细水带。

在毛细水带内，土的含水率是随着深度而变化的，自地下水位向上含水率逐渐减少，但到毛细悬挂水带后，含水率可能有所增加，见图 3-1。

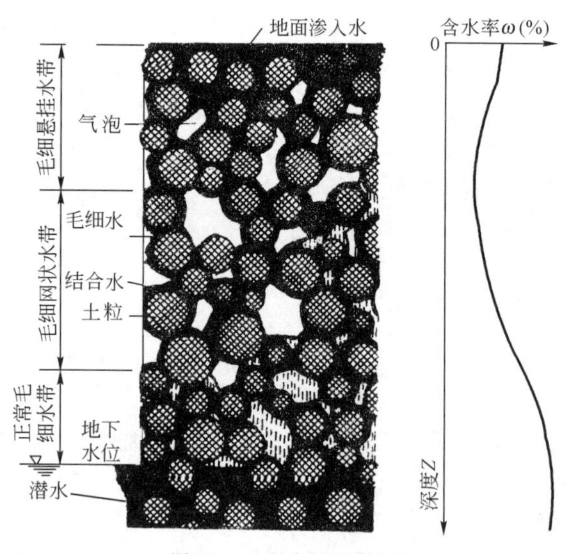

图 3-1　土层中的毛细水带

二、毛细水上升高度及上升速度

为了了解土中毛细水的上升高度，可以借助于水在毛细管内上升的现象来说明。一根毛细管插入水中，可以看到水会沿着毛细管上升。毛细水为什么会上升呢？这是因为水与空气的分界面上存在表面张力，而液体总是力图缩小自己的表面积，以使表面自由能变得最小，这也就是一滴水珠总是成为球状的原因。另一方面，毛细水管壁的分子和水分子之间有引力作用，这个引力使与管壁接触部分的水面呈向上的弯曲状，这种现象一般称为湿润现象。当毛细管的直径较细时，毛细管内水面的弯曲面互相连接，形成内凹的弯液面，如图 3-2 所示。这种内凹的弯液面表明管壁和液体是相互吸引的（即可湿润的）；如果管壁与液体之间不互相吸引，称为不可湿润的，那么毛细管内液体弯液面是外凸的,如毛细管中的水银柱就是这样。

在毛细管内的水柱,由于湿润现象使弯液面呈内凹状时,水柱的表面积就增加了,这时由于管壁与水分子之间的引力很大,促使管内的水柱升高,从而改变弯液面形状,缩小表面积,降低表面自由能。但当水柱升高改变了弯液面的形状时,管壁与水之间的湿润现象又会使水柱面恢复为内凹的弯液面状。这样周而复始,使毛细管内的水柱上升,直到升高的水柱重力和管壁与水分子间的引力所产生的上举力平衡为止。

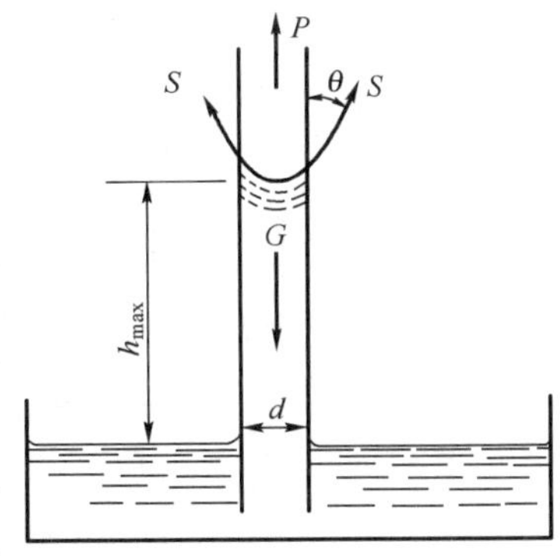

图 3-2 毛细管中水柱的上升

若毛细管内水柱上升到最大高度 h_{max},如图 3-2 所示,根据平衡条件可知,管壁与弯液面水分子间引力的合力 S 等于水的表面张力 σ,若 S 与管壁间的夹角为 θ(亦称湿润角),则作用在毛细水柱上的上举力 P 为:

$$P = S \cdot 2\pi r\cos\theta = 2\pi r\sigma\cos\theta \tag{3-1}$$

式中:σ——水的表面张力(N/m),在表 3-1 中给出了不同温度时,水与空气间的表面张力值;

r——毛细管的半径(m);

θ——湿润角,它的大小取决于管壁材料与液体性质,对于毛细管内的水柱,可以认为 $\theta=0°$,即认为是完全湿润的。

毛细管内上升水柱的重力 G 为:

$$G = \gamma_w \pi r^2 h_{max} \tag{3-2}$$

式中:γ_w——水的重度。

水与空气间的表面张力 σ 值 表 3-1

温度(℃)	-5	0	5	10	15	20	30	40
表面张力 σ(N/m)	76.4×10^{-3}	75.6×10^{-3}	74.9×10^{-3}	74.2×10^{-3}	73.5×10^{-3}	72.8×10^{-3}	71.2×10^{-3}	69.6×10^{-3}

当毛细水上升到最大高度时,毛细水柱受到上举力和水柱重力平衡,由此得:

$$P = G$$

即

$$2\pi r\sigma\cos\theta = \gamma_w \pi r^2 h_{max}$$

若令 $\theta=0°$,可求得毛细水上升最大高度的计算公式:

$$h_{max} = \frac{2\sigma}{r\gamma_w} = \frac{4\sigma}{d\gamma_w} \tag{3-3}$$

式中:d——毛细管的直径,$d = 2r$。

从式(3-3)可以看出,毛细水上升高度与毛细管的直径成反比,毛细管直径越细时,毛细水上升高度越大。

在天然土层中的毛细水上升高度是不能简单地直接引用式(3-3)计算的,这是因为土中的孔隙是不规则的,与圆柱状的毛细管根本不同,特别是土颗粒与水之间积极的物理化学作用,使得天然土层中的毛细现象比毛细管的情况要复杂得多。例如,假定黏土颗粒的直径等于0.000 5mm 的圆球,那么这种假想土粒堆置起来的孔隙直径 $d\approx0.000\,01$cm,代入式(3-3)中将得到毛细水上升高度 $h_{max}=300m$，这在实际土中是不可能发生的。在天然土层中毛细水上升的实际高度很少超过数米。

在实践中也有一些估算毛细水上升高度的经验公式，如海森（A. Hazen）的经验公式：

$$h_0 = \frac{C}{ed_{10}} \tag{3-4}$$

式中：h_0——毛细水的上升高度（m）；

e——土的孔隙比；

d_{10}——土的有效粒径（m）；

C——系数，与土粒形状及表面洁净情况有关，$C=1\times10^{-5}\sim5\times10^{-5}m^2$。

由于黏性土颗粒周围吸附着一层结合水膜，这一水膜将影响毛细水弯面的形成。此外，结合水膜的存在将减小土中孔隙的有效直径，使得毛细水在上升时受到很大阻力，上升速度减缓，上升的高度也受到影响。当土颗粒间的孔隙被结合水完全充满时，毛细水的上升也就停止了。在图3-3中给出了用人工制备的石英砂，在实验室测定的毛细水上升高度、上升速度与土颗粒大小之间的关系。从图中可以看到，在较粗颗粒土中，毛细水上升一开始进行得很快，以后逐渐缓慢，而且较粗颗粒的曲线为较细颗粒的曲线所穿过，这说明细颗粒毛细水上升高度较大，但上升速度较慢。

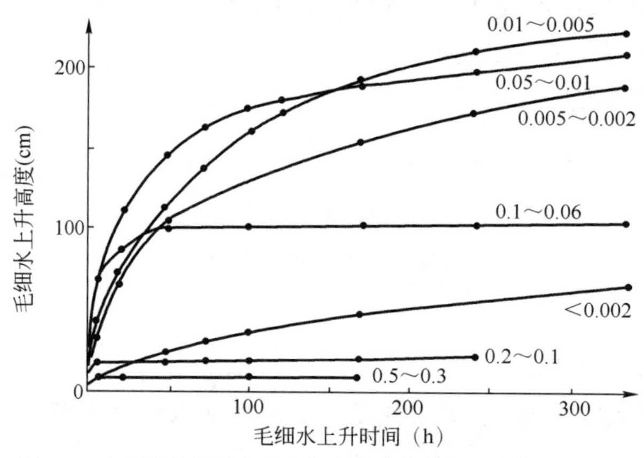

图3-3　在不同粒径的土中毛细水上升速度与上升高度关系曲线

三、毛细压力

干燥的砂土是松散的，颗粒间没有黏结力；处于完全饱和状态的砂土同样如此。但对有一定含水率时的湿砂，却表现出颗粒间有一些黏结力，如湿砂可捏成团。在湿砂中有时可挖成直立的坑壁，短期内不会坍塌。这些都说明湿砂的土粒间有一些黏结力。湿砂间的这种黏结力是由于土粒间接触面上一些水的毛细压力所形成的。

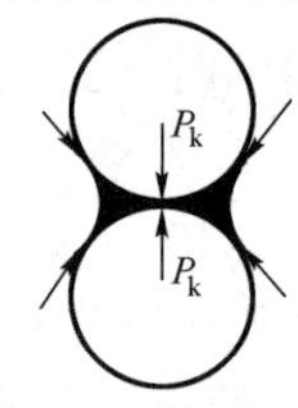

图3-4　毛细压力的示意图

毛细压力可以用图3-4来说明。图中两个土粒（假想是球体）的接触面间有一些毛细水，由于土粒表面的湿润作用，使毛细水形成弯面。在水和空气的分界面上产生的表面张力是沿着弯液面切线方向作用的，它促使两个土粒互相靠拢，在土粒的接触面上就产生一个压力，称为毛细压力 P_k。由毛细压力所产生的土粒间的黏结力称为假黏聚力。当砂土完全干燥时，或砂土浸没在水中，孔隙中完全充满水时，颗粒间没有孔隙水或孔隙水不存在弯液面，这时毛细压力也就消失了。

第二节 土的渗透性

在工程地质中,土能让水等流体通过的性质定义为土的渗透性。而在水头差作用下,土体中的自由水通过土体孔隙通道流动的特性,则定义为土中水的渗流。在房屋建筑、桥梁和道路工程中,很多工程措施的采用都是基于对土的渗透性认识之上的。例如房屋建筑和桥梁墩台等基坑开挖时,为防止坑外水向坑内渗流,需要了解土的渗透性,以配置排水设备;在河滩上修筑渗水路堤时,需要考虑路堤填料的渗透性;在计算饱和黏性土上建筑物的沉降和时间的关系时,需要掌握土的渗透性。

下面讨论四个问题:渗流模型;土中水渗透的基本规律(层流渗透定律);影响土渗透性的一些因素;动水力及流砂现象。

一、渗流模型

水在土中的渗流是在土颗粒间的孔隙中发生的。由于土体孔隙的形状、大小及分布极为复杂,导致渗流水质点的运动轨迹很不规则,如图3-5a)所示。如果只着眼于这种真实渗流情况的研究,不仅会使理论分析复杂化,同时也会使试验观察变得异常困难。考虑到实际工程中并不需要了解具体孔隙中的渗流情况,因而可以对渗流做出如下的简化:一是不考虑渗流路径的迂回曲折,只分析它的主要流向;二是不考虑土体中颗粒的影响,认为孔隙和土粒所占的空间之总和均为渗流所充满。作了这种简化后的渗流其实只是一种假想的土体渗流,称之为渗流模型,如图3-5b)所示。为了使渗流模型在渗流特性上与真实的渗流相一致,它还应该符合以下要求:

(1)在同一过水断面,渗流模型的流量等于真实渗流的流量;

(2)在任一界面上,渗流模型的压力与真实渗流的压力相等;

(3)在相同体积内,渗流模型所受到的阻力与真实渗流所受到的阻力相等。

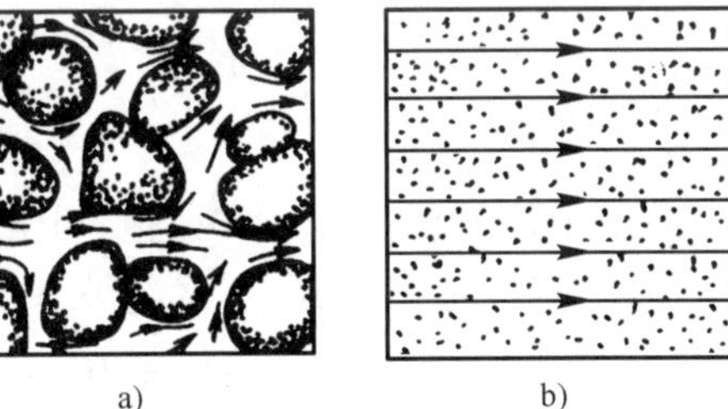

图3-5 渗流模型

a)水在土孔隙中的运动轨迹;b)理想化的渗流模型

有了渗流模型,就可以采用液体运动的有关概念和理论对土体渗流问题进行分析计算。

再分析一下渗流模型中的流速与真实渗流中的流速 v 之间的关系。流速 v 是指单位时间内流过单位土截面的水量,单位为m/s。在渗流模型中,设过水断面面积为 F(m²),单位时间内通过截面积 F 的渗流流量为 q(m³/s),则渗流模型的平均流速 v 为:

$$v = \frac{q}{F} \tag{3-5}$$

真实渗流仅发生在相应于断面 F 中所包含的孔隙面积 ΔF 内,因此真实流速 v_0 为:

$$v_0 = \frac{q}{\Delta F} \tag{3-6}$$

于是

$$\frac{v}{v_0}=\frac{\Delta F}{F}=n \tag{3-7}$$

式中：n——土的孔隙率。

因为土的孔隙率 $n<1.0$，所以，$v<v_0$，即模型的平均流速要小于真实流速。由于真实流速很难测定，因此工程上常采用模型的平均流速 v 进行衡量，在本章及以后的内容中，如果没有特别说明，所说的流速均指模型的平均流速。

二、土的层流渗透定律

（一）伯努利方程

饱和土体中的渗流，一般为层流运动（即水流流线互相平行的流动），服从伯努利（Bernowlli）方程，即饱和土体中的渗流总是从能量高处向能量低处流动。伯努利方程可用下式表示为：

$$\frac{v^2}{2g}+z+\frac{u}{\gamma_w}=h=常数 \tag{3-8}$$

式中：z——位置水头；

u——孔隙水压力；

γ_w——水的重度；

v——孔隙中水的流速；

g——重力加速度。

式(3-8)中的第三项表示饱和土体中孔隙水受到的压力（如加荷引起），称为压力水头，第一项称为流速水头。由于通常情况下土中水的流速很小，因此流速水头一般可忽略不计，此时：

$$z+\frac{u}{\gamma_w}=h=常数 \tag{3-9}$$

（二）达西定律

若土中孔隙水在压力梯度下发生渗流，如图3-6所示。对于土中 a、b 两点，已测得 a 点的水头 H_1，b 点的水头为 H_2，其位置水头分别为 z_1 和 z_2，压力水头分别为 h_1 和 h_2，则有：

$$\Delta H=H_1-H_2=(z_1+h_1)-(z_2+h_2) \tag{3-10}$$

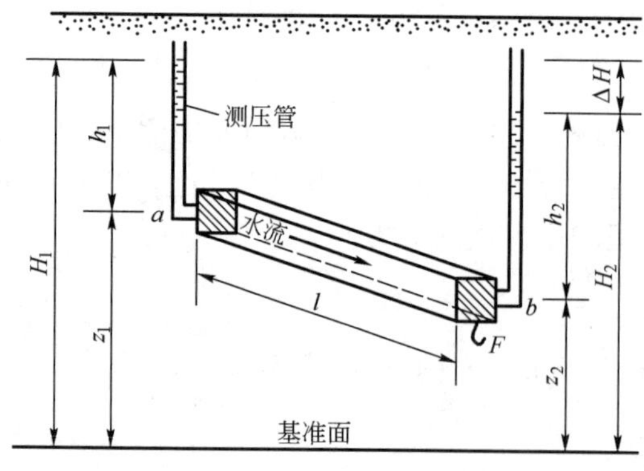

图3-6　水在土中的渗流

式中：ΔH——水头损失，是土中水从 a 点流向 b 点的结果，也是由于水与土颗粒之间的黏滞阻力产生的能量损失。

水自高水头的 a 点流向低水头的 b 点，水流流径长度为 l。由于土的孔隙较小，在大多数情况下水在孔隙中的流速较小，其渗流状态可以认为是属于层流。那么土中的渗流规律可以认为是符合层流渗透定律，这个定律是法国学者达西（H·Darcy）根据砂土的试验结果而得到的，也称达西定律。它是指水在土中的渗透速度与水头梯度成正比，即：

$$v = kI \tag{3-11}$$

或

$$q = kIF \tag{3-12}$$

式中：v——渗透速度（m/s）；

I——水头梯度，即沿着水流方向单位长度上的水头差。如图 3-6 中 a、b 两点的水头梯度 $I = \Delta H/\Delta l = (H_1 - H_2)/l$；

k——渗透系数（m/s），各类土的渗透系数参考值可见表 3-2；

q——渗透流量（m^3/s），即单位时间内流过土截面积 F 的流量。

土的渗透系数参考值 表 3-2

土 的 类 别	渗 透 系 数(m/s)	土 的 类 别	渗 透 系 数(m/s)
黏土	$<5\times10^{-8}$	细砂	$1\times10^{-5}\sim5\times10^{-5}$
粉质黏土	$5\times10^{-8}\sim1\times10^{-6}$	中砂	$5\times10^{-5}\sim2\times10^{-4}$
粉土	$1\times10^{-6}\sim5\times10^{-6}$	粗砂	$2\times10^{-4}\sim5\times10^{-4}$
黄土	$2.5\times10^{-6}\sim5\times10^{-6}$	圆砾	$5\times10^{-4}\sim1\times10^{-3}$
粉砂	$5\times10^{-6}\sim1\times10^{-5}$	卵石	$1\times10^{-3}\sim5\times10^{-3}$

由于达西定律只适用于层流的情况，故一般只适用于中砂、细砂、粉砂等。对粗砂、砾石、卵石等粗颗粒土，达西定律就不再适用了，因为这时水的渗流速度较大，已不再是层流而是紊流。黏土中的渗流规律不完全符合达西定律，因此需要进行修正。

在黏土中，土颗粒周围存在着结合水，结合水因受到分子引力作用而呈现黏滞性。因此，黏土中自由水的渗流受到结合水的黏滞作用产生很大阻力，只有克服结合水的抗剪强度后才能开始渗流。克服此抗剪强度所需要的水头梯度，称为黏土的起始水头梯度 I_0。这样，在黏土中，应按下述修正后的达西定律计算渗流速度：

$$v = k(I - I_0) \tag{3-13}$$

在图 3-7 中绘出了砂土与黏土的渗透规律。直线 a 表示砂土的 v-I 关系，它是通过原点的一条直线。黏土的 v-I 关系是曲线 b（图中虚线所示），d 点是黏土的起始水头梯度，当土中水头梯度超过此值后水才开始渗流。一般常用折线 c（图中 Oef 线）代替曲线 b，即认为 e 点是黏土的起始水头梯度 I_0，其渗流规律用式（3-13）表示。

三、土的渗透系数

渗透系数 k 是综合反映土体渗透能力的一个指标，其数值的正确确定对渗透计算有着非常重要的意义。表 3-2 中给出了一些土的渗透系数参考值，渗透系数也可以在实验室或通过现场试验测定。

（一）室内试验测定法

实验室测定渗透系数 k 值的方法称为室内渗透试验测定法，根据所用试验装置的差异又可分为常水头试验和变水头试验。

1. 常水头渗透试验

常水头渗透试验装置的示意图如图 3-8 所示。在圆柱形试验筒内装置土样，土的截面积

为 F(即试验筒截面积),在整个试验过程中,土样的压力水头维持不变。在土样中选择两点 a、b,两点的距离为 l,分别在两点设置测压管。试验开始时,水自上而下流经土样,待渗流稳定后,测得在时间 t 内流过土样的流量为 Q,同时读得 a、b 两点测压管的水头差为 ΔH。则由式(3-12)可得:

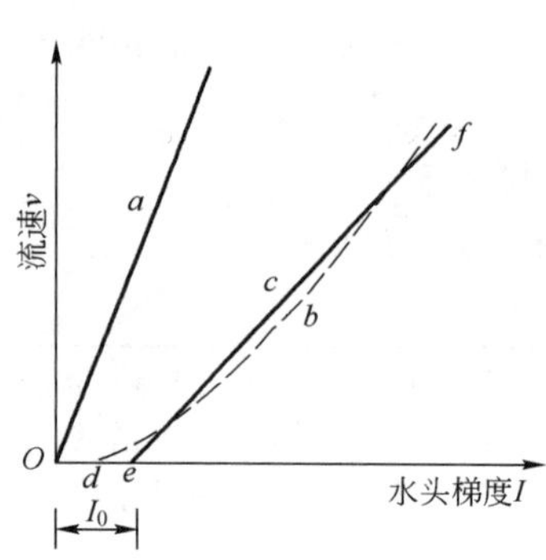

图 3-7　砂土和黏土的渗透规律

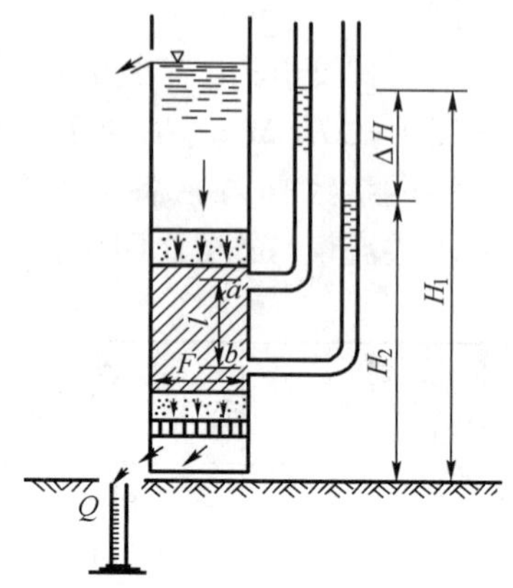

图 3-8　常水头渗透试验

$$Q = qt = kIFt = k\frac{\Delta H}{l}Ft$$

由此求得土样的渗透系数 k 为:

$$k = \frac{Ql}{\Delta HFt} \tag{3-14}$$

2. 变水头渗透试验

变水头渗透试验装置如图 3-9 所示。在试验筒内装置土样,土样的截面积为 F,高度为 l。试验筒上设置储水管,储水管截面积为 a,在试验过程中储水管的水头不断减小。若试验开始时,储水管水头为 h_1,经过时间 t 后降为 h_2。在时间 dt 内,水头降低了 $-\mathrm{d}h$,则在 dt 时间内通过土样的流量为:

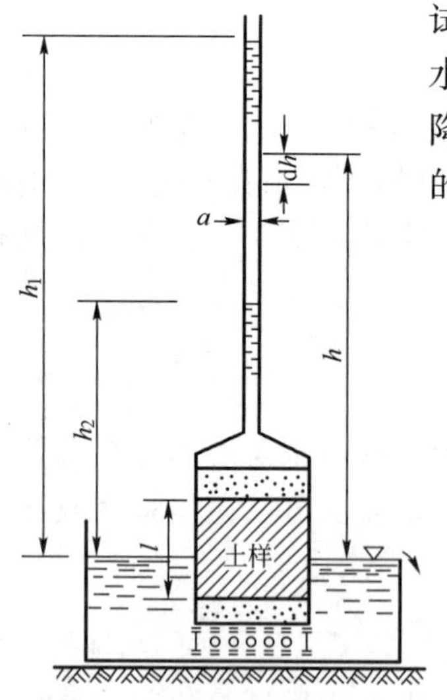

图 3-9　变水头渗透试验

$$\mathrm{d}Q = -a\cdot\mathrm{d}h$$

又从式(3-12)知

$$\mathrm{d}Q = q\mathrm{d}t = kIF\mathrm{d}t = k\frac{h}{l}F\mathrm{d}t$$

故得

$$-a\mathrm{d}h = k\frac{h}{l}F\mathrm{d}t$$

积分后得

$$-\int_{h_1}^{h_2}\frac{\mathrm{d}h}{h} = \frac{kF}{al}\int_0^t\mathrm{d}t$$

$$\ln\frac{h_1}{h_2} = \frac{kF}{al}t$$

由此求得渗透系数

$$k = \frac{al}{Ft}\ln\frac{h_1}{h_2} = \frac{2.3al}{Ft}\lg\frac{h_1}{h_2} \tag{3-15}$$

(二)现场抽水试验

渗透系数也可以在现场进行抽水试验测定。对于粗颗粒土或成层的土,室内试验时不易取得原状土样,或者土样不能反映天然土层的层次或颗粒排列情况。这时,从现场试验得到的渗透系数将比室内试验准确。现场测定渗透系数的方法较多,常用的有野外注水试验和野外抽水试验等,这种方法一般是在现场钻井孔或挖试坑,在往地基中注水或抽水时,量测地基中的水头高度和渗流量,再根据相应的理论公式求出渗透系数 k 值。下面主要介绍现场抽水试验。

抽水试验开始前,在试验现场钻一中心抽水井,根据井底土层情况可分为两种类型,井底钻至不透水层时称为完整井,井底未钻至不透水层时称为非完整井,见图3-10。在距抽水井中心半径为 r_1 和 r_2 处布置观测孔,以观测周围地下水位的变化。试验抽水后,地基中将形成降水漏斗。当地下水进入抽水井流量与抽水量相等且维持稳定时,测读此时的单位时间抽水量 q,同时在观测孔处测量出其水头分别为 h_1 和 h_2。对非完整井,还需量测抽水井中的水深 h_0 和确定降水影响半径 R。在假定土中任一半径处的水头梯度为常数的条件下,渗透系数 k 可由下列各式确定。

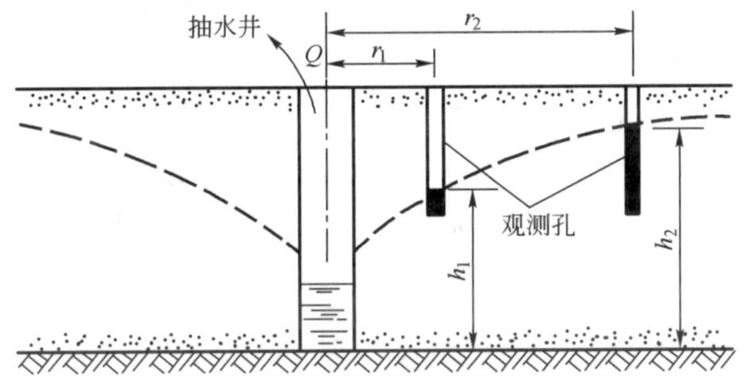

图3-10 现场抽水试验

1. 无压完整井

对于无压完整井,假定土中任一半径处的水头梯度为常数,即 $I = \frac{dh}{dr}$,则由公式(3-12)可得:

$$q = kIF = k\frac{dh}{dr}(2\pi rh)$$

$$\frac{dr}{r} = \frac{2\pi k}{q}h\,dh$$

积分后可得

$$\ln\frac{r_2}{r_1} = \frac{\pi k}{q}(h_2^2 - h_1^2)$$

求得渗透系数 k 为:

$$k = \frac{q\ln\left(\frac{r_2}{r_1}\right)}{\pi(h_2^2 - h_1^2)} = \frac{2.3q\lg\left(\frac{r_2}{r_1}\right)}{\pi(h_2^2 - h_1^2)} \tag{3-16}$$

由上式求得的 k 值为 $r_1 \leqslant r \leqslant r_2$ 范围内的平均值。若在试验中不设观测井，则需测定抽水井的水深 h_0，并确定其降水影响半径 R，此时降水半径范围内的平均渗透系数为：

$$k=\frac{q\ln\left(\frac{R}{r_0}\right)}{\pi(H^2-h_0^2)} \tag{3-17}$$

式中：H——不受降水影响的地下水面至不透水层层面的距离（m）；

h_0——抽水井的水深（m）；

r_0——抽水井的半径（m）。

2. 无压非完整井

对于非完整井，还需量测抽水井中的水深 h_0 和确定降水影响半径 R。同理可求得：

$$k=\frac{q\ln\left(\frac{R}{r_0}\right)}{\pi[(H-h')^2-h_0^2]\left[1+\left(0.3+\frac{10r_0}{H}\right)\sin\left(\frac{1.8h'}{H}\right)\right]} \tag{3-18}$$

式中：h'——井底至不透水层层面的距离（m）；

其余符号意义同前。

式(3-17)和式(3-18)中 R 的取值，在无实测资料时可采用经验值计算。通常强透水土层（如乱石、砾石层等）的影响半径值很大，在 200～500m 以上，而中等透水土层（如中、细砂等）的影响半径较小，在 100～200m 左右。

例题 3-1 如图 3-11 所示，在现场进行抽水试验测定砂土层的渗透系数。抽水井穿过 10m 厚砂土层进入不透水层，在距井管中心 15m 及 60m 处设置观测孔。已知抽水前静止地下水位在地面下 2.35m 处。抽水后待渗流稳定时，从抽水井测得流量 $q=5.47\times10^{-3}\text{m}^3/\text{s}$，同时从两个观测孔测得水位分别下降了 1.93m 及 0.52m，求砂土层的渗透系数。

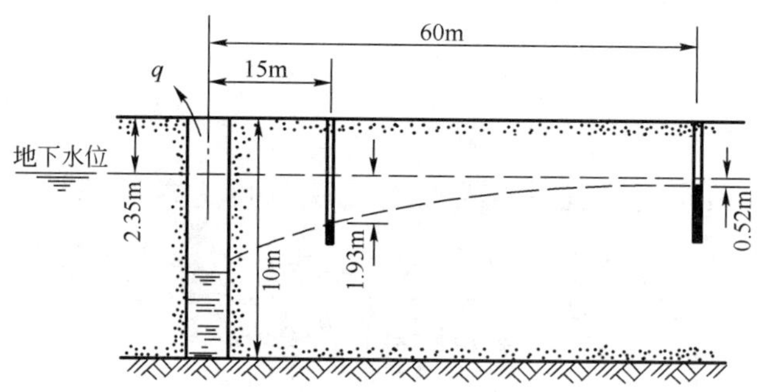

图 3-11 例题 3-1 图

解 两个观测的水头分别为：

$r_1=15\text{m}$ 处 $\quad h_1=10-2.35-1.93=5.72\text{m}$

$r_2=60\text{m}$ 处 $\quad h_2=10-2.35-0.52=7.13\text{m}$

由式(3-16)求得渗透系数

$$k=\frac{q\ln\left(\frac{r_2}{r_1}\right)}{\pi(h_2^2-h_1^2)}=\frac{5.47\times10^{-3}}{\pi}\times\frac{\ln\left(\frac{60}{15}\right)}{(7.13^2-5.72^2)}=1.33\times10^{-4}\text{m/s}$$

(三)成层土的渗透系数

如已知每层土的渗透系数,则成层土的渗透系数可按下述方法计算。图 3-12 表示土层有两层组成,各层土的渗透系数为 k_1、k_2,厚度为 h_1、h_2。

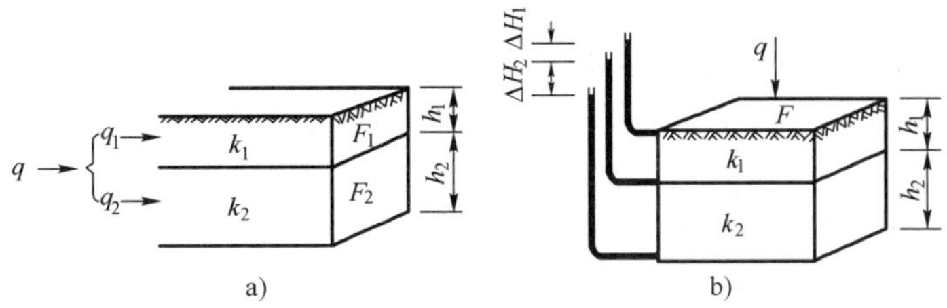

图 3-12 成层土的渗透系数

考虑水平渗流时(水流方向与土层平行),如图 3-12a)所示。因为各土层的水头梯度相同,总的流量等于各土层流量之和,总的截面积等于各土层截面积之和,即:

$$I = I_1 = I_2$$

$$q = q_1 + q_2$$

$$F = F_1 + F_2$$

因此土层水平向的平均渗透系数 k_h 为:

$$k_h = \frac{q}{FI} = \frac{q_1 + q_2}{FI} = \frac{k_1F_1I_1 + k_2F_2I_2}{FI} = \frac{k_1h_1 + k_2h_2}{h_1 + h_2} = \frac{\sum k_ih_i}{\sum h_i} \tag{3-19}$$

考虑竖直向渗流时(水流方向与土层垂直),如图 3-12b)所示。则可知总的流量等于每一土层的流量,总的截面积与每层土的截面积相同,总的水头损失等于每一层的水头损失之和。即:

$$q = q_1 = q_2$$

$$F = F_1 = F_2$$

$$\Delta H = \Delta H_1 + \Delta H_2$$

由此得土层竖向的平均渗透系数 k_v 为:

$$k_v = \frac{q}{FI} = \frac{q}{F} \cdot \frac{(h_1 + h_2)}{\Delta H} = \frac{q}{F}\frac{(h_1 + h_2)}{(\Delta H_1 + \Delta H_2)}$$

$$= \frac{q}{F}\frac{(h_1 + h_2)}{\left(\frac{q_1h_1}{F_1k_1}\right) + \left(\frac{q_2h_2}{F_2k_2}\right)} = \frac{h_1 + h_2}{\frac{h_1}{k_1} + \frac{h_2}{k_2}} = \frac{\sum h_i}{\sum \frac{h_i}{k_i}} \tag{3-20}$$

四、影响土的渗透性的因素

影响土的渗透性的因素主要有以下几种:

1. 土的粒度成分及矿物成分

土的颗粒大小、形状及级配,影响土中孔隙大小及形状,因而影响土的渗透性。土颗粒越粗、越浑圆、越均匀,其渗透性就越大。当砂土中含有较多粉土及黏土颗粒时,其渗透性就大大降低。

土的矿物成分对于卵石、砂土和粉土的渗透性影响不大，但对于黏性土的渗透性影响较大。黏性土中含有亲水性较大的黏土矿物（如蒙脱石）或有机质时，由于它们具有很大的膨胀性，就大大降低土的渗透性。含有大量有机质的淤泥几乎是不透水的。

2. 结合水膜的厚度

黏性土中若土粒的结合水膜厚度较厚时，会阻塞土的孔隙，降低土的渗透性。如钠黏土，由于钠离子的存在，使黏土颗粒的扩散层厚度增加，所以透水性很低。又如在黏土中加入高价离子的电解质（如 Al、Fe 等），会使土粒扩散层厚度减薄，黏土颗粒会凝聚成粒团，土的孔隙因而增大，这将使土的渗透性增大。

3. 土的结构构造

天然土层通常不是各向同性的，在渗透性方面往往也是如此。如黄土具有竖直方向的大孔隙，所以竖直方向的渗透系数要比水平方向大得多。层状黏土常夹有薄的粉砂层，它的水平方向的渗透系数要比竖直方向大得多。

4. 水的黏滞度

水在土中的渗流速度与水的密度及黏滞度有关，而这两个数值又与温度有关。一般水的密度随温度变化很小，可略去不计，但水的动力黏滞系数 η 随温度变化而变化。故室内渗透试验时，同一种土在不同温度下会得到不同的渗透系数。在天然土层中，除了靠近地表的土层外，一般土中的温度变化很小，故可忽略温度的影响。但是室内试验的温度变化较大，故应考虑它对渗透系数的影响。目前常以水温为 20℃ 时的 k_{20} 作为标准值，在其他温度测定的渗透系数 k_t 可按式（3-21）进行修正：

$$k_{20} = k_t \frac{\eta_t}{\eta_{20}} \tag{3-21}$$

式中：η_t、η_{20}——分别为 t℃ 时及 20℃ 时水的动力黏滞系数（kPa · s），$\frac{\eta_t}{\eta_{20}}$的比值与温度的关系参见表 3-3。

水的动力黏滞系数比$\frac{\eta_t}{\eta_{20}}$与温度的关系 表 3-3

温度（℃）	$\frac{\eta_t}{\eta_{20}}$	温度（℃）	$\frac{\eta_t}{\eta_{20}}$	温度（℃）	$\frac{\eta_t}{\eta_{20}}$
6	1.455	16	1.104	26	0.870
8	1.373	18	1.050	28	0.833
10	1.297	20	1.000	30	0.798
12	1.227	22	0.958	32	0.765
14	1.168	24	0.910	34	0.735

5. 土中气体

当土孔隙中存在密闭气泡时，会阻塞水的渗流，从而降低了水土的渗透性。这种密闭气泡有时是由溶解于水中的气体分离出来而形成的，故室内渗透试验有时规定要用不含溶解空气的蒸馏水。

第三节　动水力及渗流破坏

水在土中渗流时,受到土颗粒的阻力 T 的作用,这个力的作用方向是与水流方向相反的。根据作用力与反作用力相等的原理,水流也必然有一个相等的力作用在土颗粒上,通常把水流作用在单位体积土体中土颗粒上的力称为动水力 G_D(kN/m^3),也称为渗流力。动水力的作用方向与水流方向一致。G_D 和 T 的大小相等,方向相反,它们都是用体积力表示的。

动水力的计算在工程实践中具有重要意义,例如研究土体在水渗流时的稳定性问题,就要考虑动水力的影响。

一、动水力的计算公式

在土中沿水流的渗透方向,切取一个土柱体 ab(见图 3-13),土柱体的长度为 l,横截面积为 F。已知 a、b 两点距基准面的高度分别为 z_1 和 z_2,两点的测压管水柱高分别为 h_1 和 h_2,则两点的水头分别为 $H_1=h_1+z_1$ 和 $H_2=h_2+z_2$。

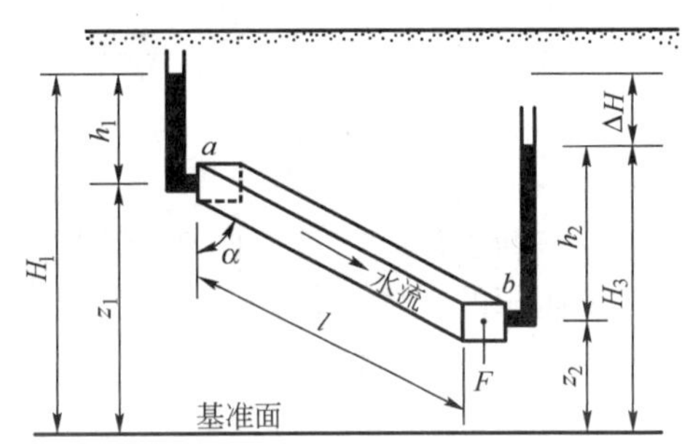

图 3-13　动水力的计算

将土柱体 ab 内的水作为脱离体,考虑作用在水上的力系。因为水流的流速变化很小,其惯性力可以略去不计。这样,可以求得这些力在 ab 轴线方向的分别为:

$\gamma_w h_1 F$——作用在土柱体的截面 a 处的水压力,其方向与水流方向一致;

$\gamma_w h_2 F$——作用在土柱体的截面 b 处的水压力,其方向与水流方向相反;

$\gamma_w nlF\cos\alpha$——土柱体内水的重力在 ab 方向的分力,其方向与水流方向一致;

$\gamma_w(1-n)lF\cos\alpha$——土柱体内土颗粒作用于水的力在 ab 方向的分力(土颗粒作用于水的力,也就是水对于土颗粒作用的浮力的反作用力),其方向与水流方向一致;

lFT——水渗流时,土柱中的土颗粒对水的阻力,其方向与水流方向相反;

γ_w——水的重度;

n——土的孔隙率;

其他符号意义见图 3-13。

根据作用在土柱体 ab 内水上的各力的平衡条件可得:

$$\gamma_w h_1 F-\gamma_w h_2 F+\gamma_w nlF\cos\alpha+\gamma_w(1-n)lF\cos\alpha-lFT=0$$

或

$$\gamma_w h_1-\gamma_w h_2+\gamma_w l\cos\alpha-lT=0$$

以 $\cos\alpha=\dfrac{z_1-z_2}{l}$ 代入上式,可得:

$$T=\gamma_w\frac{(h_1+z_1)-(h_2+z_2)}{l}=\gamma_w\frac{H_1-H_2}{l}=\gamma_w I \tag{3-22}$$

故得动水力的计算公式:

$$G_D=T=\gamma_w I \tag{3-23}$$

二、流砂现象、管涌和临界水头梯度

由于动水力的方向与水流方向一致，因此当水的渗流自上向下时［例如图3-14a）中容器内的土样，或图3-15中河滩路堤基底土层中的 d 点］，动水力方向与土体重力方向一致，这样将增加土颗粒间的压力；若水的渗流方向自下而上时［如图3-14b）容器内的土样，或图3-15中的 e 点］，动水力的方向与土体重力方向相反，这样将减小土颗粒间的压力。

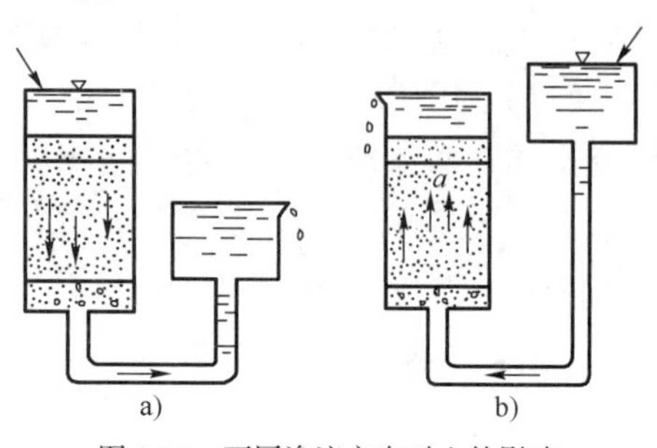

图3-14　不同渗流方向对土的影响

a）向下渗流时；b）向上渗流时

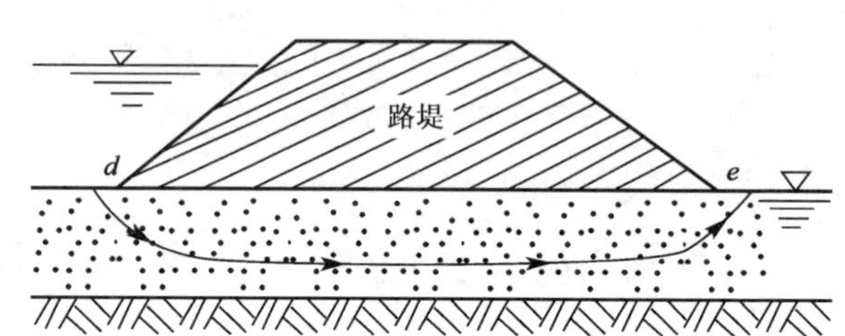

图3-15　河滩路堤下的渗流

若水的渗流方向自下而上，在土体表面［如图3-14b）的 a 点，或图3-15路堤下的 e 点］取一单位体积的土体进行分析。已知土有效重度为 γ'，当向上的动水力 G_D 与土的有效重度相等时，即

$$G_D = \gamma_w I = \gamma' = \gamma_{sat} - \gamma_w \tag{3-24}$$

式中：γ_{sat}——土的饱和重度；

γ_w——水的重度。

这时土颗粒间的压力等于零，土颗粒将处于悬浮状态而失去稳定，这种现象称为流砂现象。这时的水头梯度称为临界水头梯度 I_{cr}，可由式(3-25)得到：

$$I_{cr} = \frac{\gamma'}{\gamma_w} = \frac{\gamma_{sat}}{\gamma_w} - 1 \tag{3-25}$$

工程中将临界水头梯度 I_{cr} 除以安全系数 K 作为容许水头梯度［I］，设计时，渗流逸出处的水头梯度应满足如下要求：

$$I \leqslant [I] = \frac{I_{cr}}{K} \tag{3-26}$$

对流砂的安全性进行评价时，K 一般可取2.0～2.5。

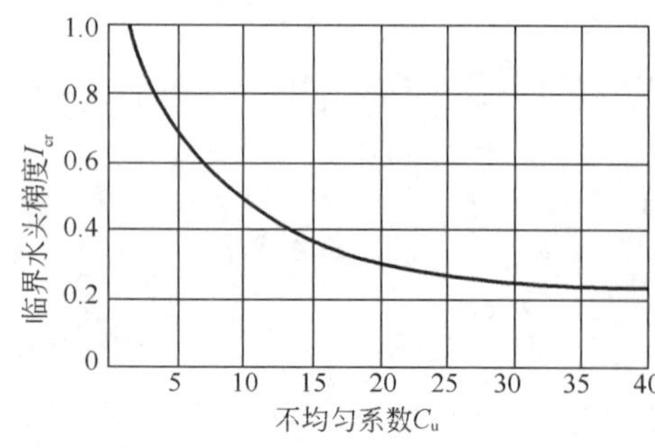

图3-16　临界水头梯度与土颗粒组成关系

水在砂性土中渗流时，土中的一些细小颗粒在动水力的作用下，可能通过粗颗粒的孔隙被水流带走，这种现象称为管涌。管涌可以发生于局部范围，但也可能逐步扩大，最后导致土体失稳破坏。发生管涌的临界水头梯度与土的颗粒大小及其级配情况有关。图3-16给出了临界水头梯度 I_{cr} 与土的不均匀系数 C_u 间的关系曲线。从图中可以看出，土的不均匀系数越大，管涌现象越容易发生。

流砂现象发生在土体表面渗流逸出处，不发生于土体内部,而管涌现象可以发生在渗流逸出处,也可能发生于土体内部。

流砂现象主要发生在细砂、粉砂及粉土等土层中。对饱和的低塑性黏性土,当受到扰动,也会发生流砂;而在粗颗粒以及黏土中则不易产生。

基坑开挖排水时,若采用表面直接排水,坑底土将受到向上的动水力作用,可能发生流砂现象。这时坑底土边挖边会随水涌出,无法清除。由于坑底土随水涌入基坑,使坑底土的结构破坏,强度降低,重则造成坑底失稳,轻则将会造成建筑物的附加沉降。在基坑四周由于土颗粒流失,地面会发生凹陷,危及邻近的建筑物和地下管线,严重时会导致工程事故。水下深基坑或沉井排水挖土时,若发生流砂现象将危及施工安全,应引起特别注意。通常,施工前应做好周密的勘测工作,当基坑底面的土层是容易引起流砂现象的土质时,应避免采用表面直接排水,而可采用人工降低地下水位方法进行施工。

河滩路堤两侧有水位差时,在路堤内或基底土内发生渗流,当水头梯度较大时,可能产生管涌现象,导致路堤坍塌破坏。为了防止管涌现象发生,一般可在路基下游边坡的水下部分设置反滤层,可以防止路堤中细小颗粒被管涌带走。

为防止渗流破坏,应使渗流逸出处的水头梯度小于容许水头梯度。因此,确定渗流逸出处的水头梯度至关重要。在实际工程中,对于边界条件较为复杂的渗流问题难以给出严密的解析解,可采用电模拟试验法或流网法求解,或借助于有限元等数值计算手段,其中,流网法直观明了,在工程中有着广泛应用,精度一般可满足实际需要,关于流网法的详细介绍可参考相关文献资料。

第四节 土在冻结过程中水分的迁移和积聚

一、冻土现象及其对工程的危害

在冰冻季节因大气负温影响,土中水分冻结成为冻土。冻土根据其冻融情况分为:季节性冻土、隔年冻土和多年冻土。季节性冻土是指冬季冻结、夏季全部融化的冻土;若冬季冻结,一两年不融化的土层称为隔年冻土;凡冻结状态持续三年或三年以上的土层称为多年冻土。多年冻土地区的表土层,有时夏季融化,冬季冻结,所以也是属于季节性冻土。

我国的多年冻土分布,基本上集中在纬度较高和海拔较高的严寒地区,如东北的大兴安岭北部和小兴安岭北部,青藏高原及西部天山、阿尔泰山等地区,总面积约占我国领土的20%左右,而季节性冻土则分布范围更广。

在冻土地区,随着土中水的冻结和融化,会发生一些独特的现象,称为冻土现象。冻土现象严重地威胁着建筑物的稳定及安全,冻土现象是由冻结及融化两种作用所引起。某些细粒土层在冻结时,往往会发生土层体积膨胀,使地面隆起成丘,即所谓冻胀现象。土层发生冻胀的原因,不仅是由于水分冻结成冰时体积要增大9%的缘故,还主要是由于土层冻结时,周围未冻结区中的水分会向表层冻结区集聚,使冻结区土层中水分增加,冻结后的冰晶体不断增大,土体积也随之发生膨胀隆起。冻土的冻胀会使路基隆起,使柔性路面鼓包、开裂,使刚性路面错缝或折断;冻胀还使修建在其上的建筑物抬起,引起建筑物开裂、倾斜,甚至倒塌。

对工程危害更大的是在季节性冻土地区，一到春暖土层解冻融化后，由于土层上部积累的冰晶体融化，使土中含水率大大增加，加之细粒土排水能力差，土层处于饱和状态，土层软化，强度大大降低。路基土冻融后，在车辆反复碾压下，轻者路面变得松软，限制行车速度，重者路面开裂、冒泥，即出现翻浆现象，使路面完全破坏。冻融也会使房屋、桥梁、涵管发生大量下沉或不均匀下沉，引起建筑物开裂破坏。因此，冻土的冻胀及冻融都会对工程带来危害，必须引起注意，采取必要的防治措施。

二、冻胀的机理与影响因素

1. 冻胀的原因

土发生冻胀的原因是冻结时土中的水向冻结区迁移和积聚。土中水分的迁移是怎样发生的呢？解释水分迁移的学说很多，其中以“结合水迁移学说”较为普遍。

土中水可区分为结合水和自由水两大类，结合水根据其所受分子引力的大小分为强结合水和弱结合水；自由水则可分为重力水与毛细水。重力水在0℃时冻结，毛细水因受表面张力的作用其冰点稍低于0℃；结合水的冰点则随着其受到的引力增加而降低，弱结合水的外层在－0.5℃时冻结，越靠近土粒表面其冰点越低，弱结合水要在－30～－20℃时才全部冻结，而强结合水在－78℃仍不冻结。

当大气温度降至负温时，土层中的温度也随之降低，土体孔隙中的自由水首先在0℃时冻结成冰晶体。随着气温的继续下降，弱结合水的最外层也开始冻结，使冰晶体逐渐扩大。这样使冰晶体周围土粒的结合水膜减薄，土粒就产生剩余的分子引力。另外，由于结合水膜的减薄，使得水膜中的离子浓度增加（因为结合水中的水分子结成冰晶体，使离子浓度相应增加），这样，就产生渗附压力（即当两种水溶液的浓度不同时，会在它们之间产生一种压力差，使浓度较小溶液中的水向浓度较大的溶液渗流）。在这两种引力作用下，附近未冻结区水膜较厚处的结合水，被吸引到冻结区的水膜较薄处。一旦水分被吸引到冻结区后，因为负温作用，水即冻结，使冰晶体增大，而不平衡引力继续存在。若未冻结区存在着水源（如地下水距冻结区很近）及适当的水源补给通道（即毛细通道），就能够源源不断地补充被吸收的结合水，则未冻结的水分就会不断地向冻结区迁移积聚，使冰晶体扩大，在土层中形成冰夹层，土体积发生隆胀，即冻胀现象。这种冰晶体的不断增大，一直要到水源的补给断绝后才停止。

2. 影响冻胀的因素

从上述土冻胀的机理分析中可以看到，土的冻胀现象是在一定条件下形成的。影响冻胀的因素有下列三方面：

（1）土的因素。冻胀现象通常发生在细粒土中，特别是在粉土、粉质黏土中，冻结时水分迁移积聚最为强烈，冻胀现象严重。这是因为这类土具有较显著的毛细现象，上升高度大，上升速度快，具有较通畅的水源补给通道，同时，这类土的颗粒较细，表面能大，土粒矿物成分亲水性强，能持有较多的结合水，从而能使大量结合水迁移和积聚。相反，黏土虽有较厚的结合水膜，但毛细孔隙较小，对水分迁移的阻力很大，没有通畅的水源补给通道，所以其冻胀性较上述粉质土为小。

砂砾等粗颗粒土，没有或具有很少量的结合水，孔隙中自由水冻结后，不会发生水分的迁移积聚,同时由于砂砾的毛细现象不显著,因而不会发生冻胀。所以在工程实践中常在路基或路基中换填砂土,以防治冻胀。

(2)水的因素。前面已经指出,土层发生冻胀的原因是水分的迁移和积聚。因此,当冻结区附近地下水水位较高,毛细水上升高度能够达到或接近冻结线,使冻结区能得到水源的补给时,将发生比较强烈的冻胀现象。这样,可以区分两种类型的冻胀:一种是冻结过程中有外来水源补给的,叫开敞型冻胀;另一种是冻胀冻结过程中没有外来水分补给的,叫作封闭型冻胀。开敞型冻胀往往在土层中形成很厚的冰夹层,产生强烈冻胀,而封闭型冻胀,土中冰夹层薄,冻胀量也小。

(3)温度的因素。如气温骤降且冷却强度很大时,土的冻结迅速向下推移,即冻结速度很快。这时,土中弱结合水及毛细水来不及向冻结区迁移就在原地冻结成冰,毛细通道也被冰晶体所堵塞。这样,水分的迁移和积聚不会发生,在土层中看不到冰夹层,只有散布于土孔隙中的冰晶体,这时形成的冻土一般无明显的冻胀。

如气温缓慢下降,冷却强度小,但负温持续的时间较长,则就能促使未冻结区水分不断地向冻结区迁移积聚,在土中形成冰夹层,出现明显的冻胀现象。

上述三方面的因素是土层发生冻胀的三个必要因素。因此,在持续负温作用下,地下水位较高处的粉砂、粉土、粉质黏土等土层常具有较大的冻胀危害。但是,也可以根据影响冻胀的三个因素,采取相应的防治冻胀的工程措施。

三、冻结深度

由于土的冻胀和冻融将危害建筑物的正常和安全使用,因此一般设计中,均要求将基础底面置于当地冻结深度以下,以防止冻害的影响。土的冻结深度不仅和当地气候有关,而且也和土的类别、温度以及地面覆盖情况(如植被、积雪、覆盖土层等)有关,在工程实践中,把在地表平坦、裸露、城市之外的空旷场地中不少于10年实测最大冻深的平均值称为标准冻结深度 z_0。我国《建筑地基基础设计规范》(GB 50007—2011)等规范根据实测资料编绘了中国季节性冻土标准冻深线图,当无实测资料时,可参照标准冻深线图,并结合实地调查确定。

在季节性冻土区的路基工程,由于路基土层起保温作用,使路基下天然地基中的冻结深度要相应减小,其减小的程度与路基土的保温性能有关。

【习题】

[3-1] 将某土样置于渗透仪中进行变水头渗透试验。已知试样的高度 $l=4.0\text{cm}$,试样的横断面面积为 32.2cm^2,变水头测压管面积为 1.2cm^2。试验经过的时间 Δt 为 1h,测压管的水头高度从 $h_1=320.5\text{cm}$ 降至 $h_2=290.3\text{cm}$,测得的水温 $T=25℃$。试确定:(1)该土样在20℃时的渗透系数 k_{20} 值;(2)根据渗透系数大致判断该土样属于哪一种土。

[3-2] 在图3-17所示容器中的土样,受到水的渗流作用。已知土样高度 $l=0.4\text{m}$,土样横截面面积 $F=25\text{cm}^2$,土样的土粒比重 $G_s=2.69$,孔隙比 $e=0.800$。(1)计算作用在土样上

的动水力大小及其方向；(2)若土样发生流砂现象，其水头差 h 应是多少？

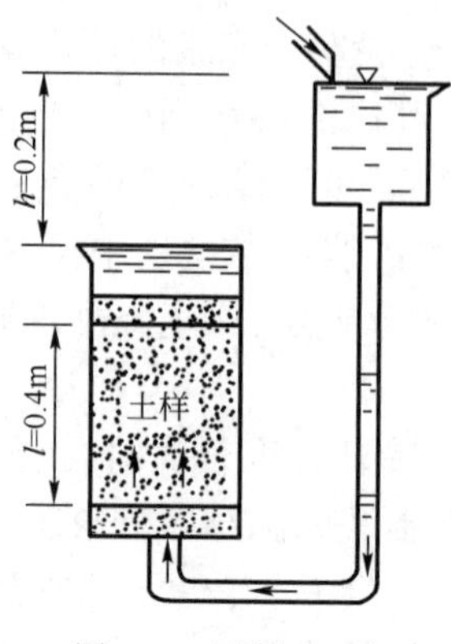

图 3-17　习题 3-2 图

【思考题】

[3-1]　土层中的毛细水带是怎样形成的？各有何特点？

[3-2]　毛细水上升的原因是什么？在哪种土中毛细现象最显著？

[3-3]　影响土的渗透能力的主要因素有哪些？

[3-4]　何谓渗透模型？引入这一概念有何意义？

[3-5]　渗透系数的测定方法主要有哪些？它们的适用条件是什么？

[3-6]　何谓动水力、临界水头梯度？

[3-7]　试述流砂现象和管涌现象的异同。

[3-8]　土发生冻胀的原因是什么？发生冻胀的条件是什么？

[3-9]　试从土发生冻胀的原因来分析工程实践中防治冻害措施的有效性。

第四章

土中应力计算

第一节 概 述

一、土中应力计算的目的和方法

土中应力是指土体在自身重力、构筑物荷载以及其他因素(如土中水渗流、地震等)作用下,土中所产生的应力。土中应力包括自重应力与附加应力,前者是因土受到重力作用而产生的,因其一般随着土的形成就存在,因此也称为长驻应力;后者是因受到建筑物等外荷载作用而产生的。由于产生的条件不相同,因此,土中自重应力与附加应力的分布规律和计算方法也不相同。

土中应力变化将引起土的变形,从而使建筑物发生下沉、倾斜及水平位移等,如果这种变形过大,往往会影响建筑物的正常使用。此外,土中应力过大时,也会导致土的强度破坏,甚至使土体发生滑动而失去稳定。因此,研究土体的变形、强度及稳定性等力学问题时,都必须先获知土中的应力状态。所以计算土中应力分布是土力学的重要内容之一。

目前计算土中应力的计算方法,主要是采用弹性力学公式,也就是把地基土视为均匀的、各向同性的半无限弹性体。这虽然同土体的实际情况有差别,但其计算结果还是能满足实际工程的要求,其原因可以从下述几方面来分析:

(1)土的分散性影响。前面已经指出,土是由三相组成的分散体,而不是连续介质,土中应力是通过土颗粒间的接触来传递的。但是,由于建筑物的基础底面尺寸远远大于土颗粒尺寸,同时实际工程一般也只是计算平面上的平均应力,而不是土颗粒间的接触集中应力。因此可以忽略土分散性的影响,近似地把土体作为连续体来考虑,而应用弹性理论。

(2)土的非均质性和非理想弹性的影响。土在形成过程中具有各种结构与构造,使土呈现不均匀性。同时土体也不是一种理想的弹性体,而是一种具有弹塑性或黏滞性的介质。但是,弹性分析是求解非线性问题第一步,而且,在实际工程中土中应力水平较低,土的应力应变关系接近于线性关系。因此,当土层间的性质差异并不十分悬殊时,采用弹性理论计算土中应力在实用上是允许的。

(3)地基土可视为半无限体。所谓半无限体就是无限空间体的一半,也即该物体在水平向 x 及 y 轴的正负方向是无限延伸的,而竖直向 z 轴仅只在向下的正方向是无限延伸的,向上的负方向等于零。地基土在水平方向及深度方向相对于建筑物基础的尺寸而言,可以认为是无限延伸的,因此,可以认为地基土是符合半无限体的假定。

二、土中一点的应力状态

若对半无限土体建立如图4-1 所示的直角坐标系,则土体中某点 M 的应力状态,可以用一个正六面单元体上的应力来表示,作用在单元体上的3 个法向应力分量为 σ_x、σ_y、σ_z,6 个剪应力分量为 $\tau_{xy}=\tau_{yx}$、$\tau_{yz}=\tau_{zy}$、$\tau_{zx}=\tau_{xz}$。剪应力的角标前面一个英文字母表示剪应力作用面的法向方向,后一个表示剪应力的作用方向。应该注意,在土力学中法向应力以压应力为正,拉应力为负,这与一般固体力学中的符号有所不同。此外,在土力学中剪应力的正负号规定是,当剪应力作用面的外法线方向与坐标轴的正方向一致时,则剪应力的方向与坐标轴正方向一致时为负,反之为正;若剪应力作用面的外法线方向与坐标轴正方相反时,则剪应力的方向与坐标轴正方向一致时为正,反之为负。图 4-1 所示的法向应力及剪应力均为正值。

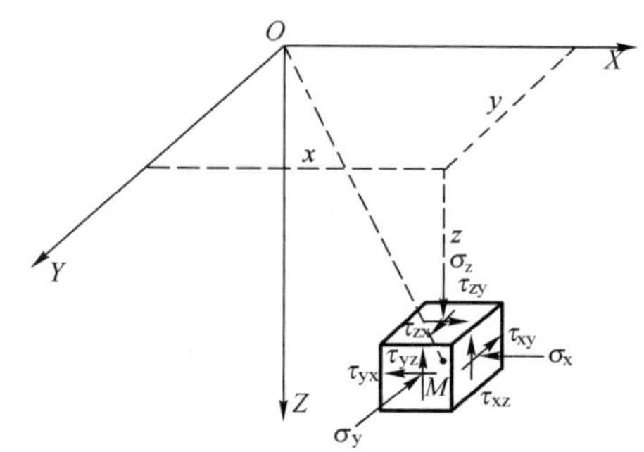

图 4-1 土中一点的应力状态

第二节 土中自重应力计算

一、基本计算公式

若土体是均质的半无限体,重度(即容重)为 γ,土体在自身重力作用下任一竖直切面都是对称面,因此切面上不存在剪应力($\tau=0$)。如图 4-2 所示,考虑长度为 z,截面积 $F=1$ 的土柱体,取隔离体,考虑 z 方向的平衡,设土柱体重为 W,底截面上的应力大小为 σ_{cz}。则:

$$\sigma_{cz}F = W = \gamma zF$$

即

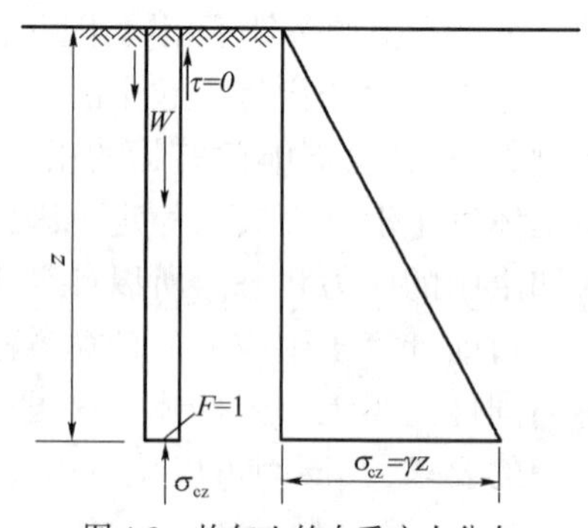

图 4-2 均匀土的自重应力分布

$$\sigma_{cz} = \gamma z \tag{4-1}$$

式(4-1)就是自重应力计算公式,可以看出,随深度呈线性增加,呈三角形分布。

二、土体成层及有地下水时的计算公式

1. 当土体成层时

设各土层厚度及重度分别为 h_i 和 $\gamma_i(i=1,2,\cdots,n)$,类似于式(4-1)的推导,这时土柱体总重力为 n 段小土柱体之和,则在第 n 层土的底面,自重应力计算公式为:

$$\sigma_{cz} = \gamma_1 h_1 + \gamma_2 h_2 + \cdots + \gamma_n h_n = \sum_{i=1}^{n} \gamma_i h_i \tag{4-2}$$

图 4-3 给出两层土的情况。因 γ_i 值不同,故自重应力沿深度的分布呈折线形状。

2. 土层中有地下水时

计算地下水位以下土的自重应力时,应根据土的性质确定是否需考虑水的浮力作用。通常认为砂性土是应该考虑浮力作用的,黏性土则视其物理状态而定。对于黏性土:若水下的黏性土其液性指数 $I_L \geqslant 1$,则土处于流动状态,土颗粒间存在着大量自由水,此时可以认为土体受到水的浮力作用;若 $I_L \leqslant 0$,则土处于固体状态,土中自由水受到土颗粒间结合水膜的阻碍不能传递静水压力,故认为土体不受水的浮力作用;若 $0 < I_L < 1$,土处于可塑状态时,土颗粒是否受到水的浮力作用就较难确定,一般在实践中均按不利状态来考虑。

若地下水位以下的土受到水的浮力作用,则水下部分土的重度应按浮重度 γ' 计算,其计算方法如同成层土的情况。

在地下水位以下,如埋藏有不透水层(例如岩层或只含结合水的坚硬黏土层),由于不透水层中不存在水的浮力,所以层面及层面以下的自重应力应按上覆土层的水土总重计算,如图 4-4虚线所示。

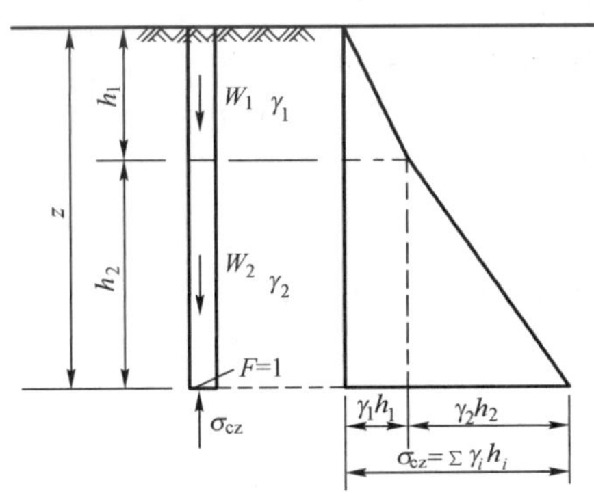

图 4-3 成层土的自重应力分布

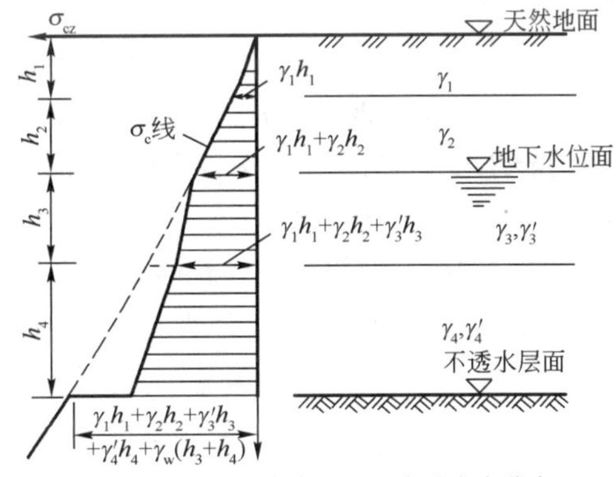

图 4-4 成层土中水下土的自重应力分布

三、水平向自重应力计算

土的水平向自重应力 σ_{cx} 和 σ_{cy},可按式(4-3)计算:

$$\sigma_{cx} = \sigma_{cy} = K_0 \sigma_{cz} \tag{4-3}$$

式中:K_0——称为侧压力系数,也称静止土压力系数。K_0 值可以在试验室测定,它与土的强度指标或变形指标间存在着理论或经验关系,详细讨论见第五、七章。

例题 4-1 某土层及其物理性质指标如图 4-5 所示,计算土中自重应力。

解 第一层土为细砂，地下水位以下的细砂受到水的浮力作用，其浮重度 γ_1' 为：

$$\gamma_1' = \frac{\gamma_1(G_s - 1)}{G_s(1 + w)} = \frac{19.0 \times (2.69 - 1)}{2.69 \times (1 + 0.18)} = 10.0\text{kN/m}^3$$

第二层黏土层的液性指数 $I_L = \dfrac{w - w_P}{w_L - w_P} = \dfrac{50 - 25}{48 - 25} = 1.09 > 1$，故认为黏土层受到水的浮力作用，其浮重度 γ_2' 为：

$$\gamma_2' = \frac{16.8 \times (2.74 - 1)}{2.74 \times (1 + 0.50)} = 7.1\text{kN/m}^3$$

a 点：$z = 0, \sigma_{cz} = \gamma z = 0$

b 点：$z = 2\text{m}, \sigma_{cz} = 19.0 \times 2 = 38.0\text{kPa}$

c 点：$z = 5\text{m}, \sigma_{cz} = \sum \gamma_i h_i = 19.0 \times 2 + 10.0 \times 3 = 68.0\ \text{kPa}$

d 点：$z = 9\text{m}, \sigma_{cz} = 19.0 \times 2 + 10.0 \times 3 + 7.1 \times 4 = 96.4\text{kPa}$

土层中的自重应力 σ_{cz} 分布图如图 4-5 所示。

例题 4-2 计算图 4-6 所示水下地基土中的自重应力分布。

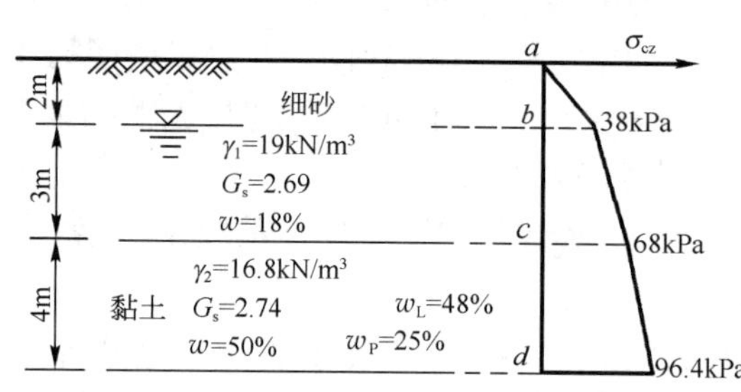

图 4-5 例题 4-1 图

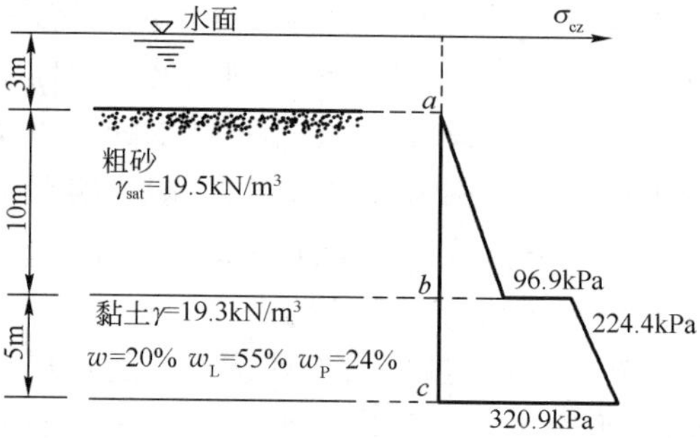

图 4-6 例题 4-2 图

解 水下的粗砂受到水的浮力作用，其浮重度可根据表 1-5 计算：

$$\gamma' = (\gamma_{sat} - \gamma_w) = 19.5 - 9.81 = 9.69\text{kN/m}^3$$

黏土层因为 $w = 20\% < w_p = 24\%$，则 $I_L < 0$，故认为土层不受水的浮力作用，土层面上还受到上面的静水压力作用。土中各点的自重应力计算如下：

a 点：$z = 0, \sigma_{cz} = \gamma z = 0$

$b_上$ 点：$z = 10\text{m}$，但该点位于粗砂层中，则：$\sigma_{cz} = \gamma' z = 9.69 \times 10 = 96.9\text{kPa}$

$b_下$ 点：$z = 10\text{m}$，但该点位于黏土层中，则：

$$\begin{aligned}\sigma_{cz} &= \gamma' z + \gamma_w h_w = 9.69 \times 10 + 9.81 \times 13 \\ &= 224.4\text{kPa}\end{aligned}$$

c 点：$z = 15\text{m}, \sigma_{cz} = 224.4 + 19.3 \times 5 = 320.9\text{kPa}$

土中自重应力分布如图 4-6 所示。

第三节 基础底面的压力分布与计算

前面已经指出土中的附加应力是由建筑物荷载作用所引起应力增量，而建筑物的荷载是通过基础传到土中的，因此基础底面的压力分布形式将对土中应力产生影响。本章在讨论附加应力计算之前,首先需要研究基础底面的压力分布问题。

基础底面的压力分布问题是涉及基础与地基土两种不同物体间的接触压力问题,在弹性理论中称为接触压力问题。这是一个比较复杂的问题,影响因素很多,如基础的刚度、形状、尺寸、埋置深度以及土的性质荷载大小等。在理论分析中要顾及这么多的因素是困难的,目前在弹性理论中主要是研究不同刚度的基础与弹性半空间体表面的接触压力分布问题。关于基底压力分布的理论推导过程,在本节中将不作介绍,这方面的内容可参阅有关书籍,本节仅讨论基底压力分布的基本概念及简化的计算方法。

一、基础底面压力分布的概念

若一个基础上作用着均布荷载,假设基础是由许多小块组成,如图 4-7a)所示,各小块之间光滑而无摩擦力,则这种基础相当于绝对柔性基础(即基础的抗弯刚度 $EI\to0$),基础上荷载通过小块直接传递到土上,基础底面的压力分布图形将与基础上作用的荷载分布图形相同。这时,基础底面的沉降则各处不同,中央大而边缘小。因此,柔性基础的底面压力分布与作用的荷载分布形状相同。如由土筑成的路堤,可以近似的认为路堤本身不传递剪力,那么它就相当于一种柔性基础,路堤自重引起的基底压力分布就与路堤断面形状相同是梯形分布,如图 4-7b)所示。

桥梁墩台基础有时采用大块混凝土实体结构(图 4-8),它的刚度很大,可以认为是绝对刚性基础(即 $EI\to\infty$)。刚性基础不会发生挠曲变形,在中心荷载作用下,基底各点的沉降是相同的,这时基底压力分布是马鞍形,中央小而边缘大(按弹性理论边缘应力应为无穷大),如图 4-8a)所示。当作用的荷载较大时,基础边缘由于应力很大,将会使土产生塑性变形,边缘应力不再增加,而中央部分继续增大,使基底压力重新分布而呈抛物线形分布,如图 4-8b)所示。

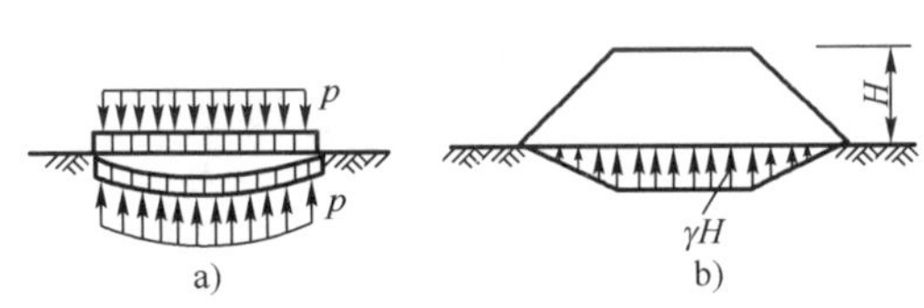

图 4-7 柔性基础下的压力分布图

a)理想柔性基础;b)路堤下的压力分布

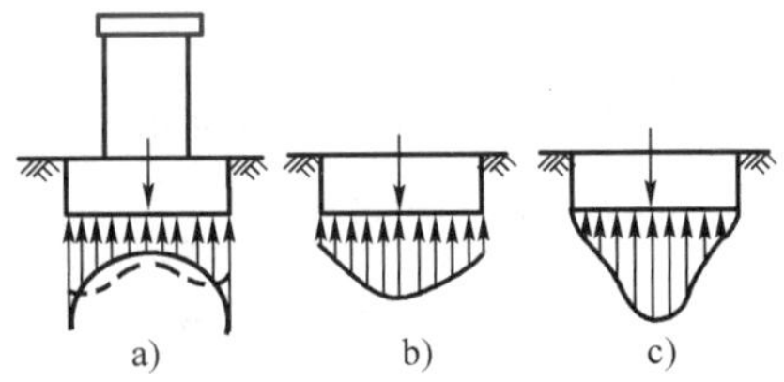

图 4-8 刚性基础下的压力分布

a)马鞍形分布;b)抛物线形分布;c)钟形分布

若作用荷载继续增大,则基底压力会继续发展而呈钟形分布,如图 4-8c)所示。所以刚性基础底面的压力分布形状同荷载大小有关,另外根据试验研究知道它还同基础埋置深度及土的性质有关,如普列斯(Press,1934)曾在 0.6m×0.6m 的刚性板上作了实测试验工作,其结果列于表 4-1 中。

刚性荷载板底面压力分布的试验结果 表 4-1

土 类	荷载板底面的埋置深度(m)		
	0	0.30	0.60
砂土(干的)	抛物线分布 $p_{max}=1.36p_m$	荷载小时鞍状分布 $p_0=0.93p_m$	荷载大时抛物线分布 $p_{max}=1.15p_m$

续上表

土　类	荷载板底面的埋置深度(m)		
	0	0.30	0.60
黏土 A	荷载小时鞍状分布 $p_0=0.98p_m$ $p_{max}=1.23p_m$	荷载小时鞍状分布 $p_0=0.98p_m$ $p_{max}=1.20p_m$	荷载大时抛物线分布 $p_{max}=1.13p_m$
黏土 B ($w=32\%$)	鞍状分布 $p_0=0.96p_m$ $p_{max}=1.26p_m$	荷载小时鞍状分布 $p_0=0.97p_m$ $p_{max}=1.23p_m$	

注：p_m 为荷载板底面平均压力，p_0 为荷载板底面中心的压力。

有限刚度基础底面的压力分布，可按基础的实际刚度及土的性质，用弹性地基上梁和板的方法计算，在本节中不作介绍。

二、基底压力的简化计算方法

从上述讨论可见，基底压力的分布是比较复杂的，但根据弹性理论中的圣维南原理以及从土中实际应力的测量结果得知，当作用在基础上的荷载总值一定时，基底压力分布形状对土中应力分布的影响，只在一定深度范围内，一般距基底的深度超过基础宽度的1.5～2.0倍时，它的影响已很不显著。因此，在实用上对基底压力的分布可近似的认为是按直线规律变化，采用简化方法计算，也即材料力学公式计算。

1. 中心荷载作用时[图4-9a)]

基底压力 p 按中心受压公式计算

$$p=\frac{N}{F} \tag{4-4}$$

式中：N——作用在基础底面中心的竖直荷载；

F——基础底面积。

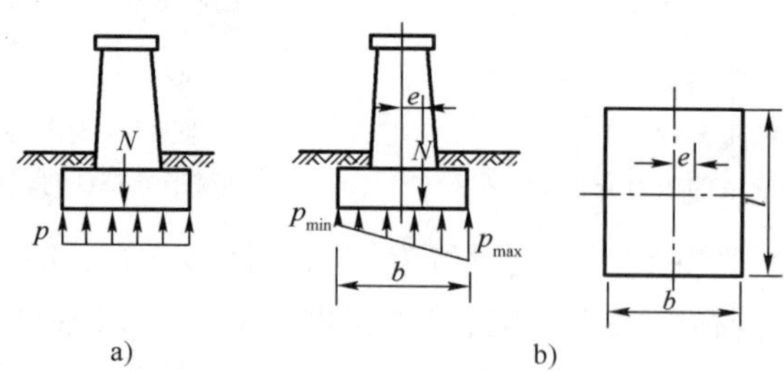

图4-9　基底压力分布的简化计算

a)中心荷载时；b)偏心荷载时

2. 偏心荷载时[图4-9b)]

基底压力按偏心受压公式计算

$$p_{\substack{max\\min}}=\frac{N}{F}\pm\frac{M}{W}=\frac{N}{F}\left(1\pm\frac{6e}{b}\right) \tag{4-5}$$

式中：N、M——作用在基础底面中心的竖直荷载及弯矩，$M=Ne$；

e——荷载偏心距(在宽度 b 方向上);

W——基础底面的抵抗矩,对矩形基础 $W=\frac{lb^2}{6}$;

b、l——基础底面的宽度与长度。

从式(4-5)可知,按荷载偏心距 e 的大小,基底压力的分布可能出现下述三种情况(如图 4-10 所示):

(1)当 $e<\frac{b}{6}$时,由式(4-5)知 $p_{min}>0$,基底压力呈梯形分布,如图 4-10a)所示;

(2)当 $e=\frac{b}{6}$时,$p_{min}=0$,基底压力呈三角形分布,如图 4-10b)所示;

(3)当 $e>\frac{b}{6}$时,$p_{min}<0$,也即产生拉应力[见图 4-10c)],但基底与土之间是不能承受拉应力的,这时产生拉应力部分的基底将与土脱开,而不能传递荷载,基底压力将重新分布,如图 4-10d)所示。重新分布后的基底最大压应力 p'_{max},应力重分布后合力作用点位置保持不变,可以根据平衡条件求得:

$$p'_{max}=\frac{2N}{3\left(\frac{b}{2}-e\right)l} \tag{4-6}$$

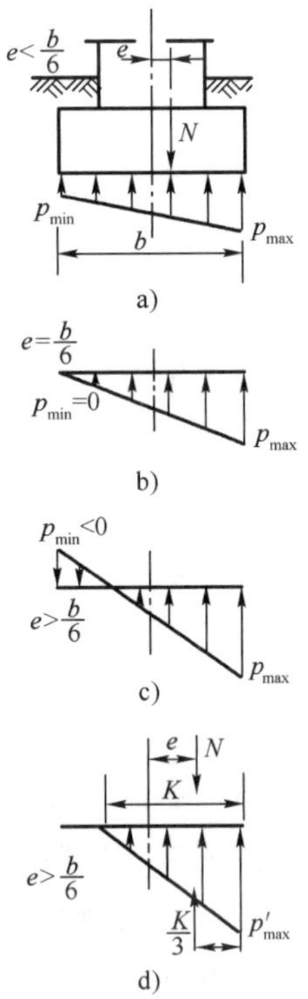

图 4-10 偏心荷载时基底压力分布的几种情况

第四节 竖向集中力作用下土中应力计算

土中附加应力是由建筑物荷载引起的应力增量。本节讨论在竖向集中力作用时土中的附加应力计算。虽然在实践中是没有集中力的,但它在土的应力计算中是一个基本公式,应用集中力的解答,通过叠加原理或者数值积分的方法可以得到各种分布荷载作用时的土中应力计算公式。

下面讨论在均匀的各向同性的半无限弹性体表面,作用一竖向集中力Q(见图 4-11),计算半无限体内任一点 M 的应力(不考虑弹性体的体积力)。这个课题已在弹性理论中由布西奈斯克(J. V. Boussinesq,1885)解得,其应力及位移的表达式分别如下。

1. 采用直角坐标系时(图 4-11)

法向应力

$$\sigma_z=\frac{3Qz^3}{2\pi R^5} \tag{4-7}$$

$$\sigma_x=\frac{3Q}{2\pi}\left\{\frac{zx^2}{R^5}+\frac{1-2\mu}{3}\left[\frac{R^2-Rz-z^2}{R^3(R+z)}-\frac{x^2(2R+z)}{R^3(R+z)^2}\right]\right\} \tag{4-8}$$

$$\sigma_y=\frac{3Q}{2\pi}\left\{\frac{zy^2}{R^5}+\frac{1-2\mu}{3}\left[\frac{R^2-Rz-z^2}{R^3(R+z)}-\frac{y^2(2R+z)}{R^3(R+z)^2}\right]\right\} \tag{4-9}$$

剪应力

$$\tau_{xy}=\tau_{yx}=\frac{3Q}{2\pi}\left[\frac{xyz}{R^5}-\frac{1-2\mu}{3}\cdot\frac{xy(2R+z)}{R^3(R+z)^2}\right] \tag{4-10}$$

$$\tau_{yz}=\tau_{zy}=-\frac{3Q}{2\pi}\frac{yz^2}{R^5} \tag{4-11}$$

$$\tau_{zx}=\tau_{xz}=-\frac{3Q}{2\pi}\frac{xz^2}{R^5} \tag{4-12}$$

X、Y、Z 轴方向的位移分别为：

$$u=\frac{Q(1+\mu)}{2\pi E}\left[\frac{xz}{R^3}-(1-2\mu)\frac{x}{R(R+z)}\right] \tag{4-13}$$

$$v=\frac{Q(1+\mu)}{2\pi E}\left[\frac{yz}{R^3}-(1-2\mu)\frac{y}{R(R+z)}\right] \tag{4-14}$$

$$w=\frac{Q(1+\mu)}{2\pi E}\left[\frac{z^2}{R^3}+2(1-\mu)\frac{1}{R}\right] \tag{4-15}$$

$$R=\sqrt{x^2+y^2+z^2}$$

式中：x、y、z——M 点的坐标；

E、μ——弹性模量及泊松比。

2. 当 M 点应力用极坐标表示时(图 4-12)

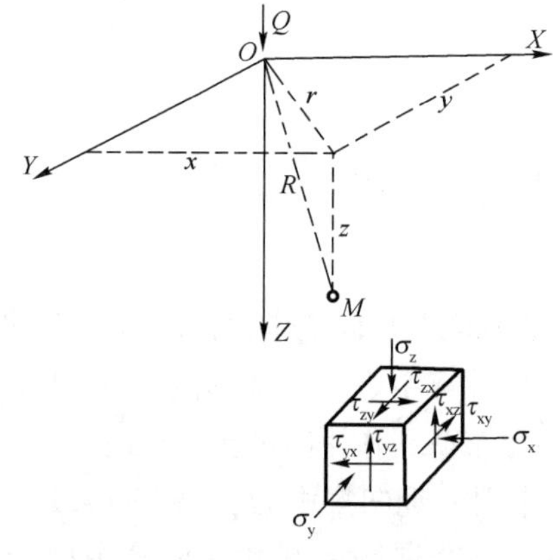

图 4-11　布西奈斯克课题(直角坐标表示)

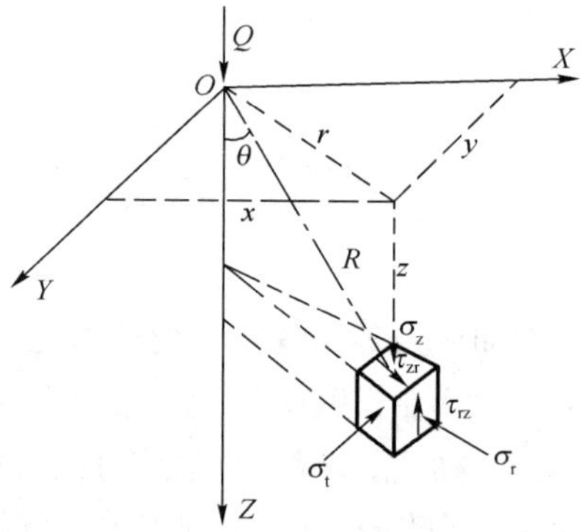

图 4-12　布西奈斯克课题(极坐标表示)

$$\sigma_z=\frac{3Q}{2\pi z^2}\cos^5\theta \tag{4-16}$$

$$\sigma_r=\frac{Q}{2\pi z^2}\left[3\sin^2\theta\cos^3\theta-\frac{(1-2\mu)\cos^2\theta}{1+\cos\theta}\right] \tag{4-17}$$

$$\sigma_t=-\frac{Q(1-2\mu)}{2\pi z^2}\left[\cos^3\theta-\frac{\cos^2\theta}{1+\cos\theta}\right] \tag{4-18}$$

$$\tau_{rz}=\frac{3Q}{2\pi z^2}(\sin\theta\cos^4\theta) \tag{4-19}$$

$$\tau_{tr}=\tau_{tz}=0 \tag{4-20}$$

上述的应力及位移分量计算公式,在集中力作用点处是不适用的,因为当 $R\to 0$,从上述公式可见应力及位移均趋于无穷大,这时土已发生塑性变形,按弹性理论解得的公式已不适用了。

在上述应力及位移分量中,应用最多的是竖向法向应力 σ_z 及竖向位移 w,因此本章将着重讨论 σ_z 的计算。为了应用方便,式(4-7)的 σ_z 表达式可以写成如下形式:

$$\sigma_z = \frac{3Qz^3}{2\pi R^5} = \frac{3Q}{2\pi z^2}\frac{1}{\left[1+\left(\frac{r}{z}\right)^2\right]^{\frac{5}{2}}} = \alpha\frac{Q}{z^2} \tag{4-21}$$

式中,应力系数 $\alpha = \dfrac{3}{2\pi\left[1+\left(\frac{r}{z}\right)^2\right]^{\frac{5}{2}}}$,它是 $\left(\frac{r}{z}\right)$ 的函数,可制成表格查用。现将应力系数值 α 列于表 4-2。

集中力作用下的应力系数 α 表 4-2

$\frac{r}{z}$	α	$\frac{r}{z}$	α	$\frac{r}{z}$	α	$\frac{r}{z}$	α	$\frac{r}{z}$	α
0.00	0.477 5	0.50	0.273 3	1.00	0.084 4	1.50	0.025 1	2.00	0.008 5
0.05	0.474 5	0.55	0.246 6	1.05	0.074 4	1.55	0.022 4	2.20	0.005 8
0.10	0.465 7	0.60	0.221 4	1.10	0.065 8	1.60	0.020 0	2.40	0.004 0
0.15	0.451 6	0.65	0.197 8	1.15	0.058 1	1.65	0.017 9	2.60	0.002 9
0.20	0.432 9	0.70	0.176 2	1.20	0.051 3	1.70	0.016 0	2.80	0.002 1
0.25	0.410 3	0.75	0.156 5	1.25	0.045 4	1.75	0.014 4	3.00	0.001 5
0.30	0.384 9	0.80	0.138 6	1.30	0.040 2	1.80	0.012 9	3.50	0.000 7
0.35	0.357 7	0.85	0.122 6	1.35	0.035 7	1.85	0.011 6	4.00	0.000 4
0.40	0.329 4	0.90	0.108 3	1.40	0.031 7	1.90	0.010 5	4.50	0.000 2
0.45	0.301 1	0.95	0.095 6	1.45	0.028 2	1.95	0.009 5	5.00	0.000 1

在工程实践中最常遇到的问题是地面竖向位移(即地表沉降)。计算地面某点 A(其坐标为 $z=0, R=r$)的沉降 s 可由式(4-15)求得(图 4-13),即:

$$s = w = \frac{Q(1-\mu^2)}{\pi E_0 r} \tag{4-22}$$

式中:E_0——土的变形模量(kPa),其含义参见第五章第二节。

例题 4-3 在地表面作用集中力 $Q=200\text{kN}$,计算地面深度 $z=3\text{m}$ 处水平面上的竖向法向应力 σ_z 分布,以及距 Q 的作用点 $r=1\text{m}$ 处竖直面上的竖向法向应力 σ_z 分布。

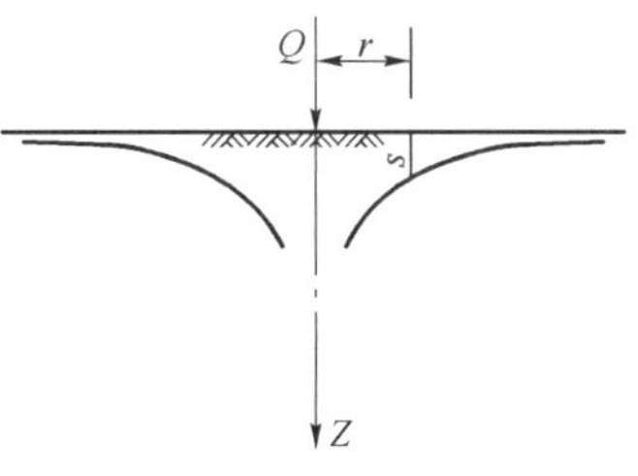

图 4-13 集中力作用下的地面沉降

解 各点的竖应力 σ_z 可按公式(4-21)计算,并列于表 4-3 及表 4-4 中,同时可绘出 σ_z 的分布图示于图 4-14。σ_z 的分布曲线表明,在半无限土体内任一水平面上,随着与集中作用力点距离的增大,σ_z 值迅速减小。在不通过集中力作用点的任一竖向剖面上，在土体表面处，随着深度的增加，σ_z 逐渐增大，在某一深度处达到最大值，此后又逐渐减小。

$z=3$m 处水平面上竖应力 σ_z 的计算　　表 4-3

r(m)	0	1	2	3	4	5
$\frac{r}{z}$	0	0.33	0.67	1.00	1.33	1.67
α	0.478	0.369	0.189	0.084	0.038	0.017
σ_z(kPa)	10.6	8.2	4.2	1.9	0.8	0.4

$r=1$m 处竖直面上竖应力 σ_z 的计算　　表 4-4

z(m)	0	1	2	3	4	5	6
$\frac{r}{z}$	∞	1.00	0.50	0.33	0.25	0.20	0.17
α	0	0.084	0.273	0.369	0.410	0.433	0.444
σ_z(kPa)	0	16.8	13.7	8.2	5.1	3.5	2.5

例题 4-4　有一矩形基础，$b=2$m，$l=4$m，作用均布荷载 $p=10$kPa，计算矩形基础中点下深度 $z=2$m 及 10m 处的竖应力 σ_z 值。

计算时将基础上的分布荷载用 8 个等份集中力 Q_i 代替，见图 4-15。

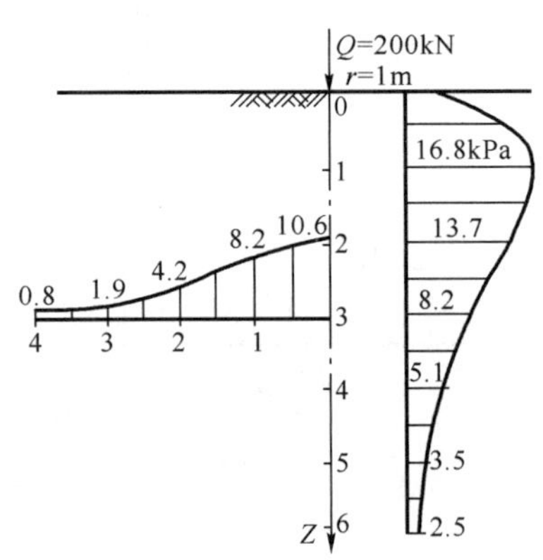

图 4-14　竖向集中力作用下土中应力分布

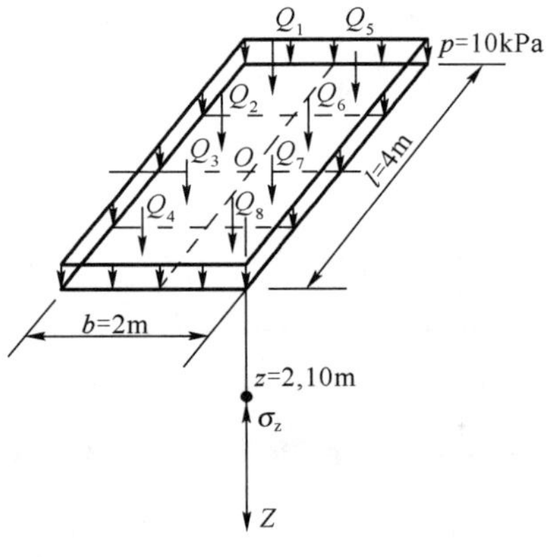

图 4-15　基础上的分布荷载用集中力代替

解　将基础分成 8 等份，每等份面积 $\Delta F=1\times1\text{m}^2$，则作用在每等份面积上的集中力：

$$Q_i=p\cdot\Delta F=10\times1=10\text{kN}$$

各集中力 Q_i 对矩形基础中点 O 的距离分别为：

$$r_1=\sqrt{0.5^2+1.5^2}=1.581\text{m}$$

$$r_2=\sqrt{0.5^2+0.5^2}=0.707\text{m}$$

将各集中力 Q_i 对基础中点 O 下深度 $z=2$m 及 10m 处的竖应力 σ_z 值计算列于表 4-5。

σ_{zi} 计 算 表　　　表 4-5

Q_i	z(m)	r(m)	$\frac{r}{z}$	α	$\sigma_{si}=\frac{Q_i}{z^2}\alpha$(kPa)
Q_i	2	1.581	0.791	0.142	0.36
Q_s	2	0.707	0.353	0.356	0.89
Q_i	10	1.581	0.158	0.449	0.045
Q_s	10	0.707	0.071	0.471	0.047

在 O 点下深度 $z=2\text{m}$ 处的竖应力为：

$$\sigma_z=\sum_{i=1}^{2}\sigma_{zi}=4\times(0.36+0.89)=5\text{kPa}$$

$z=10\text{m}$ 处的竖应力为：

$$\sigma_z=\sum_{i=1}^{2}\sigma_{zi}=4\times(0.045+0.047)=0.368\text{kPa}$$

第五节　竖向分布荷载作用下土中应力计算

在实践中荷载很少以集中力的形式作用在土上，而往往是通过基础分布在一定面积上。若基础底面的形状或基底下的荷载分布不规则时，则可以把分布荷载分割为许多集中力，然后应用布西奈斯克公式和叠加方法计算土中应力。若基础底面的形状及分布荷载都是有规律时，则可以应用积分方法解得相应的土中应力。

若在半无限土体表面作用一分布荷载 $p(\xi,\eta)$，如图 4-16 所示。为了计算土中某点 $M(x,y,z)$ 的竖应力值 σ_z，可以在基底范围取元素面积 $\text{d}F=\text{d}\xi\text{d}\eta$，作用在元素面积上的分布荷载可以用集中力 $\text{d}Q$ 表示，$\text{d}Q=p(\xi,\eta)\text{d}\xi\text{d}\eta$。这时土中 M 点的竖应力 σ_z 值可以用式(4-7)在基底面积范围内进行积分求的，即：

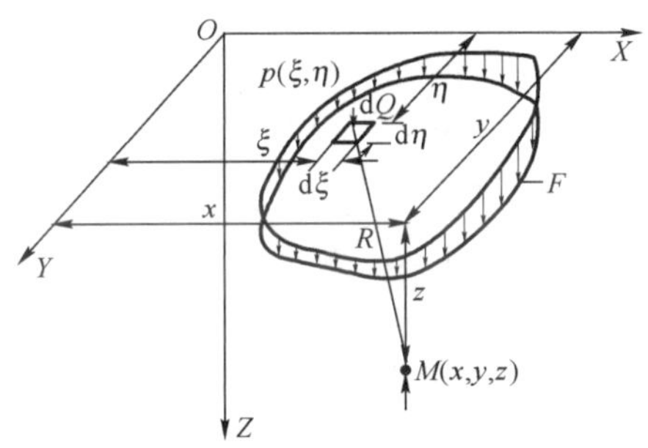

图 4-16　分布荷载作用下土中应力计算

$$\sigma_z=\iint_F \text{d}\sigma_z=\frac{3z^3}{2\pi}\iint_F\frac{\text{d}Q}{R^5}=\frac{3z^3}{2\pi}\iint_F\frac{p(\xi,\eta)\text{d}\xi\text{d}\eta}{\left(\sqrt{(x-\xi)^2+(y-\eta)^2+z^2}\right)^5}\tag{4-23}$$

在求解上式时取决于 3 个边界条件：

(1)分布荷载 $p(\xi,\eta)$ 的分布规律及其大小；

(2)分布荷载的分布面积 F 的几何形状及其大小；

(3)应力计算点 M 的坐标值 x、y、z 值。

下面介绍几种常见的基础底面形状及分布荷载作用时，土中应力的计算公式。

一、空间问题

若作用的荷载是分布在有限面积范围内，那么由式(4-23)知道，土中应力是与计算点的空间坐标(x,y,z)有关，这类解均属空间问题。如前面所介绍的集中力作用时的布西奈斯克课题，以及下面所讨论的圆形面积和矩形面积分布荷载下的解均为空间问题。

1. 圆形面积上作用均布荷载时，土中竖向应力 σ_z 的计算

在图4-17中，圆形面积上作用均布荷载 p，计算土中任一点 $M(r,z)$ 的竖应力。若采用极坐标表示，原点在圆心 O。取元素面积 $dF=\rho d\varphi d\rho$，其上作用元素荷载 $dQ=pdF=p\rho d\varphi d\rho$，那么可以由式(4-7)在圆面积范围内积分求得 σ_z 值。应注意式中的 R 值在图4-17中是用 R_1 表示，已知：

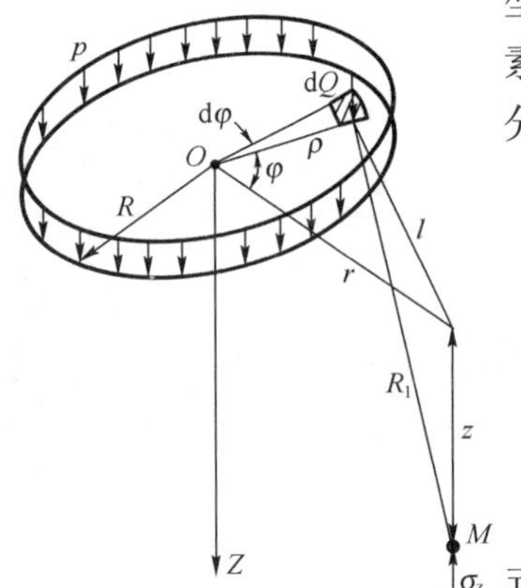

图4-17　圆形面积均布荷载作用下的土中应力计算

$$R_1=\sqrt{l^2+z^2}=(\rho^2+r^2-2\rho r\cos\varphi+z^2)^{\frac{1}{2}}$$

则得：

$$\sigma_z=\frac{3pz^3}{2\pi}\int_0^{2\pi}\int_0^R\frac{\rho d\rho d\varphi}{(\rho^2+r^2-2\rho r\cos\varphi+z^2)^{\frac{5}{2}}} \tag{4-24}$$

解式(4-24)得竖向应力的表达式：

$$\sigma_z=\alpha_c p \tag{4-25}$$

式中：α_c——应力系数，它是 $\frac{r}{R}$ 及 $\frac{z}{R}$ 的函数，可由表4-6查得；

R——圆面积的半径；

r——应力计算点 M 到 z 轴的水平距离。

圆形面积上均布荷载作用下的竖应力系数 α_c 值　　表4-6

$\frac{z}{R}$ \ $\frac{r}{R}$	0	0.2	0.4	0.6	0.8	1.0	1.2	1.4	1.6	1.8	2.0
0.0	1.000	1.000	1.000	1.000	1.000	0.500	0.000	0.000	0.000	0.000	0.000
0.2	0.998	0.991	0.987	0.970	0.890	0.468	0.077	0.015	0.005	0.002	0.001
0.4	0.949	0.943	0.920	0.860	0.712	0.435	0.181	0.065	0.026	0.012	0.006
0.6	0.864	0.852	0.813	0.733	0.591	0.400	0.224	0.113	0.056	0.029	0.016
0.8	0.756	0.742	0.699	0.619	0.504	0.366	0.237	0.142	0.083	0.048	0.029
1.0	0.646	0.633	0.593	0.525	0.434	0.332	0.235	0.157	0.102	0.065	0.012
1.2	0.547	0.535	0.502	0.447	0.377	0.300	0.226	0.162	0.113	0.078	0.053
1.4	0.461	0.452	0.425	0.383	0.329	0.270	0.212	0.161	0.118	0.088	0.062
1.6	0.390	0.383	0.362	0.330	0.288	0.243	0.197	0.156	0.120	0.090	0.068
1.8	0.332	0.327	0.311	0.285	0.254	0.218	0.182	0.148	0.118	0.092	0.072
2.0	0.285	0.280	0.268	0.248	0.224	0.196	0.167	0.140	0.114	0.092	0.074
2.2	0.246	0.242	0.233	0.218	0.198	0.176	0.153	0.131	0.109	0.090	0.074
2.4	0.214	0.211	0.203	0.192	0.176	0.159	0.146	0.122	0.101	0.087	0.073
2.6	0.187	0.185	0.179	0.170	0.158	0.144	0.129	0.113	0.098	0.084	0.071
2.8	0.165	0.163	0.159	0.151	0.141	0.130	0.118	0.105	0.092	0.080	0.069
3.0	0.146	0.145	0.141	0.135	0.127	0.118	0.108	0.097	0.087	0.077	0.067
3.4	0.117	0.116	0.114	0.110	0.105	0.098	0.091	0.084	0.076	0.068	0.061
3.8	0.096	0.095	0.093	0.091	0.087	0.083	0.078	0.073	0.067	0.061	0.053
4.2	0.079	0.079	0.078	0.076	0.073	0.070	0.067	0.063	0.059	0.054	0.050
4.6	0.067	0.067	0.066	0.064	0.063	0.060	0.058	0.055	0.052	0.048	0.045

续上表

$\frac{z}{R}$ \ $\frac{r}{R}$	0	0.2	0.4	0.6	0.8	1.0	1.2	1.4	1.6	1.8	2.0
5.0	0.057	0.057	0.056	0.055	0.054	0.052	0.050	0.048	0.046	0.043	0.041
5.5	0.048	0.048	0.047	0.046	0.045	0.044	0.043	0.041	0.039	0.038	0.036
6.0	0.040	0.040	0.040	0.039	0.039	0.038	0.037	0.036	0.034	0.033	0.031

例题 4-5 有一圆形基础，半径 $R=1\text{m}$，求其上作用中心荷载 $Q=200\text{kN}$，求基础边点下的竖向应力 σ_z 分布，并将计算结果与例题 4-3 的计算结果（表 4-4）进行比较。

解 在基础底面的压力为：

$$p=\frac{Q}{F}=\frac{200}{\pi\times1^2}=63.7\text{kPa}$$

圆形基础边缘点下的竖向应力 σ_z 按公式(4-25)计算，即：

$$\sigma_z=\alpha_c p$$

将计算结果列于表 4-7，在表中同时列出了例题 4-3 中表 4-4 的结果。

圆形面积边缘点下竖向应力值 σ_z 计算 表 4-7

z(m)	圆形面积均布荷载力 p 作用时		集中力 Q 作用时	
	α_c	$\sigma_z=\alpha_c p$(kPa)	α	σ_z(kPa)
0	0.500	31.8	0	0
0.5	0.418	26.6	0.008 5	6.8
1.0	0.332	21.1	0.084	16.8
2.0	0.196	12.5	0.273	13.7
3.0	0.118	7.5	0.369	8.2
4.0	0.077	4.9	0.410	5.1
6.0	0.038	2.4	0.444	2.5

对比表中两种计算结果可以看到，当深度 $z\geqslant4\text{m}$ 后，两种计算的结果已相差很小。由此说明，当$\frac{z}{2R}\geqslant2$ 后，荷载分布形式对土中应力的影响已很不显著。

2. 矩形面积均布荷载作用时土中竖向应力 σ_z 计算

(1)矩形面积中点 O 下土中竖向应力 σ_z 计算。

图 4-18 表示在地基表面 $l\times b$ 面积上作用均布荷载 p，其中点 O 下深度 z 处竖向应力 σ_z 可由式(4-23)解得：

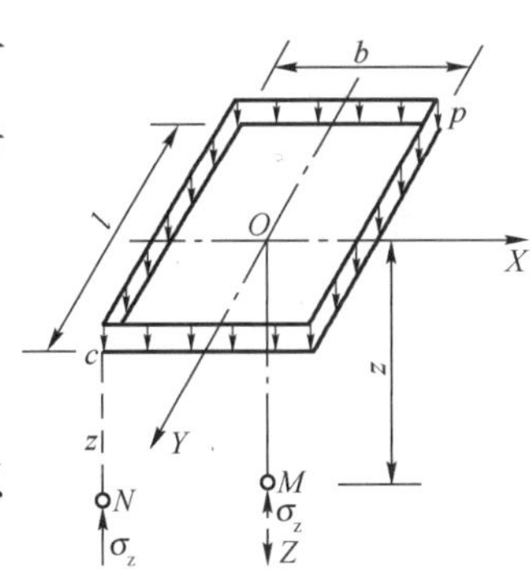

图 4-18 矩形面积均布荷载作用下中点及角点竖向应力 σ_z 的计算

$$\begin{aligned}\sigma_z&=\frac{3z^3}{2\pi}p\int_{-\frac{l}{2}}^{\frac{l}{2}}\int_{-\frac{b}{2}}^{\frac{b}{2}}\frac{\mathrm{d}\eta\mathrm{d}\xi}{(\sqrt{\xi^2+\eta^2+z^2})^5}\\&=\frac{2p}{\pi}\left[\frac{2mn(1+n^2+8m^2)}{\sqrt{1+n^2+4m^2}(1+4m^2)(n^2+4m^2)}+\arctan\frac{n}{2m\sqrt{1+n^2+4m^2}}\right]\\&=\alpha_0 p\end{aligned} \tag{4-26}$$

式中，$\alpha_0=\dfrac{2}{\pi}\left[\dfrac{2mn(1+n^2+8m^2)}{\sqrt{1+n^2+4m^2}(1+4m^2)(n^2+4m^2)}+\arctan\dfrac{n}{2m\sqrt{1+n^2+4m^2}}\right]$，$\alpha_0$ 是 $n=\dfrac{l}{b}$ 和 $m=\dfrac{z}{b}$ 的函数，可由表 4-8 查得。

矩形面积上均布荷载作用时，中点下竖应力系数 α_0 值 表 4-8

深宽比 $m=\frac{z}{b}$	矩形面积长宽比 $n=\frac{l}{b}$									
	1.0	1.2	1.4	1.6	1.8	2.0	3.0	4.0	5.0	≥10
0	1.000	1.000	1.000	1.000	1.000	1.000	1.000	1.000	1.000	1.000
0.2	0.960	0.968	0.972	0.974	0.975	0.976	0.977	0.977	0.977	0.977
0.4	0.800	0.830	0.848	0.859	0.866	0.870	0.879	0.880	0.881	0.881
0.6	0.606	0.651	0.682	0.703	0.717	0.727	0.748	0.753	0.754	0.755
0.8	0.449	0.496	0.532	0.558	0.579	0.593	0.627	0.636	0.639	0.642
1.0	0.334	0.378	0.414	0.441	0.463	0.481	0.524	0.540	0.545	0.550
1.2	0.257	0.294	0.325	0.352	0.374	0.392	0.442	0.462	0.470	0.477
1.4	0.201	0.232	0.260	0.284	0.304	0.321	0.376	0.400	0.410	0.420
1.6	0.160	0.187	0.210	0.232	0.251	0.267	0.322	0.348	0.360	0.374
1.8	0.130	0.153	0.173	0.192	0.209	0.224	0.278	0.305	0.320	0.337
2.0	0.108	0.127	0.145	0.161	0.176	0.189	0.237	0.270	0.285	0.304
2.5	0.072	0.085	0.097	0.109	0.210	0.131	0.174	0.202	0.219	0.249
3.0	0.051	0.060	0.070	0.078	0.087	0.095	0.130	0.155	0.172	0.208
3.5	0.038	0.045	0.052	0.059	0.066	0.072	0.100	0.123	0.139	0.180
4.0	0.029	0.035	0.040	0.046	0.051	0.056	0.080	0.095	0.113	0.158
5.0	0.019	0.022	0.026	0.030	0.033	0.037	0.053	0.067	0.079	0.128

（2）矩形面积角点 c 下土中竖向应力 σ_z 的计算

在图 4-18 所示均布荷载 p 作用下，计算矩形面积角点 c 下深度处 N 点的竖向应力 σ_z 时，同样可以由式(4-23)解得：

$$\sigma_z=\iint_F d\sigma_z=\frac{3z^3}{2\pi}p\int_{-\frac{l}{2}}^{\frac{l}{2}}\int_{\frac{-b}{2}}^{\frac{b}{2}}\frac{d\xi d\eta}{\left[\left(\frac{b}{2}-\xi\right)^2+\left(\frac{l}{2}-\eta\right)^2+z^2\right]^{\frac{5}{2}}}$$

$$=\frac{p}{2\pi}\left[\frac{mn(1+n^2+2m^2)}{\sqrt{1+m^2+n^2}(m^2+n^2)(1+m^2)}\right]+\arctan\frac{n}{m\sqrt{1+n^2+m^2}}$$

$$=\alpha_a p \tag{4-27}$$

式中，应力系数 $\alpha_a=\frac{1}{2\pi}\left[\frac{mn(1+n^2+2m^2)}{\sqrt{1+m^2+n^2}(m^2+n^2)(1+m^2)}+\arctan\frac{n}{m\sqrt{1+m^2+n^2}}\right]$，$\alpha_a$ 值是$n=\frac{l}{b}$和 $m=\frac{z}{b}$的函数，可由表 4-9 查得。

矩形面积上均布荷载作用时，角点下竖应力系数 α_a 值 表 4-9

深宽比 $m=\frac{z}{b}$	矩形面积长宽比 $n=\frac{l}{b}$									
	1.0	1.2	1.4	1.6	1.8	2.0	3.0	4.0	5.0	≥10
0	0.250	0.250	0.250	0.250	0.250	0.250	0.250	0.250	0.250	0.250
0.2	0.249	0.249	0.249	0.249	0.249	0.249	0.249	0.249	0.249	0.249
0.4	0.240	0.242	0.243	0.243	0.244	0.244	0.244	0.244	0.244	0.244
0.6	0.223	0.228	0.230	0.232	0.232	0.233	0.234	0.234	0.234	0.234
0.8	0.200	0.208	0.212	0.215	0.217	0.218	0.220	0.220	0.220	0.220
1.0	0.175	0.185	0.191	0.196	0.198	0.200	0.203	0.204	0.204	0.205
1.2	0.152	0.163	0.171	0.176	0.179	0.182	0.187	0.188	0.189	0.189
1.4	0.131	0.142	0.151	0.157	0.161	0.164	0.171	0.173	0.174	0.174
1.6	0.112	0.124	0.133	0.140	0.145	0.148	0.157	0.159	0.160	0.160
1.8	0.097	0.108	0.117	0.124	0.129	0.133	0.143	0.146	0.147	0.148
2.0	0.084	0.095	0.103	0.110	0.116	0.120	0.131	0.135	0.136	0.137
2.5	0.060	0.069	0.077	0.083	0.089	0.093	0.106	0.111	0.114	0.115
3.0	0.045	0.052	0.058	0.064	0.069	0.073	0.087	0.093	0.096	0.099
4.0	0.027	0.032	0.036	0.040	0.044	0.048	0.060	0.067	0.071	0.076
5.0	0.018	0.021	0.024	0.027	0.030	0.033	0.044	0.050	0.055	0.061
7.0	0.010	0.011	0.013	0.015	0.016	0.018	0.025	0.031	0.035	0.043
9.0	0.006	0.007	0.008	0.009	0.010	0.011	0.016	0.020	0.024	0.032
10.0	0.005	0.006	0.007	0.007	0.008	0.009	0.013	0.017	0.020	0.028

(3)矩形面积均布荷载作用时，土中任意点的竖向应力 σ_z 计算——角点法

如图 4-19 所示，在矩形面积 $abcd$ 上作用均布荷载 p，要求计算任意点 M 的竖向应力 σ_z，M 点既不在矩形面积中点的下面，也不在角点的下面，而是任意点。M 点的竖直投影点 A 可以在矩形面积 $abcd$ 范围之内，也可能在范围之外。这时可以用式(4-27)按下述叠加方法进行计算，这种计算方法一般称为角点法。

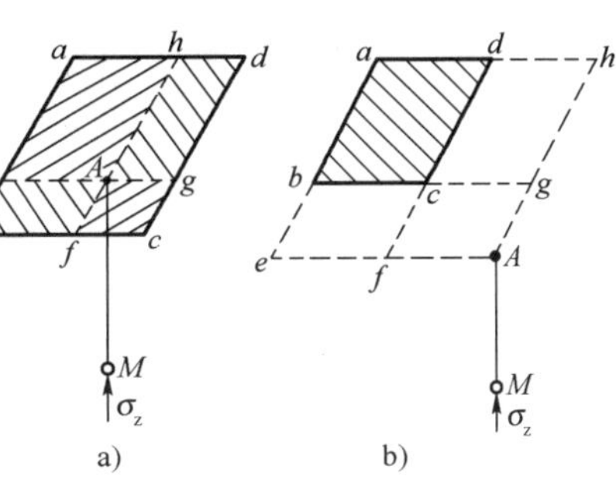

图 4-19 角点法计算图示

①若 A 点在矩形面积范围之内[图 4-19a)]

计算时可以通过 A 点将受荷面积 $abcd$ 划分为 4 个小矩形面积 $aeAh$、$ebfA$、$hAgd$ 及 $Afcg$。这时 A 点分别在 4 个小矩形面积的角点，这样就可以用式(4-27)分别计算 4 个小矩形面积均布荷载在角点 A 下引起的竖向应力 σ_{zi}，再叠加起来即得：

$$\sigma_z = \sum\sigma_{zi} = \sigma_{z(aeAh)} + \sigma_{z(ebfA)} + \sigma_{z(hAgd)} + \sigma_{z(Afcg)}$$

②若 A 点在矩形面积范围之外［图 4-19b)］

计算时可按图 4-19b)划分的方法，分别计算矩形面积 $aeAh$、$beAg$、$dfAh$ 及 $cfAg$ 在角点 A 下引起的竖向应力 σ_{zi}，然后按下述叠加方法计算：

$$\sigma_z = \sigma_{z(aeAh)} - \sigma_{z(beAg)} - \sigma_{z(dfAh)} + \sigma_{z(cfAg)}$$

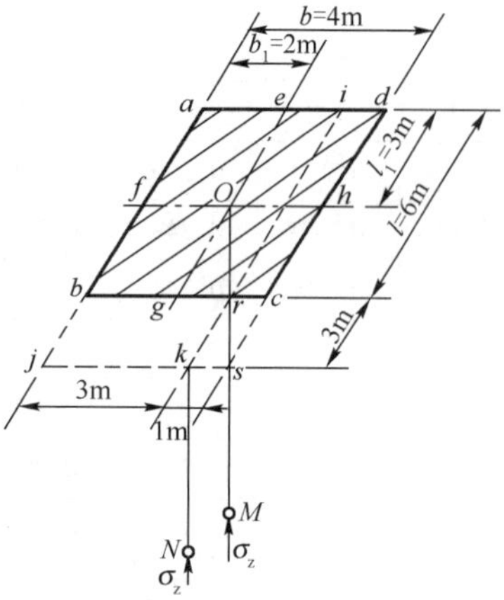

图 4-20　例题 4-6、4-7、4-8 图

例题 4-6　有一矩形面积基础，$b=4\text{m}$，$l=6\text{m}$，其上作用均布荷载 $p=100\text{kPa}$，计算矩形基础中点下深度 $z=8\text{m}$ 处 M 点竖向应力 σ_z 值(图 4-20)。

解　按式(4-26)计算 σ_z 值，即：

$$\sigma_z = \alpha_0 p$$

已知 $\dfrac{l}{b}=\dfrac{6}{4}=1.5$，$\dfrac{z}{b}=\dfrac{8}{4}=2$，由表 4-8 查得应力系数 $\alpha_0=0.153$。

由式(4-26)得：$\sigma_z=0.153\times100=15.3\text{kPa}$。

例题 4-7　同例题 4-6，但用角点法计算 M 点的竖向应力 σ_z 值。

解　将矩形面积 $abcd$ 通过中心点 O 划分成 4 个相等的小矩形面积($afOe$、$Ofbg$、$eOhd$ 及 $Ogch$)，M 点位于 4 个小矩形面积的角点下，可以按式(4-27)用角点法计算点的竖向应力 σ_z 值。

考虑矩形面积 $afOe$，已知 $\dfrac{l_1}{b_1}=\dfrac{3}{2}=1.5$，$\dfrac{z}{b_1}=\dfrac{8}{2}=4$，由表 4-9 查得应力系数 $\alpha_a=0.038$，故得：

$$\sigma_z = 4\sigma_{z(afOe)} = 4\times0.038\times100 = 15.2\text{kPa}$$

按角点法计算结果与例题 4-6 的计算结果一致。

例题 4-8　同例题 4-6，但求矩形基础外 k 点下深度 $z=6\text{m}$ 处点竖向应力 σ_z 值(见图4-20)。

解　如图 4-20 所示，将 k 点置于假设的矩形受荷面积的角点处，按角点法计算 N 点的竖向应力。N 点的竖向应力是由矩形受荷面积($ajki$)与($iksd$)引起的竖向应力之和，减去矩形受荷面积($bjkr$)与($rksc$)引起的竖向应力。即：

$$\sigma_z = \sigma_{z(ajki)} + \sigma_{z(iksd)} - \sigma_{z(bjkr)} - \sigma_{z(rksc)}$$

将计算结果列于表 4-10。

用角点法计算 N 点竖向应力 σ_z 值　　表 4-10

荷载作用面积	$n=\dfrac{l}{b}$	$m=\dfrac{z}{b}$	α_a
$ajki$	$\dfrac{9}{3}=3$	$\dfrac{6}{3}=2$	0.131
$iksd$	$\dfrac{9}{1}=9$	$\dfrac{6}{1}=6$	0.051
$bjkr$	$\dfrac{3}{3}=1$	$\dfrac{6}{3}=2$	0.084
$rksc$	$\dfrac{3}{1}=3$	$\dfrac{6}{1}=6$	0.035

$$\sigma_z = 100 \times (0.131 + 0.051 - 0.084 - 0.035)$$
$$= 100 \times 0.063 = 6.3\text{kPa}$$

3. 矩形面积上作用三角形分布荷载时，土中竖向应力 σ_z 计算

如图 4-21 所示，在地基表面作用矩形($l \times b$)三角形分布荷载，计算荷载为零的角点下深度 z 处 M 点的竖向应力 σ_z 时，同样可以用式(4-23)求解。将坐标原点取在荷载为零的角点上，z 轴通过 M 点。取元素面积 $dF = dxdy$，其上作用元素集中力 $dQ = \frac{x}{b}pdxdy$，则得：

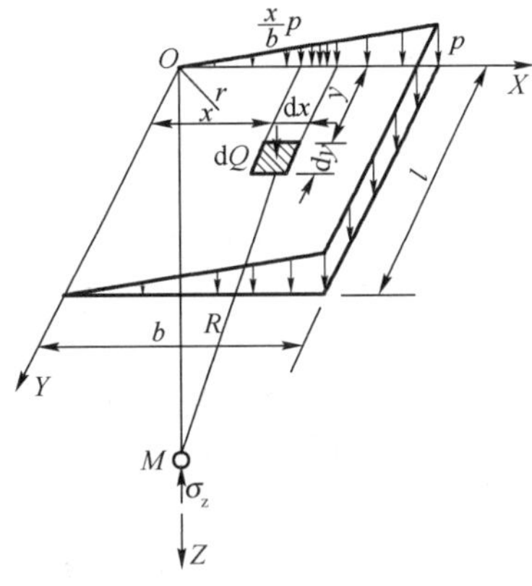

图 4-21 矩形面积上三角形分布荷载作用下 σ_z 计算

$$\sigma_z = \frac{3z^3}{2\pi}p\int_0^l\int_0^b \frac{\frac{x}{b}dxdy}{(x^2 + y^2 + z^2)^{5/2}}$$
$$= \frac{mn}{2\pi}\left[\frac{1}{\sqrt{n^2 + m^2}} - \frac{m^2}{(1 + m^2)\sqrt{1 + m^2 + n^2}}\right]p$$
$$= \alpha_t p \tag{4-28}$$

式中，应力系数 $\alpha_t = \frac{mn}{2\pi}\left[\frac{1}{\sqrt{n^2 + m^2}} - \frac{m^2}{(1 + m^2)\sqrt{1 + m^2 + n^2}}\right]$，它是 $m = \frac{z}{b}$，$n = \frac{l}{b}$ 的函数，可以从表 4-11 查得。应注意上述 b 值不是指基础的宽度，而是指三角形荷载分布方向的基础边长，如图 4-21 所示。

矩形面积上三角形分布荷载作用下，压力为零的角点以下的竖应力系数 α_t 值 表 4-11

$m = \frac{z}{b}$ \ $n = \frac{l}{b}$	0.2	0.6	1.0	1.4	1.8	3.0	8.0	10.0
0	0.000 0	0.000 0	0.000 0	0.000 0	0.000 0	0.000 0	0.000 0	0.000 0
0.2	0.023 3	0.029 6	0.030 4	0.030 5	0.030 6	0.030 6	0.030 6	0.030 6
0.4	0.026 9	0.048 7	0.053 1	0.054 3	0.054 6	0.054 8	0.054 9	0.054 9
0.6	0.025 9	0.056 0	0.065 4	0.068 4	0.069 4	0.070 1	0.070 2	0.070 2
0.8	0.023 2	0.055 3	0.068 8	0.073 9	0.075 9	0.077 3	0.077 6	0.077 6
1.0	0.020 1	0.050 8	0.056 6	0.073 5	0.076 6	0.079 0	0.079 6	0.079 6
1.2	0.017 1	0.045 0	0.061 5	0.069 8	0.073 3	0.077 4	0.078 3	0.078 3
1.4	0.014 5	0.039 2	0.055 4	0.064 4	0.069 2	0.073 9	0.075 2	0.075 3
1.6	0.012 3	0.033 9	0.049 2	0.058 6	0.063 9	0.069 7	0.071 5	0.071 5
1.8	0.010 5	0.029 4	0.045 3	0.052 8	0.058 5	0.065 2	0.067 5	0.067 5
2.0	0.009 0	0.025 5	0.038 4	0.047 4	0.053 3	0.060 7	0.063 6	0.063 6
2.5	0.006 3	0.018 3	0.028 4	0.036 2	0.041 9	0.051 4	0.054 7	0.054 8
3.0	0.004 6	0.013 5	0.021 4	0.023 0	0.033 1	0.041 9	0.047 4	0.047 6

续上表

$m=\frac{z}{b}$ \ $n=\frac{l}{b}$	0.2	0.6	1.0	1.4	1.8	3.0	8.0	10.0
5.0	0.001 8	0.005 4	0.008 8	0.012 0	0.014 8	0.021 4	0.029 6	0.030 1
7.0	0.000 9	0.002 8	0.004 7	0.006 4	0.008 1	0.012 4	0.020 4	0.021 2
10.0	0.000 5	0.001 4	0.002 4	0.003 3	0.004 1	0.006 6	0.012 8	0.013 9

注：b 为三角形荷载分布方向的基础边长，l 为另一方向的全长。

例题 4-9 有一矩形面积（$l=5\text{m}$，$b=3\text{m}$）三角形分布的荷载作用在地基表面，荷载最大值 $p=100\text{kPa}$，计算在矩形面积内 O 点下深度 $z=3\text{m}$ 处的竖向应力 σ_z 值（图 4-22）。

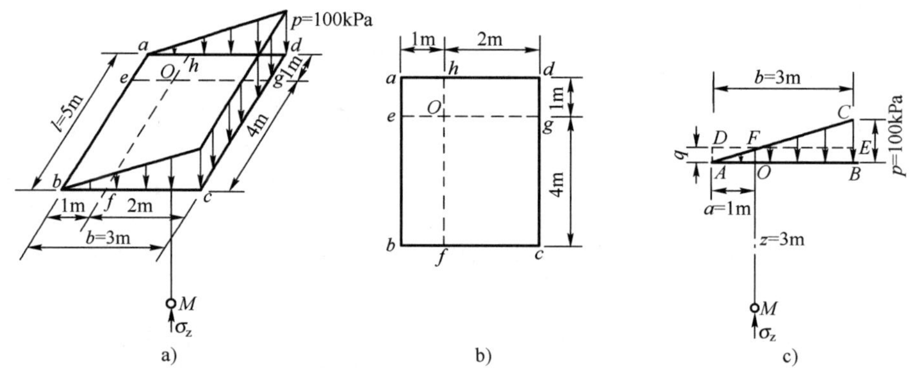

图 4-22 例题 4-9 计算图

解 本例题求解时要通过两次叠加法计算。第一次时荷载作用面积的叠加，即前述的角点法；第二次是荷载分布图形的叠加。分别计算如下：

（1）荷载作用面积叠加计算

因为 O 点在矩形面积（$abcd$）内，故可用角点法计算划分。如图 4-22a）、b）所示，通过 O 点将矩形面积划分为 4 块，假定其上作用着均布荷载 q［见图 4-22c）中荷载 $DABE$］，则 M 点产生的竖向应力 σ_{zi} 可用前述角点法计算，即：

$$\sigma_{z1}=\sigma_{z1\ (aeOh)}+\sigma_{z1\ (ebfO)}+\sigma_{z1\ (Ofcg)}+\sigma_{z1\ (hOgd)}=q(\alpha_{a1}+\alpha_{a2}+\alpha_{a3}+\alpha_{a4})$$

式中：α_{a1}、α_{a2}、α_{a3}、α_{a4}——各块面积的应力系数，由表 4-9 查得，其计算结果列于表 4-12。

应力系数 α_{ai} 计算 表 4-12

编　号	荷载作用面积	$n=\frac{l}{b}$	$m=\frac{z}{b}$	α_{ai}
1	（$aeOh$）	$\frac{1}{1}=1$	$\frac{3}{1}=3$	0.045
2	（$ebfO$）	$\frac{4}{1}=4$	$\frac{3}{1}=3$	0.093
3	（$Ofcg$）	$\frac{4}{2}=2$	$\frac{3}{2}=1.5$	0.156
4	（$hOgd$）	$\frac{2}{1}=2$	$\frac{3}{1}=3$	0.073

$$\sigma_{z1} = q\sum\alpha_{ai} = \frac{100}{3}\times(0.045+0.093+0.156+0.073)$$

$$=\frac{100}{3}\times 0.367 = 12.2\text{kPa}$$

(2)荷载分布图形叠加计算

上述角点法求得的应力 σ_{z1} 是由均布荷载 q 引起的,但实际作用的荷载是三角形分布,因此可以将图 4-22c)所示的三角形分布荷载(ABC)分割成 3 块:均布荷载($DABE$),三角形荷载(AFD)及(CFE)。三角形荷载(ABC)等于均布荷载($DABE$)减去三角形荷载(AFD),加上三角形荷载(CFE)。故可将此三块分布荷载产生的应力叠加计算。

三角形分布荷载(AFD),其最大值为 q,作用在矩形面积($aeOh$)及($ebfO$)上,并且 O 点在荷载为零处。因此它对 M 点引起的竖向应力 σ_{z2} 是两块矩形面积三角形分布荷载引起的应力之和,可按式(4-28)计算。即:

$$\sigma_{z2} = \sigma_{z2(aeOh)} + \sigma_{z2(ebfO)} = q(\alpha_{t1}+\alpha_{t2})$$

式中,应力系数 α_{t1}、α_{t2} 由表 4-11 查得,列于表 4-13 中。

$$\sigma_{z2} = \frac{100}{3}\times(0.021+0.045) = 2.2\text{kPa}$$

应力系数 α_{ti} 计算 表 4-13

编 号	荷载作用面积	$n=\frac{l}{b}$	$m=\frac{z}{b}$	α_{ti}
1	($aeOh$)	$\frac{1}{1}=1$	$\frac{3}{1}=3$	0.021
2	($ebfO$)	$\frac{4}{1}=4$	$\frac{3}{1}=3$	0.045
3	($Ofcg$)	$\frac{4}{2}=2$	$\frac{3}{2}=1.5$	0.069
4	($hOgd$)	$\frac{1}{2}=0.5$	$\frac{3}{2}=1.5$	0.032

三角形分布荷载(CFE),其最大值为($p-q$),作用在矩形面积($Ofcg$)及($hOgd$)上,同样 O 点也在荷载零点处。因此,它对 M 点产生的竖向应力 σ_{z3} 是这两块矩形面积三角形分布荷载引起的应力之和,按式(4-28)计算。即:

$$\sigma_{z3} = \sigma_{z3(Ofcg)} + \sigma_{z3(hOgd)} = (p-q)(\alpha_{t3}+\alpha_{t4})$$

$$=\left(100-\frac{100}{3}\right)\times(0.069+0.032) = 6.7\text{kPa}$$

最后叠加求得三角形分布荷载(ABC)对 M 点产生的竖向应力 σ_z 为:

$$\sigma_z = \sigma_{z1} - \sigma_{z2} + \sigma_{z3} = 12.2 - 2.2 + 6.7 = 16.7\text{kPa}$$

二、平面问题

若在半无限体表面作用无限长条形的分布荷载,荷载在宽度方向分布是任意的,但在长度方向的分布规律则是相同的,如图 4-23 所示。在计算土中任一点 M 的应力时,只与该点的平面坐标(x,z)有关,而与荷载长度方向 Y 轴坐标无关,这种情况属于平面应变问题。虽然在工程实践中不存在无限长条分布荷载,但一般常把路堤、堤坝以及长宽比 $\frac{l}{b}\geqslant 10$ 的条形基础等，均视作平面应变问题计算。

1. 均布线性荷载作用时土中应力计算

在地基土表面作用无限分布的均布线荷载 p，如图 4-24 所示，计算土中任一点 M 的应力时，可以用布西奈斯克解公式[式(4-7) ~ 式(4-12)]积分求得：

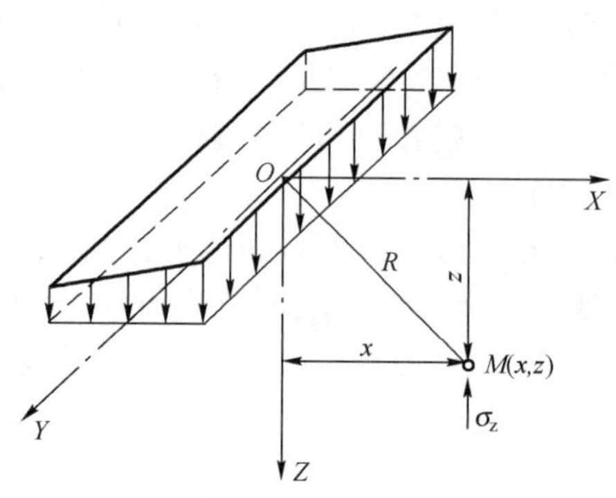

图 4-23　无限长条分布荷载

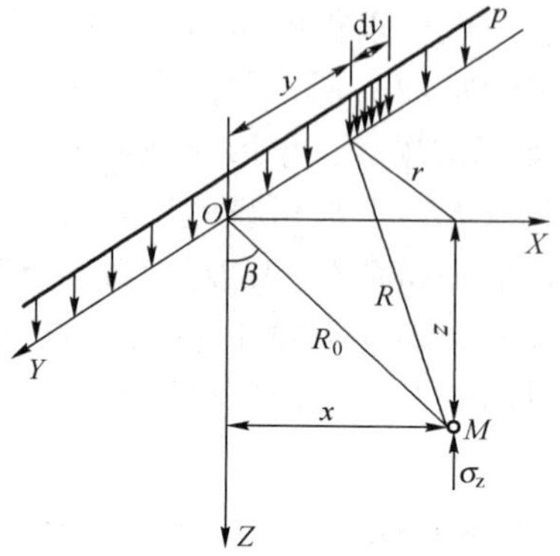

图 4-24　均布线荷载作用时土中应力计算

$$\sigma_z = \frac{3z^3}{2\pi}p\int_{-\infty}^{\infty}\frac{dy}{[x^2+y^2+z^2]^{\frac{5}{2}}} = \frac{2z^3p}{\pi(x^2+z^2)^2} \tag{4-29}$$

$$\sigma_x = \frac{2x^2zp}{\pi(x^2+z^2)^2} \tag{4-30}$$

$$\tau_{xz} = \frac{2xz^2p}{\pi(x^2+z^2)^2} \tag{4-31}$$

上式在弹性理论中称为弗拉曼(Flamant)解。若用极坐标表示时，从图 4-24 可知，$z = R_0\cos\beta, x = R_0\sin\beta$，代入式(4-29) ~ (4-31)，即得：

$$\sigma_z = \frac{2p}{\pi R_0}\cos^3\beta \tag{4-32}$$

$$\sigma_x = \frac{p}{\pi R_0}\sin\beta \cdot \sin2\beta \tag{4-33}$$

$$\tau_{xz} = \frac{p}{\pi R_0}\cos\beta \cdot \sin2\beta \tag{4-34}$$

2. 均布条形荷载作用下土中应力计算

(1)计算土中任一点的竖向应力

在土体表面作用均布条形荷载 p，其分布宽度为 b，如图 4-25 所示，计算土中任一点 $M(x,z)$ 的竖向应力 σ_z 时，可以将式(4-29)在荷载分布宽度 b 范围内积分求得：

$$\begin{aligned}\sigma_z &= \int_{-\frac{b}{2}}^{\frac{b}{2}}\frac{2z^3p\,d\xi}{\pi[(x-\xi)^2+z^2]^2}\\ &= \frac{p}{\pi}\left[\arctan\frac{1-2n'}{2m} + \arctan\frac{1+2n'}{2m} - \frac{4m(4n'^2-4m^2-1)}{(4n'^2+4m^2-1)^2+16m^2}\right]\\ &= \alpha_u p\end{aligned} \tag{4-35}$$

式中：α_u ——应力系数，它是 $n' = \frac{x}{b}$ 及 $m = \frac{z}{b}$ 的函数，可从表 4-14 中查得。

均布条形荷载下竖应力系数 α_u 值　表 4-14

$m=\frac{z}{b}$ \ $n'=\frac{x}{b}$	0	0.25	0.50	1.00	1.50	2.00
0	1.00	1.00	0.50	0	0	0
0.25	0.96	0.90	0.50	0.02	0	0
0.50	0.82	0.74	0.48	0.08	0.02	0
0.75	0.67	0.61	0.45	0.15	0.04	0.02
1.00	0.55	0.51	0.41	0.19	0.07	0.03
1.25	0.46	0.44	0.37	0.20	0.10	0.04
1.50	0.40	0.38	0.33	0.21	0.11	0.06
1.75	0.35	0.34	0.30	0.21	0.13	0.07
2.00	0.31	0.31	0.28	0.20	0.13	0.08
3.00	0.21	0.21	0.20	0.17	0.14	0.10
4.00	0.16	0.16	0.15	0.14	0.12	0.10
5.00	0.13	0.13	0.12	0.12	0.11	0.09
6.00	0.11	0.10	0.10	0.10	0.10	—

注意坐标轴的原点是在均布荷载的中点处。

若采用图4-26中的极坐标表示时，从 M 点到荷载边缘的连线与竖直线之间的夹角分别为 β_1 和 β_2，其正负号规定是，从竖直线 MN 绕 M 点逆时针旋转至连线时为正，反之为负。在图4-26中的 β_1 和 β_2 均为正值。

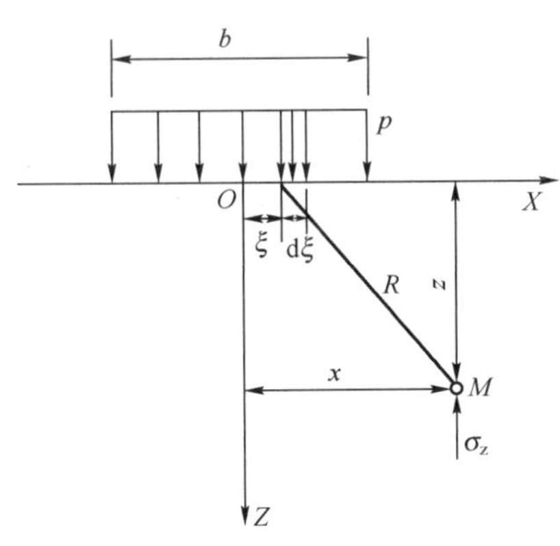

图4-25　均布条形荷载作用下土中 σ_z 计算

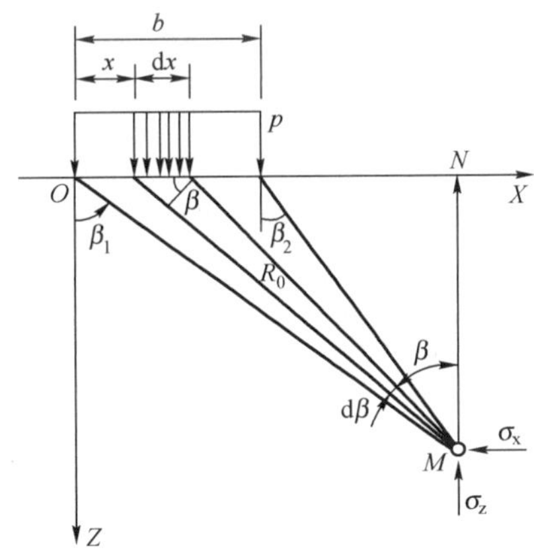

图4-26　均布条形荷载作用时土中应力计算（极坐标表示）

取元素荷载宽度 dx，可知：

$$dx = \frac{R_0 d\beta}{\cos\beta}$$

利用极坐标表示的弗拉曼公式[式(4-32)～式(4-34)]，在荷载分布宽度范围内积分，即可求得 M 点的应力表达式：

$$\sigma_z = \frac{2p}{\pi R_0}\int_{\beta_2}^{\beta_1}\cos^3\beta \cdot \frac{R}{\cos\beta}d\beta$$

$$= \frac{2p}{\pi}\int_{\beta_2}^{\beta_1}\cos^2\beta d\beta$$

$$= \frac{p}{\pi}\left[\beta_1 + \frac{1}{2}\sin2\beta_1 - \beta_2 - \frac{1}{2}\sin2\beta_2\right] \tag{4-36}$$

$$\sigma_x = \frac{p}{\pi}\left[\beta_1 - \frac{1}{2}\sin2\beta_1 - \beta_2 + \frac{1}{2}\sin2\beta_2\right] \tag{4-37}$$

$$\tau_{xz} = \frac{p}{2\pi}(\cos2\beta_2 - \cos2\beta_1) \tag{4-38}$$

(2)计算土中任一点的主应力

如图 4-27 所示，在土体表面作用均布条形荷载 p，计算土中任一点 M 的最大、最小主应力 σ_1 和 σ_3 时，可以用材料力学中有关主应力与法向应力及剪应力间的关系式计算，即：

$$\left.\begin{matrix}\sigma_1\\ \\ \sigma_3\end{matrix}\right\} = \frac{\sigma_x + \sigma_z}{2} \pm \sqrt{\left(\frac{\sigma_x - \sigma_z}{2}\right)^2 + \tau_{xz}^2} \tag{4-39}$$

$$\tan2\theta = \frac{2\tau_{xz}}{\sigma_z - \sigma_x} \tag{4-40}$$

式中：θ——最大主应力的作用方向与竖直线间的夹角。

将式(4-36)~式(4-38)代入上式，即得 M 点的主应力表达式及其作用方向。

$$\left.\begin{matrix}\sigma_1\\ \\ \sigma_3\end{matrix}\right\} = \frac{p}{\pi}[\beta_1 - \beta_2) \pm \sin(\beta_1 - \beta_2)] \tag{4-41}$$

$$\tan2\theta = \tan(\beta_1 + \beta_2) \tag{4-42}$$

$$\theta = \frac{1}{2}(\beta_1 + \beta_2)$$

若令从 M 点到荷载宽度边缘连线的夹角为 2α（一般也称视角），从图 4-27 可得：

$$2\alpha = \beta_1 - \beta_2 \tag{4-43}$$

那么由式(4-42)知道，最大主应力 σ_1 的作用方向正好在视角 2α 的等分线上，如图 4-27 所示。

将式(4-43)代入式(4-41)，也可得到用视角表示的点的主应力表达式：

$$\left.\begin{matrix}\sigma_1\\ \\ \sigma_3\end{matrix}\right\} = \frac{p}{\pi}(2\alpha \pm \sin2\alpha) \tag{4-44}$$

从上式看到，式中仅有一个变量 α，因此土中凡视角 2α 相等的点，其主应力也相等。这样，土中主应力的等值线将是通过荷载分布宽度两个边缘点的圆，如图 4-27 所示。

3. 三角形分布条形荷载作用时土中应力计算（图 4-28）

其最大值为 p，计算土中 M 点(x,z)的竖向应力 σ_z 时，可按式(4-29)在宽度范围 b 内积分即得：

$$dp = \frac{\xi}{b} p d\xi$$

$$\begin{aligned}\sigma_z &= \frac{2z^3 p}{\pi b}\int_0^b \frac{\xi d\xi}{[(x-\xi)^2+z^2]^2} \\ &= \frac{p}{\pi}\left[n'\left(\arctan\frac{n'}{m}-\arctan\frac{n'-1}{m}\right)-\frac{m(n'-1)}{(n'-1)^2+m^2}\right] \\ &= \alpha_s p\end{aligned} \tag{4-45}$$

式中：α_s——应力系数，它是 $n' = \frac{x}{b}$ 及 $m = \frac{z}{b}$ 的函数，可由表 4-15 中查得。

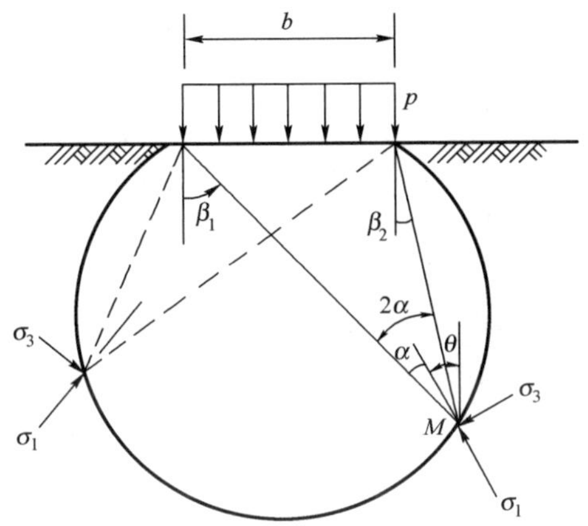

图 4-27 均布条形荷载作用下土中主应力计算

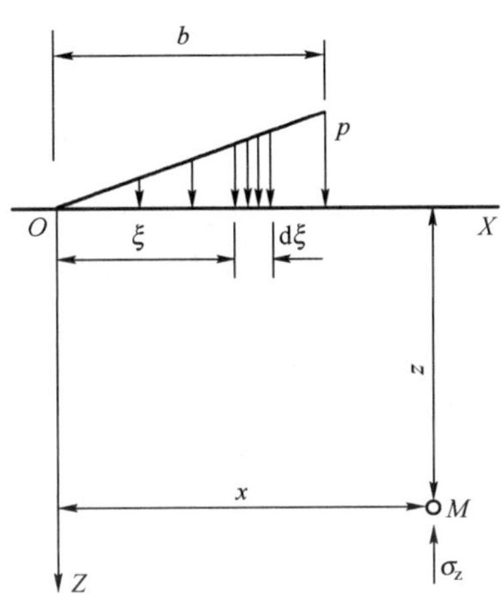

图 4-28 三角形分布条形荷载作用下土中竖向应力 σ_z 计算

坐标轴原点在三角形荷载的零点处。

三角形分布的条形荷载下竖应力系数 α_s 值 表 4-15

$m = \frac{z}{b}$ \ $n' = \frac{x}{b}$	-1.5	-1.0	-0.5	0.0	0.25	0.50	0.75	1.0	1.5	2.0	2.5
0.00	0.000	0.000	0.000	0.000	0.250	0.500	0.750	0.500	0.000	0.000	0.000
0.25	0.000	0.000	0.001	0.075	0.256	0.480	0.643	0.424	0.017	0.003	0.000
0.50	0.002	0.003	0.023	0.127	0.263	0.410	0.477	0.353	0.056	0.017	0.003
0.75	0.006	0.016	0.042	0.153	0.248	0.335	0.361	0.293	0.108	0.024	0.009
1.00	0.014	0.025	0.061	0.159	0.223	0.275	0.279	0.241	0.129	0.045	0.013
1.50	0.020	0.048	0.096	0.145	0.178	0.200	0.202	0.185	0.124	0.062	0.041
2.00	0.033	0.061	0.092	0.127	0.146	0.155	0.163	0.153	0.108	0.069	0.05
3.00	0.050	0.064	0.080	0.096	0.103	0.104	0.108	0.104	0.090	0.071	0.050
4.00	0.051	0.060	0.067	0.075	0.078	0.085	0.082	0.075	0.073	0.060	0.049
5.00	0.047	0.052	0.057	0.059	0.062	0.063	0.063	0.065	0.061	0.051	0.047
6.00	0.041	0.041	0.050	0.051	0.052	0.053	0.053	0.053	0.050	0.050	0.045

例题 4-10 有一路堤如图 4-29a)所示，已知填土重度 $\gamma=20\text{kN/m}^3$，求路堤中线下 O 点($z=0$)及 M 点($z=10\text{m}$)的竖向应力 σ_z 值。

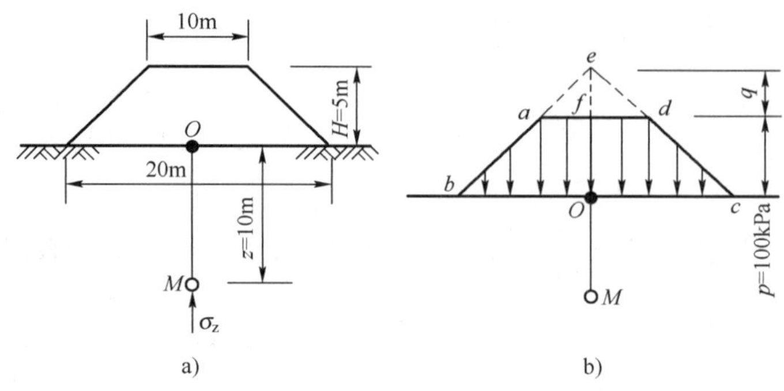

图 4-29 例题 4-10 图

解 路堤填土的重力产生的荷载为梯形分布，如图 4-29b)所示，其最大强度 $p=\gamma h=20\times5=100\text{kPa}$。将梯形荷载($abcd$)分解为两个三角形荷载($ebc$)及($ead$)之差，这样就可以用式(4-45)进行叠加计算。

$$\sigma_z=2[\sigma_{z(\text{ebO})}-\sigma_{z(\text{eaf})}]=2[\alpha_{s1}(p+q)-\alpha_{s2}q]$$

其中 q 为三角形荷载(eaf)的最大强度，可按三角形比例关系求得：

$$q=p=100\text{kPa}$$

应力系数 α_{s1}、α_{s2} 可由表 4-15 查得，将其结果列于表 4-16 中。

应力系数 α_{si} 计算 表 4-16

编 号	荷载分布面积	$\frac{x}{b}$	O 点($z=0$)		M 点($z=10$)	
			$\frac{z}{b}$	α_{si}	$\frac{z}{b}$	α_{si}
1	(ebO)	$\frac{10}{10}=1$	0	0.500	$\frac{10}{10}=1$	0.241
2	(eaf)	$\frac{5}{5}=1$	0	0.500	$\frac{10}{5}=2$	0.153

故得 O 点的竖向应力 σ_z：

$$\begin{aligned}\sigma_z&=2[\sigma_{z(\text{ebO})}-\sigma_{z(\text{eaf})}]\\&=2\times[0.5\times(100+100)-0.5\times100]=100\text{kPa}\end{aligned}$$

M 点的竖向应力 σ_z：

$$\sigma_z=2\times[0.241\times(100+100)-0.153\times100]=65.8\text{kPa}$$

三、非均质和各向异性土体中附加应力问题

地基附加应力计算都是考虑柔性荷载和均质各向同性的土体，因此土中附加应力计算与土的性质无关，这显然是合理的。实际工程中，地基往往是由软硬不一的多种土层所组成，土的变形性质无论在竖直方向还是在水平方向的差异较大。对于这样一些问题的考虑是比较复杂的，目前也未得到完全满意的解。但从一些简单情况的解答发现，由两种压缩性的不同土层构成的双层地基的应力分布与各向同性地基相比较，对地基竖向应力的影响有两种情况。一种是坚硬土层上覆盖着不厚的可压缩土层；另一种是软弱土层上有一层压缩模量较高的硬壳

层。见图 4-30 所示。

当上层土的压缩模量比下层土低时，即 $E_1 < E_2$，则土中附加应力分布将发生应力集中的现象，如图 4-30 中曲线 2 所示，两土层分界面上的应力分布如图 4-31a）所示。当上层土的压缩模量比下层土高时，即 $E_1 > E_2$，则土中附加应力将发生扩散现象，如图 4-30 中曲线 3 所示，分界面上的应力分布如图 4-31b）所示。土中曲线 1（虚线）为均质地基中附加应力分布。

下卧刚性岩层的存在而引起应力集中的影响与岩层的埋藏深度有关，岩层埋藏越浅，应力集中的影响越显著。

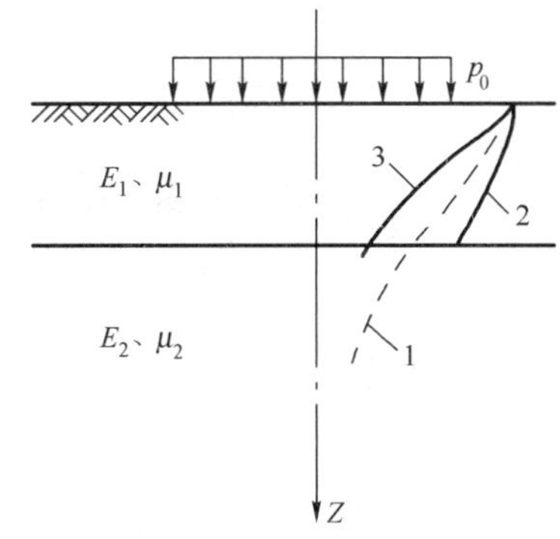

图 4-30 双层地基竖向应力比较

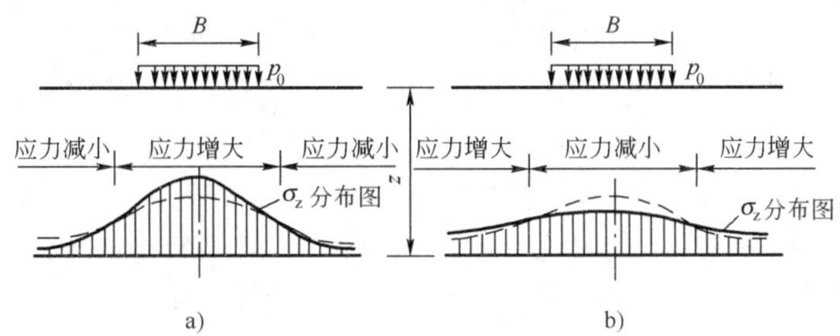

图 4-31 双层地基界面上地基附加应力的分布（虚线表示均质地基中水平面上的附加应力分布）

a）发生应力集中；b）发生应力扩散

坚硬土层在上软弱土层在下，引起应力扩散的现象随上层坚硬土层厚度的增大而更加显著。

应力集中和应力扩散现象主要与上下两层土的模量比 E_1/E_2 有关，而土的泊松比因本身变化不大，所以影响较小，一般不予考虑。

双层地基中应力集中和扩散的概念十分重要，特别是在软土地区，表面有一层硬壳层，由于应力扩散作用，可以减少地基的沉降，所以在设计中基础尽量浅埋，在施工中也采取保护措施，避免硬壳层遭受破坏。

第六节 应力计算中的其他一些问题

一、建筑物基础下地基应力计算

建筑物基础下的应力计算包括自重应力及附加应力两部分，其计算方法在前面几节中均已作了介绍。在第四、五节中所提出的布西奈斯克课题，以及其他荷载作用下的土中应力计算公式，都是假定荷载作用在半无限土体表面，但是实际的建筑物基础均有一定的埋置深度 D，基础底面荷载是作用在地基内部深度 D 处。因此，按前述公式计算时将有误差，一般浅基础的埋置深度较小，所引起的计算误差不大，可不考虑，但是对深基础则应考虑其埋深影响。

计算图 4-32 所示桥墩基础下的地基应力时，可以按基础施工过程分解成图 4-32 中的 a、b、c、d 几个阶段，分别计算土中自重应力及附加应力的变化。

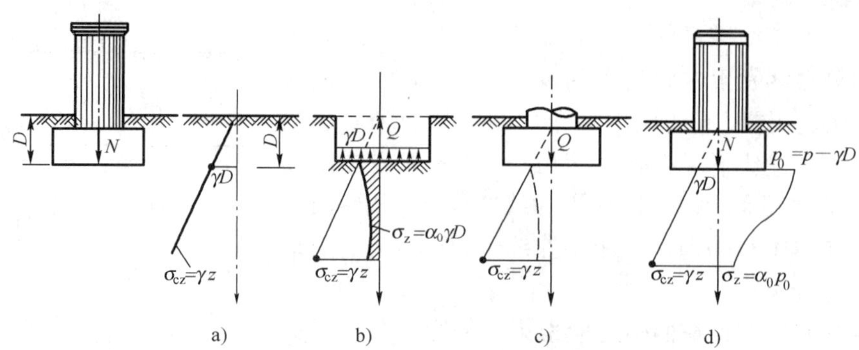

图 4-32　桥墩基础下地基应力计算

a)施工前;b)基坑开挖;c)基础浇筑;d)施工结束

图 4-32a)表示基础施工前,地基中只有自重应力 $\sigma_{cz}=\gamma z$,在预定基础埋置深度 D 处自重应力为 $\sigma_{cz}=\gamma D$。图 b)是基坑开挖后,这时挖去的土体重力 $Q=\gamma DF$,式中 F 为基底面积。它将使地基中应力减小,其减小值相当于在基础底面作用处作用一向上的均布荷载 γD 所引起的应力,也即 $\sigma_z=\alpha_0\gamma D$,式中 α_0 为应力系数。其减小的地基应力分布图形如图 b)中阴影线部分。图 c)表示基础浇注时,当施加于基础底面的荷载正好等于基坑被挖去的土体重力时,则图 b)原来被减小的应力又恢复到原来的自重应力水平,这时土中附加应力等于零;图 d)表示桥墩已施工完毕,基础底面作用着全部荷载 N,与图 c)情况相比,这时基础底面增加的荷载为$(N-Q)$,在这个荷载作用下引起的地基附加压力为 $p_0=\dfrac{N-Q}{F}=p-\gamma D$,式中 $p=\dfrac{N}{F}$。因此,在基础底面下深度 z 处产生的附加应力为 $\sigma_z=\alpha_0 p_0$。在图 d)中左侧表示土中自重应力分布,右侧表示附加应力分布曲线。

从图 4-32 的桥墩施工过程分解图上可以很清楚地理解,在计算基础下的地基附加应力时,为什么不用基底压力 p,而要用 p_0 计算的原因了。

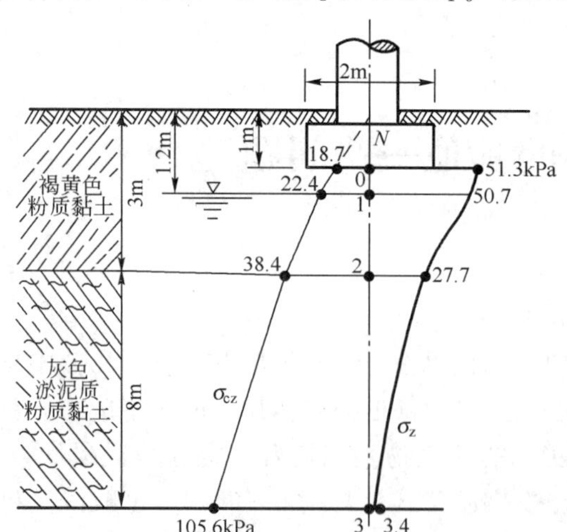

图 4-33　例题 4-11 桥墩基础下地基应力计算

例题 4-11　图 4-33 表示某桥梁桥墩基础及土层剖面。已知基础底面尺寸为 $b=2\text{m}$,$l=8\text{m}$。作用在基础底面中心处的荷载为:$N=1\ 120\text{kN}$,$H=0$,$M=0$。计算在竖直荷载 N 作用下,基础中心轴线上的自重应力及附加应力的分布。

已知各土层的重度为:

褐黄色粉质黏土:$\gamma=18.7\text{kN/m}^3$(水上);$\gamma'=8.9\text{kN/m}^3$(水下)。

灰色淤泥质粉质黏土:$\gamma'=8.4\text{kN/m}^3$(水下)。

解　在基础底面中心轴线上取几个计算点 0、1、2、3,它们都位于土层分界面上,见图 4-33。

(1)自重应力计算

按式(4-2)计算 $\sigma_{cz}=\sum h_i\gamma_i$,将各点的自重应力计算结果列于表 4-17。

(2)附加应力计算

基底压力：

$$p = \frac{N}{F} = \frac{1\ 120}{2 \times 8} = 70\text{kPa}$$

基底处的附加压力：

$$p_0 = p - \gamma D = 70 - 18.7 = 51.3\text{kPa}$$

自重应力计算 表4-17

计算点	土层厚度 h_i(m)	重度 γ_i(kN/m^3)	$\gamma_i h_i$ (kPa)	$\sigma_{cz} = \sum\gamma_i h_i$ (kPa)
0	1.0	18.7	18.7	18.7
1	0.2	18.7	3.7	22.4
2	1.8	8.9	16.0	38.4
3	8.0	8.4	67.2	105.6

由式(4-26) $\sigma_z = \alpha_0 p_0$ 计算土中各点附加应力，其结果列于表4-18，在图4-33中绘出地基自重应力及附加应力分布图。

附加应力计算 表4-18

计算点	z(m)	$m = \frac{z}{b}$	$n = \frac{l}{b}$	α_0	$\sigma_z = \alpha_0 p_0$ (kPa)
0	0.0	0.0	4	1.000	51.3
1	0.2	0.1	4	0.989	50.7
2	2.0	1.0	4	0.540	27.7
3	10.0	5.0	4	0.067	3.4

二、应力扩散角概念

应用弹性理论计算土中应力结果表明，表面荷载通过土体向深部扩散，在距地表越深的平面上，应力分布范围越大，z 越小。根据这种应力扩散概念，提出了一种简化计算方法，即应力分布扩散角法或称压力扩散角法。

假定随着深度 z 的增加，荷载 p_0 在按规律 $z\tan\theta$ 扩大的面积上均匀分布，θ 就称为扩散角，见图4-34。

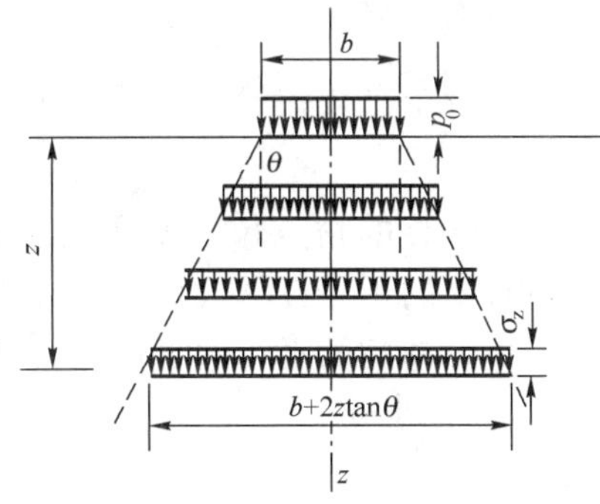

图4-34 扩散角的概念

对于条形基础，附加竖应力按下式计算：

$$\sigma_z = \frac{bp_0}{b + 2z\tan\theta} \tag{4-46}$$

对于矩形基础，附加竖应力按下式计算：

$$\sigma_z = \frac{blp_0}{(b + 2z\tan\theta)(l + 2z\tan\theta)} \tag{4-47}$$

式中：z——基础中心轴线上应力计算点的深度；

θ——压力扩散角；

p_0——基底附加压力；

b、l——基础的宽度和长度。

压力扩散角 θ 可参照有关规范取值(如 GB 50007—2011)，一般取 22°。当用以验算软弱下卧层强度，上层土为密实的碎卵石土、粗砂及硬黏性土，θ 可取 30°。

三、水平向集中力作用下土中应力计算

在地基表面上作用着水平荷载时，地基中应力分布的公式由洗露蒂(Cerruti)导得。图 4-35表示的在水平集中力 Q 作用下，任意点 $M(x,y,z)$ 的竖向应力 σ_z 以及在水平力作用方向的位移公式如下：

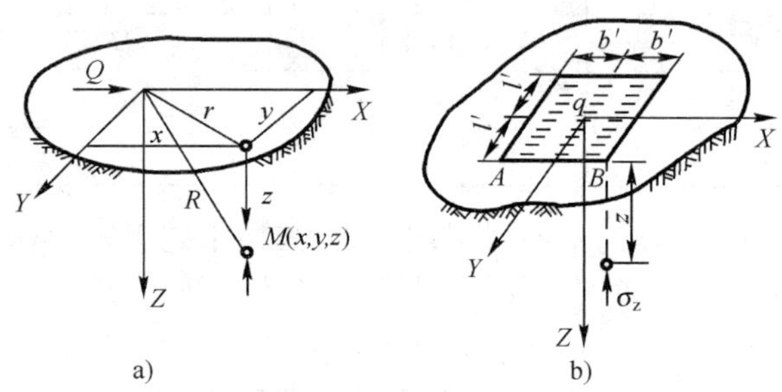

图 4-35　洗露蒂课题

$$\sigma_z = \frac{3Q}{2\pi R^5}xz^2 \tag{4-48}$$

$$\Delta_x = \frac{Q}{4\pi GR}\left\{1 + \frac{x^2}{R^2} + (1 - 2\mu)\left[\frac{R}{R + z} - \frac{x^2}{(R + z)^2}\right]\right\} \tag{4-49}$$

式中：G——土的剪切模量，$G = \dfrac{E}{2(1 + \mu)}$；

其余符号意义见图 4-35。

在均匀分布的水平荷载 q 作用下，矩形基础角点下的竖应力计算公式如下：

$$\sigma_z = \pm \alpha_1 q \tag{4-50}$$

当计算的角点位于水平力的前方时，如图 4-35 中角点 B 下的竖向应力为压应力，取式(4-50)中的正号；反之，如角点 A 下的竖向应力则取负号。

矩形基础的平均水平位移公式如下：

$$u_0 = q\frac{1 - \mu^2}{E}2\sqrt{l'b'}\frac{1}{K_x} \tag{4-51}$$

式中：b'——水平荷载 q 作用方向基础边长的一半；

l'——另一方向的基础边长的一半；

α_1——应力系数，是 $\dfrac{l'}{b'}$ 与 $\dfrac{z}{2b'}$ 的函数，查表 4-19；

K_x——μ 与 $\dfrac{l'}{b'}$ 的函数，查表 4-20。

矩形面积上均布水平荷载下，角点下竖应力系数 α_1 值 表 4-19

$\frac{l'}{b'}$ \ $\frac{z}{2b'}$	0.2	0.4	1.0	1.6	2.0	3.0	4.0	6.0	8.0	10.0
0.0	0.159 2	0.159 2	0.159 2	0.159 2	0.159 2	0.159 2	0.159 2	0.159 2	0.159 2	0.159 2
0.2	0.111 4	0.140 1	0.151 8	0.152 8	0.152 9	0.153 0	0.153 0	0.153 0	0.153 0	0.153 0
0.4	0.067 2	0.104 9	0.132 8	0.136 2	0.136 7	0.137 1	0.137 2	0.137 2	0.137 2	0.137 2
0.4	0.043 2	0.074 6	0.109 1	0.115 0	0.116 0	0.116 8	0.116 9	0.117 0	0.117 0	0.117 0
0.8	0.029 0	0.052 7	0.086 1	0.093 9	0.095 5	0.096 7	0.096 9	0.097 0	0.097 0	0.097 0
1.0	0.020 1	0.037 5	0.066 6	0.075 3	0.077 4	0.079 0	0.079 4	0.079 5	0.079 6	0.079 6
1.2	0.014 2	0.027 0	0.051 2	0.060 1	0.062 4	0.064 5	0.065 0	0.065 2	0.065 2	0.065 2
1.4	0.010 3	0.019 9	0.039 5	0.048 0	0.050 5	0.052 8	0.053 4	0.053 7	0.053 7	0.053 8
1.6	0.007 7	0.014 9	0.030 8	0.038 5	0.041 0	0.043 6	0.044 3	0.044 6	0.044 7	0.044 7
1.8	0.005 8	0.011 3	0.024 2	0.031 1	0.033 6	0.036 2	0.037 0	0.037 4	0.037 5	0.037 5
2.0	0.004 5	0.008 8	0.019 2	0.025 3	0.027 7	0.030 3	0.031 2	0.031 7	0.031 8	0.031 8
2.5	0.002 5	0.005 0	0.011 3	0.015 7	0.017 6	0.020 2	0.021 1	0.021 7	0.021 9	0.021 9
3.0	0.001 5	0.003 1	0.007 1	0.010 2	0.011 7	0.014 0	0.015 0	0.015 6	0.015 8	0.015 9
5.0	0.000 4	0.000 7	0.001 8	0.002 7	0.003 2	0.004 3	0.005 0	0.005 7	0.005 9	0.006 2
7.0	0.000 1	0.000 3	0.000 7	0.001 0	0.001 3	0.001 8	0.002 2	0.002 7	0.002 9	0.003 0
10.0	0.000 1	0.000 1	0.000 2	0.000 4	0.000 5	0.000 7	0.000 8	0.001 1	0.001 3	0.001 4

计算矩形基础的平均水平位移的系数 K_x 值 表 4-20

μ \ $\frac{l'}{b'}$	0.1	0.2	0.3	0.4	0.5
0.1	1.366	1.317	1.260	1.190	1.105
0.2	1.182	1.132	1.074	1.006	0.923
0.3	1.105	1.054	0.995	0.926	0.843
0.4	1.064	1.011	0.950	0.880	0.797
0.5	1.039	0.985	0.922	0.851	0.767
0.6	1.023	0.967	0.903	0.830	0.746
0.7	1.013	0.956	0.890	0.816	0.731
0.8	1.007	0.948	0.881	0.806	0.720
0.9	1.003	0.943	0.875	0.798	0.711
1.0	1.001	0.939	0.870	0.792	0.704
1.5	1.006	0.938	0.863	0.781	0.689
2.0	1.021	0.949	0.870	0.783	0.687
3.0	1.061	0.981	0.895	0.801	0.698
5.0	1.140	1.048	0.951	0.845	0.732
10.0	1.303	1.192	1.074	0.949	0.816

四、竖向集中力作用于半无限体内部时的应力分布

在前面的应力计算中，都假定荷载作用于半无限体表面。事实上，基础一般都有一定的埋置深度，也就是说，荷载不是作用在半无限体表面，而是作用在它的内部。在弹性力学的研究中，已经导出集中力作用于半无限体内部时的应力和位移解，称为明特林（R. D. Mindlin）解，读者如需探讨，可查阅有关弹性力学或土力学专著。

第七节　饱和土有效应力原理

有效应力原理是土力学中一个最常用的基本原理。太沙基（K. Terzaghi）1923 年最早提出饱和土有效应力原理的基本概念，阐明了碎散介质的土体与连续固体介质在应力应变关系上的重大区别，从而使土力学从一般固体力学中分离出来，成为一门独立的分支学科。

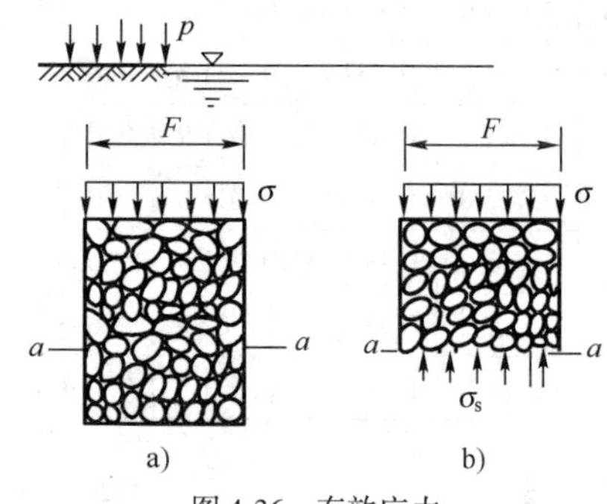

图 4-36　有效应力

在土中某点截取一水平截面，其面积为 F，截面上作用应力 σ（图 4-36），它是由上面的土体的重力、静水压力及外荷载 p 所产生的应力，称为总应力。这一应力一部分是由土颗粒间的接触面承担，称为有效应力；另一部分是由土体孔隙内的水及气体承担，称为孔隙应力（也称孔隙压力）。实际上，本章前文中介绍的自重应力便是一种有效应力。

考虑图 4-36b）所示的土体平衡条件，沿 $a—a$ 截面取脱离体，$a—a$ 截面是沿着土颗粒间接触面截取的曲线形状截面，在此截面上土颗粒间接触面间的作用法向应力为 σ_s，各土颗粒间接触面积之和为 F_s，孔隙内的水压力为 u_w，气体压力为 u_a，其相应的面积为 F_w 及 F_a，由此可建立平衡条件：

$$\sigma F = \sigma_s F_s + u_w F_w + u_a F_a \tag{4-52}$$

对于饱和土，式(4-52)中的 u_a、F_a 均等于零，则此式可写成：

$$\sigma F = \sigma_s F_s + u_w F_w = \sigma_s F_s + u_w (F - F_s)$$

或

$$\sigma = \frac{\sigma_s F_s}{F} + u_w \left(1 - \frac{F_s}{F}\right) \tag{4-53}$$

由于颗粒间的接触面积 F_s 是很小的，毕肖普和伊尔定（Bishop & Eldin，1950）根据粒状土的试验工作认为 $\frac{F_s}{F}$ 一般小于 0.03，有可能小于 0.01。因此，式(4-53)中的第二项的第 $\frac{F_s}{F}$ 可略去不计，但第一项中因为土颗粒间的接触应力 σ_s 很大，故不能略去。此时式(4-53)可写为：

$$\sigma = \frac{\sigma_s F_s}{F} + u_w \tag{4-54}$$

式中，$\frac{\sigma_s F_s}{F}$ 实际上是土颗粒间的接触应力在截面积 F 上的平均应力，称为土的有效应力，通常用 σ' 表示，并把孔隙水压力 u_w 用 u 表示。于是式(4-54)可写成：

$$\sigma = \sigma' + u \tag{4-55}$$

这个关系式在土力学中很重要,称为饱和土有效应力公式。可见,有效应力是一个虚拟的应力,而实际上颗粒间的真正的接触应力是很大的,粗粒土的颗粒接触应力常常会达到颗粒矿物的屈服强度。

对于饱和土,土中任意点的孔隙压力 u 对各个方向作用是相等的,因此它只能使土颗粒产生压缩(由于土颗粒本身的压缩量是很微小的,在土力学中均不考虑),而不能使土颗粒产生位移。土颗粒间的有效应力作用,则会引起土颗粒的位移,使孔隙体积改变,土体发生压缩变形,同时有效应力的大小也影响土的抗剪强度。由此得到土力学中很常用的饱和土有效应力原理,它包含两个基本要点:

(1)土的有效应力 σ' 等于总应力 σ 减去孔隙水压力 u;

(2)土的有效应力控制了土的变形及强度性能。

对于非饱和土,由式(4-52)可得:

$$\begin{aligned}\sigma &= \frac{\sigma_s F_s}{F} + u_w \frac{F_w}{F} + u_a \frac{F - F_w - F_a}{F} \\ &= \sigma' + u_a - \frac{F_w}{F}(u_a - u_w) - u_a \frac{F_a}{F}\end{aligned} \tag{4-56}$$

略去 $u_a \dfrac{F_a}{F}$ 一项,这样可得非饱和土的有效应力公式为:

$$\sigma' = \sigma - u_a + \chi(u_a - u_w) \tag{4-57}$$

这个公式是由毕肖普等(1961)提出的,式中 $\chi = \dfrac{F_w}{F}$ 是由试验确定的参数,取决于土的类型及饱和度。一般认为有效应力原理能正确地用于饱和土,对非饱和土则尚存在一些问题需进一步研究。

有效应力原理在土的变形及强度性能中的应用,将在第五、六章中讨论。

【习题】

[4-1] 计算图 4-37 所示地基中的自重应力并绘出其分布图。已知土的性质:

细砂(水上):$\gamma = 17.5\text{kN/m}^3$,$G_s = 2.69$,$w = 20\%$;

黏土:$\gamma = 18.0\text{kN/m}^3$,$G_s = 2.74$,$w = 22\%$,$w_L = 48\%$,$w_p = 24\%$。

[4-2] 图 4-38 所示桥墩基础,已知基础底面尺寸 $b = 4\text{m}$,$l = 10\text{m}$,作用在基础地面中心的荷载 $N = 4000\text{kN}$,$M = 2800\text{kN} \cdot \text{m}$。计算基础底面的压力。

[4-3] 图 4-39 所示矩形面积($ABCD$)上作用均布荷载 $p = 100\text{kPa}$,试用角点法计算 G 点下深度 6m 处 M 点的竖向应力 σ_z 值。

[4-4] 图 4-40 所示条形分布荷载,$p = 150\text{kPa}$。计算 G 点下深度 3m 处的竖向应力 σ_z 值。

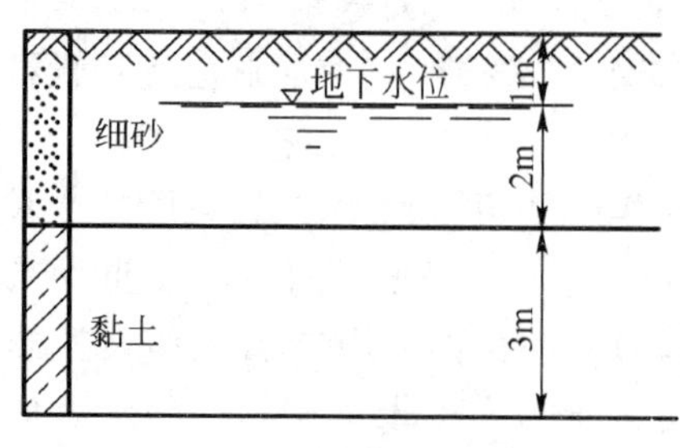

图 4-37　习题 4-1 图

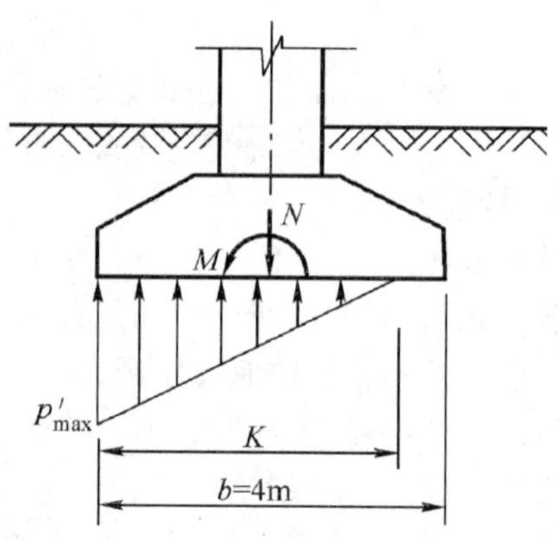

图 4-38　习题 4-2 图

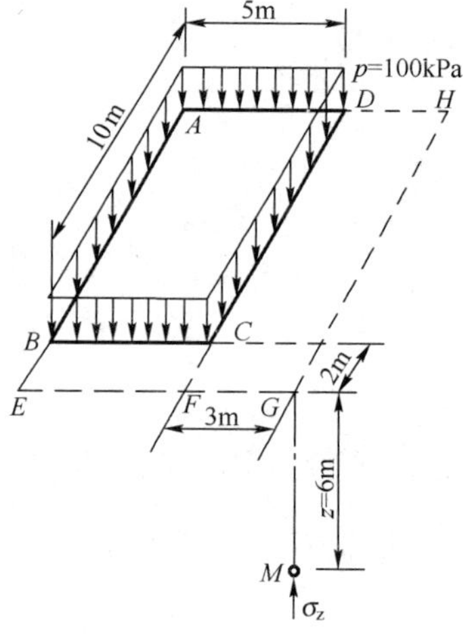

图 4-39　习题 4-3 图

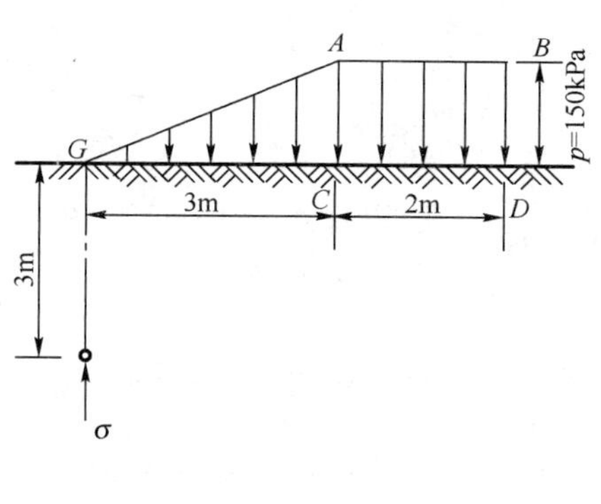

图 4-40　习题 4-4 图

[4-5]　某粉质黏土层位于两砂层之间，如图 4-41 所示。已知砂土重度（水上）$\gamma = 16.5\text{kN/m}^3$，饱和重度 $\gamma_{sat} = 18.8\text{kN/m}^3$；粉质黏土的饱和重度 $\gamma_{sat} = 17.3\text{kN/m}^3$。若粉质黏土层为透水层，试求土中总应力 σ、孔隙水压力 u 及有效应力 σ'。（绘图表示）

[4-6]　计算图 4-42 所示桥墩下地基的自重应力及附加应力。已知桥墩构造如图 4-42。作用在基础底面中心的荷载：$N = 2520\text{kN}, H = 0, M = 0$。地基土的物理及力学性质指标见表 4-21。

地基土的物理及力学性质指标　　表 4-21

土层名称	层底高程（m）	土层厚（m）	重度 γ（kN/m^3）	含水率 w（%）	土粒比重 G_s	孔隙比 e	液限 w_L（%）	塑限 w_P（%）	塑性指数 I_P	饱和度 S_r
黏土	15	5	20	22	2.74	0.640	45	23	22	0.94
粉质黏土	9	6	18	38	2.72	1.045	38	22	16	0.99

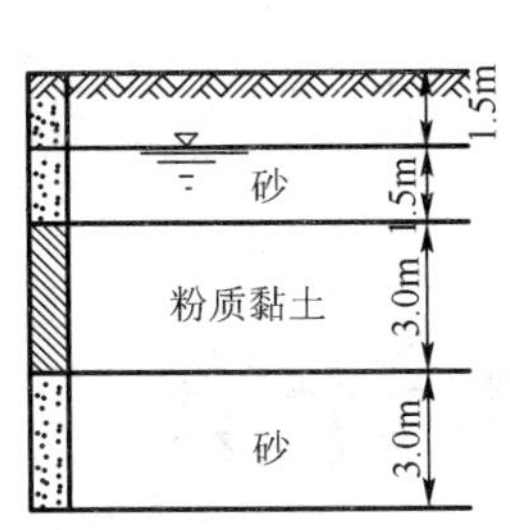

图 4-41 习题 4-5 图

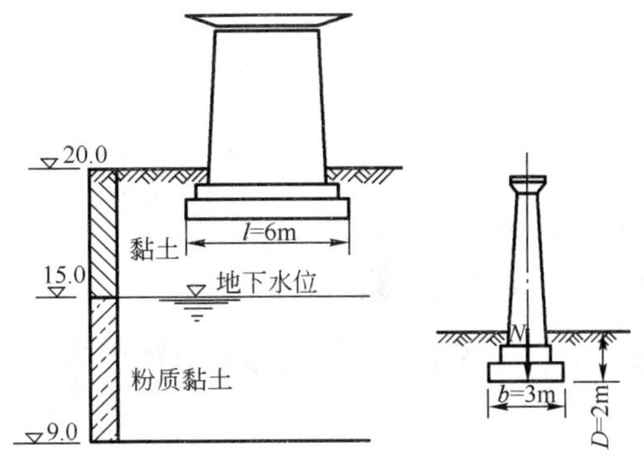

图 4-42 习题 4-6 图

【思考题】

[4-1] 何谓自重应力与附加应力?

[4-2] 在基底总压力不变的前提下,增大基础埋深对土中应力分布有什么影响?

[4-3] 有两个宽度不同的基础,其基底总压力相同,问在同一深度处,哪一个基础下产生的附加应力大,为什么?

[4-4] 在填方地段,如基础砌置在填土中,问填土的重力引起的应力在什么条件下应当作为附加应力考虑?

[4-5] 地下水位的升降对土中应力分布有何影响?

[4-6] 布西奈斯克课题假定荷载作用在地表面,而实际上基础都有一定的埋置深度,问这一假定将使土中应力的计算值偏大还是偏小?

[4-7] 矩形均布荷载中点下与角点下土的应力之间有什么关系?

[4-8] 从表 4-14 查应力系数时,当 $z = 0, \frac{x}{b} = 0.7$ 时,能否用表中数值内插求得,为什么?

第五章

土的压缩性与地基沉降计算

第一节 概　　述

在建筑物基底附加压力作用下，地基土内各点除了承受土自重引起的自重应力外，还要承受附加应力。在附加应力的作用下，地基土要产生附加的变形，这种变形一般包括体积变形和形状变形。对土这种材料来说，体积变形通常表现为体积缩小，这种在外力作用下土体积缩小的特性称为土的压缩性。

土的压缩性主要有两个特点：①土的压缩主要是由于孔隙体积减少而引起的。对于饱和土，土是由固体颗粒和孔隙水组成的，在工程上一般的压力（100 ~ 600kPa）作用下，固体颗粒和孔隙水的压缩量与土的总压缩量相比非常微小（不足 1/400），可不予考虑，但由于土中水具有流动性，在外力作用下会沿着土中孔隙排出，从而引起土的体积减少而发生压缩；②由于孔隙水的排出而引起的压缩对于饱和黏性土来说是需要时间的，土的压缩随时间增长的过程称为土的固结。这是由于黏性土的透水性很差，土中水沿着孔隙排出速度很慢。

在建筑物荷载作用下，地基土由于压缩而引起的竖直方向位移称为沉降，本章研究土的压缩性，主要是为了计算地基的沉降。

由于土的压缩性的上述两个特点，因此研究建筑物地基沉降也包含两方面的内容：一是绝对沉降量的大小，亦即最终沉降，在本章第三节将就这个问题介绍几种工程实践中广泛采用并积累了很多经验的实用计算方法；二是沉降与时间的关系，在本章第四节将介绍太沙基一维固结理论。研究土的受力变形特性必须有压缩性指标，因此，本章首先在第二节将介绍土的压缩性试验及相应的指标，这些指标将用于地基沉降的计算中。

第二节　土的压缩性试验及指标

一、室内压缩试验及压缩模量

室内压缩试验（亦称固结试验）是研究土的压缩性最基本的方法。

图 5-1 为试验装置压缩仪的主要部分压缩容器简图，其中金属环刀用来切取土样，环刀内径通常有 6.18cm 和 7.98cm 两种，相应的截面积为 30cm^2 和 50cm^2，高度为 2cm；切有土样的环刀置于刚性护环中，由于金属环刀及刚性护环的限制，使得土样在竖向压力作用下只能发生竖向变形，而无侧向变形；在土样上下放置的透水石是土样受压后排出孔隙水的两个界面；在水槽内注水，以使土样在试验过程中保持浸在水中。如需做非饱和土的侧限压缩试验，就不能浸土样于水中，但需要用湿棉纱或湿海绵覆盖于容器上，以免土样内水分蒸发。竖向的压力通过刚性板施加给土样，土样产生的压缩量可通过百分表量测。

试验时应该用环刀切取钻探取得的保持天然结构的原状土样，由于地基沉降主要与土竖直方向的压缩性有关，且土是各向异性的，所以切土方向还应与土天然状态时的垂直方向一致。常规压缩试验的加荷等级 p 为：50kPa、100kPa、200kPa、300kPa、400kPa。每一级荷载要求恒压 24h 或当在 1h 内的压缩量不超过 0.01mm 时，认为变形已经稳定，并测定稳定时的总压缩量 ΔH，这称为标准压缩（固结）试验法。对于沉降计算精度要求不高，而渗透性又较大的土，且不需要求固结系数时，每级荷载可只恒压 1～2h，测定其压缩量，只是在最后一级荷载下才压缩到 24h，这称为快速压缩（固结）试验法，但试验结果需经校正才能用于沉降计算。其他特殊要求的压缩试验，此处不再赘述。

由压缩试验得到的 $\Delta H \sim p$ 关系，可进一步得到土样相应的孔隙比与加荷等级之间的 $e \sim p$ 关系。

如图 5-2 所示，设土样的初始高度为 H_0，在荷载 p 作用下土样稳定后的总压缩量为 ΔH，假设土粒体积 $V_s = 1$（不变），根据土的孔隙比的定义，则受压前后土孔隙体积 V_v 分别为 e_0 和 e，

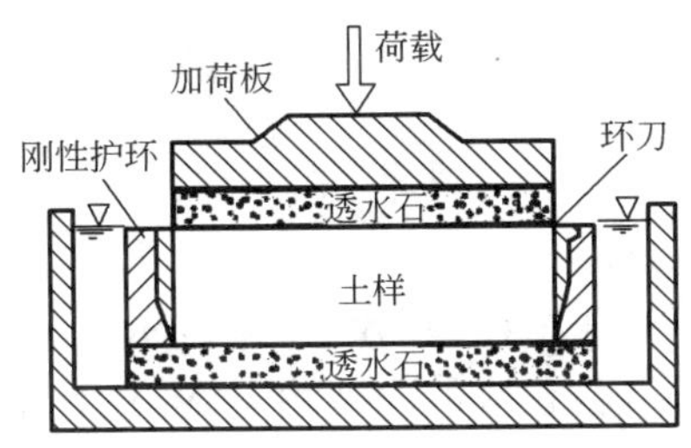

图 5-1　压缩仪的压缩容器简图

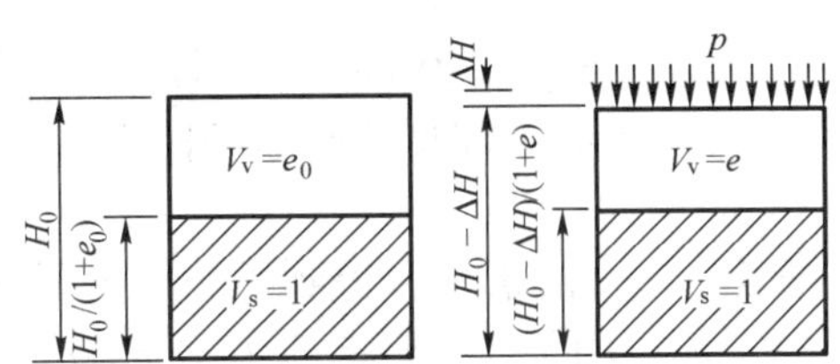

图 5-2　压缩试验中土样孔隙比的变化

因为受压前后土粒体积不变，且土样横截面积不变，所以受压前后试样中土粒所占的高度不变，根据荷载作用下土样压缩稳定后总压缩量 ΔH 可求出相应的孔隙比 e 的计算公式：

$$\frac{H_0}{1+e_0}=\frac{H_0-\Delta H}{1+e} \tag{5-1a}$$

于是得到：

$$e=e_0-\frac{\Delta H}{H_0}(1+e_0) \tag{5-1b}$$

式中：e_0——$e_0=\dfrac{G_s(1+w_0)}{\rho_0}\rho_w-1$；

G_s、w_0、ρ_0——土粒比重、土样的初始含水率及初始密度，它们可根据室内试验测定。

这样，根据式(5-1b)即可得到各级荷载 p 下对应的孔隙比 e，从而可绘制出土的 $e\sim p$ 曲线及 $e\sim \lg p$ 曲线等。

1. *e～p 曲线及有关指标*

通常将由压缩试验得到的 $e\sim p$ 关系，采用普通直角坐标绘制成如图 5-3a）的 $e\sim p$ 曲线，图中给出了两条典型的软黏土和密实砂土的压缩曲线。

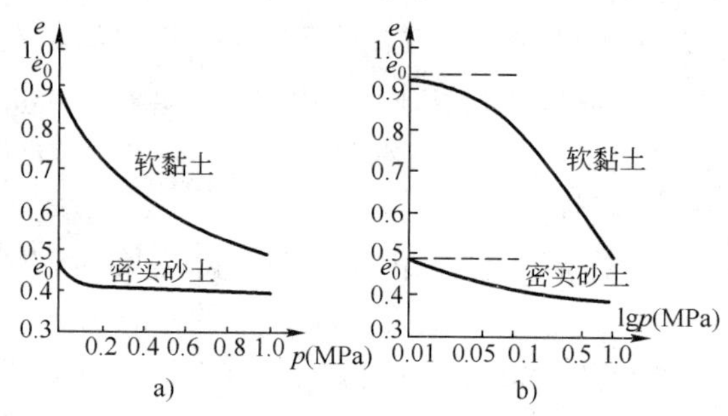

图 5-3　土的压缩曲线

a）$e\sim p$ 压缩曲线；b）$e\sim \lg p$ 压缩曲线

1）压缩系数 a

从图 5-3a）可以看出，由于软黏土的压缩性大，当发生压力变化 Δp 时，则相应的孔隙比的变化 Δe 也大，因而曲线就比较陡；反之，像密实砂土的压缩性小，当发生相同压力变化 Δp 时，相应的孔隙比的变化 Δe 就小，因而曲线比较平缓。因此，可用曲线的斜率来反映土压缩性的大小。

如图 5-4a）所示，设压力由 p_1 增至 p_2，相应的孔隙比由 e_1 减小到 e_2，当压力变化范围不大时，可将该压力范围的曲线用割线 M_1M_2 来代替，并用割线 M_1M_2 的斜率来表示土在这一段压力范围的压缩性，即：

$$a=\tan\alpha=\frac{\Delta e}{\Delta p}=\frac{e_1-e_2}{p_2-p_1} \tag{5-2}$$

式中：a——土的压缩系数（MPa^{-1}），压缩系数越大，土的压缩性越高。

从图 5-4a）还可以看出，压缩系数 a 值与土所受的荷载大小有关。为了便于比较，一般采用压力间隔 $p_1=100\mathrm{kPa}$ 至 $p_2=200\mathrm{kPa}$ 时对应的压缩系数 a_{1-2} 来评价土的压缩性：

$a_{1-2}<0.1\mathrm{MPa}^{-1}$ 时，属低压缩性土；

$0.1\mathrm{MPa}^{-1}\leqslant a_{1-2}<0.5\mathrm{MPa}^{-1}$ 时，属中压缩性土；

$a_{1-2}\geqslant 0.5\mathrm{MPa}^{-1}$ 时，属高压缩性土。

2）压缩模量 E_s

根据 $e\sim p$ 曲线，可以得到另一个重要的压缩指标——压缩模量，用 E_s 来表示。其定义为土在完全侧限的条件下竖向应力增量 Δp（如从 p_1 增至 p_2）与相应的应变增量 $\Delta\varepsilon$ 的比值，根据这个定义由图 5-5 可得到：

$$E_s=\frac{\Delta p}{\Delta\varepsilon}=\frac{\Delta p}{\dfrac{\Delta H}{H_1}} \tag{5-3}$$

式中：E_s——压缩模量（MPa）。

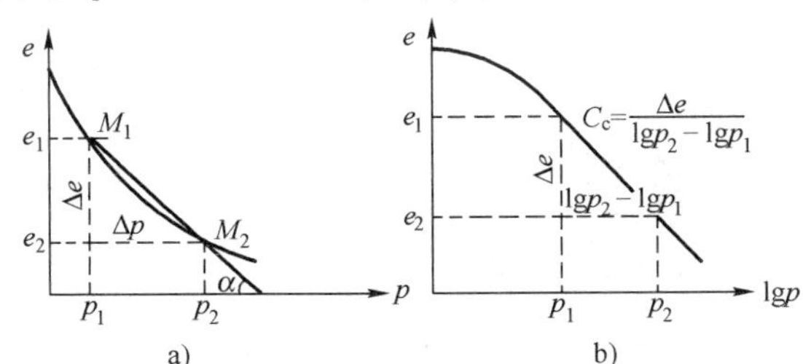

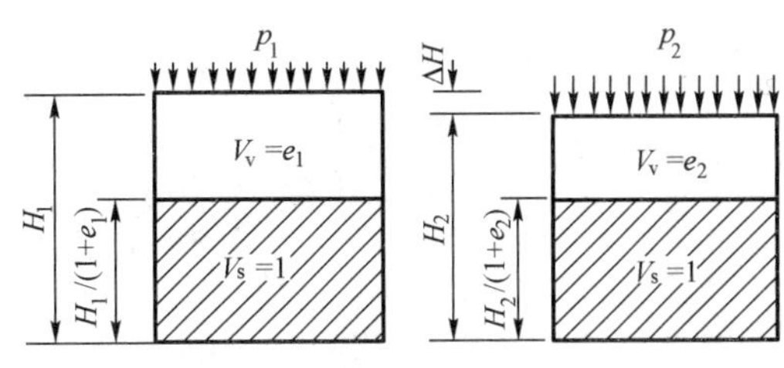

图 5-4　由压缩曲线确定压缩指标

a）由 $e\sim p$ 曲线确定压缩系数 a；b）由 $e\sim\lg p$ 曲线确定压缩指数 C_c

图 5-5　侧限条件下土样高度变化与孔隙比变化的关系

在无侧向变形，即横截面积不变的情况下，同样根据土粒所占高度不变的条件，ΔH 可用相应的孔隙比的变化 $\Delta e = e_1 - e_2$ 来表示：

$$\frac{H_1}{1+e_1} = \frac{H_2}{1+e_2} = \frac{H_1 - \Delta H}{1+e_2} \tag{5-4a}$$

得到

$$\Delta H = \frac{e_1 - e_2}{1+e_1}H_1 = \frac{\Delta e}{1+e_1}H_1 \tag{5-4b}$$

将式（5-4b）代入式（5-3）得：

$$E_s = \frac{\Delta p}{\frac{\Delta H}{H_1}} = \frac{\Delta p}{\frac{\Delta e}{1+e_1}} = \frac{1+e_1}{a} \tag{5-4c}$$

同压缩系数 a 一样，压缩模量 E_s 也不是常数，而是随着压力大小而变化。显然，在压力小的时候，压缩系数 a 大，压缩模量 E_s 小；在压力大的时候，压缩系数 a 小，压缩模量 E_s 大。因此在运用到沉降计算中时，比较合理的做法是根据实际竖向应力的大小在压缩曲线上取相应的值计算压缩模量。

此外，工程上还常用体积压缩系数 m_v（MPa^{-1}）作为地基沉降的计算参数，定义为土在完全侧限条件下体积应变（等于竖向应变）与竖向附加应力之比值。体积压缩系数在数值上等于压缩模量的倒数，即：

$$m_v = \frac{1}{E_s} = \frac{a}{1+e_1} \tag{5-5}$$

2. 土的回弹曲线和再压缩曲线

在压缩试验中，如果加压到某一值 p_i［相应于图 5-6a）中曲线上的 b 点］后不再加压，而是逐级进行卸载直至零，并且测得各卸载等级下土样回弹稳定后土样高度，进而换算得到相应的孔隙比，即可绘制出卸载阶段的关系曲线，如图中 bc 曲线所示，称为回弹曲线（或膨胀曲线）。可以看到不同于一般的弹性材料的是，回弹曲线不和初始加载的曲线 ab 重合，卸载至零时，土样的孔隙比没有恢复到初始压力为零时的孔隙比 e_0。这就显示了土残留了一部分压缩变形，称之为残余变形，但也恢复了一部分压缩变形，称之为弹性变形。

若接着重新逐级加压，则可测得土样在各级荷载作用下再压缩稳定后的孔隙比，相应地可绘制出再压缩曲线，如图 5-6a）中 cdf 曲线所示。可以发现其中 df 段像是 ab 段的延续，犹如期间没有经过卸载和再压的过程一样。

土在卸载再压缩过程中所表现的特性应在工程实践中引起足够的重视。

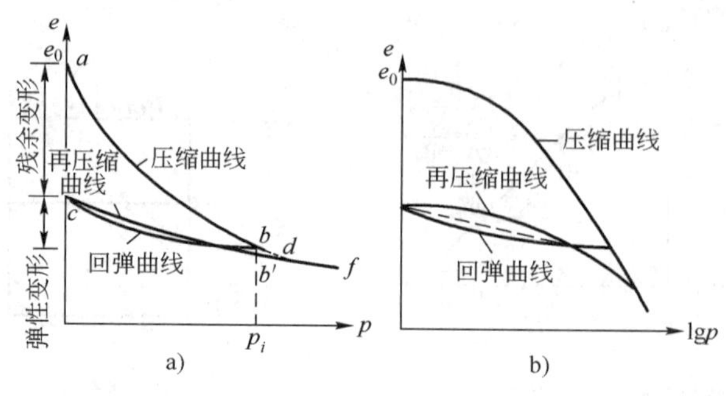

图 5-6　土的回弹—再压缩曲线

a) $e \sim p$ 曲线；b) $e \sim \lg p$ 曲线

3. 室内试验 $e \sim \lg p$ 曲线及有关指标

当采用半对数的直角坐标来绘制室内压缩试验 $e \sim p$ 关系时，就得到了 $e \sim \lg p$ 曲线［图 5-3b)］，可以看到，在压力较大部分，$e \sim \lg p$ 关系接近直线，这是这种表示方法区别于 $e \sim p$ 曲线的独特的优点。它通常用来整理有特殊要求的试验，试验时以较小的压力开始，采用小增量多级加荷，并加到较大的荷载为止，一般为 12.5kPa、25kPa、50kPa、100kPa、200kPa、400kPa、800kPa、1 600kPa、3 200kPa。同样图 5-6a) 中的回弹再压缩曲线也可绘制成 $e \sim \lg p$ 曲线［图 5-6b)］。

1) 压缩指数、回弹指数

将图 5-4b) 中 $e \sim \lg p$ 曲线直线段的斜率用 C_c 来表示，称为压缩指数，它是无量纲量：

$$C_c = \frac{e_1 - e_2}{\lg p_2 - \lg p_1} = \frac{e_1 - e_2}{\lg \dfrac{p_2}{p_1}} \tag{5-6}$$

压缩指数 C_c 与压缩系数 a 不同，a 值随压力变化而变化，而 C_c 值在压力较大时为常数，不随压力变化而变化。C_c 值越大，土的压缩性越高，低压缩性土的 C_c 一般小于 0.2，高压缩性土的 C_c 值一般大于 0.4。

卸载段和再压缩段的平均斜率［图 5-6b)］称为回弹指数或再压缩指数 C_e，$C_e \ll C_c$，一般黏性土的 $C_e \approx (0.1 \sim 0.2) C_c$。

2) 前期固结压力

试验表明，在图 5-7 的 $e \sim \lg p$ 曲线上，对应于曲线段过渡到直线段的某拐弯点的压力值是土层历史上所曾经承受过的最大的固结压力，也就是土体在固结过程中所受的最大有效应力，称为前期固结压力，用 p_c 来表示，它是一个非常有用的概念，是了解土层应力历史的重要指标。

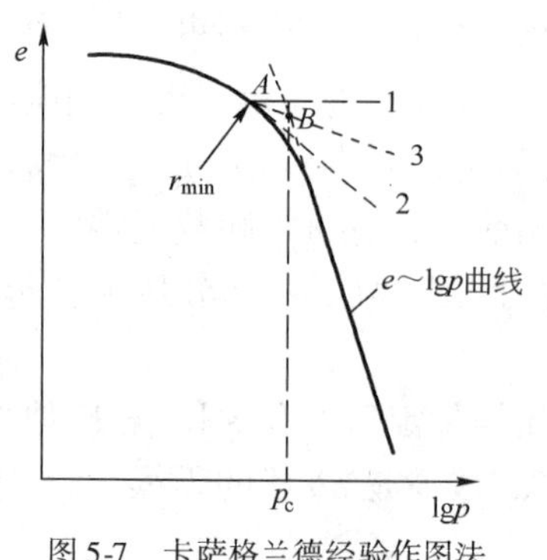

图 5-7　卡萨格兰德经验作图法确定前期固结压力 p_c

目前最为常用的是根据室内压缩试验做出 $e \sim \lg p$ 曲线确定 p_c，较简便明了的方法是卡萨格兰德(Casagrande)1936 年提出的经验作图法，具体步骤如下：

(1) 在 $e \sim \lg p$ 曲线拐弯处找出曲率半径最小的点 A，过 A 点作水平线 $A1$ 和切线 $A2$；

(2) 作 $\angle 1A2$ 的平分线 $A3$，与 $e \sim \lg p$ 曲线直线段的延长线交于 B 点；

(3) B 点所对应的有效应力即为前期固结压力。

必须指出,采用这种简易的经验作图法,要求取土质量较高,绘制 $e \sim \lg p$ 曲线时还应注意选用合适的比例,否则,很难找到曲率半径最小的点 A,同时还应结合现场的调查资料综合分析确定。

通过测定的前期固结压力 p_c 和土层自重应力 p_0(即自重作用下固结稳定的有效竖向应力)状态的比较,将天然土层划分为正常固结土、超固结土和欠固结土三类固结状态,并用超固结比 $OCR = \dfrac{p_c}{p_0}$ 去判别:

(1)如果土层的自重应力 p_0 等于前期固结压力 p_c,也就是说土自重应力就是该土层历史上受过的最大的有效应力,这种土称为正常固结土,则 $OCR = 1$。

(2)如果土层的自重应力 p_0 小于前期固结压力 p_c,也就是说该土层历史上受过的最大的有效压力大于土自重应力,这种土称为超固结土,如覆盖的土层由于被剥蚀等原因,使得原来长期存在于土层中的竖向有效压应力减小了,则 $OCR > 1$。

(3)如果土层的前期固结压力 p_c 小于土层的自重应力 p_0,也就是说该土层在自重作用下的固结尚未完成,这种土称为欠固结土,如新近沉积黏性土、人工填土等,由于沉积时间短,在自重作用下还没有完全固结,则 $OCR < 1$。

某些结构性强的土,其室内 $e \sim \lg p$ 曲线也会有曲率突变的 B 点,但不是由于前期固结压力所致,而是结构强度的一种反映。这时 B 点并不代表前期固结压力,而是土的结构强度,当然土的结构强度主要与前期固结压力有关。

4. 原位压缩 $e \sim \lg p$ 曲线及有关指标

上面得到的 $e \sim \lg p$ 曲线是由室内压缩试验得到的,但由于钻探采样、土样取出地面后应力释放、室内试验时切土等人工扰动因素的影响,室内的压缩曲线已经不能完全代表地基中原位土层承受荷载后的孔隙比与荷载之间的关系了。因此必须对室内压缩试验得到的压缩曲线进行修正,以得到符合现场土实际压缩性的原位压缩曲线,才能更好地用于地基沉降的计算。

(1)对于正常固结土,假定土样取出后体积保持不变,则室内测定的初始孔隙比 e_0 就代表取土深度处土的天然孔隙比,由于是正常固结土,所以前期固结压力 p_c 就等于取土深度处土的自重应力 p_0,所以图 5-8a)中 $E(e_0, p_c)$ 点反映了原位土的一个应力—孔隙比状态;此外根据许多室内压缩试验,若将土样加以不同程度的扰动,所得出的不同的室内压缩 $e \sim \lg p$ 曲线的直线段,都大致交于 $e = 0.42e_0$ 的 D 点。这说明对经受过很高压力,压密程度已经很高的土样,此时起始的各种不同程度的扰动对土的压缩性影响已没什么区别了。由此可推想原位压缩曲线也大致交于此点。因此室内压缩曲线上的 D 点,也表示原位土的一个应力—孔隙比状态。

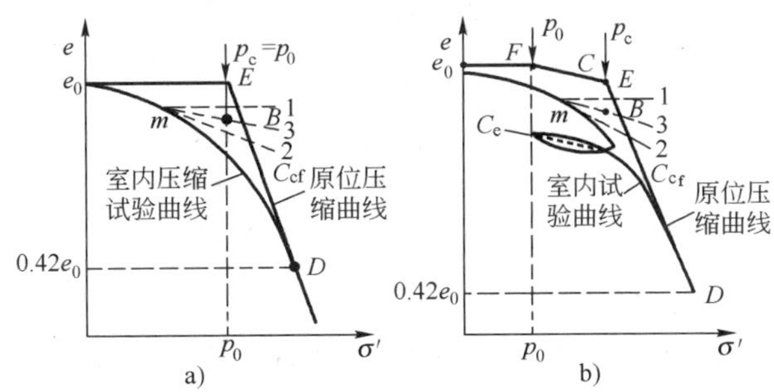

图 5-8 原位压缩曲线(及原位再压缩曲线)

a)正常固结土;b)超固结土

连接 E、D 点的直线就是原位压缩曲线，其斜率 C_{cf}（区别于室内压缩试验得到的 C_c）就是原位土的压缩指数。

（2）对于超固结土，要得到原位压缩曲线，需在进行室内压缩试验时，当压力进入到 $e \sim \lg p$ 曲线的直线段时，进行卸载回弹和再压缩循环试验，滞回圈的平均斜率即再压缩指数 C_e。

同样，室内测定的初始孔隙比 e_0 假定为自重应力作用下的孔隙比，因此 $F(e_0, p_0)$ 点代表取土深度处的应力—孔隙比状态，由于超固结土的前期固结压力 p_c 大于当前取土点的土自重应力 p_0，当压力从 p_0 到 p_c 过程中，原位土的变形特性必然具有再压缩的特性。因此过 F 点作一斜率为室内回弹再压缩曲线的平均斜率的直线，与前期固结压力的作用线交于 E 点，当应力增加到前期固结压力以后，土样才进入正常固结状态，这样在室内压缩曲线上取孔隙比等与 $0.42e_0$ 的 D 点。FE 为原位再压缩曲线，ED 为原位压缩曲线，相应地 FE 直线段的斜率 C_e 也为原位回弹指数，ED 直线段的斜率 C_{cf} 为原位压缩指数。

应注意到，在上述分析中，将室内压缩试验得到的孔隙比 e_0 作为原位土体的孔隙比是不准确的，因为土样取出后由于应力释放，土样要发生回弹膨胀，所以试验测得的孔隙比将大于原位土的孔隙比。因此，所谓的原位压缩曲线、原位再压缩曲线并非真正的原位，但真正的原位孔隙比无法准确测定，这样得到的压缩指数值将偏大。

二、现场载荷试验及变形模量

除了上面介绍的室内压缩试验之外，还可以通过现场原位试验的方法研究测定土的压缩性，下面介绍现场载荷试验方法。

1. 载荷试验

载荷试验装置如图 5-9 所示，一般包括三部分：加荷装置、反力装置和沉降量测装置。其中加荷装置包括载荷板、垫块及千斤顶等；根据反力装置不同分类，载荷试验主要有地锚反力架法及堆重平台反力法两类，前者将千斤顶的反力通过地锚最终传至地基中去，后者通过平台上的堆重来平衡千斤顶的反力；沉降量测装置包括百分表和基准短桩、基准梁等。

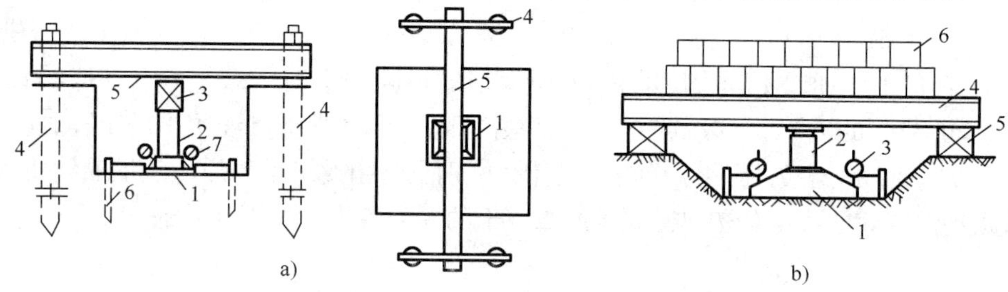

图 5-9　载荷试验装置

a）地锚反力架式；b）堆重平台反力式

a）：1-载荷板；2-垫块；3-千斤顶；4-地锚；5-横梁；6-基准梁；7-百分表

b）：1-载荷板；2-千斤顶；3-百分表；4-平台；5-枕木；6-堆重

试验时，通过千斤顶逐级给载荷板施加荷载，每加一级荷载，观测记录沉降随时间的发展以及稳定时的沉降量 s，直至加到终止加载条件满足时为止。将试验得到的各级荷载与相应的稳定沉降量绘制成 $p \sim s$ 曲线，如图 5-10 所示。此外，通常还进行卸荷，并进行沉降观测，得到图中虚线所示的回弹曲线，这样就可以知道卸荷时的回弹变形（即弹性变形）和残余变形。

2. 变形模量

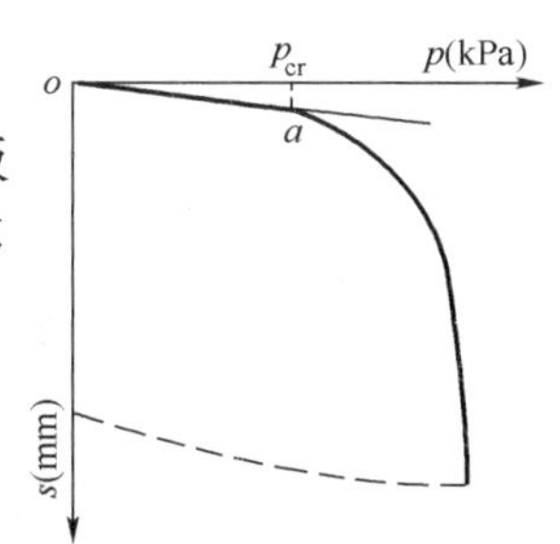

图 5-10 载荷试验 $p \sim s$ 曲线

从图中 $p \sim s$ 曲线可看出，当荷载小于某数值时，荷载 p 与载荷板沉降之间呈直线关系，如图中 oa 段。根据弹性力学公式（见本章第三节），可反求地基的变形模量：

$$E_0 = \omega \frac{pb(1-\mu^2)}{s} \tag{5-7}$$

式中：E_0——土的变形模量（MPa）；

p——直线段的荷载强度（kPa）；

s——相应于 p 的载荷板下沉量；

b——载荷板的宽度或直径；

μ——土的泊松比，砂土可取 0.2 ~ 0.25，黏性土可取 0.25 ~ 0.45；

ω——沉降影响系数，可查表 5-3，对刚性载荷板取 $\omega_r = 0.88$（方板）或 0.79（圆板）。

变形模量也是反映土的压缩性的重要指标之一。

室内试验操作比较简单，但要得到保持天然结构状态的原状土样很困难，而且更重要的是试验是在完全侧限条件下进行的，因此试验得到的压缩性规律和指标的实际运用有其局限性或近似性。相比室内压缩试验，现场载荷试验排除了取样和试样制备等过程中应力释放及人为扰动的影响，更接近于实际工作条件，能比较真实地反映土在天然埋藏条件下的压缩性，但它仍然存在一些缺点，首先是现场载荷试验所需的设备笨重，操作繁杂，时间较长，费用较大；此外，载荷板的尺寸很难取得与原型基础一样的尺寸，而小尺寸载荷板在同样的压力下引起的地基受力层深度较浅，所以它只能反映板下深度不大范围内土的变形特性，此深度一般为 2 ~ 3 倍板宽或直径。因此国内外对现场快速测定变形模量的方法，如旁压试验、触探试验等给予了很大的重视，并且为了改进载荷试验影响深度有限的缺点，发展了如在不同深度地基土层中做载荷试验的螺旋压板试验等方法。

三、弹性模量及试验测定

弹性模量是指正应力 σ 与弹性（即可恢复）正应变 ε_d 的比值，通常用 E 来表示。

弹性模量的概念在实际工程中有一定的意义。在计算高耸结构物在风荷载作用下的倾斜时发现，如果采用土的压缩模量或变形模量指标进行计算，将得到实际上不可能那么大的倾斜值。这是因为风荷载是瞬时重复荷载，在很短的时间内土体中的孔隙水来不及排出或不完全排出，土的体积压缩变形来不及发生，如此，荷载作用结束之后，发生的大部分变形可以恢复，因此用弹性模量计算就比较合理一些。再比如，在计算饱和黏性土地基上瞬时加荷所产生的瞬时沉降时，同样也应采用弹性模量。

一般采用三轴仪（见第六章）进行三轴重复压缩试验，得到的应力—应变曲线上的初始切线模量 E_i 或再加荷模量 E_r 作为弹性模量。具体试验方法如下：

（1）采用取样质量好的不扰动土样，在三轴仪中进行固结，所施加的固结压力 σ_3 各向相等，其值取试样在现场条件下有效自重应力。固结后在不排水的条件下施加轴向压力 $\Delta\sigma$（这样试样所受的轴向压力 $\sigma_1 = \sigma_3 + \Delta\sigma$）。

（2）逐渐在不排水条件下增大轴向压力达到现场条件下的压力（$\Delta\sigma = \sigma_z$），然后减压至零。这样重复加荷和卸荷若干次，便可测得初始切线模量 E_i，并测得每一循环在最大轴向压力一半时的切线模量，这种切线模量随着循环次数的增多而增大，最后趋近于一稳定的再加荷模量 E_r。如图5-11所示，一般加荷和卸荷5～6个循环，在最后一次循环的再加荷曲线上的$(\sigma_1-\sigma_3)/2$处作切线，其斜率为 E_r 值。用 E_r 计算的初始（瞬时）沉降与建筑物实测瞬时沉降值比较一致。

四、关于三种模量的讨论

前面介绍了三种模量：压缩模量、变形模量和弹性模量。

压缩模量是根据室内压缩试验得到的，它是指土在完全侧限条件下，竖向正应力与相应的变形稳定情况下正应变的比值。压缩模量将用于第三节中分层总和法、应力面积法的地基最终沉降计算中。

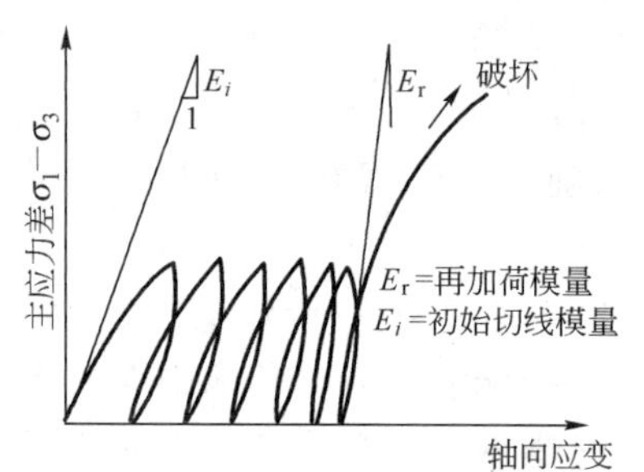

图5-11　室内三轴试验确定土的弹性模量

变形模量是根据现场载荷试验得到的，它是指土在侧向自由膨胀条件下正应力与相应的正应变的比值。变形模量将用于第三节中弹性理论法最终沉降估算中，但载荷试验中所规定的沉降稳定标准带有很大的近似性。

弹性模量是指正应力 σ 与弹性（即可恢复）正应变 ε_d 的比值。弹性模量的测定方法有两大类：静力法和动力法，上面介绍的在静三轴仪中测定的方法为静力法，得到的弹性模量称为静弹模，一般用 E 来表示；动力法所使用的仪器是动三轴仪，测得的弹性模量称为动弹模，一般用 E_d 来表示。弹性模量常用于用弹性理论公式估算建筑物的初始瞬时沉降。

根据上述三种模量的定义可看出：压缩模量和变形模量的应变为总的应变，既包括可恢复的弹性应变，又包括不可恢复的塑性应变；而弹性模量的应变只包含弹性应变。

从理论上可以得到压缩模量与变形模量之间的换算关系。

在压缩试验中，σ_z 为竖向压力，由于侧向完全侧限，所以：

$$\varepsilon_x=\varepsilon_y=0 \tag{5-8}$$

$$\sigma_x=\sigma_y=K_0\sigma_z \tag{5-9}$$

式中：K_0——静止侧压力系数，可通过试验测定，无试验条件时，可采用表5-1的经验值。

K_0 的经验值　　表5-1

土的种类及状态	碎石土	砂土	粉土	粉质黏土			黏土		
				坚硬	可塑	软塑～流塑	坚硬	可塑	软塑～流塑
K_0	0.18～0.25	0.25～0.33	0.33	0.33	0.43	0.53	0.33	0.53	0.72

利用三向应力状态下的广义虎克定律，根据式（5-8）得：

$$\varepsilon_x=\frac{\sigma_x}{E_0}-\mu\left(\frac{\sigma_y}{E_0}+\frac{\sigma_z}{E_0}\right)=0 \tag{5-10}$$

式中：μ——土的泊松比。

将式（5-9）代入式（5-10）得：

$$K_0=\frac{\mu}{1-\mu} \tag{5-11a}$$

或

$$\mu=\frac{K_0}{1+K_0} \tag{5-11b}$$

再考察 ε_z 得：

$$\begin{aligned}\varepsilon_z &= \frac{\sigma_z}{E_0} - \mu\left(\frac{\sigma_x}{E_0} + \frac{\sigma_y}{E_0}\right)\\ &= \frac{\sigma_z}{E_0}(1 - 2\mu K_0)\\ &= \frac{\sigma_z}{E_0}\left(1 - \frac{2\mu^2}{1-\mu}\right)\end{aligned} \tag{5-12}$$

将侧限压缩条件 $\varepsilon_z = \frac{\sigma_z}{E_s}$代入式(5-12)左边，则：

$$\frac{\sigma_z}{E_s} = \frac{\sigma_z}{E_0}(1 - 2\mu K_0) = \frac{\sigma_z}{E_0}\left(1 - \frac{2\mu^2}{1-\mu}\right) \tag{5-13}$$

这样就得到：

$$\begin{aligned}E_0 &= E_s(1 - 2\mu K_0)\\ &= E_s\left(1 - \frac{2\mu^2}{1-\mu}\right)\end{aligned} \tag{5-14a}$$

令 $\beta = 1 - \frac{2\mu^2}{1-\mu} = 1 - 2\mu K_0$，则：

$$E_0 = \beta E_s \tag{5-14b}$$

式(5-14)给出了变形模量与压缩模量之间的关系，由于 $0 \leqslant \mu \leqslant 0.5$，所以 $0 \leqslant \beta \leqslant 1$。

必须指出，上式只是 E_0 和 E_s 之间的理论关系，是基于线弹性假定得到的。但土体不是完全弹性体，而且，由于现场载荷试验和室内压缩试验测定相应指标时，各有无法考虑的因素如：压缩试验的土样受扰动影响较大，载荷试验与压缩试验的加荷速率、压缩稳定标准均不一样、μ 值不易精确测定等，使得理论计算结果与实测结果有一定差距。实测资料表明，E_0 与 E_s 的比值并不像理论得到的在 0 ~ 1 之间变化，如我国 20 世纪 60 年代初期总结出的 E_0/E_s 平均值都超过 1，土压缩性越小，比值越大，表 5-2 给出了一些统计资料。从表中可以看出，与两个指标间的理论关系相比，结构性强的土，如老黏性土等，相差较大；反之，结构性弱的土，如新近沉积黏土等，E_0/E_s 平均值和下限值都是最小的，较接近理论计算结果。

E_0/E_s 全国调查资料 表 5-2

土的种类		E_0/E_s 一般变化范围	E_0/E_s 平均值	频率
老黏性土		1.45 ~ 2.80	2.11	13
红黏土		1.04 ~ 4.87	2.36	29
一般黏性土	$I_p > 10$	1.60 ~ 2.80	1.35	84
	$I_p \leqslant 10$	0.54 ~ 2.68	0.98	21
新近沉积黏性土		0.35 ~ 1.94	0.93	25
淤泥及淤泥质土		1.05 ~ 2.97	1.90	25

值得注意的是，土的弹性模量要比变形模量、压缩模量大得多，可能是它们的十几倍或者更大。

第三节　地基沉降实用计算方法

一、弹性理论法计算沉降

1. 基本假设

本节中弹性理论法计算地基沉降是基于布西奈斯克课题的位移解，因此该法假定地基是均质的、各向同性的、线弹性的半无限体；此外还假定基础整个底面和地基一直保持接触。需要指出的是布西奈斯克课题是研究荷载作用于地表的情形，因此可以近似用来研究荷载作用面埋置深度较浅的情况。当荷载作用位置埋置深度较大时（如深基础），则应采用明德林课题的位移解进行弹性理论法沉降计算。

2. 计算公式

1）点荷载作用下地表沉降

式(5-15)给出了半空间表面作用有一竖向集中力 Q 时，半空间内任一点 $M(x,y,z)$ 的竖向位移 $w(x,y,z)$，运用到半无限地基中，当 z 取 0 时，$w(x,y,0)$ 即为地表沉降 s（图 5-12）：

$$s=\frac{Q(1-\mu^2)}{\pi E\sqrt{x^2+y^2}}=\frac{Q(1-\mu^2)}{\pi Er} \tag{5-15}$$

式中：s——竖向集中力 Q 作用下地表任意点沉降；

r——集中力 Q 作用点与地表沉降计算点的距离，即 $\sqrt{x^2+y^2}$；

E——土的弹性模量（计算饱和黏性土的瞬时沉降）或变形模量（计算最终沉降）；

μ——泊松比。

理论的点荷载在实际上是不存在的，荷载总是作用在一定面积上的局部荷载。只是当沉降计算点离开荷载作用范围的距离与荷载作用面的尺寸相比是很大时，可以用一集中力 Q 代替局部荷载利用式(5-15)进行近似计算。

2）完全柔性基础沉降

由于完全柔性基础抗弯刚度趋于零，无抗弯曲能力，因此，传至基底地基的荷载与作用于基础上的荷载分布完全一致，因此当基础 A 上作用有分布荷载 $p_0(\xi,\eta)$ 时（图 5-13），基础任一点 $M(x,y)$ 的沉降 $s(x,y)$ 可利用式(5-15)通过在荷载分布面积 A 上积分得：

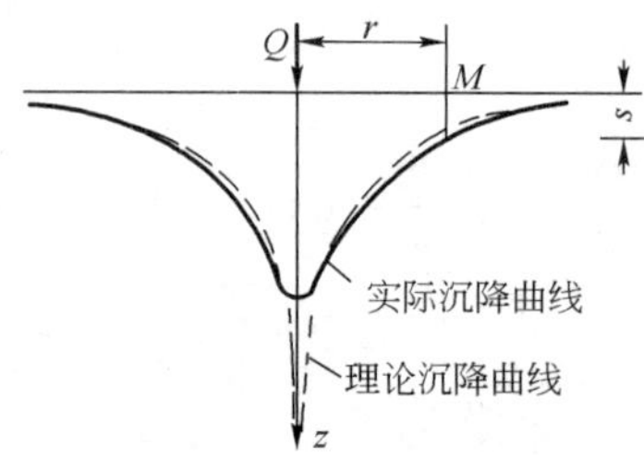

图 5-12　集中荷载作用下的地表沉降

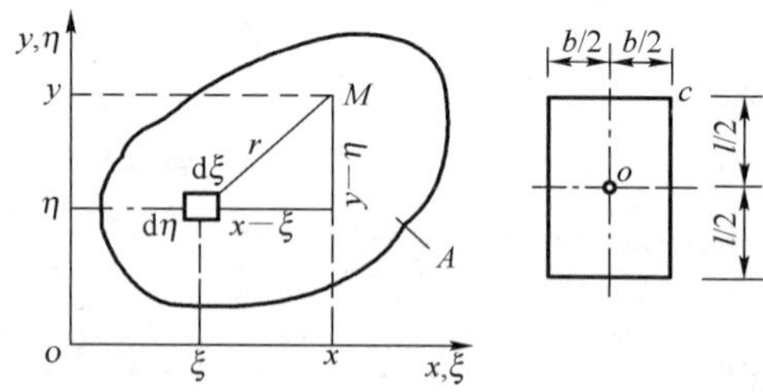

图 5-13　局部柔性荷载作用下的地表沉降

$$s(x,y)=\frac{1-\mu^2}{\pi E}\iint_A\frac{p_0(\xi,\eta)\,\mathrm{d}\xi\mathrm{d}\eta}{\sqrt{(x-\xi)^2+(y-\eta)^2}} \tag{5-16}$$

当 $p_0(\xi,\eta)$ 为矩形面积上的均布荷载时，由式(5-16)，角点的沉降 s_c 为：

$$s_c = \frac{(1-\mu^2)b}{\pi E}\left[m\ln\frac{1+\sqrt{m^2+1}}{m}+\ln(m+\sqrt{m^2+1})\right]p_0 \tag{5-17a}$$

$$=\delta_c p_0 \tag{5-17b}$$

$$=\frac{(1-\mu^2)}{E}\omega_c b p_0 \tag{5-17c}$$

式中：m——$m=\frac{l}{b}$，即矩形面积的长宽比；

p_0——基底附加压力；

δ_c——$\delta_c=\frac{(1-\mu^2)b}{\pi E}\left[m\ln\frac{1+\sqrt{m^2+1}}{m}+\ln(m+\sqrt{m^2+1})\right]$，称为角点沉降系数，即单位矩形均布荷载在角点引起的沉降；

ω_c——$\omega_c=\frac{1}{\pi}\left[m\ln\frac{1+\sqrt{m^2+1}}{m}+\ln(m+\sqrt{m^2+1})\right]$，称为角点沉降影响系数，是长宽比的函数，可由表5-3 查得。

利用式(5-17)并采用角点法可得到矩形完全柔性基础上均布荷载作用下地基任意点沉降。如基础中点的沉降 s_0 为：

$$s_0 = 4\cdot\frac{1-\mu^2}{E}\omega_c\cdot\frac{b}{2}\cdot p_0 \tag{5-18a}$$

$$=\frac{1-\mu^2}{E}\omega_0 b p_0 \tag{5-18b}$$

式中：ω_0——中点沉降影响系数，是长宽比的函数，可由表 5-3 查得，对应某一长宽比，$\omega_0=2\omega_c$。

另外还可以得到矩形完全柔性基础上均布荷载作用下基底面积 A 范围内各点沉降的平均值，即基础平均沉降 s_m：

$$s_m = \frac{\iint_A s(x,y)\,\mathrm{d}x\mathrm{d}y}{A} = \frac{1-\mu^2}{E}\omega_m b p_0 \tag{5-19}$$

式中：ω_m——平均沉降影响系数，是长宽比的函数，可由表5-3 查得，对应某一长宽比，$\omega_c<\omega_m<\omega_0$。

当 $p_0(\xi,\eta)$ 为圆形面积上的均布荷载时，可得到与式(5-17c)、式(5-18b)及式(5-19)相似的圆形面积圆心点、周边点及基底平均沉降，沉降影响系数可由表5-3 查得。

沉降影响系数 ω 值 表5-3

基础类型 \ 形状		圆形	方形	矩形 (l/b)										
		—	1.0	1.5	2.0	3.0	4.0	5.0	6.0	7.0	8.0	9.0	10.0	100.0
柔性基础	ω_c	0.64	0.56	0.68	0.77	0.89	0.98	1.05	1.12	1.17	2.21	1.25	1.27	2.00
	ω_0	1.00	1.12	1.36	1.53	1.78	1.96	2.10	2.23	2.33	2.42	2.49	2.53	4.00
	ω_m	0.85	0.95	1.15	1.30	1.53	1.70	1.83	1.96	2.04	2.12	2.19	2.25	3.69
刚性基础	ω_r	0.79	0.88	1.08	1.22	1.44	1.61	1.72					2.12	3.40

3）绝对刚性基础沉降

绝对刚性基础的抗弯刚度为无穷大，受弯矩作用不会发生挠曲变形，因此基础受力后，原来为平面的基底仍保持为平面，计算沉降时，上部传至基础的荷载可用合力来表示。

（1）中心荷载作用下，地基各点的沉降相等。根据这个条件，可以从理论上得到圆形基础和矩形基础的沉降值：

对于圆形基础，基础沉降为：

$$s = \frac{1-\mu^2}{E} \cdot \frac{\pi}{4} d p_0 = \frac{1-\mu^2}{E} \omega_r d p_0 \tag{5-20}$$

式中：d——圆形基础直径。

对于矩形基础，数学上可以用无穷级数来表示基础沉降，同样沉降可写成：

$$s = \frac{1-\mu^2}{E} \omega_r b p_0 \tag{5-21}$$

式中：p_0——$p_0 = \frac{P}{A}$；

ω_r——刚性基础的沉降影响系数，是关于长宽比的级数，近似地可由表 5-3 查得；

P——中心荷载合力；

A——基底面积。

（2）偏心荷载作用下，基础要产生沉降和倾斜。沉降后基底为一倾斜平面，基底倾斜可由弹性力学公式求得：

对于圆形基础

$$\tan\theta = \frac{1-\mu^2}{E} \cdot \frac{6Pe}{d^3} \tag{5-22}$$

对于矩形基础

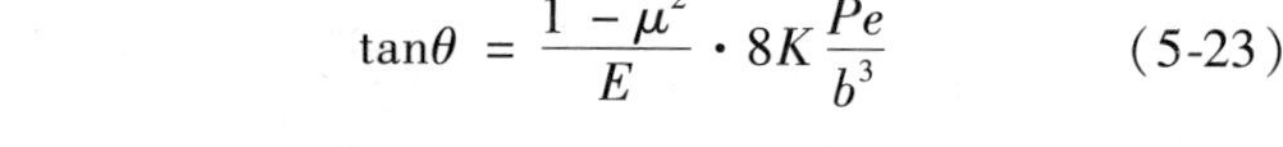

$$\tan\theta = \frac{1-\mu^2}{E} \cdot 8K \frac{Pe}{b^3} \tag{5-23}$$

式中：b——偏心方向的边长；

P——传至刚性基础上的合力大小；

e——合力的偏心距；

K——系数，按 l/b 可由图 5-14 查得。

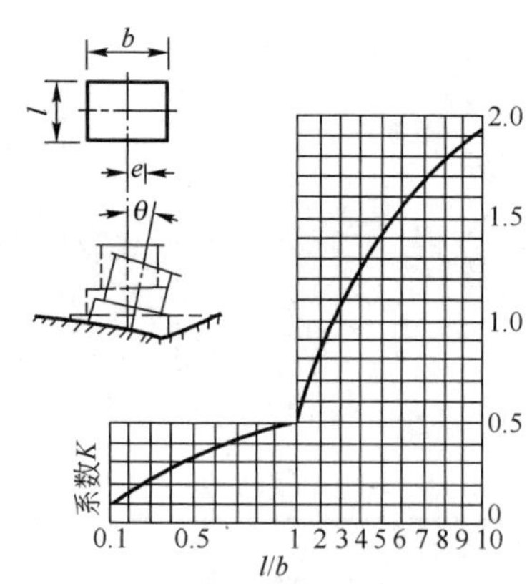

图 5-14　绝对刚性矩形基础倾斜计算系数 K 值

二、分层总和法计算最终沉降

分层总和法是以地基土无侧向变形假定为基础的简易沉降计算方法，长期以来广泛应用于我国工程中的地基最终沉降量计算。

1. 基本假设

（1）一般取基底中心点下地基附加应力来计算各分层土的竖向压缩量，认为基础的平均

沉降量 s 为各分层土竖向压缩量 s_i 之和，即：

$$s=\sum_{i=1}^{n}\Delta s_i \tag{5-24}$$

式中：n——沉降计算深度范围内的分层数。

(2)计算 Δs_i 时，假设地基土只在竖向发生压缩变形，没有侧向变形，故可利用室内压缩试验成果进行计算。

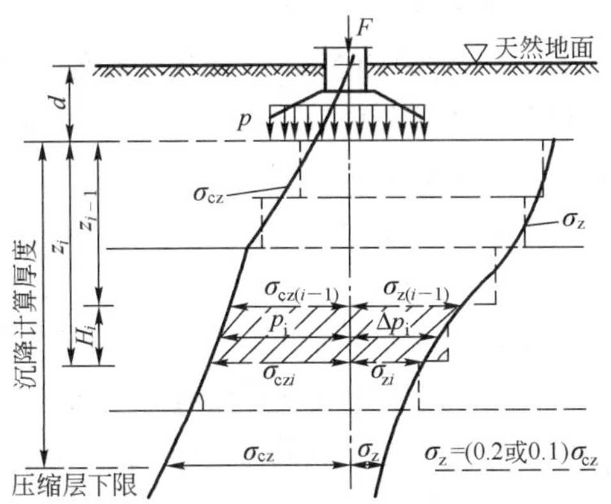

图 5-15 分层总和法计算地基最终沉降量

2. 计算步骤(图 5-15)

(1)地基土分层。成层土的层面(不同土层的压缩性及重度不同)及地下水面(水面上下土的有效重度不同)是当然的分层界面，此外，分层厚度一般不宜大于 $0.4b$(b 为基底宽度)。附加应力沿深度的变化是非线性的，土的 $e\sim p$ 曲线也是非线性的，因此分层厚度太大将产生较大的误差。

(2)计算各分层界面处土的自重应力。土的自重应力应从天然地面起算，地下水位以下一般取有效重度，地下水位以上取天然重度。

(3)计算各分层界面处基底中心下竖向附加应力，按第四章介绍的方法计算。

(4)确定地基沉降计算深度(或压缩层厚度)。附加应力随深度递减，自重应力随深度递增，因此，到了一定深度之后，附加应力与自重应力相比很小，引起的压缩变形就可忽略不计了。一般取地基附加应力等于自重应力的 20%($\sigma_z=0.2\sigma_{cz}$)深度处作为沉降计算深度的限值；若在该深度以下为高压缩性土，则应取地基附加应力等于自重应力的 10%($\sigma_z=0.1\sigma_{cz}$)深度处作为沉降计算深度的限值。

(5)计算各分层土的压缩量 Δs_i，利用室内压缩试验成果进行计算。

$$\Delta s_i=\varepsilon_i H_i=\frac{\Delta e_i}{1+e_{1i}}H_i=\frac{e_{1i}-e_{2i}}{1+e_{1i}}H_i \tag{5-25a}$$

$$=\frac{a_i(p_{2i}-p_{1i})}{1+e_{1i}}H_i \tag{5-25b}$$

$$=\frac{\Delta p_i}{E_{si}}H_i \tag{5-25c}$$

式中：ε_i——第 i 分层土的平均压缩应变；

H_i——第 i 分层土的厚度；

e_{1i}——对应于第 i 分层土上下层面自重应力值的平均值 $p_{1i}=\dfrac{\sigma_{cz(i-1)}+\sigma_{czi}}{2}$从土的压缩曲线上得到的孔隙比；

e_{2i}——对应于第 i 分层土自重应力平均值 p_{1i} 与上下层面附加应力值的平均值 $\Delta p_i=\dfrac{\sigma_{z(i-1)}+\sigma_{zi}}{2}$之和 $p_{2i}=p_{1i}+\Delta p_i$ 从土的压缩曲线上得到的孔隙比；

a_i——第 i 分层对应于 $p_{1i}\sim p_{2i}$段的压缩系数；

E_{si}——第 i 分层对应于 $p_{1i}\sim p_{2i}$段的压缩模量。

根据已知条件，具体可选用式(5-25a)～式(5-25c)中的一个进行计算。

(6)按式(5-24)计算基础的平均沉降量。

3. 简单讨论

(1)分层总和法假设地基土在侧向不能变形，而只在竖向发生压缩，这种假设在当压缩土层厚度同基底荷载分布面积相比很薄时才比较接近。如当不可压缩岩层上压缩土层厚度 H 不大于基底宽度之半(即 $b/2$)时，由于基底摩阻力及岩层层面阻力对可压缩土层的限制作用，土层压缩只出现很少的侧向变形。

(2)假定地基土侧向不能变形引起的计算结果偏小，取基底中心点下的地基中的附加应力来计算基础的平均沉降导致计算结果偏大，因此在一定程度上得到了相互弥补。

(3)当需考虑相邻荷载对基础沉降影响时，通过将相邻荷载在基底中心下各分层深度处引起的附加应力叠加到基础本身引起的附加应力中去来进行计算。

(4)当基坑开挖面积较大以及暴露时间较长时，地基土有足够的回弹量，因此基础荷载施加之后，不仅附加压力要产生沉降，初始阶段基底地基土恢复到原自重应力状态也会发生再压缩量沉降[图 5-6a)]。简化处理时，一般用 $p-\alpha\sigma_c$ 来计算地基中附加应力，α 为考虑基坑回弹和再压缩影响的系数，$0\leqslant\alpha\leqslant1$，对小基坑，由于再压缩量小，$\alpha$ 取 1，对宽达 10m 以上的大基坑 α 一般取 0；σ_c 为基底处自重应力。

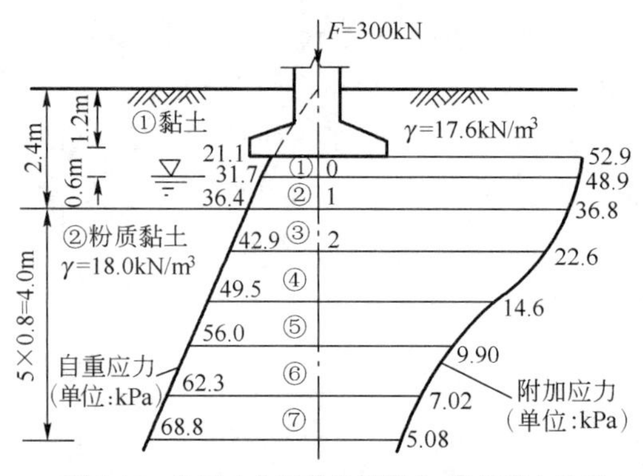

图 5-16 地基土分层及自重应力、附加应力分布

例题 5-1 如图 5-16 的单独基础，基底尺寸为 3.0m×2.0m，传至地面的荷载为 300kN，基础埋置深度为 1.2m，地下水位在基底以下0.6m，地基土层室内压缩试验试验成果见表 5-4，用分层总和法求基础中点的沉降量。

解 (1)地基分层：

考虑分层厚度不超过 $0.4b=0.8$m 以及地下水位，基底以下厚 1.2m 的黏土层分成两层，层厚均为 0.6m，其下粉质黏土层分层厚度均取为 0.8m。

(2)计算自重应力：

计算分层处的自重应力，地下水位以下取有效重度进行计算。

如第 2 点自重应力为：$1.8\times17.6+0.6\times(17.6-9.8)=36.4$kPa

计算各分层上下界面处自重应力的平均值，作为该分层受压前所受侧限竖向应力 p_{1i}，各分层点的自重应力值及各分层的平均自重应力值见图 5-16 及表 5-5。

地基土层的 e～p 曲线 表 5-4

土名 \ e	p(kPa)				
	0	50	100	200	300
黏土①	0.651	0.625	0.608	0.587	0.570
粉质黏土②	0.978	0.889	0.855	0.809	0.773

(3)计算竖向附加应力：

基底平均附加应力

$$p_0=\frac{P+G}{A}-\gamma_0 D=\frac{300+3.0\times2.0\times1.2\times20}{3.0\times2.0}-1.2\times17.6=52.9\text{kPa}$$

从表4-9查应力系数 α_c 并计算各分层点的竖向附加应力，如第1点的附加应力，$n=l/b=1.5/1.0=1.5$，$m=z/b=0.6/1.0=0.6$，则 $\alpha_c=0.231$，所以 $\sigma_z=4\alpha_c p_0=4\times0.231\times52.9=48.9\text{kPa}$

计算各分层上下界面处附加应力的平均值：

各分层点的附加应力值及各分层的平均附加应力值见图5-16及表5-5。

(4)各分层自重应力平均值和附加应力平均值之和作为该分层受压后所受总应力 p_{2i}。

(5)确定压缩层深度：

一般按 $\sigma_z=0.2\sigma_{cz}$ 来确定压缩层深度，在 $z=2.8\text{m}$ 处，$\sigma_z=14.6\text{kPa}>0.2\sigma_{cz}=9.9\text{kPa}$，在 $z=3.6\text{m}$ 处，$\sigma_z=9.9\text{kPa}<0.2\sigma_{cz}=11.2\text{kPa}$，所以压缩层深度为基底以下3.6m。

(6)计算各分层的压缩量

如第③层 $\Delta s_3=\frac{e_{1i}-e_{2i}}{1+e_{1i}}H_i=\frac{0.901-0.876}{1+0.901}\times800=10.5\text{mm}$，各分层的压缩量列于表5-5中。

分层总和法计算地基最终沉降 表5-5

分层点	深度 z_i (m)	自重应力 σ_{cz} (kPa)	附加应力 σ_z (kPa)	层号	层厚 H_i (m)	自重应力平均值 $\frac{\sigma_{cz(i-1)}+\sigma_{czi}}{2}$ (即 p_{1i}) (kPa)	附加应力平均值 $\frac{\sigma_{z(i-1)}+\sigma_{zi}}{2}$ (即 Δp_i) (kPa)	总应力平均值 $p_{1i}+\Delta p_i$ (即 p_{2i}) (kPa)	受压前孔隙比 e_{1i} (对应 p_{1i})	受压后孔隙比 e_{2i} (对应 p_{2i})	分层压缩量 $\Delta s_i=\frac{e_{1i}-e_{2i}}{1+e_{1i}}H_i$ (mm)
0	0	21.1	52.9	—	—	—	—	—	—	—	—
1	0.6	31.7	48.9	①	0.6	26.4	50.9	77.3	0.637	0.616	7.7
2	1.2	36.4	36.8	②	0.6	34.1	42.9	77.0	0.633	0.617	5.9
3	2.0	42.9	22.6	③	0.8	39.7	29.7	69.4	0.901	0.876	10.5
4	2.8	49.5	14.6	④	0.8	46.2	18.6	64.8	0.896	0.879	7.2
5	3.6	56.0	9.9	⑤	0.8	52.8	12.3	65.1	0.887	0.879	3.4

(7)计算基础平均最终沉降量

$$s=\Delta s_i=7.7+5.9+10.5+7.2+3.4=34.7\text{mm}$$

三、规范法计算最终沉降

《建筑地基基础设计规范》(GB 50007—2011)推荐使用的最终沉降计算方法对分层总和法单向压缩公式作了进一步修正，应用了“应力面积”的基本概念，故称为应力面积法。

1. 计算公式

1)基本计算公式的推导

如图5-17所示，若基底以下 $z_{i-1}\sim z_i$ 深度范围第 i 土层的侧限压缩模量为 E_{si}(通常取该层中点处相应于自重应力至自重应力加附加应力段的 E_s 值)，则在基础附加压力作用下第 i 分

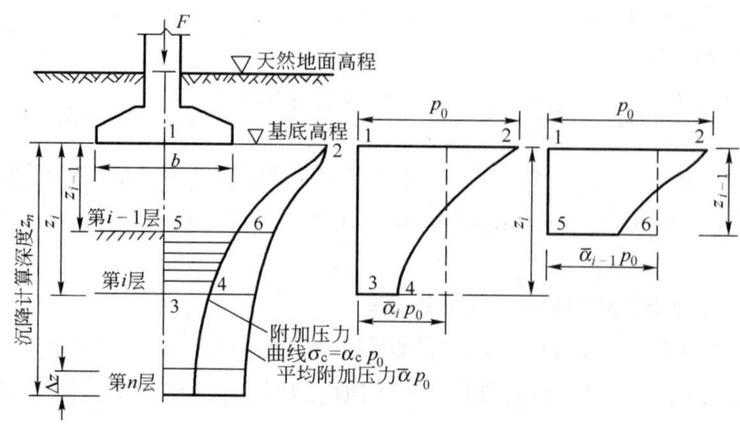

图 5-17 应力面积法计算地基最终沉降

层的压缩量 $\Delta s_i'$ 为:

$$\Delta s_i' = \int_{z_{i-1}}^{z_i} \varepsilon_z \mathrm{d}z = \int_{z_{i-1}}^{z_i} \frac{\sigma_z}{E_{si}} \mathrm{d}z = \frac{1}{E_{si}} \int_{z_{i-1}}^{z_i} \sigma_z \mathrm{d}z = \frac{1}{E_{si}} \left(\int_0^{z_i} \sigma_z \mathrm{d}z - \int_0^{z_{i-1}} \sigma_z \mathrm{d}z \right) \tag{5-26}$$

式中:$\int_0^{z_i} \sigma_z \mathrm{d}z$——基底中心点以下 0 ~ z_i 深度范围附加应力面积,用 A_i 来表示;

$\int_0^{z_{i-1}} \sigma_z \mathrm{d}z$——基底中心点以下 0 ~ z_{i-1} 深度范围附加应力面积,用 A_{i-1} 来表示。

则 $\Delta A_i = A_i - A_{i-1}$ 为基底中心以下 z_{i-1} ~ z_i 深度范围附加应力面积。式(5-26)可表示为:

$$\Delta s_i' = \frac{\Delta A_i}{E_{si}} = \frac{A_i - A_{i-1}}{E_{si}} \tag{5-27}$$

为了便于计算,将附加应力面积 A_i 及 A_{i-1} 分别改写为:

$$\begin{aligned} A_i &= (\overline{\alpha}_i p_0) z_i \\ A_{i-1} &= (\overline{\alpha}_{i-1} p_0) z_{i-1} \end{aligned} \tag{5-28}$$

则式(5-27)可表示成

$$\Delta s_i' = \frac{p_0}{E_{si}} (z_i \overline{\alpha}_i - z_{i-1} \overline{\alpha}_{i-1}) \tag{5-29}$$

这样,基础平均沉降量又可表示为:

$$s' = \sum_{i=1}^{n} \Delta s_i' = \sum_{i=1}^{n} \frac{p_0}{E_{si}} (z_i \overline{\alpha}_i - z_{i-1} \overline{\alpha}_{i-1}) \tag{5-30}$$

式中: n——沉降计算深度范围划分的土层数;

p_0——对应于荷载效应准永久组合的基底附加压力;

$\overline{\alpha}_i$、$\overline{\alpha}_{i-1}$——平均竖向附加应力系数;

$\overline{\alpha}_i p_0$、$\overline{\alpha}_{i-1} p_0$——分别将基底中心以下地基中 z_i、z_{i-1} 深度范围附加应力,按等面积化为相同深度范围内矩形分布时分布应力的大小。

表 5-6 给出了矩形面积上均布荷载作用下角点下平均竖向附加应力系数$\overline{\alpha}$值。有关矩形面积上三角形分布荷载作用下角点下平均竖向附加应力系数$\overline{\alpha}$值这里从略。

均布的矩形荷载角点下的平均竖向附加应力系数 $\bar{\alpha}$ 表 5-6

z/b \ l/b	1.0	1.2	1.4	1.6	1.8	2.0	2.2	2.4	2.6	2.8	3.0	3.2	3.6	4.0	5.0	>10.0
0.0	0.2500	0.2500	0.2500	0.2500	0.2500	0.2500	0.2500	0.2500	0.2500	0.2500	0.2500	0.2500	0.2500	0.2500	0.2500	0.2500
0.2	0.2496	0.2497	0.2497	0.2498	0.2498	0.2498	0.2498	0.2498	0.2498	0.2498	0.2498	0.2498	0.2498	0.2498	0.2498	0.2498
0.4	0.2474	0.2479	0.2481	0.2483	0.2483	0.2484	0.2484	0.2484	0.2485	0.2485	0.2485	0.2485	0.2485	0.2485	0.2485	0.2485
0.6	0.2423	0.2437	0.2444	0.2448	0.2451	0.2452	0.2453	0.2454	0.2454	0.2455	0.2455	0.2455	0.2455	0.2455	0.2455	0.2456
0.8	0.2346	0.2372	0.2387	0.2395	0.2400	0.2403	0.2405	0.2407	0.2407	0.2408	0.2409	0.2409	0.2409	0.2410	0.2410	0.2410
1.0	0.2252	0.2291	0.2313	0.2326	0.2335	0.2340	0.2344	0.2346	0.2348	0.2349	0.2350	0.2351	0.2352	0.2352	0.2353	0.2353
1.2	0.2149	0.2199	0.2229	0.2248	0.2260	0.2268	0.2274	0.2278	0.2280	0.2282	0.2284	0.2285	0.2286	0.2287	0.2288	0.2289
1.4	0.2043	0.2102	0.2140	0.2164	0.2180	0.2191	0.2199	0.2204	0.2208	0.2211	0.2213	0.2215	0.2217	0.2218	0.2220	0.2221
1.6	0.1939	0.2006	0.2049	0.2079	0.2099	0.2113	0.2123	0.2130	0.2135	0.2138	0.2141	0.2143	0.2146	0.2148	0.2150	0.2152
1.8	0.1840	0.1912	0.1960	0.1994	0.2018	0.2034	0.2046	0.2055	0.2061	0.2066	0.2070	0.2073	0.2077	0.2079	0.2082	0.2084
2.0	0.1746	0.1822	0.1875	0.1912	0.1938	0.1958	0.1972	0.1982	0.1990	0.1996	0.2000	0.2004	0.2009	0.2012	0.2016	0.2018
2.2	0.1659	0.1737	0.1793	0.1833	0.1862	0.1883	0.1899	0.1911	0.1920	0.1927	0.1933	0.1937	0.1943	0.1947	0.1952	0.1955
2.4	0.1578	0.1657	0.1715	0.1757	0.1789	0.1812	0.1830	0.1843	0.1854	0.1862	0.1868	0.1873	0.1880	0.1885	0.1890	0.1895
2.6	0.1503	0.1583	0.1642	0.1686	0.1719	0.1745	0.1764	0.1779	0.1790	0.1799	0.1806	0.1812	0.1820	0.1825	0.1832	0.1838
2.8	0.1433	0.1514	0.1574	0.1619	0.1654	0.1680	0.1701	0.1717	0.1729	0.1739	0.1747	0.1753	0.1763	0.1769	0.1777	0.1784
3.0	0.1369	0.1449	0.1510	0.1556	0.1592	0.1619	0.1641	0.1658	0.1672	0.1682	0.1691	0.1698	0.1708	0.1715	0.1725	0.1733
3.2	0.1310	0.1390	0.1450	0.1497	0.1533	0.1562	0.1584	0.1602	0.1617	0.1628	0.1638	0.1645	0.1657	0.1664	0.1675	0.1685
3.4	0.1256	0.1334	0.1394	0.1441	0.1478	0.1508	0.1531	0.1550	0.1565	0.1577	0.1587	0.1595	0.1607	0.1616	0.1628	0.1639
3.6	0.1205	0.1282	0.1342	0.1389	0.1427	0.1456	0.1480	0.1500	0.1515	0.1528	0.1539	0.1548	0.1561	0.1570	0.1583	0.1595
3.8	0.1158	0.1234	0.1293	0.1340	0.1378	0.1408	0.1432	0.1452	0.1469	0.1482	0.1493	0.1502	0.1516	0.1526	0.1541	0.1554
4.0	0.1114	0.1189	0.1248	0.1294	0.1332	0.1362	0.1387	0.1408	0.1424	0.1438	0.1450	0.1459	0.1474	0.1485	0.1500	0.1516
4.2	0.1073	0.1147	0.1205	0.1251	0.1289	0.1319	0.1344	0.1365	0.1382	0.1396	0.1408	0.1418	0.1434	0.1445	0.1462	0.1479
4.4	0.1035	0.1107	0.1164	0.1210	0.1248	0.1279	0.1304	0.1325	0.1342	0.1357	0.1369	0.1379	0.1396	0.1407	0.1425	0.1444
4.6	0.1000	0.1070	0.1127	0.1172	0.1209	0.1240	0.1265	0.1287	0.1304	0.1319	0.1332	0.1342	0.1359	0.1371	0.1390	0.1410
4.8	0.0967	0.1036	0.1091	0.1136	0.1173	0.1204	0.1229	0.1250	0.1268	0.1283	0.1296	0.1307	0.1324	0.1337	0.1357	0.1379
5.0	0.0935	0.1003	0.1057	0.1102	0.1139	0.1169	0.1194	0.1216	0.1234	0.1249	0.1262	0.1273	0.1291	0.1304	0.1325	0.1348
5.2	0.0906	0.0972	0.1026	0.1070	0.1106	0.1136	0.1162	0.1183	0.1201	0.1217	0.1230	0.1241	0.1259	0.1273	0.1295	0.1320
5.4	0.0878	0.0943	0.0996	0.1039	0.1075	0.1105	0.1130	0.1152	0.1170	0.1186	0.1199	0.1211	0.1229	0.1243	0.1265	0.1292
5.6	0.0852	0.0916	0.0968	0.1010	0.1046	0.1076	0.1101	0.1122	0.1140	0.1156	0.1170	0.1181	0.1200	0.1215	0.1238	0.1266
5.8	0.0828	0.0890	0.0941	0.0983	0.1018	0.1047	0.1072	0.1094	0.1112	0.1128	0.1141	0.1153	0.1172	0.1187	0.1211	0.1240
6.0	0.0805	0.0866	0.0916	0.0957	0.0991	0.1021	0.1046	0.1067	0.1085	0.1101	0.1115	0.1126	0.1146	0.1161	0.1185	0.1216
6.2	0.0783	0.0842	0.0891	0.0932	0.0966	0.0995	0.1020	0.1041	0.1059	0.1075	0.1089	0.1101	0.1120	0.1136	0.1161	0.1193
6.4	0.0762	0.0820	0.0869	0.0909	0.0942	0.0971	0.0995	0.1016	0.1035	0.1050	0.1064	0.1076	0.1096	0.1111	0.1137	0.1171
6.6	0.0742	0.0799	0.0847	0.0886	0.0919	0.0948	0.0972	0.0993	0.1011	0.1027	0.1041	0.1053	0.1073	0.1088	0.1114	0.1149
6.8	0.0723	0.0780	0.0826	0.0865	0.0898	0.0926	0.0950	0.0970	0.0988	0.1004	0.1018	0.1030	0.1050	0.1066	0.1092	0.1129
7.0	0.0705	0.0761	0.0806	0.0844	0.0877	0.0904	0.0928	0.0949	0.0967	0.0982	0.0996	0.1008	0.1028	0.1044	0.1071	0.1109
7.2	0.0688	0.0742	0.0787	0.0825	0.0857	0.0884	0.0908	0.0928	0.0946	0.0962	0.0975	0.0987	0.1008	0.1023	0.1051	0.1090
7.4	0.0672	0.0725	0.0769	0.0806	0.0838	0.0865	0.0888	0.0908	0.0926	0.0942	0.0955	0.0967	0.0988	0.1004	0.1031	0.1071
7.6	0.0656	0.0709	0.0752	0.0789	0.0820	0.0846	0.0869	0.0889	0.0907	0.0922	0.0936	0.0948	0.0968	0.0984	0.1012	0.1054
7.8	0.0642	0.0693	0.0736	0.0771	0.0802	0.0828	0.0851	0.0871	0.0888	0.0904	0.0917	0.0929	0.0950	0.0966	0.0994	0.1036

续上表

z/b \ l/b	1.0	1.2	1.4	1.6	1.8	2.0	2.2	2.4	2.6	2.8	3.0	3.2	3.6	4.0	5.0	>10.0
8.0	0.0627	0.0678	0.0720	0.0755	0.0785	0.0811	0.0834	0.0853	0.0871	0.0886	0.0900	0.0912	0.0932	0.0948	0.0976	0.1020
8.2	0.0614	0.0663	0.0705	0.0739	0.0769	0.0795	0.0817	0.0837	0.0854	0.0869	0.0882	0.0894	0.0914	0.0931	0.0959	0.1004
8.4	0.0601	0.0649	0.0690	0.0724	0.0754	0.0779	0.0801	0.0820	0.0837	0.0852	0.0866	0.0878	0.0898	0.0914	0.0943	0.0988
8.6	0.0588	0.0636	0.0676	0.0710	0.0739	0.0764	0.0786	0.0805	0.0822	0.0836	0.0850	0.0862	0.0882	0.0898	0.0927	0.0973
8.8	0.0576	0.0623	0.0663	0.0696	0.0724	0.0749	0.0771	0.0790	0.0806	0.0821	0.0834	0.0846	0.0866	0.0882	0.0912	0.0959
9.0	0.0565	0.0611	0.0650	0.0683	0.0711	0.0735	0.0756	0.0775	0.0792	0.0806	0.0819	0.0831	0.0851	0.0867	0.0897	0.0944
10.0	0.0514	0.0556	0.0592	0.0622	0.0649	0.0672	0.0692	0.0710	0.0725	0.0739	0.0752	0.0763	0.0783	0.0799	0.0829	0.0880
11.0	0.0471	0.0510	0.0544	0.0572	0.0597	0.0618	0.0637	0.0654	0.0669	0.0683	0.0695	0.0706	0.0725	0.0740	0.0770	0.0824
12.0	0.0435	0.0471	0.0502	0.0529	0.0552	0.0573	0.0590	0.0606	0.0621	0.0634	0.0645	0.0656	0.0674	0.0690	0.0719	0.0774
13.0	0.0403	0.0438	0.0467	0.0492	0.0514	0.0533	0.0550	0.0565	0.0579	0.0591	0.0602	0.0613	0.0630	0.0645	0.0674	0.0731

注:l、b-矩形的长边与短边;z-从荷载作用面起算的深度。

2)沉降计算深度 z_n 的确定

《建筑地基基础设计规范》(GB 50007—2011)用符号 z_n 表示沉降计算深度,并规定 z_n 应符合下列要求:

$$\Delta s'_{\mathrm{n}} \leqslant 0.025 \sum_{i=1}^{n} \Delta s'_i \tag{5-31}$$

式中:$\Delta s'_n$——自试算深度往上 Δz 厚度范围的压缩量(包括考虑相邻荷载的影响),Δz 的取值按表 5-7 确定。

Δz 值 表 5-7

b(m)	$b \leqslant 2$	$2 < b \leqslant 4$	$4 < b \leqslant 8$	$b > 8$
Δz(m)	0.3	0.6	0.8	1.0

如确定的沉降计算深度下部仍有较软弱土层时,应继续往下进行计算,同样也应满足式(5-31)为止。

当无相邻荷载影响,基础宽度在 1 ~ 30m 范围时,地基沉降计算深度也可按下列简化公式计算:

$$z_n = b(2.5 - 0.4\ln b) \tag{5-32}$$

式中:b——基础宽度。

在计算深度范围内存在基岩时,z_n 可取至基岩表面;当存在较厚的坚硬黏性土层,其孔隙比小于 0.5、压缩模量大于 50MPa,或存在较厚的密实砂卵石层,其压缩模量大于 80MPa 时,z_n 可取至该层土表面。当存在相邻荷载时,应计算相邻荷载引起的地基变形,可按应力叠加原理,采用角点法计算。

3)沉降计算经验系数 ψ_s

规范规定,按上述公式计算得到的沉降 s' 尚应乘以一个沉降计算经验系数 ψ_s,以提高计算准确度。ψ_s 定义为根据地基沉降观测资料推算的最终沉降量 s_∞ 与由式(5-30)计算得到的 s' 之比,一般根据地区沉降观测资料及经验确定,无地区经验时也可按表 5-8 查取。

综上所述，规范推荐的地基最终沉降计算公式为：

$$s_{\infty}=\psi_{s}s'=\psi_{s}\sum_{i=1}^{n}\frac{p_{0}}{E_{si}}(z_{i}\overline{\alpha}_{i}-z_{i-1}\overline{\alpha}_{i-1}) \tag{5-33}$$

沉降计算经验系数 ψ_s 表 5-8

$\overline{E}_s$(MPa) / 基底附加压力	2.5	4.0	7.0	15.0	20.0
$p_0 \geq f_{ak}$	1.4	1.3	1.0	0.4	0.2
$p_0 \leq 0.75f_{ak}$	1.1	1.0	0.7	0.4	0.2

注：$\overline{E}_s$-沉降计算深度范围内各分层压缩模量的当量值，按式(5-34)计算；f_{ak}-地基承载力特征值（参阅本书第九章相关内容）；表列数值可内插。

$$\overline{E}_{s}=\frac{\sum\Delta A_{i}}{\sum\frac{\Delta A_{i}}{E_{si}}} \tag{5-34}$$

式中：ΔA_i——第 i 层土附加应力面积，$\Delta A_i = p_0(z_i\overline{\alpha}_i - z_{i-1}\overline{\alpha}_{i-1})$。

2. 与分层总和法的比较

同分层总和法相比，应力面积法主要有以下三个特点：

(1)由于附加应力沿深度的分布是非线性的，因此如果分层总和法中分层厚度太大，用分层上下层面附加应力的平均值来作为该分层平均附加应力将产生较大的误差；而应力面积法由于采用了精确的“应力面积”的概念，因而可以划分较少的层数，一般可以按地基土的天然层面划分，使得计算工作得以简化。

(2)地基沉降计算深度 z_n 的确定方法较分层总和法更为合理。

(3)提出了沉降计算经验系数 ψ_s，由于 ψ_s 是从大量的工程实际沉降观测资料中，经数理统计分析得出的，它综合反映了许多因素的影响，如侧限条件的假设；计算附加应力时对地基土均质的假设与地基土层实际成层的不一致对附加应力分布的影响；不同压缩性的地基土沉降计算值与实测值的差异不同等等。因此，应力面积法更接近于实际。

应力面积法也是基于同分层总和法一样的基本假设，由于它具有以上的特点，因此实质上它是一种简化并经修正的分层总和法。

例题 5-2 如图 5-18 所示的基础底面尺寸为 4.8m×3.2m，埋深为 1.5m，传至地面的中心荷载 $F=1\ 800$kN，地基的土层分层及各层土的平均压缩模量（相应于自重应力至自重应力加附加应力段）如图 5-18 所示，地基承载力特征值 f_{ak} = 120kPa。试用应力面积法计算基础中点的最终沉降。

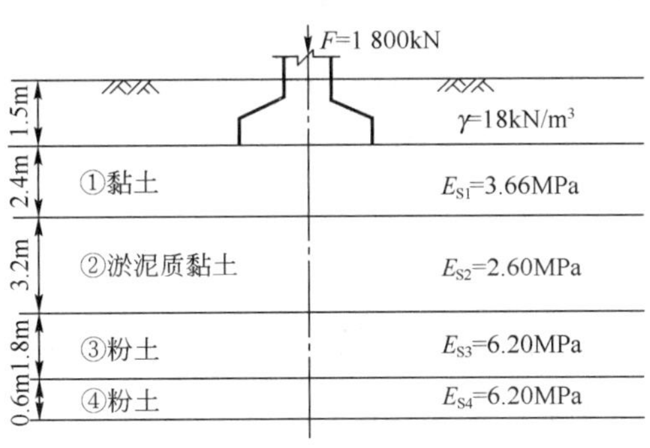

图 5-18 例题 5-2 图

解 (1)基底附加压力

$$p_0=\frac{1\ 800+4.8\times3.2\times1.5\times20}{4.8\times3.2}-18\times1.5=120\text{kPa}$$

（2）计算过程（表5-9）

应力面积法计算地基最终沉降　　表5-9

z (m)	l/b	z/b	$\bar{\alpha}$	$z_i\bar{\alpha}$	$z_i\bar{\alpha}_i - z_{i-1}\bar{\alpha}_{i-1}$	E_{si} (MPa)	$\Delta s'_i$ (mm)	$\sum\Delta s'_i$ (mm)
0.0	4.8/3.2 = 1.5	0/1.6 = 0.0	4×0.2500 = 1.0000	0.000				
2.4	1.5	2.4/1.6 = 1.5	4×0.2108 = 0.8432	2.024	2.024	3.66	66.3	66.3
5.6	1.5	5.6/1.6 = 3.5	4×0.1392 = 0.5568	3.118	1.094	2.60	50.5	116.8
7.4	1.5	7.4/1.6 = 4.6	4×0.1145 = 0.4580	3.389	0.271	6.20	5.3	122.1
8.0	1.5	8.0/1.6 = 5.0	4×0.1080 = 0.4320	3.456	0.067	6.20	1.3 ≤ 0.025×123.4	123.4

（3）确定沉降计算深度 z_n

表5-9中 $z = 8$m 深度范围内的计算沉降量为123.4mm，相应于7.4～8.0m深度范围（按表5-7往上取 $\Delta z = 0.6$m）土层计算沉降量为1.3mm≤0.025×123.4 = 3.1mm，满足要求，故沉降计算深度 $z_n = 8.0$m。

（4）确定 ψ_s

$$\bar{E}_s = \frac{\sum_{i=1}^{n}\Delta A_i}{\sum_{i=1}^{n}\frac{\Delta A_i}{E_{si}}}$$

$$= \frac{p_0(z_n\bar{\alpha}_n - 0\times\bar{\alpha}_0)}{p_0\left[\frac{(z_1\bar{\alpha}_1 - 0\times\bar{\alpha}_0)}{E_{s1}} + \frac{(z_2\bar{\alpha}_2 - z_1\times\bar{\alpha}_1)}{E_{s2}} + \frac{(z_3\bar{\alpha}_3 - z_2\times\bar{\alpha}_2)}{E_{s3}} + \frac{(z_4\bar{\alpha}_4 - z_3\times\bar{\alpha}_3)}{E_{s4}}\right]}$$

$$= \frac{p_0\times 3.456}{p_0\left(\frac{2.024}{3.66} + \frac{1.094}{2.60} + \frac{0.271}{6.20} + \frac{0.067}{6.20}\right)} = 3.36\text{MPa}$$

由表5-8，当 $p_0 = 120\text{kPa} \geqslant f_{ak} = 120\text{kPa}$ 得：$\psi_s = 1.34$

（5）计算基础中点最终沉降量

$$s = \psi_s s' = \psi_s\sum_{i=1}^{4}\frac{p_0}{E_{si}}(z_i\bar{\alpha}_i - z_{i-1}\bar{\alpha}_{i-1}) = 1.34\times 123.4 = 165.4\text{mm}$$

四、用原位压缩曲线计算最终沉降

前面介绍的分层总和法是根据 $e \sim p$ 曲线进行沉降计算的，这里介绍的方法是根据由相应的 $e \sim \lg p$ 曲线修正得到的原位压缩曲线进行沉降计算的。原位压缩曲线是由折线组成的，通过 C_{cf} 及 C_e 两个压缩指标即可计算，计算时较为方便；此外，原位压缩曲线很直观地反映出前期固结压力 p_c，从而可以清楚地考虑地基的应力历史对沉降的影响。

1. 正常固结土层的沉降计算

正常固结土各分层 $p_{0i} = p_{ci}$，如图5-19所示，则固结压缩量 s_c 的计算公式如下：

$$s_c=\sum_{i=1}^{n}\varepsilon_i H_i=\sum_{i=1}^{n}\frac{\Delta e_i}{1+e_{0i}}H_i=\sum_{i=1}^{n}\frac{H_i}{1+e_{0i}}\left(C_{cfi}\lg\frac{p_{0i}+\Delta p_i}{p_{ci}}\right) \tag{5-35}$$

式中：ε_i ——第 i 分层土的侧限压缩应变；

H_i ——第 i 分层土的厚度；

Δe_i——第 i 分层土孔隙比的变化；

e_{0i} ——第 i 分层土的初始孔隙比；

C_{cfi} ——第 i 分层土的原位压缩指数；

p_{0i} ——第 i 分层土自重应力平均值；

p_{ci} ——第 i 分层土前期固结压力平均值；

Δp_i ——第 i 分层土附加应力平均值。

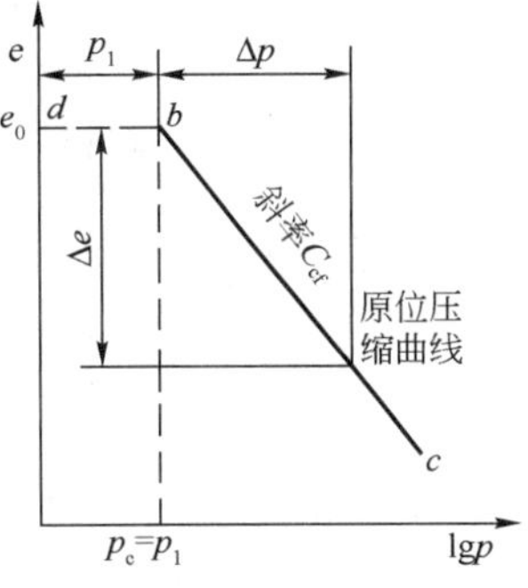

图 5-19 正常固结土的孔隙比变化

2. 欠固结土层的沉降计算

欠固结土的沉降不仅仅包括地基受附加应力所引起的沉降，而且还包括地基土在自重作用下尚未固结的那部分沉降。可近似地按与正常固结土一样的方法求得的原位压缩曲线来计算孔隙比的变化 Δe_i，Δe_i 包括两部分，一部分是各分层从现有的实际有效应力 p_{ci} 至地基土在自重作用下固结结束时达到的土自重应力 p_{0i} 所引起的孔隙比变化，另一部分是从 p_{0i} 至 Δp_i+p_{0i} 所引起的孔隙比变化，这些孔隙比的变化均沿着图 5-20 曲线 bc 段发生的，所以计算公式为：

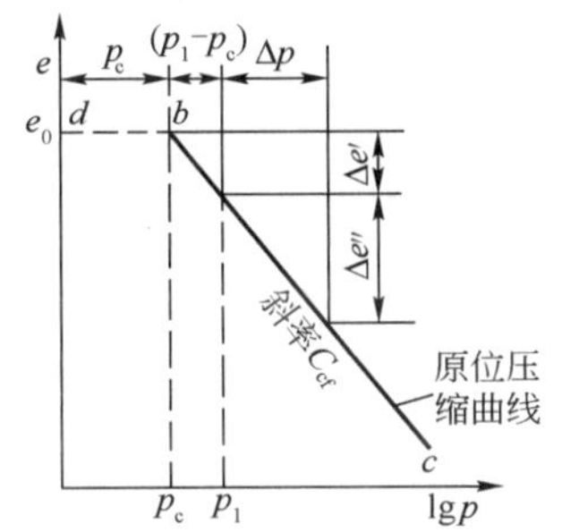

图 5-20 欠固结土的孔隙比变化

$$s_c=\sum_{i=1}^{n}\frac{H_i}{1+e_{0i}}\left(C_{cfi}\lg\frac{p_{0i}+\Delta p_i}{p_{ci}}\right) \tag{5-36}$$

式中：Δp_i——各分层土平均附加应力。

3. 超固结土层的沉降计算

超固结土各分层 $p_{0i}<p_{ci}$，固结沉降 s_c 的计算应分下列两种情况：

（1）当 $p_{0i}+\Delta p_i\geqslant p_{ci}$ 时［图 5-21a）］

$$\begin{aligned}s_{cn}&=\sum_{i=1}^{n}\frac{\Delta e_i}{1+e_{0i}}H_i\\&=\sum_{i=1}^{n}\frac{\Delta e'_i+\Delta e''_i}{1+e_{0i}}H_i\\&=\sum_{i=1}^{n}\frac{H_i}{1+e_{0i}}\left(C_{ei}\lg\frac{p_{ci}}{p_{0i}}+C_{cfi}\lg\frac{p_{0i}+\Delta p_i}{p_{ci}}\right)\end{aligned} \tag{5-37}$$

式中：Δe_i——第 i 分层总孔隙比的变化；

$\Delta e'_i$——第 i 分层由现有土平均自重应力 p_{0i} 增至该分层前期固结压力 p_{ci} 的孔隙比变化，即沿着图 5-21a）压缩曲线 b_1b 段发生的孔隙比变化：$\Delta e'_i=C_{ei}\lg\frac{p_{ci}}{p_{0i}}$；

$\Delta e''_i$——第 i 分层由前期固结压力 p_{ci} 增至（$p_{0i}+\Delta p_i$）的孔隙比变化，即沿着压缩曲线 bc 段发生的孔隙比变化：$\Delta e''_i=C_{cfi}\lg\frac{p_{0i}+\Delta p_i}{p_{ci}}$；

C_{ei} ——第 i 分层土的压缩指数。

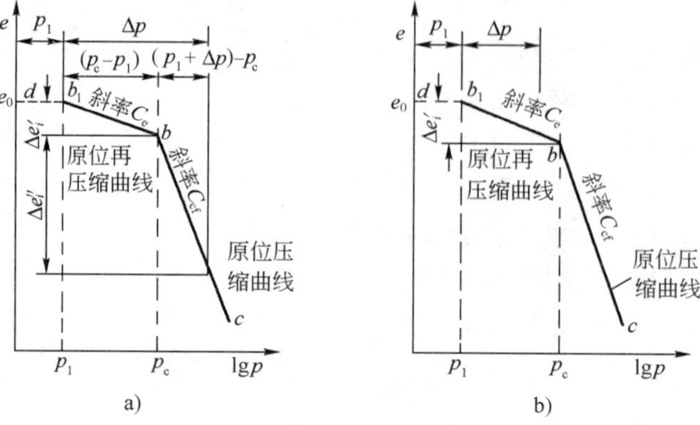

图 5-21 超固结土的孔隙比变化

a) $p_1 + \Delta p \geqslant p_c$；b) $p_1 + \Delta p < p_c$

(2)当 $p_{0i} + \Delta p_i < p_{ci}$ 时[图 5-21b)]

$$s_{cm} = \sum_{i=1}^{n} \frac{\Delta e_i}{1 + e_{0i}} H_i$$

$$= \sum_{i=1}^{n} \frac{H_i}{1 + e_{0i}} \left(C_{ei} \lg \frac{p_{0i} + \Delta p_i}{p_{0i}} \right) \tag{5-38}$$

即孔隙比变化只沿着图 5-21b)压缩曲线的 b_1b 段发生。

如果超固结土层中，既有 $p_{0i} + \Delta p_i \geqslant p_{ci}$，又有 $p_{0i} + \Delta p_i < p_{ci}$ 的分层时，其固结沉降量可分别按式(5-37)和式(5-38)计算，然后再将两部分叠加即可。

例题 5-3 某超固结黏土层厚为 2m，前期固结压力为 $p_c = 300\text{kPa}$，原位压缩曲线压缩指数 $C_{cf} = 0.5$，回弹指数 $C_e = 0.1$，土层所受的平均自重应力 $p_0 = 100\text{kPa}$，$e_0 = 0.70$。求下列两种情形下该黏土层的最终压缩量：(1)建筑物荷载在土层中引起的平均竖向附加应力 $\Delta p = 400\text{kPa}$；(2)建筑物荷载在土层中引起的平均竖向附加应力 $\Delta p = 180\text{kPa}$。

解 (1) $p_0 + \Delta p = 500\text{kPa} > p_c = 300\text{kPa}$，根据式(5-37)，该黏土层的最终压缩量为：

$$s = \sum_{i=1}^{n} \frac{H_i}{1 + e_{0i}} \left(C_{ei} \lg \frac{p_{ci}}{p_{0i}} + C_{cfi} \lg \frac{p_{0i} + \Delta p_i}{p_{ci}} \right)$$

$$= \frac{200}{1 + 0.7} \left(0.1 \times \lg \frac{300}{100} + 0.5 \times \lg \frac{500}{300} \right) = 18.67\text{cm}$$

(2) $p_0 + \Delta p = 280 < p_c = 300\text{kPa}$，根据式(5-38)，该黏土层的最终压缩量为：

$$s = \sum_{i=1}^{n} \frac{H_i}{1 + e_{0i}} \left(C_{ei} \lg \frac{p_{0i} + \Delta p_i}{p_{0i}} \right)$$

$$= \frac{200}{1 + 0.7} \left(0.1 \times \lg \frac{280}{100} \right) = 5.26\text{cm}$$

第四节　饱和黏性土地基沉降与时间的关系

饱和黏性土地基在建筑物荷载作用下要经过相当长时间才能达到最终沉降,不是瞬时完成的。为了建筑物的安全与正常使用,对于一些重要特殊的建筑物应在工程实践和分析研究中掌握沉降与时间关系的规律性,这是因为较快的沉降速率对于建筑物有较大的危害。例如,在第四纪一般黏性土地区,一般的四、五层以上的民用建筑物的允许沉降仅 10cm 左右,沉降超过此值就容易产生裂缝;而沿海软土地区,沉降的固结过程很慢,建筑物能够适应于地基的变形。因此,类似建筑物的允许沉降量可达 20cm 甚至更大。

碎石土和砂土的压缩性很小,而渗透性大,因此受力后固结稳定所需的时间很短,可以认为在外荷载施加完毕时,其固结变形基本就已经完成;对于黏性土及粉土,完全固结所需的时间就比较长,例如厚的饱和软黏土层,其固结变形需要几年甚至几十年才能完成。因此,实践中一般只考虑黏性土和粉土的变形与时间的关系。

一、饱和土的渗流固结

饱和土的渗流固结,可借助如图 5-22 的弹簧活塞模型来说明。在一个盛满水的圆筒中装着一个带有弹簧的活塞,弹簧上下端连接着活塞和筒底,活塞上有许多细小的孔。

当在活塞上瞬时施加压力 p 的一瞬间,由于活塞上孔细小,水还未来得及排出,水的侧限压缩模量远大于弹簧的弹簧系数,所以弹簧也就来不及变形,这样弹簧基本没有受力,而增加的压力就必须由活塞下面的水来承担,提高了水的压力。由于活塞小孔的存在,受到超静水压力的水开始逐渐经活塞小孔排出,结果活塞下降,弹簧受压所提供的反力平衡了一部分 p,这样水分担的压力相应减少。水在超静孔隙水压力的作用下继续渗流,弹簧继续下降,弹簧提供的反力逐渐增加,直至最后 p 完全由弹簧来平衡,水不受超静孔隙水压力而停止流出为止。

这个模型的上述过程可以用来模拟实际的饱和黏土的渗流固结。弹簧与土的固体颗粒构成的骨架相当,圆筒内的水与土骨架周围孔隙中的水相当,水从活塞内的细小孔排出相当于水在土中的渗透。

当在如图 5-23 所示的饱和黏性土地基表面瞬时大面积均匀堆载 p 后,将在地基中各点产

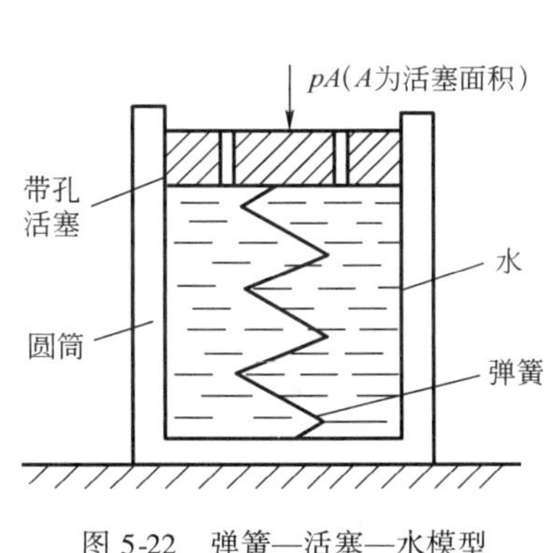

图 5-22　弹簧—活塞—水模型

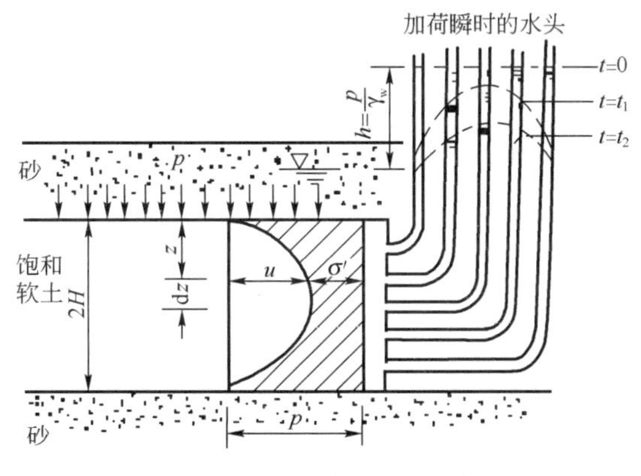

图 5-23　天然土层的渗透固结

生竖向附加应力 $\sigma_z = p$。加载后的一瞬间，作用于饱和土中各点的附加应力 σ_z 开始完全由土中水来承担，土骨架不承担附加应力，即超静孔隙水压力 u 为 p，土骨架承担的有效应力 σ' 为零，这一点也可以通过设置于地基中不同深度的测压管内的水头看出，加载前测压管内水头与地下水位齐平，即各点只有静水压力，而此时测压管内水头升至地下水位以上最高值 $h = p/\gamma_w$。随后类似上述模型的圆筒内的水开始从活塞内小孔排出，土孔隙中一些自由水也被挤出，这样土体积减少，土骨架就被压缩，附加应力逐渐转嫁给土骨架，土骨架承担的有效应力 σ' 增加，相应的孔隙水受到的超静孔隙水压力 u 逐渐减少，可以观察出测压管内的水头开始下降。直至最后全部附加应力 σ 由土骨架承担，即 $\sigma' = p$，超静孔隙水压力 u 消散为零。

上面对渗流固结过程进行了定性的说明。

为了具体求饱和黏性土地基受外荷载后在渗流固结过程中任意时刻的土骨架及孔隙水分担量，下面就一维侧限应力状态（如大面积均布荷载下薄压缩层地基）下的渗流固结问题引入太沙基（K. Terzaghi，1925）一维固结理论。

二、太沙基一维渗流固结理论

1. 基本假设

太沙基一维固结理论假定：土是均质的、完全饱和的；土粒和水是不可压缩的；土层的压缩和土中水的渗流只沿竖向发生，是一维的；土中水的渗流服从达西定律，且渗透系数 k 保持不变；孔隙比的变化与有效应力的变化成正比，即 $-\dfrac{de}{d\sigma'} = a$，且压缩系数 a 保持不变；外荷载是一次瞬时施加的。

2. 固结微分方程的建立

在如图 5-24 所示的厚度为 H 的饱和土层上施加无限宽广的均布荷载 p，土中附加应力沿深度均匀分布（即面积 $abce$），土层上面为排水边界，有关条件符合基本假定，考察土层顶面以下 z 深度的微元体 $dxdydz$ 在 dt 时间内的变化。

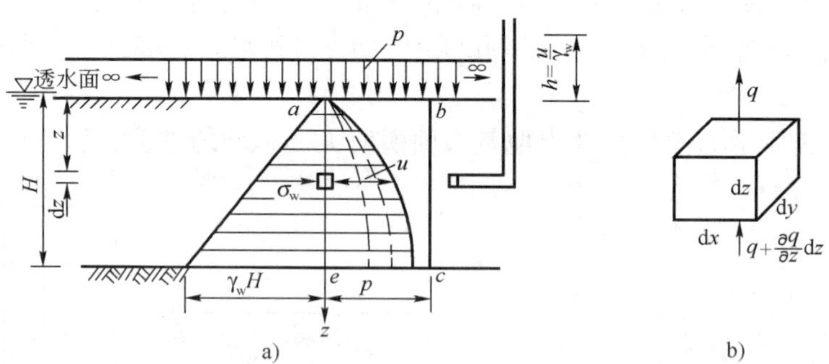

图 5-24 饱和黏性土的一维渗流固结

a）一维渗流固结土层；b）微元体

（1）连续性条件 dt 时间内微元体内水量的变化应等于微元体内孔隙体积的变化。

dt 时间内微元体内水量 Q 的变化为：

$$dQ = \frac{\partial Q}{\partial t}dt = \left[q dx dy - \left(q + \frac{\partial q}{\partial z}dz\right)dx dy\right]dt = -\frac{\partial q}{\partial z}dx dy dz dt \quad (5\text{-}39)$$

式中：q——单位时间内流过单位水平横截面积的水量。

$\mathrm{d}t$ 时间内微元体内孔隙体积 V_v 的变化为：

$$\mathrm{d}V_\mathrm{v} = \frac{\partial V_\mathrm{v}}{\partial t}\mathrm{d}t = \frac{\partial(eV_\mathrm{s})}{\partial t}\mathrm{d}t = \frac{1}{1+e_1}\frac{\partial e}{\partial t}\mathrm{d}x\mathrm{d}y\mathrm{d}z\mathrm{d}t \tag{5-40}$$

式中：$V_\mathrm{s} = \frac{1}{1+e_1}\mathrm{d}x\mathrm{d}y\mathrm{d}z$ 为固体体积，不随时间而变；

e_1——渗流固结前初始孔隙比。

在 $\mathrm{d}t$ 时间内，微元体内孔隙体积的减小应等于微元体内水量的变化，即 $\mathrm{d}Q = -\mathrm{d}V$，得：

$$\frac{1}{1+e_1}\frac{\partial e}{\partial t} = \frac{\partial q}{\partial z} \tag{5-41}$$

(2)根据达西定律：

$$q = ki = k\frac{\partial h}{\partial z} = \frac{k}{\gamma_\mathrm{w}}\frac{\partial u}{\partial z} \tag{5-42}$$

式中：i——水头梯度；

h——超静水头；

u——超孔隙水压力。

(3)根据侧限条件下孔隙比的变化与竖向有效应力变化的关系(见基本假设)，得到：

$$\frac{\partial e}{\partial t} = -\frac{a\partial\sigma'}{\partial t} \tag{5-43}$$

(4)根据有效应力原理，式(5-43)变为：

$$\frac{\partial e}{\partial t} = -\frac{a\partial\sigma'}{\partial t} = -\frac{a\partial(\sigma-u)}{\partial t} = \frac{a\partial u}{\partial t} \tag{5-44}$$

上式在推导中利用了在一维固结过程中任一点竖向总应力 σ 不随时间而变的条件。

将式(5-42)及式(5-44)代入式(5-41)可得到：

$$\frac{a}{1+e_1}\frac{\partial u}{\partial t} = \frac{k}{\gamma_\mathrm{w}}\frac{\partial^2 u}{\partial^2 z} \tag{5-45}$$

令 $c_\mathrm{v} = \frac{k(1+e_1)}{a\gamma_\mathrm{w}} = \frac{kE_\mathrm{s}}{\gamma_\mathrm{w}}$，则式(5-45)成为：

$$\frac{\partial u}{\partial t} = c_\mathrm{v}\frac{\partial^2 u}{\partial^2 z} \tag{5-46}$$

式中：c_v——土的竖向固结系数(cm^2/s)。

式(5-46)即为太沙基一维固结微分方程。

3. 固结微分方程的求解

以下针对几种较简单的初始条件及边界条件对式(5-46)求解：

(1)土层单面排水，起始超孔隙水压力沿深度为线性分布，如图 5-25 所示，定义 $\alpha = \frac{p_1}{p_2}$，初始条件及边界条件见表 5-10。

单面排水的初始条件及边界条件　　表 5-10

次　序	时　间	坐　标	已知条件
1	$t=0$	$0\leqslant z\leqslant H$	$u=p_2\left[1+(\alpha-1)\dfrac{H-z}{H}\right]$
2	$0<t\leqslant\infty$	$z=0$	$u=0$
3	$0\leqslant t\leqslant\infty$	$z=H$	$\dfrac{\partial u}{\partial z}=0$
4	$t=\infty$	$0\leqslant z\leqslant H$	$u=0$

采用分离变量法求得式(5-46)的特解为：

$$u(z,t)=\frac{4p_2}{\pi^2}\sum_{m=1}^{\infty}\frac{1}{m^2}\left[m\pi\alpha+2(-1)^{\frac{m-1}{2}}(1-\alpha)\right]\mathrm{e}^{-\frac{m^2\pi^2}{4}T_v}\cdot\sin\frac{m\pi z}{2H} \tag{5-47}$$

在实用中常取第一项，即取 $m=1$ 得：

$$u(z,t)=\frac{4p_2}{\pi^2}\left[\alpha(\pi-2)+2\right]\mathrm{e}^{-\frac{\pi^2}{4}T_v}\cdot\sin\frac{\pi z}{2H} \tag{5-48}$$

式中：m——奇正整数（$m=1,3,5\cdots\cdots$）；

e——自然对数底，e = 2.718 2；

H——孔隙水的最大渗径，在单面排水条件下为土层厚度；

T_v——时间因数，$T_v=\dfrac{c_v t}{H^2}$。

(2)土层双面排水，起始超孔隙水压力沿深度为线性分布，如图 5-26 所示，定义 $\alpha=p_1/p_2$，令土层厚度为 $2H$，初始条件及边界条件见表 5-11。

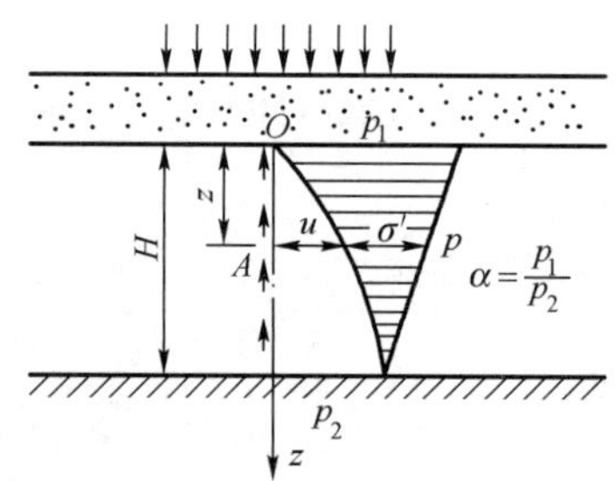

图 5-25　单面排水条件下超孔隙水压力的消散

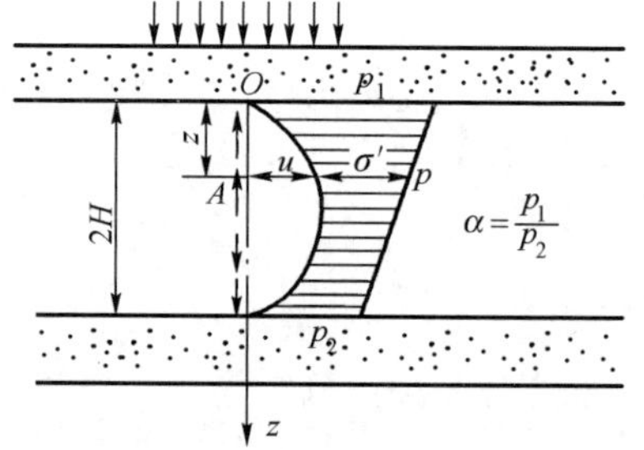

图 5-26　双面排水条件下超孔隙水压力的消散

双面排水的初始条件及边界条件　　表 5-11

次　序	时　间	坐　标	已知条件
1	$t=0$	$0\leqslant z\leqslant H$	$u=p_2\left[1+(\alpha-1)\dfrac{H-z}{H}\right]$
2	$0<t\leqslant\infty$	$z=0$	$u=0$
3	$0<t\leqslant\infty$	$z=H$	$u=0$

采用分离变量法求得式(5-46)的特解为：

$$u(z,t)=\frac{p_2}{\pi}\sum_{m=1}^{\infty}\frac{2}{m}[1-(-1)^m\alpha]\mathrm{e}^{-\frac{m^2\pi^2}{4}T_v}\cdot\sin\frac{m\pi(2H-z)}{2H} \tag{5-49}$$

在实用中常取第一项，即取 $m=1$ 得：

$$u(z,t)=\frac{2p_2}{\pi}(1+\alpha)\mathrm{e}^{-\frac{\pi^2}{4}T_v}\cdot\sin\frac{\pi(2H-z)}{2H} \tag{5-50}$$

超孔隙水压力随深度分布曲线上各点斜率反映出该点在某时刻水力梯度。

4. 固结度

1）基本概念

（1）某点的固结度。如图 5-25 及图 5-26 所示，深度 z 的 A 点在 t 时刻竖向有效应力 σ'_t 与起始超孔隙水压力 p 的比值，称为 A 点 t 时刻的固结度。

（2）土层的平均固结度。t 时刻土层各点土骨架承担的有效应力图面积与起始超孔隙水压力（或附加应力）图面积之比，称为 t 时刻土层的平均固结度，用 U_t 表示，即：

$$U_t=\frac{\text{有效应力图面积}}{\text{起始超孔隙水压力图面积}}=1-\frac{t\text{ 时刻超孔隙水压力图面积}}{\text{起始超孔隙水压力图面积}} \tag{5-51}$$

根据有效应力原理，土的变形只取决于有效应力，因此，对于一维竖向渗流固结，根据式（5-51），土层的平均固结度又可定义为：

$$U_t=1-\frac{\int_0^H u(z,t)\,\mathrm{d}z}{\int_0^H p(z)\,\mathrm{d}z}=\frac{\int_0^H \sigma'(z,t)\,\mathrm{d}z}{\int_0^H p(z)\,\mathrm{d}z}=\frac{\int_0^H \frac{a}{1+e_1}\sigma'(z,t)\,\mathrm{d}z}{\int_0^H \frac{a}{1+e_1}p(z)\,\mathrm{d}z}=\frac{S_{ct}}{S_c} \tag{5-52}$$

式中：$\frac{a}{1+e_1}$——根据基本假设，在整个渗流固结过程中为常数；

S_{ct}——地基某时刻 t 的固结沉降；

S_c——地基最终的固结沉降。

2）起始超孔隙水压力沿深度线性分布情况下的固结度计算

起始超孔隙水压力沿深度线性分布的几种情况见图 5-27。

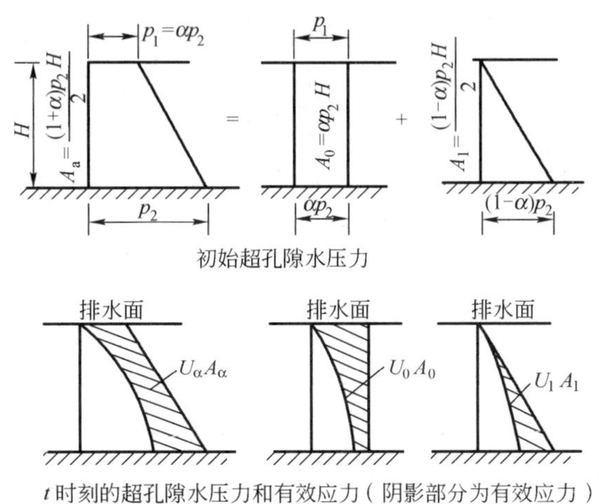

图 5-27　利用 $U_0(t)$ 及 $U_1(t)$ 求 $U_\alpha(t)$

（1）将式（5-48）代入式（5-52）得到单面排水情况下，土层任一时刻 t 的固结度 U_t 的近似值：

$$U_t = 1 - \frac{\left(\frac{\pi}{2}\alpha - \alpha + 1\right)}{1 + \alpha} \cdot \frac{32}{\pi^3} \cdot e^{-\frac{\pi^2}{4}T_v} \tag{5-53}$$

α 取 1，即“0”型，起始超孔隙水压力分布图为矩形，代入式(5-53)得：

$$U_0 = 1 - \frac{8}{\pi^2}e^{-\frac{\pi^2}{4}T_v} \tag{5-54}$$

α 取 0，即“1”型，起始超孔隙水压力分布图为三角形，代入式(5-53)得：

$$U_1 = 1 - \frac{32}{\pi^3}e^{-\frac{\pi^2}{4}T_v} \tag{5-55}$$

不同 α 值时的固结度可按式(5-53)来求，也可利用式(5-54)及式(5-55)求得的 U_0 及 U_1，按式(5-56)来计算：

$$U_\alpha = \frac{2\alpha U_0 + (1 - \alpha)U_1}{1 + \alpha} \tag{5-56}$$

式(5-56)的推导参见图 5-27。

为方便查用，表 5-12 给出了不同的 $\alpha = \frac{p_1}{p_2}$ 下 $U_t \sim T_v$ 关系。

单面排水，不同 $\alpha = \frac{p_1}{p_2}$ 及 U_t 时的 T_v 值 表 5-12

α	固结度 U_t											类型
	0.0	0.1	0.2	0.3	0.4	0.5	0.6	0.7	0.8	0.9	1.0	
0.0	0.0	0.049	0.100	0.154	0.217	0.29	0.38	0.50	0.66	0.95	∞	“1”
0.2	0.0	0.027	0.073	0.126	0.186	0.26	0.35	0.46	0.63	0.92	∞	“0-1”
0.4	0.0	0.016	0.056	0.106	0.164	0.24	0.33	0.44	0.60	0.90	∞	
0.6	0.0	0.012	0.042	0.092	0.148	0.22	0.31	0.42	0.58	0.88	∞	
0.8	0.0	0.010	0.036	0.079	0.134	0.20	0.29	0.41	0.57	0.86	∞	
1.0	0.0	0.008	0.031	0.071	0.126	0.20	0.29	0.40	0.57	0.85	∞	“0”
1.5	0.0	0.008	0.024	0.058	0.107	0.17	0.26	0.38	0.54	0.83	∞	
2.0	0.0	0.006	0.019	0.050	0.095	0.16	0.24	0.36	0.52	0.81	∞	
3.0	0.0	0.005	0.016	0.041	0.082	0.14	0.22	0.34	0.50	0.79	∞	“0-2”
4.0	0.0	0.004	0.014	0.040	0.080	0.13	0.21	0.33	0.49	0.78	∞	
5.0	0.0	0.004	0.013	0.034	0.069	0.12	0.20	0.32	0.48	0.77	∞	
7.0	0.0	0.003	0.012	0.030	0.065	0.12	0.19	0.31	0.47	0.76	∞	
10.0	0.0	0.003	0.011	0.028	0.060	0.11	0.18	0.30	0.46	0.75	∞	
20.0	0.0	0.003	0.010	0.026	0.060	0.11	0.17	0.29	0.45	0.74	∞	
∞	0.0	0.002	0.009	0.024	0.048	0.09	0.16	0.23	0.44	0.73	∞	“2”

(2)将式(5-50)代入式(5-52)即得到双面排水，起始超孔隙水压力沿深度线性分布情况下土层任一时刻 t 的固结度 U_t 的近似值：

$$U_t = 1 - \frac{8}{\pi^2} \cdot e^{-\frac{\pi^2}{4}T_v} \tag{5-57}$$

从式(5-57)可看出,固结度 U_t 与 α 值无关,且形式上与土层单面排水时的 U_0 相同,注意式(5-57)中 $T_v=\frac{c_v t}{H^2}$中的 H 为固结土层厚度的一半,而式(5-54)中 $T_v=\frac{c_v t}{H^2}$中的 H 为固结土层厚度。因此,双面排水,起始超孔隙水压力沿深度线性分布情况下 t 时刻的固结度,可以用式(5-54)来求,只是要注意取前者土层厚度的一半作为 H 代入。

图 5-28a)为起始超孔隙水压力沿深度为线性分布的几种情况,联系到工程实际问题时,应考虑如何将实际的超孔隙水压力分布简化成图 5-28a)中的计算图式,以便进行简化计算分析。图 5-28b)列出了 5 种实际情况下的起始超孔隙水压力分布图。

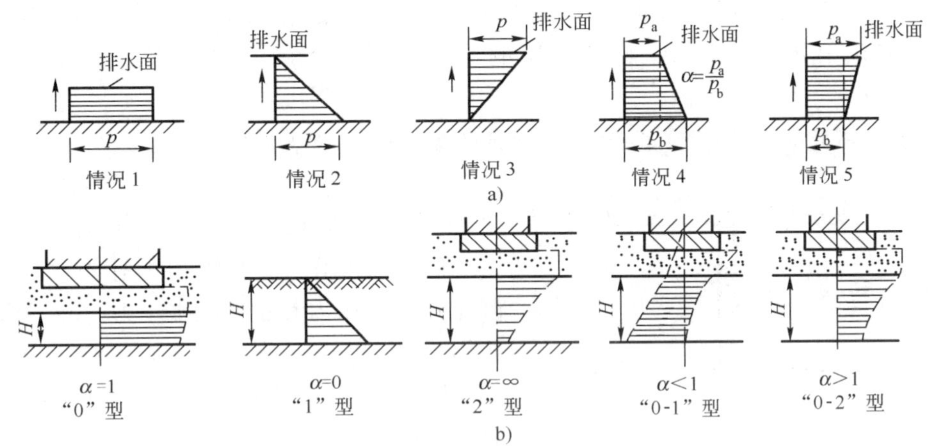

图 5-28 起始超孔隙水压力的几种情况

a)简化得到的线性分布;b)实际的分布

情况 1:薄压缩层地基。

情况 2:土层在自重应力作用下的固结。

情况 3:基础底面积较小,传至压缩层底面的附加应力接近零。

情况 4:在自重应力作用下尚未固结的土层上作用有基础传来的荷载。

情况 5:基础底面积较小,传至压缩层底面的附加应力不接近零。

3)固结度计算的讨论

从固结度的计算公式可以看出,固结度是时间因数的函数,时间因数 T_v 越大,固结度 U_t 越大,土层的沉降越接近于最终沉降量。从时间因数 $T_v=\frac{c_v t}{H^2}=\frac{k(1+e_1)}{a\gamma_w}\cdot\frac{t}{H^2}$的各个因子可清楚地分析出固结度与这些因数的关系:

(1)渗透系数 k 越大,越易固结,因为孔隙水易排出;

(2)$\frac{1+e_1}{a}=E_s$ 越大,即土的压缩性越小,越易固结,因为土骨架发生较小的压缩变形即能分担较大的外荷载,因此孔隙体积无须变化太大(不需排较多的水);

(3)时间 t 越长,显然越固结充分;

(4)渗流路径 H 越大,显然孔隙水越难排出土层,越难固结。

4)固结度计算的精度探讨

在上述推导及求解过程中,存在以下一些问题:

（1）假设了水在孔隙中流动符合达西定律，但没有考虑当水头梯度小于起始梯度 i_0 时水不会发生渗流的情况。此外假设在整个固结过程中渗透系数不变，这一点也将产生误差，因为随着土层的固结压缩，孔隙逐渐减小将降低渗透系数；

（2）假设在整个固结过程中压缩系数 a 不变，即土的侧限应力应变关系是线性的，这一点显然和室内侧限压缩试验不符；

（3）实际土层的边界条件十分复杂，不可能如理论假设那样简单；

（4）各种计算指标的来源，不可能十分满意地反映土层的实际情况。

例题 5-4 如图 5-29 所示，厚 10m 的饱和黏土层表面瞬时大面积均匀堆载 $p_0=150$kPa，若干年后，用测压管分别测得土层中 A、B、C、D、E 五点的孔隙水压力为 51.6kPa，94.2kPa，133.8kPa，170.4kPa，198.0kPa，已知土层的压缩模量 E_s 为5.5MPa，渗透系数 k 为 5.14×10^{-8}cm/s。

（1）试估算此时黏土层的固结度，并计算此黏土层已固结了几年；

（2）再经过 5 年，则该黏土层的固结度将达到多少，黏土层 5 年间产生了多大的压缩量？

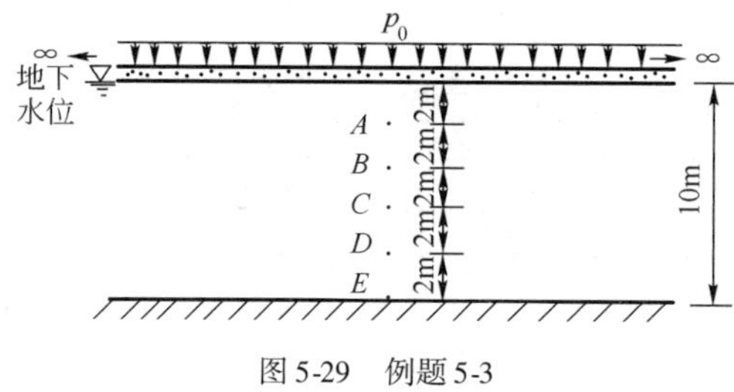

图 5-29 例题 5-3

解 （1）用测压管测得的孔隙水压力值包括静止孔隙水压力和超孔隙水压力，扣除静止孔隙水压力后，A、B、C、D、E 五点的超孔隙水压力分别为 32.0kPa、55.0kPa、75.0kPa、92.0kPa、100.0kPa，计算此超孔隙水压力图的面积近似为 608kPa·m，起始超孔隙水压力（或最终有效附加应力）图的面积为 150×10kPa·m＝1 500kPa·m，则此时固结度 $U_t=1-\frac{608}{1\,500}=59.5\%$，$\alpha=1$，查表 5-12 得 $T_v=0.29$。

黏土层的竖向固结系数

$$c_v=\frac{k(1+e)}{a\gamma_w}=\frac{kE_s}{\gamma_w}=\frac{5.14\times10^{-8}\times5\,500\times10^2}{9.8}=2.88\times10^{-3}\text{cm}^2/\text{s}=0.9\times10^5\text{cm}^2/\text{y}$$

由于是单面排水，则竖向固结时间因数 $T_v=\frac{c_vt}{H^2}=\frac{0.9\times10^5\times t}{1\,000^2}=0.29$，得 $t=3.22$ 年，即此黏土层已固结了 3.22 年。

（2）再经过 5 年，则竖向固结时间因数 $T_v=\frac{c_vt}{H^2}=\frac{0.9\times10^5\times(3.22+5)}{1\,000^2}=0.74$，查表5-12，得 $U_t=0.861$，即该黏土层的固结度达到 86.1%，在整个固结过程中，黏土层的最终压缩量为 $\frac{p_0H}{E_s}=\frac{150\times1\,000}{5\,500}=27.3$cm，因此这 5 年间黏土层产生（86.1－59.5）%×27.3＝7.26cm 的压缩量。

三、利用沉降观测资料推算后期沉降与时间关系

上面从理论上推导了固结度随时间的变化，因此也就可以得到地基固结沉降与时间的关系。但是理论计算结果往往与实测资料不完全符合，因此从建筑物施工后掌握的沉降观测资料出发，根据其发展趋势来推测未来的沉降规律有着重要的实际意义。下面介绍两种实际常

用的推算后期固结沉降与时间关系(即 $s_t \sim t$)的经验方法。

1. 对数曲线法

对数曲线法是参照太沙基一维固结理论得到的式(5-58)所反映出的固结度与时间的指数关系而选用式(5-59)形式的。

$$U_0 = 1 - \frac{8}{\pi^2}e^{-\frac{\pi^2}{4}T_v} \tag{5-58}$$

$$\frac{s_t}{s_\infty} = 1 - Ae^{-Bt} \tag{5-59}$$

式中:s_∞——最终固结沉降量;式(5-59)用 A、B 两个待定参数替代了式(5-58)中的常数。

要确定出 $s_t \sim t$ 关系,需定出式(5-58)中三个量 A、B 及 s_∞,为此利用已有的沉降—时间实测关系曲线(图 5-30)的末段,在实测曲线上选择三点(t_1, s_{t1})、(t_2, s_{t2})、(t_3, s_{t3})值,$t=0$ 时刻选在施工期的一半处开始,代入式(5-58)即可确定出式(5-59)中三个待定值 A、B、s_∞,从而得到用对数曲线法推算的后期 $s_t \sim t$ 关系。

2. 双曲线法

双曲线法的推算公式为:

$$\frac{s_t}{s_\infty} = \frac{t}{\alpha + t} \tag{5-60}$$

确定式中两个待定参数 s_∞ 和 α 可按以下步骤进行:

可将式(5-60)化为:

$$\frac{t}{s_t} = \frac{1}{s_\infty}t + \frac{\alpha}{s_\infty} = at + b \tag{5-61}$$

如图 5-31 以 t 为横坐标,以 t/s_t 为纵坐标,将已掌握的 $s_t \sim t$ 实测数据值按此坐标点在坐标系中,然后根据这些点作出一回归直线,根据直线的斜率 $a = \frac{1}{s_\infty}$、截距 $b = \frac{\alpha}{s_\infty}$ 即可求得 s_∞ 和 α,从而得到了用双曲线法推算的后期 $s_t \sim t$ 关系。

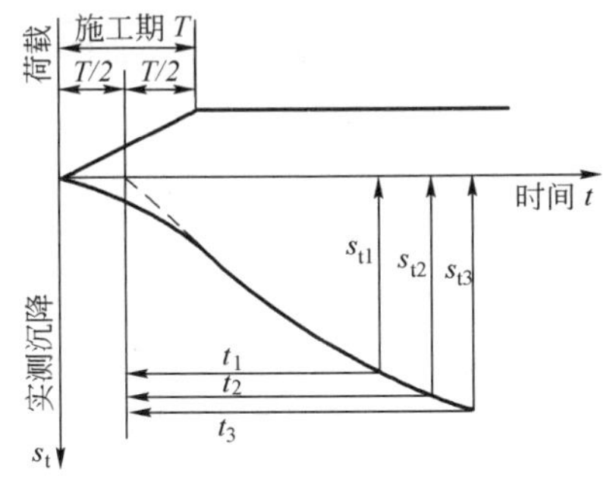

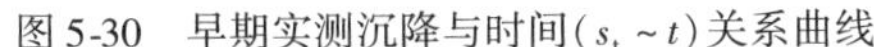

图 5-30 早期实测沉降与时间($s_t \sim t$)关系曲线

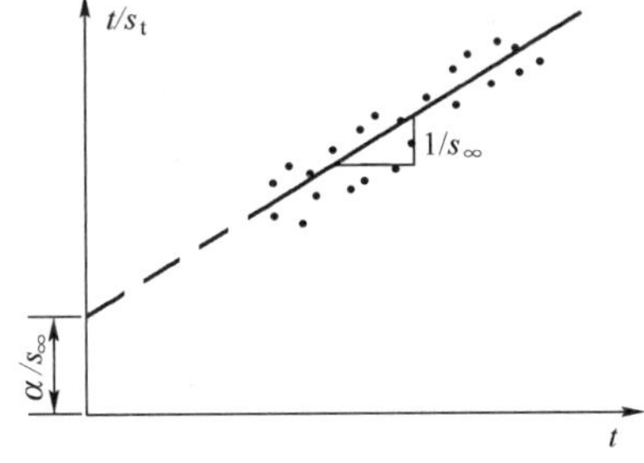

图 5-31 根据 $\frac{t}{s_t} \sim t$ 关系推算后期沉降

用实测资料推算建筑物沉降与时间关系的关键问题是必须有足够长时间的观测资料,才能得到比较可靠的 $s_t \sim t$ 关系,同时它也提供了一种估算建筑物最终沉降的方法。

四、饱和黏性土地基沉降的三个阶段

在本章第三节我们介绍了三种实用最终沉降计算方法:分层总和法、应力面积法及根据原位压缩曲线计算沉降，它们均是利用室内压缩试验得到的压缩指标进行地基沉降计算的，在工程实践中被广泛使用。饱和黏性土地基最终的沉降量从机理上来分析，是由三个部分组成的（图 5-32），即：

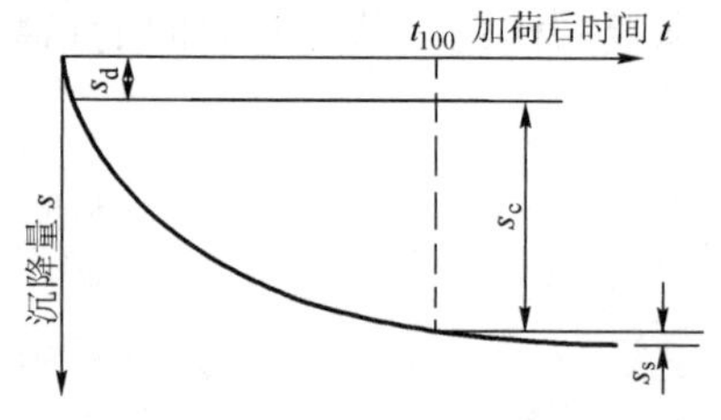

图 5-32　黏性土地基沉降的三个组成部分

$$s = s_d + s_c + s_s \tag{5-62}$$

式中：s_d——瞬时沉降（初始沉降、不排水沉降）；

s_c——固结沉降（主固结沉降）；

s_s——次固结沉降（次压缩沉降、徐变沉降）。

下面分别介绍这三种沉降产生的主要机理及常用的计算方法。

1. 瞬时沉降

瞬时沉降是在施加荷载后瞬时发生的，在很短的时间内，孔隙中的水来不及排出，因此对于饱和的黏性土来说，沉降是在没有体积变形的条件下产生的，这种变形实质上是通过剪应变引起的侧向挤出，是形状变形。因此这一沉降计算是考虑了侧向变形的地基沉降计算，而像分层总和法等实用的沉降计算方法则没有考虑这一过程。在单向压缩（如薄压缩层地基上大面积均匀堆载）时由于没有剪应力，也就没有侧向变形，可以不考虑瞬时沉降这一分量。

大比例尺的室内试验及现场实测表明，可以用弹性理论公式来分析计算瞬时沉降，对于饱和的黏性土在适当的应力增量情况下，弹性模量可近似地假定为常数，即：

$$s_d = \frac{p_0 b(1-\mu^2)}{E}\omega \tag{5-63}$$

式中：E、μ——弹性模量及泊松比，E 的室内试验测定参见本章第二节的介绍，由于这一变形阶段体积变形为零，可取 $\mu = 0.5$；

其他量的含义参见本章第三节。

2. 固结沉降

固结沉降是在荷载作用下，孔隙水被逐渐挤出，孔隙体积逐渐减小，从而土体压密产生体积变形而引起的沉降，是黏性土地基沉降最主要的组成部分。

在实用中可采用分层总和法等计算固结沉降，只是这些方法基于侧限假定，即按一维问题来考虑，与实际的二、三维应力状态不符，但由于确定压缩性指标等复杂困难，所以难以严格按二、三维应力状态考虑。

3. 次固结沉降

次固结沉降是指超静孔隙水压力消散为零，在有效应力基本上不变的情况下，随时间继续发生的沉降量，一般认为这是在恒定应力状态下，土中的结合水以黏滞流动的形态缓慢移动，造成水膜厚度相应地发生变化，使土骨架产生徐变的结果。

许多室内试验和现场量测的结果都表明，在主固结完成之后发生的次固结的大小与时间的关系在半对数坐标图上接近于一条直线，如图 5-33 所示。这样次固结引起的孔隙比变化可表示为：

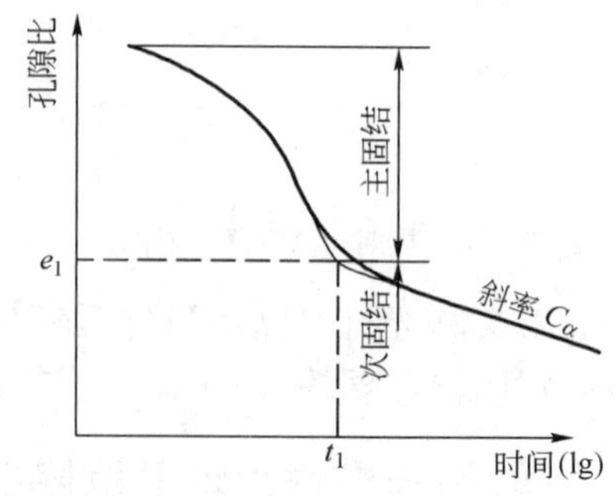

图 5-33　孔隙比与时间半对数的关系曲线

$$\Delta e = C_{\alpha}\lg\frac{t}{t_1} \tag{5-64}$$

式中：C_{α}——半对数坐标系下直线的斜率，称为次固结系数；

t_1——相当于主固结达到100%的时间，根据次固结与主固结曲线切线交点求得；

t——需要计算次固结的时间。

这样，地基次固结沉降的计算公式即为：

$$s_s = \sum_{i=1}^{n}\frac{H_i}{1+e_{0i}}C_{\alpha i}\lg\frac{t}{t_1} \tag{5-65}$$

事实上这三种沉降并不能截然分开，而是交错发生的，只是某个阶段以一种沉降变形为主而已。不同的土，三个组成部分的相对大小及时间是不同的。例如，干净的粗砂地基沉降可认为是在荷载施加后瞬间发生的（包括瞬时沉降和固结沉降，此时已很难分开），次固结沉降不明显。对于饱和软黏土，实测的瞬时沉降可占最终沉降量的30%～40%，次固结沉降量同固结沉降量相比往往是不重要的。但对于含有有机质的软黏土，就不能不考虑次固结沉降。

【习题】

[5-1] 一饱和黏土试样在固结仪中进行压缩试验，该试样原始高度为20mm，面积为30cm²，土样与环刀总质量为175.6g，环刀质量58.6g。当荷载由p_1=100kPa增加至p_2=200kPa时，在24h内土样的高度由19.31mm减少至18.76mm。该试样的土粒比重为2.74，试验结束后烘干土样，称得干土质量为91.0g。

(1)计算与p_1及p_2对应的孔隙比e_1及e_2；

(2)求a_{1-2}及$E_{s(1-2)}$，并判断该土的压缩性。

[5-2] 用弹性理论公式分别计算如图5-34所示的矩形基础在下列两种情形下中点A、角点B及边缘点C的沉降量和基底平均沉降量。已知地基土的变形模量E_0=5.6MPa，泊松比μ=0.4，重度γ=19.8kN/m³。

(1)基础是完全柔性的；

(2)基础是绝对刚性的。

[5-3] 如图5-35所示的矩形基础的底面尺寸为4m×2.5m，基础埋深1m，地下水位位于

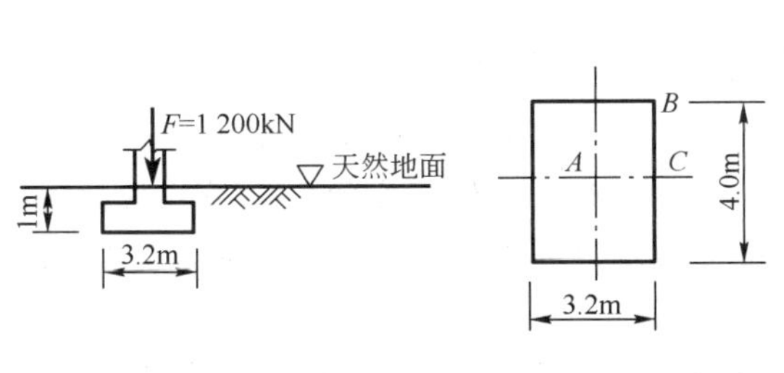

图5-34 习题5-2图

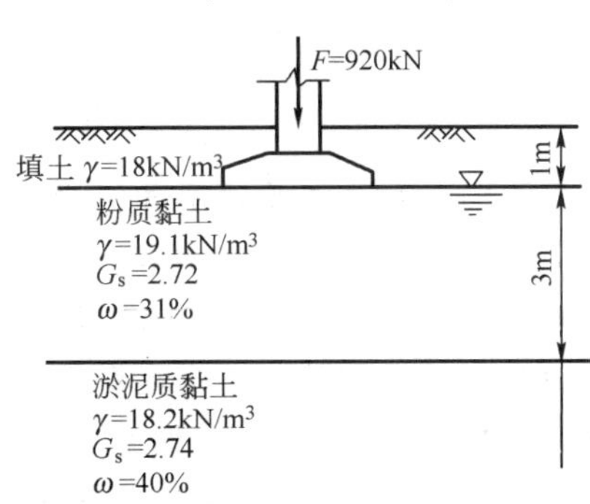

图5-35 习题5-3图

基底高程,地基土的物理指标见图5-35,室内压缩试验结果见表5-13,试用分层总和法计算基础中点沉降。

室内压缩试验 $e \sim p$ 关系　　表5-13

土层 \ e	p(kPa)				
	0	50	100	200	300
粉质黏土	0.942	0.889	0.855	0.807	0.773
淤泥质粉质黏土	1.045	0.925	0.891	0.848	0.823

[5-4]　用应力面积法计算习题5-3中基础中点下粉质黏土层的压缩量(土层分层同习题5-3,$p_0 < 0.75 f_k$)。

[5-5]　某黏土试样压缩试验数据如表5-14所示。

室内压缩试验 $e \sim p$ 关系　　表5-14

p(kPa)	0	12.5	25	50	100
e	1.060	1.024	0.989	0.979	0.952
p(kPa)	200	400	800	1 600	3 200
e	0.913	0.835	0.725	0.617	0.501

(1)确定前期固结压力 p_c;

(2)求压缩指数 C_c;

(3)若该土样是从如图5-36所示的土层在地表下11m深处采得,则当地表瞬时施加100kPa无穷分布的荷载时,试计算黏土层的最终压缩量。

[5-6]　如图5-37所示厚度为8m的黏土层,上下层面均为排水砂层,已知黏土层孔隙比 $e_0 = 0.8$,压缩系数 $a = 0.25\text{MPa}^{-1}$,渗透系数 $k = 6.3 \times 10^{-8}\text{cm/s}$,地表瞬时施加一无限分布均布荷载 $p = 180\text{kPa}$。

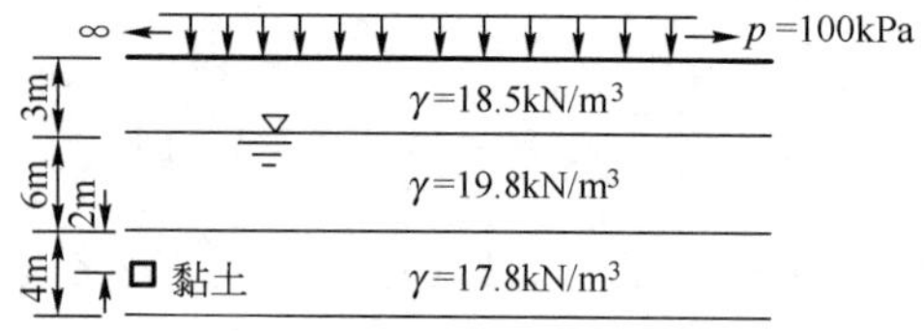

图5-36　习题5-5图

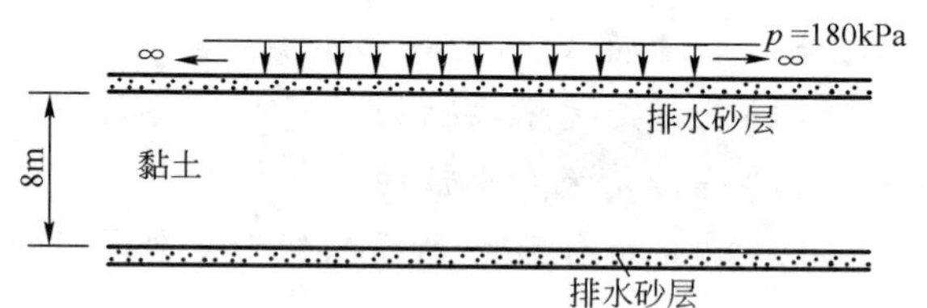

图5-37　习题5-6图

试求:(1)加荷半年后地基的沉降;(2)黏土层达到50%固结度所需的时间。

[5-7]　厚度为6m的饱和黏土层,其下为不可压缩的不透水层。已知黏土层的竖向固结系数 $c_v = 4.5 \times 10^{-3}\text{cm}^2/\text{s}$,$\gamma = 16.8\text{kN/m}^3$。黏土层上为薄透水砂层,地表瞬时施加无穷均布荷载 $p = 120\text{kPa}$,分别计算下列两种情形:

(1)若黏土层已经在自重作用下完成固结,然后施加 p,求达到50%固结度所需的时间;

(2)若黏土层尚未在自重作用下固结,则施加 p 后,求达到50%固结度所需的时间。

【思考题】

[5-1] 试从基本概念、计算公式及适用条件等几方面比较压缩模量、变形模量及弹性模量。

[5-2] 在计算地基最终沉降时,为什么自重应力要用有效重度进行计算?

[5-3] 计算完全柔性基础和绝对刚性基础某点的沉降是否都可以用角点法,为什么?

[5-4] 同一场地埋置深度相同的两个矩形底面基础,底面积不同,已知作用于基底的附加压力相等,基础的长宽比相等,试分别用弹性理论法和分层总和法来分析哪个基础最终沉降量大?

[5-5] 地下水位升降对建筑物沉降有何影响?

[5-6] 一维渗流固结中,渗流路径 H、压缩模量 E_s 及渗透系数 k 分别对固结时间有何影响,为什么?

[5-7] 不同大小的无限均布荷载骤然作用于某一黏土层,要达到同一固结度,所需的时间有无区别?

[5-8] 在一维固结中,土层达到同一固结度所需的时间与土层厚度的平方成正比。该结论成立的前提条件是什么?

第六章

土的抗剪强度

第一节 概 述

土的抗剪强度是指土体对于外荷载所产生的剪应力的极限抵抗能力。在外荷载作用下,土体中将产生剪应力和剪切变形,当土中某点由外力所产生的剪应力达到土的抗剪强度时,土就沿着剪应力作用方向产生相对滑动,该点便发生剪切破坏。工程实践和室内试验都证实了土是由于受剪而产生破坏,剪切破坏是土体破坏的重要特点,因此,土的强度问题实质上就是土的抗剪强度问题。

在工程实践中与土的抗剪强度有关的工程问题,可以归纳为三类(图6-1)。第一,是土作为材料构成的土工构筑物的稳定性问题,如土坝、路堤等填方边坡以及天然土坡等的稳定性问题[图6-1a)]。第二,是土作为工程构筑物的环境问题,即土压力问题,如挡土墙、地下结构等的周围土体,它的强度破坏将造成对墙体过大的侧向土压力,可能导致这些工程构筑物发生滑动、倾覆等破坏事故[图6-1b)]。第三,是土作为建筑物地基的承载力问题,如果基础下的地基土体产生整体滑动或因局部剪切破坏而导致过大的地基变形,都会造成上部结构的破坏或影响其正常使用的事故[图6-1c)]。

本章主要介绍土的抗剪强度理论及其指标的测定方法,并简要介绍软土在荷载作用下的强度增长规律以及影响土的抗剪强度的若干因素。

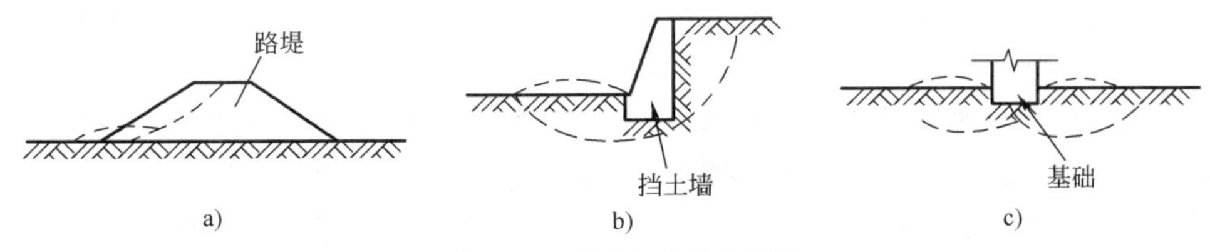

图 6-1 工程中土的强度问题

a)稳定性问题;b)土压力问题;c)地基承载力问题

第二节 土的抗剪强度理论与强度指标

一、抗剪强度的库仑定律

土体发生剪切破坏时,将沿着其内部某一曲面(滑动面)产生相对滑动,而该滑动面上的剪应力就等于土的抗剪强度。1776 年,法国的库仑(Coulomb)根据砂土的试验结果[图 6-2a)],将土的抗剪强度表达为滑动面上法向应力的函数,即:

$$\tau_f = \sigma\tan\varphi \tag{6-1}$$

以后根据黏性土的试验结果[图 6-2b)],又提出更为普遍的抗剪强度表达形式:

$$\tau_f = c + \sigma\tan\varphi \tag{6-2}$$

式中:τ_f——土的抗剪强度(kPa);

σ——剪切滑动面上的法向应力(kPa);

c——土的黏聚力(kPa);

φ——土的内摩擦角(°)。

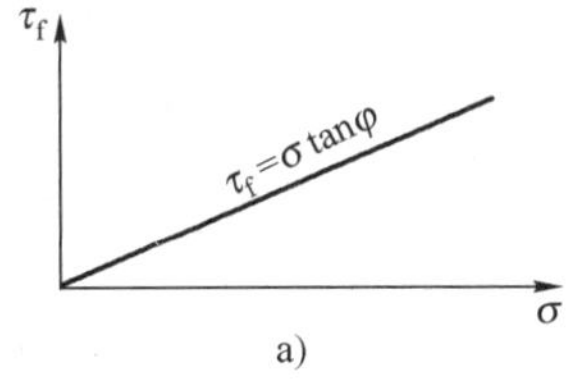

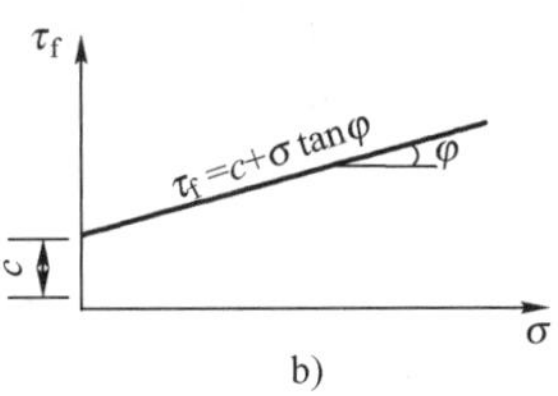

图 6-2 土的抗剪强度与法向应力之间的关系

a)砂土;b)黏性土

式(6-1)和式(6-2)就是土的强度规律的数学表达式,它是库仑在 18 世纪 70 年代提出的,所以也称为库仑定律,它表明在一般应力水平时土的抗剪强度与滑动面上的法向应力之间呈直线关系,直线在纵坐标上的截距即为土的黏聚力 c,直线的倾角即为土的内摩擦角 φ,通常将 c、φ 称为土的抗剪强度指标。两百多年来,尽管土的强度问题研究已得到很大的发展,但这基本的关系式仍广泛应用于土的理论研究和工程实践,而且也能满足一般工程的精度要求,所以迄今为止,它仍是研究土的抗剪强度的最基本的定律。

由式(6-1)和式(6-2)可以看出,砂土的抗剪强度由内摩擦力构成,而黏性土的抗剪强度则由内摩擦力和黏聚力两个部分所构成。内摩擦力主要是由土粒之间的表面摩擦力和由于土粒之间的连锁作用而产生的咬合力所引起。黏聚力则主要由土粒间水膜受到相邻土粒之间的电分子引力以及土中化合物的胶结作用而形成的。

砂土的内摩擦角 φ 变化范围不是很大，中砂、粗砂、砾砂的 φ 值一般为 32° ~ 40°；粉砂、细砂的 φ 值一般为 φ = 28° ~ 36°。孔隙比越小，φ 越大，但是，含水饱和的粉砂、细砂很容易失去稳定，因此对其内摩擦角的取值宜慎重。砂土有时也有很小的黏聚力（约 10kPa 以内），这可能是由于砂土中夹有一些黏土颗粒，也可能是由于试验误差的缘故。

黏性土的抗剪强度指标的变化范围很大，与土的种类有关，并且还与土的天然结构是否破坏、试样在法向压力下的排水固结程度以及试验方法等因素有关，黏聚力可从小于 10kPa 变化到 200kPa 以上。

二、土的强度理论——极限平衡理论

1910 年莫尔（Mohr）提出材料的破坏是剪切破坏，并指出在破坏面上的剪应力 τ_f 是为该面上法向应力 σ 的函数，即：

$$\tau_f = f(\sigma) \tag{6-3}$$

这个函数在 $\tau_f \sim \sigma$ 坐标中是一条曲线，称为莫尔包线，如图 6-3 实线所示。莫尔包线表示材料受到不同应力作用达到极限状态时，剪应力 τ_f 与滑动面上法向应力 σ 的关系。土的莫尔包线通常近似地用直线表示，如图 6-3 虚线所示，该直线方程就是库仑定律所表示的方程。由库仑公式表示莫尔包线的土体强度理论称为莫尔—库仑强度理论。

1. 土体中任一点的应力状态

当土体中任意一点的剪应力达到土的抗剪强度时，土体就会发生剪切破坏，该点也即处于极限平衡状态。为了简化分析，下面仅考虑平面问题来建立土的极限平衡条件，并且引用材料力学中有关表达一点应力状态的莫尔圆方法。

根据材料力学，设某一土体单元上作用着的大、小主应力分别为 σ_1 和 σ_3，则在土体内与大主应力 σ_1 作用平面成任意角 α 的平面 a-a 上的正应力 σ 和剪应力 τ，可用 $\tau \sim \sigma$ 坐标系中直径为 $(\sigma_1 - \sigma_3)$ 的莫尔应力圆上的一点（逆时针旋转 2α，见图 6-4 中之 A 点）的坐标大小来表示，即：

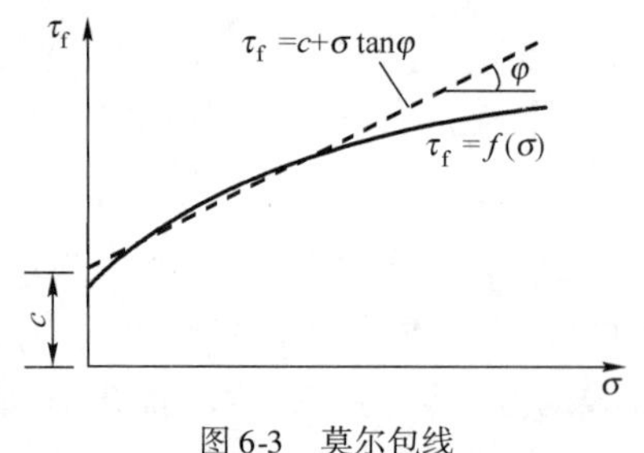

图 6-3　莫尔包线

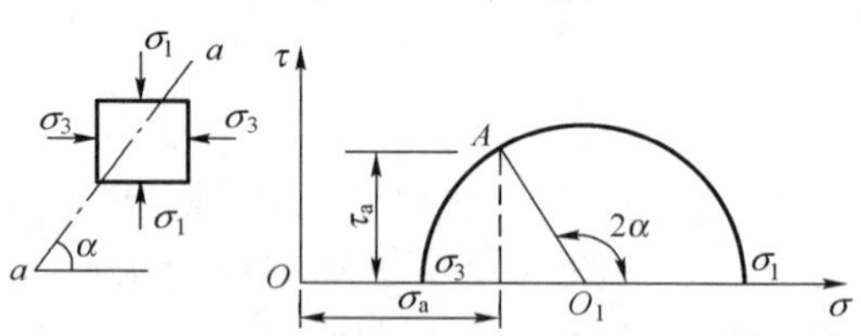

图 6-4　用莫尔圆表示的土体中任意点的应力

$$\sigma = \frac{1}{2}(\sigma_1 + \sigma_3) + \frac{1}{2}(\sigma_1 - \sigma_3)\cos 2\alpha \tag{6-4a}$$

$$\tau = \frac{1}{2}(\sigma_1 - \sigma_3)\sin 2\alpha \tag{6-4b}$$

将土的抗剪强度包线与莫尔应力圆画在同一张坐标图上，如图6-5所示。它们之间的关系可以有三种情况：

(1)整个莫尔应力圆位于抗剪强度包线的下方(圆Ⅰ)，说明通过该点的任意平面上的剪应力都小于土的抗剪强度，因此该点不会发生剪切破坏，该点处于弹性状态；

(2)莫尔应力圆与抗剪强度包线相切(圆Ⅱ)，切点为A点，说明在A点所代表的平面上，剪应力正好等于土的抗剪强度，即该点处于极限平衡状态，圆Ⅱ称为极限应力圆；

(3)莫尔应力圆与抗剪强度包线相割(圆Ⅲ)，表明该点某些平面上的剪应力已超过了土的抗剪强度，事实上该应力圆所代表的应力状态是不存在的，因为在此之前，该点早已沿某一平面剪切破坏了。

2. 土的极限平衡条件

根据极限应力圆与抗剪强度包线之间的几何关系，就可建立土的极限平衡条件。设土体中某点剪切破坏时的破裂面与大主应力的作用面成α角，如图6-6a)所示，则该点处于极限平衡状态时的莫尔圆如图6-6b)所示，将抗剪强度包线延长与σ轴相交于B点，由直角三角形$\triangle O_1AB$可知：

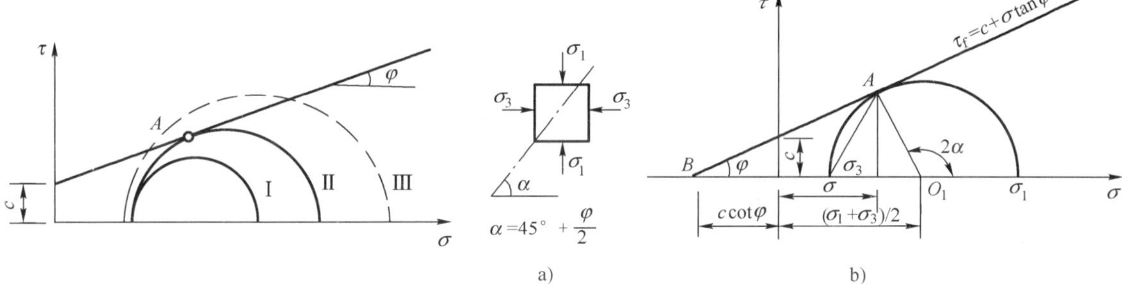

图6-5 莫尔圆与抗剪强度包线之间的关系

图6-6 土体中一点达到极限平衡状态时的莫尔圆
a)破裂面示意图；b)莫尔圆

$$\sin\varphi = \frac{\overline{AO_1}}{\overline{BO_1}}$$

因

$$\overline{AO_1} = \frac{1}{2}(\sigma_1 - \sigma_3)$$

$$\overline{BO_1} = c \cdot \cot\varphi + \frac{1}{2}(\sigma_1 + \sigma_3)$$

由此得

$$\frac{1}{2}(\sigma_1 - \sigma_3) = \left[c \cdot \cot\varphi + \frac{1}{2}(\sigma_1 + \sigma_3)\right]\sin\varphi \tag{6-5a}$$

化简后可得

$$\sigma_1 = \sigma_3 \frac{1 + \sin\varphi}{1 - \sin\varphi} + 2c\frac{\cos\varphi}{1 - \sin\varphi} \tag{6-5b}$$

再通过三角函数间的变换关系，从而可得到土的极限平衡条件为：

$$\sigma_1 = \sigma_3 \tan^2\left(45° + \frac{\varphi}{2}\right) + 2c\tan\left(45° + \frac{\varphi}{2}\right) \tag{6-6a}$$

$$\sigma_3 = \sigma_1 \tan^2\left(45° - \frac{\varphi}{2}\right) - 2c\tan\left(45° - \frac{\varphi}{2}\right) \tag{6-6b}$$

由直角三角形$\triangle O_1AB$外角与内角的关系可得：

$$2\alpha = 90° + \varphi$$

即

$$\alpha = 45° + \frac{\varphi}{2} \tag{6-7}$$

因此破裂面与大主应力的作用面成$\alpha = 45° + \frac{\varphi}{2}$的夹角。

式(6-5)～式(6-7)是验算土体中某点是否达到极限平衡状态的基本表达式，这些表达式在以后土压力、地基承载力等计算中均需用到。

从上述关系式以及图6-6可以看到：

(1)判断土体中一点是否处于极限平衡状态，必须同时掌握大、小主应力以及土的抗剪强度指标的大小及其关系，即式(6-6)所表达的极限平衡条件。

(2)土体剪切破坏时的破裂面不是发生在最大剪应力τ_{max}的作用面($\alpha = 45°$)上，而是发生在与大主应力的作用面成$\alpha = 45° + \frac{\varphi}{2}$的平面上。

(3)如果同一种土有几个试样在不同的大、小主应力组合下受剪破坏，则可在$\tau \sim \sigma$坐标系中得到几个莫尔极限应力圆，这些应力圆的公切线就是其强度包线，这条包线实际上是一条曲线，但在实用上常作直线处理，以简化分析。

例题6-1　土样内摩擦角为$\varphi = 24°$，黏聚力为$c = 20\text{kPa}$，承受大主应力和小主应力分别为$\sigma_1 = 450\text{kPa}$，$\sigma_3 = 150\text{kPa}$，试判断该土样是否达到极限平衡状态？

解　(1)由极限平衡条件式(6-6a)进行判断，根据该式，可得大主应力的计算值为：

$$\begin{aligned}\sigma_1 &= \sigma_3 \tan^2\left(45° + \frac{\varphi}{2}\right) + 2c\tan\left(45° + \frac{\varphi}{2}\right) \\ &= 150 \times \tan^2\left(45° + \frac{24°}{2}\right) + 2 \times 20 \times \tan\left(45° + \frac{24°}{2}\right) \\ &= 150 \times \tan^2 57° + 2 \times 20 \times \tan 57° \\ &= 417\text{kPa} < 450\text{kPa}\end{aligned}$$

已知值$\sigma_1 = 450\text{kPa}$，比大主应力σ_1的计算结果大，说明土样的莫尔应力圆已超过土的抗剪强度包线，所以该土样已破坏。

(2)由极限平衡条件式(6-6b)进行判断，根据该式，可得小主应力的计算值为：

$$\begin{aligned}\sigma_3 &= \sigma_1 \tan^2\left(45° - \frac{\varphi}{2}\right) - 2c\tan\left(45° - \frac{\varphi}{2}\right) \\ &= 450 \times \tan^2\left(45° - \frac{24°}{2}\right) - 2 \times 20 \times \tan\left(45° - \frac{24°}{2}\right) \\ &= 450 \times \tan^2 33° - 2 \times 20 \times \tan 33° \\ &= 164\text{kPa} > 150\text{kPa}\end{aligned}$$

已知值$\sigma_3 = 150\text{kPa}$，比小主应力σ_3的计算结果小，同样说明土样的莫尔应力圆已超过土的抗剪强度包线，所以该土样已破坏。

如果用图解法判断,则会得到莫尔应力圆与抗剪强度包线相割的结果。

第三节 土的抗剪强度指标试验方法及其应用

测定土的抗剪强度指标的试验方法有多种,包括室内试验和原位测试。室内试验常用的有直接剪切试验、三轴压缩试验和无侧限抗压强度试验等;原位测试则有十字板剪切试验等。

一、直接剪切试验

测定土的抗剪强度的最简单的方法是直接剪切试验,简称直剪试验。试验所使用的仪器为直剪仪,按加荷方式的不同,直剪仪可分为应变控制式和应力控制式两种。应变控制式是等速水平推动试样产生位移并测定相应的剪应力;而应力控制式则是对试样分级施加水平剪应力并测定相应的位移。目前我国普遍采用的是应变控制式直剪仪,如图6-7所示。该仪器的主要部件由固定的上盒和活动的下盒组成,试样放在盒内上下两块透水石之间。试验时,由杠杆系统通过加压活塞和透水石对试样施加某一法向应力 σ,然后等速推动下盒,使试样在沿上下盒之间的水平面上受剪直至破坏,剪应力 τ 的大小可借助与上盒接触的量力环而确定。

图6-8a)所示的是试样在剪切过程中剪应力 τ 与剪切位移 δ 之间的关系曲线,当曲线出现峰值时,取峰值剪应力作为该级法向应力 σ 下的抗剪强度 τ_f;当曲线无峰值时,可取剪切位移 $\delta=4$mm 时所对应的剪应力作为该级法向应力 σ 下的抗剪强度 τ_f。

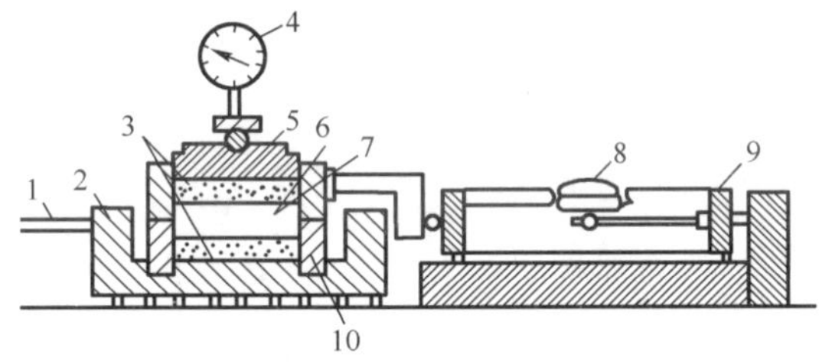

图6-7 应变控制式直剪仪

1-轮轴;2-底座;3-透水石;4-测微表;5-活塞;6-上盒;7-土样;8-测微表;9-量力环;10-下盒

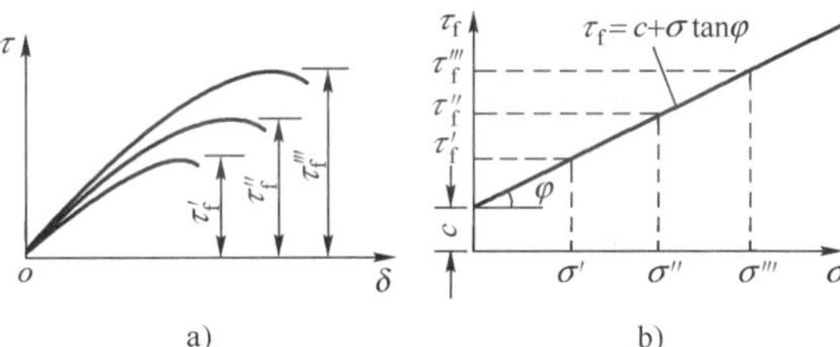

图6-8 直剪试验结果

a)剪应力—剪切位移关系;b)抗剪强度—法向应力关系

对同一种土的每组试验,所取试样不少于4个,分别在不同的法向应力 σ 下剪切破坏,可将试验结果绘制成如图6-8b)所示的抗剪强度 τ_f 与法向应力 σ 之间的关系,试验结果(图6-2)表明,对于黏性土,抗剪强度与法向应力之间近似呈直线关系,该直线与横轴的夹角为内摩擦角 φ,在纵轴上的截距为黏聚力 c,直线方程可用式(6-2)表示;对于砂性土,抗剪强度与法向应力之间的关系基本上是一条通过坐标原点的直线,可用式(6-1)表示。

直接剪切试验目前仍然是室内土的抗剪强度最基本的测定方法。试验和工程实践都表明,土的抗剪强度与土受力后的排水固结状况有关,因而在工程设计中所需要的抗剪强度指标,其试验方法必须与现场的施工及使用实际情况相符合。如在软土地基上快速堆填路堤,由于加荷速度快,地基土渗透性低,则这种条件下的强度和稳定问题是不排水条件下的稳定分析问题,这就要求室内的试验条件应能模拟实际加荷状况,即在不排水条件下进行剪切试验。但是直剪仪的构造无法做到任意控制试样是否排水的要求,为了在直剪试验中能考虑这类实际需要，可通过快剪、固结快剪和慢剪三种试验方法来近似模拟土体在现场受剪的排水条件。

（1）快剪。快剪试验是在对试样施加竖向压力后，立即以 0.8mm/min 的剪切速率快速施加水平剪应力使试样剪切破坏。一般从加荷到土样剪坏只用 3 ~ 5min。由于剪切速率较快，可认为对于渗透系数小于 10^{-6}cm/s 的黏性土在剪切过程中试样没有排水固结，近似模拟了“不排水剪切”过程，得到的抗剪强度指标用 c_q、φ_q 表示。

（2）固结快剪。固结快剪是在对试样施加竖向压力后，让试样充分排水固结，待沉降稳定后，再以 0.8mm/min 的剪切速率快速施加水平剪应力使试样剪切破坏。固结快剪试验近似模拟了“固结不排水剪切”过程，它只适用于渗透系数小于 10^{-6}cm/s 的黏性土，得到的抗剪强度指标用 c_{cq}、φ_{cq}表示。

（3）慢剪。慢剪试验是在对试样施加竖向压力后，让试样充分排水固结，待沉降稳定后，以小于 0.02mm/min 的剪切速率施加水平剪应力直至试样剪切破坏，使试样在受剪过程中一直充分排水和产生体积变形，模拟了“固结排水剪切”过程，得到的抗剪强度指标用 c_s、φ_s 表示。

直剪试验具有设备简单、试样制备及试验操作方便等优点，因而至今仍为国内一般工程所广泛使用。但直剪试验也存在不少缺点，主要有：

（1）试验时不能严格控制试样的排水条件，并且不能量测孔隙水压力；

（2）剪切面限定在上下盒之间的平面，而不是沿土样最薄弱的面剪切破坏；

（3）剪切面上剪应力分布不均匀，且竖向荷载会发生偏转（上下盒的中轴线不重合），主应力的大小及方向都是变化的；

（4）在剪切过程中，试样剪切面逐渐缩小，而在计算抗剪强度时仍按试样的原截面积计算；

（5）试验时上下盒之间的缝隙中易嵌入砂粒，使试验结果偏大。

二、三轴压缩试验

三轴压缩试验，也称三轴剪切试验，是室内测定土的抗剪强度的一种较为完善的试验方法。三轴压缩试验是以莫尔—库仑强度理论为依据而设计的三轴向加压的剪力试验，通常采用 3 ~ 4 个圆柱形试样，分别在不同的周围压力下测得土的抗剪强度，再利用莫尔—库仑破坏准则确定土的抗剪强度参数。

三轴压缩试验可以严格控制排水条件，同时可以测量土体内的孔隙水压力，另外，试样中的应力状态也比较明确，试样破坏时的破裂面是在最薄弱处，而不像直剪试验那样限定在上下盒之间，同时三轴压缩试验还可以模拟建筑物和建筑物地基的特点以及根据设计施工的不同要求确定试验方法，因此对于特殊建筑物（构筑物）、高层建筑、重型厂房、深层地基、海洋工程、道路桥梁以及交通航务等工程有着特别重要的意义。

1. 三轴试验的基本原理

三轴压缩试验所使用的仪器为三轴压缩仪，也称三轴剪切仪，依据施加轴向荷载方式的不同，可分为应变控制式和应力控制式两种。目前室内三轴试验基本上采用的是应变控制式三轴仪。应变控制式三轴仪主要由主机、稳压调压系统以及量测系统三个部分所组成，各系统之间用管路和各种阀门开关连接，如图 6-9 所示。

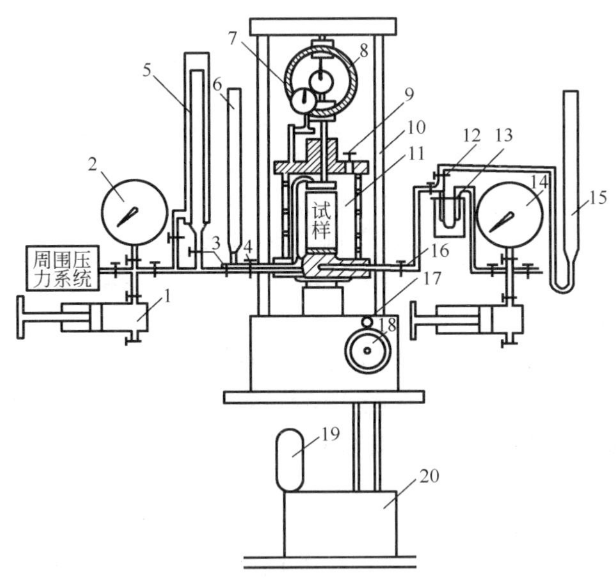

图6-9 应变控制式三轴压缩仪

1-调压筒;2-周围压力表;3-周围压力阀;4-排水阀;5-体变管;6-排水管;7-变形量表;8-量力环;9-排气孔;10-轴向加压设备;11-压力室;12-量筒阀;13-零位指示器;14-孔隙压力表;15-量管;16-孔隙压力阀;17-离合器;18-手轮;19-电动机;20-变速箱

主机部分包括压力室、轴向加荷系统等。压力室是三轴仪的主要组成部分,它是一个由金属上盖、底座以及透明有机玻璃圆筒组成的密闭容器,压力室底座通常有3个小孔分别与稳压系统以及体积变形和孔隙水压力量测系统相连。

稳压调压系统由压力泵、调压阀和压力表等组成。试验时通过压力室对试样施加周围压力,并在试验过程中根据不同的试验要求对压力予以控制或调节,如保持恒压或变化压力等。

量测系统由排水管、体变管和孔隙水压力量测装置等组成。试验时分别测出试样受力后土中排出的水量变化以及土中孔隙水压力的变化。施加于试样上的轴向压力由测力计或荷重传感器量测,对于试样的竖向变形,则利用置于压力室上方的测微表或位移传感器测读。

常规三轴试验的一般步骤是:①将试样切制成圆柱体,再将套上乳胶膜的试样放在密闭的压力室中,然后向压力室内注入液压,使试件在各向均受到周围压力 σ_3,并使该周围压力在整个试验过程中保持不变,这时试件内各向的主应力都相等,因此在试件内不产生任何剪应力[图6-10a)]。②通过轴向加荷系统对试件施加竖向压力,当作用在试件上的水平向压力保持不变,而竖向压力逐渐增大时,试件终因受剪而破坏[图6-10b)]。

设剪切破坏时轴向加荷系统加在试件上的竖向压应力(称为偏应力)为 $\Delta\sigma_1$,则试件上的大主应力为 $\sigma_1=\sigma_3+\Delta\sigma_1$,而小主应力为 σ_3,据此可作出一个莫尔极限应力圆,见图6-10c)中的圆I,用同一种土样的三个以上试件,分别在不同的周围压力 σ_3 下进行试验,则可得到一组莫尔极限应力圆,见图6-10c)中的圆I、圆II和圆III,并作一条公切线,这条线就是土的抗剪强度包线,由此可求得土的抗剪强度指标 c、φ 值。

2. 三轴试验方法

根据试样固结时的排水条件和剪切时的排水条件,三轴试验可分为不固结不排水剪(UU)试验、固结不排水剪(CU)试验、固结排水剪(CD)试验。

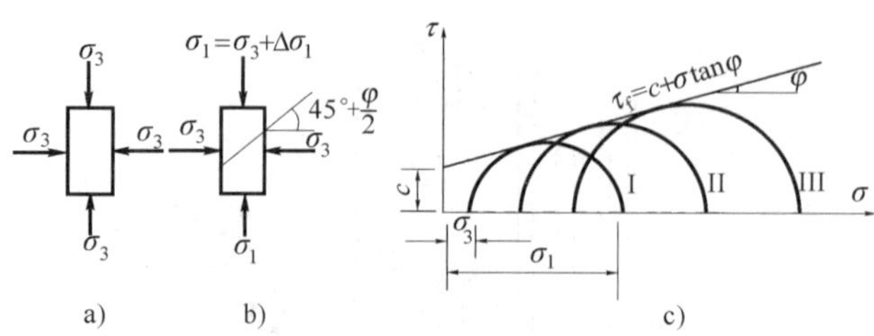

图 6-10 三轴压缩试验原理

a)试样受周围压力；b)破坏时试样的主应力；c)莫尔破坏包线

1)不固结不排水剪(UU)试验

试样在施加周围压力和随后施加偏应力直至剪坏的整个试验过程中都不允许排水，这样从开始加压直至试样剪坏，土中的含水率始终保持不变，孔隙水压力也不可能消散，相当于所施加外荷载全部为孔隙水压力所承担，土样保持初始的有效应力状态。可以测得土的总应力抗剪强度指标 c_u、φ_u。

2)固结不排水剪(CU 试验)

在施加周围压力 σ_3 时，将排水阀门打开，允许试样充分排水，待固结稳定后关闭排水阀门，然后再施加轴向压力，使试样在不排水的条件下剪切破坏，在受剪过程中同时测定试样中的孔隙水压力。由于不排水，试样在剪切过程中没有任何体积变形。可以测得土的总应力抗剪强度指标 c_{cu}、φ_{cu}和有效应力抗剪强度指标 c'、φ'。

3)固结排水剪(CD 试验)

在施加周围压力和随后施加轴向压力直至剪坏的整个试验过程中都将排水阀门打开，并给予充分的时间让试样中的孔隙水压力能够完全消散。可以测得土的有效应力抗剪强度指标 c_d、φ_d。

三轴试验的突出优点是能够控制排水条件以及可以量测试样中孔隙水压力的变化。一般来说，三轴试验的结果还是比较可靠的，因此，三轴压缩仪是土工试验不可缺少的仪器设备。对于常规三轴试验，试件所受的力是轴对称的，也即试件所受的三个主应力中，有两个是相等的，但在工程实际中，土体的受力情况并非属于这类轴对称的情况，而真三轴仪可在不同的三个主应力($\sigma_1 \neq \sigma_2 \neq \sigma_3$)作用下进行试验。

3. 三轴试验结果的整理与表达

从以上不同试验方法的讨论可以看到，同一种土施加的总应力 σ 虽然相同，但若试验方法不同，或者说控制的排水条件不同，则所得的强度指标也不相同，故土的抗剪强度与总应力之间没有唯一的对应关系。有效应力原理指出，土中某点的总应力 σ 等于有效应力 σ'与孔隙水压力 u 之和，即 $\sigma = \sigma' + u$，因此，若在试验时量测试样的孔隙水压力，据此可以算出土中的有效应力，从而就可以采用有效应力与抗剪强度的关系表达试验成果。

土的抗剪强度试验成果一般可有两种表示方法。一种是在 $\tau_f \sim \sigma$ 关系图中的横坐标用总应力 σ 表示，称为总应力法，其表达式为：

$$\tau_f = c + \sigma \tan\varphi$$

式中：c、φ——分别为以总应力法表示的黏聚力和内摩擦角，统称为总应力抗剪强度指标。

另一种是在 $\tau_f \sim \sigma$ 关系图中的横坐标用有效应力 σ'表示，称为有效应力法，其表达式为

$$\tau_f = c' + \sigma' \tan\varphi' \tag{6-8a}$$

或

$$\tau_f = c' + (\sigma - u)\tan\varphi' \tag{6-8b}$$

式中：c'、φ'——分别为以有效应力法表示的黏聚力和内摩擦角，统称为有效应力抗剪强度指标。

抗剪强度的有效应力法由于考虑了孔隙水压力的影响，因此，对于同一种土，不论采取哪一种试验方法，只要能够准确量测出试样破坏时的孔隙水压力，则均可用式(6-8)来表示土的强度关系，而且所得的有效应力抗剪强度指标应该是相同的。换言之，在理论上抗剪强度与有效应力应有对应关系，这一点已为许多试验所证实。

下面通过一个实例来说明如何用总应力法和有效应力法整理与表达三轴试验的成果。

例题 6-2 设有一组饱和黏土试样进行三轴固结不排水剪试验，3 个试件所施加的周围压力 σ_3 以及剪切破坏时的偏应力 $(\sigma_1-\sigma_3)_f$ 和孔隙水压力 u_f 等有关试验数据详见表 6-1。

三轴固结不排水剪试验结果(单位:kPa) 表 6-1

试样编号	1	2	3	试样编号	1	2	3
σ_3	50	100	150	u_f	23	40	67
$(\sigma_1-\sigma_3)_f$	92	120	164	$\sigma'_3=\sigma_3-u_f$	27	60	83
σ_1	142	220	314	$\sigma'_1=\sigma_1-u_f$	119	180	247
$\frac{1}{2}(\sigma_1+\sigma_3)_f$	96	160	232	$\frac{1}{2}(\sigma'_1+\sigma'_3)_f$	73	120	165
$\frac{1}{2}(\sigma_1-\sigma_3)_f$	46	60	82	$\frac{1}{2}(\sigma'_1-\sigma'_3)_f$	46	60	82

根据表 6-1 中的数据，在 $\tau_f \sim \sigma$ 坐标图中分别作出一组总应力莫尔圆和一组有效应力莫尔圆(分别为图 6-11 中的实线圆和虚线圆)，然后再作出总应力强度包线和有效应力强度包线(分别为图 6-11 中的实直线和虚直线)，从图上可得到总应力抗剪强度指标为 $c=10\text{kPa}$、$\varphi=18°$，有效应力抗剪强度指标为 $c'=6\text{kPa}$、$\varphi'=27°$。从理论上说，试验所得极限应力圆上的破坏点都应落在公切线即强度包线上，但由于试样的不均匀性以及试验误差等原因，作此公切线并不一定容易，往往需要结合经验来加以判断。此外，这里所作的强度包线是直线，由于土的强度特性往往会受某些因素如应力历史、应力水平等的影响，从而使得土的强度包线不一定是直线，这给通过作图确定 c、φ 值带来一定困难，但非线性的强度包线目前仍未成熟到实用的程度，所以强度包线一般还是简化为直线。

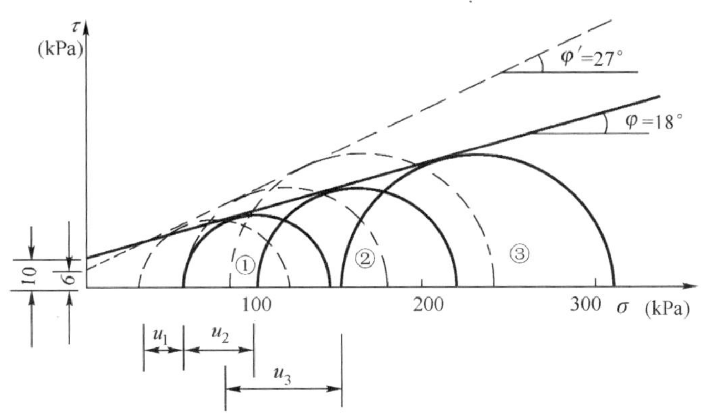

图 6-11 三轴试验的莫尔圆及强度包线

从上例还可以知道，对于试验成果若用有效应力法整理与表达时，可将试验所得的总应力

莫尔圆利用 $\sigma' = \sigma - u_f$ 的关系，改绘成有效应力莫尔圆，即把图 6-11 实线圆中的对应点向左移动一个横坐标值 u_f，便可得虚线圆。例如对于试样 3，总应力圆③的圆心坐标为$\frac{1}{2}(\sigma_1 + \sigma_3)_f = 232\text{kPa}$，破坏时的孔隙水压力 $u_f = 67\text{kPa}$，则有效应力圆③的圆心坐标为：

$$\frac{1}{2}(\sigma'_1 + \sigma'_3)_f = \frac{1}{2}(\sigma_1 - u + \sigma_3 - u)_f = \frac{1}{2}(\sigma_1 + \sigma_3)_f - u_f = 232 - 67 = 165\text{kPa}$$

由于 $\frac{1}{2}(\sigma'_1 - \sigma'_3)_f = \frac{1}{2}(\sigma_1 - u - \sigma_3 + u)_f = \frac{1}{2}(\sigma_1 + \sigma_3)_f$，所以有效应力莫尔圆的半径与总应力莫尔圆的半径是相同的。

三、无侧限抗压强度试验

无侧限抗压强度是指试样在无侧向压力条件下，抵抗轴向压力的极限强度。无侧限抗压强度试验实际上是三轴压缩试验的一种特殊情况，即周围压力 $\sigma_3 = 0$ 的三轴试验，所以又称单轴试验，在一般情况下适用于测定饱和黏性土的无侧限抗压强度及灵敏度。

无侧限抗压强度试验所使用的无侧限压缩仪如图 6-12a）所示，但也可在三轴仪上进行。试验时，在不加任何侧向压力的情况下，对圆柱体试样施加轴向压力，直至试样剪切破坏为止。试样破坏时的轴向压力以 q_u 表示，即为无侧限抗压强度。

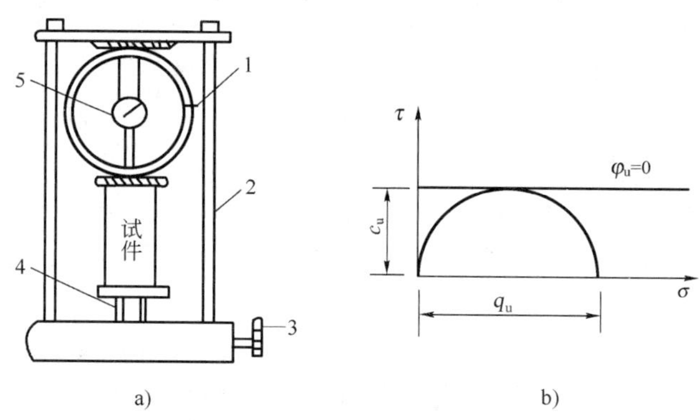

图 6-12　无侧限抗压强度试验

a）无侧限压缩仪；b）无侧限抗压强度试验结果

1-量力环；2-加压框架；3-手轮；4-升降螺杆；5-百分表

由于不能改变周围压力，因而根据试验结果，只能作一个极限应力圆，如图 6-12b）所示。而三轴不固结不排水剪试验结果表明，对于饱和黏性土，其破坏包线近似为一水平线，即 $\varphi_u = 0$，因此，对于饱和黏性土的不排水抗剪强度，就可利用无侧限抗压强度 q_u 来得到，即：

$$\tau_f = c_u = \frac{q_u}{2} \tag{6-9}$$

式中：τ_f——土的不排水抗剪强度（kPa）；

c_u——土的不排水黏聚力（kPa）；

q_u——无侧限抗压强度（kPa）。

利用无侧限抗压强度试验可以测定饱和黏性土的灵敏度 S_t。土的灵敏度是以原状土的强度与同一土经重塑后（完全扰动但含水率不变）的强度之比来表示的，即：

$$S_t = \frac{q_u}{q_0} \tag{6-10}$$

式中：q_u——原状土的无侧限抗压强度（kPa）；

q_0——重塑土的无侧限抗压强度（kPa）。

根据灵敏度的大小，可将饱和黏性土分为：低灵敏土（$1 < S_t \leqslant 2$）、中灵敏土（$2 < S_t \leqslant 4$）和高灵敏土（$S_t > 4$）三类。土的灵敏度越高，其结构性越强，受扰动后土的强度降低就越多。黏性土受扰动而强度降低的性质，一般来说对工程建设是不利的，如在基坑开挖过程中，因施工可能造成土的扰动而使地基强度降低。

四、十字板剪切试验

前面所介绍的三种试验方法都是室内测定土的抗剪强度的方法，这些试验方法都要求事先取得原状土样，但由于试样在采取、运送、保存和制备等过程中不可避免地会受到扰动，土的含水率也难以保持天然状态，特别是对于高灵敏度的黏性土，因此，室内试验结果对土的实际情况的反映就会受到不同程度的影响。十字板剪切试验是一种土的抗剪强度的原位测试方法，这种试验方法适合于饱和黏性土，特别适用于均匀饱和软黏土，十字板剪切试验在我国沿海软土地区被广泛使用，所测得的抗剪强度值，相当于试验深度处的天然土层在原位压力下固结的不排水抗剪强度。

十字板剪力仪的构造如图 6-13 所示。试验时，先把套管打到要求测试的深度以上 75cm，并将套管内的土清除，然后通过套管将安装在钻杆下的十字板压入土中至测试的深度。然后由地面上的扭力装置对钻杆施加扭矩，使埋在土中的十字板扭转，直至土体剪切破坏，破坏面为十字板旋转所形成的圆柱面。

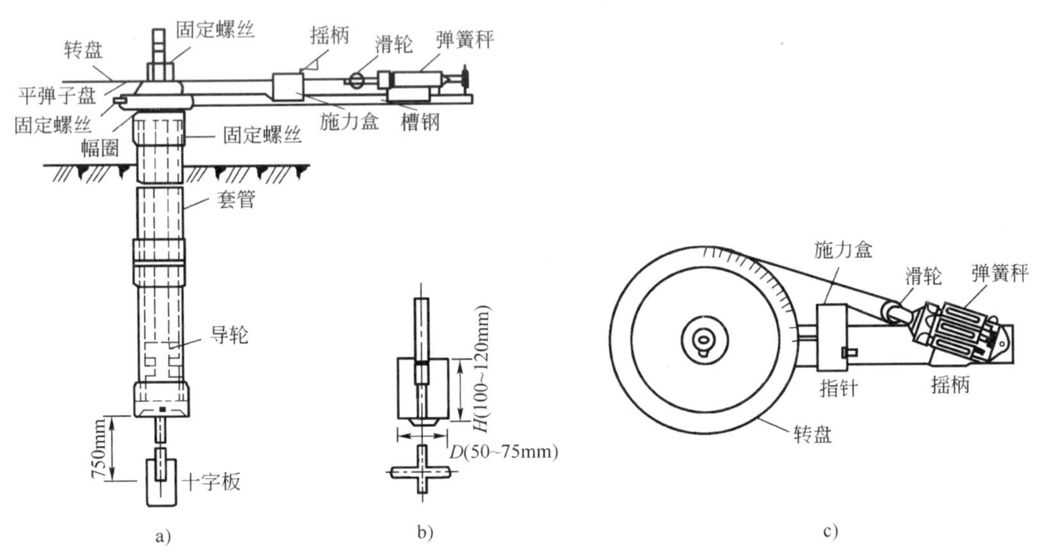

图 6-13 十字板剪力仪

a）剖面图；b）十字板；c）扭力设备

设土体剪切破坏时所施加的扭矩为 M，则它应该与剪切破坏圆柱侧面和圆柱上下面土的抗剪强度所产生的抵抗力矩相等，即：

$$M = \pi DH \cdot \frac{D}{2}\tau_v + 2 \cdot \frac{\pi D^2}{4} \cdot \frac{2}{3} \cdot \frac{D}{2} \cdot \tau_H$$

$$= \frac{1}{2}\pi D^2 H\tau_v + \frac{1}{6}\pi D^3 H\tau_H \tag{6-11}$$

式中：M——剪切破坏时的扭矩（kN·m）；

τ_v、τ_H——分别为剪切破坏时圆柱体侧面和上、下面土的抗剪强度（kPa）；

H——十字板的高度（m）；

D——十字板的直径（m）。

天然状态的土体是各向异性的，但实用上为了简化计算，往往假定土体为各向同性体，即 $\tau_v = \tau_H$，并记作 τ_+，则式（6-11）可写成：

$$\tau_+ = \frac{2M}{\pi D^2\left(H + \frac{D}{3}\right)} \tag{6-12}$$

式中：τ_+——十字板测定的土的抗剪强度（kPa）。

十字板剪切试验由于是直接在原位进行试验，不必取土样，故土体所受的扰动较小，被认为是比较能反映土体原位强度的测试方法，但如果在软土层中夹有薄层粉细砂或粉土，则十字板试验结果就可能会偏大，使用时必须谨慎。

五、孔隙压力系数 *A* 和 *B*

有效应力原理在早期被广泛应用于单向法向应力状态，到了 20 世纪 50 年代，英国斯肯普顿（Skempton）等人认为，土中的孔隙压力不仅是由于法向应力所产生，而且剪应力的作用也会产生新的孔隙压力增量，并在三轴试验研究的基础上，提出了用孔隙压力系数 *A* 和 *B* 来表示土中孔隙压力大小的方法。

假设土体为各向同性弹性体，在地基表面局部荷载作用下，土中某点的应力状态为如图 6-14 中所示的微分六面体上的应力状态。其中 Δu 为施加荷载以后产生的孔隙压力增量。为简化起见，取荷载面积对称轴上的一点进行分析。由于对称，单元体各个面（水平面和竖直面）均为主应力平面，各方向应力增量分别为 $\Delta\sigma_z = \Delta\sigma_1$，$\Delta\sigma_y = \Delta\sigma_2$，$\Delta\sigma_x = \Delta\sigma_3$。因为假定土体是弹性体，因而对于这种不等向应力条件，可以分解为等向应力和不等向偏应力分别作用并予以叠加，孔隙压力的增量分别为 Δu_1 和 Δu_2（图 6-15）。

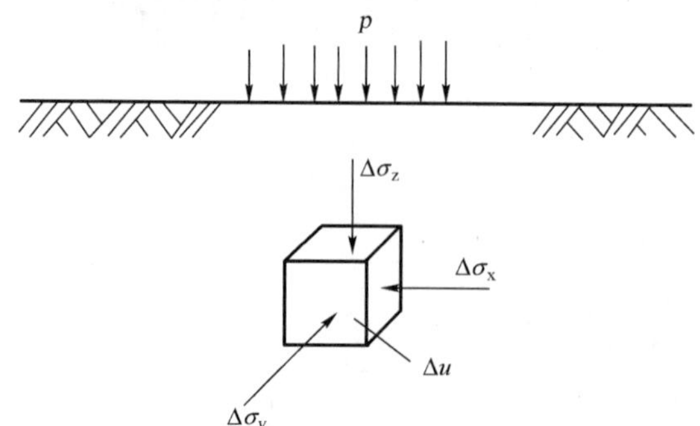

图 6-14　局部荷载下地基中一点上的应力

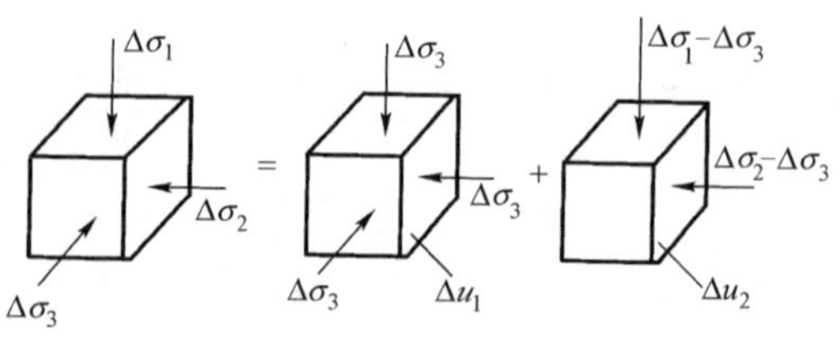

图 6-15　土中一点应力的分解图

1. 等向应力 $\Delta\sigma_3$ 作用下的孔隙压力 Δu_1

在 $\Delta\sigma_3$ 等向作用下，有效应力（各向相同）为：

$$\Delta\sigma'_3 = \Delta\sigma_3 - \Delta u_1$$

根据广义虎克定律，并且考虑 $\Delta\sigma'_1 = \Delta\sigma'_2 = \Delta\sigma'_3$，则 3 个主应力方向上的应变将为：

$$\varepsilon_1 = \varepsilon_2 = \varepsilon_3 = \frac{1-2\mu}{E}\Delta\sigma'_3 = \frac{1-2\mu}{E}(\Delta\sigma_3 - \Delta u_1) \tag{6-13}$$

而单元体的体积应变 ε_v 为：

$$\varepsilon_v = \varepsilon_1 + \varepsilon_2 + \varepsilon_3 = \frac{3(1-2\mu)}{E}(\Delta\sigma_3 - \Delta u_1) \tag{6-14}$$

因为

$$\varepsilon_v = \frac{\Delta V}{V}$$

所以单元体体积变化量为：

$$\Delta V = \frac{3(1-2\mu)}{E}V(\Delta\sigma_3 - \Delta u_1)$$

$$= C_s V(\Delta\sigma_3 - \Delta u_1) \tag{6-15}$$

式中：C_s——土的体积压缩系数。

$$C_s = \frac{3(1-2\mu)}{E} \tag{6-16}$$

单元土体的孔隙内的流体（空气和水）在压力增量 Δu_1 作用下，发生的体积压缩量为：

$$\frac{\Delta V_v}{V} = C_v \frac{e}{1+e}\Delta u_1 = C_v n \Delta u_1$$

$$\Delta V_v = C_v V n \Delta u_1 \tag{6-17}$$

式中：C_v——孔隙的体积压缩系数；

n——孔隙率。

土颗粒在一般压力下的体积压缩量极小，可以忽略不计，故可认为单元土体的体积压缩量就等于孔隙体积的压缩量，即 $\Delta V = \Delta V_v$，则从式（6-15）和式（6-17）得到：

$$C_s V(\Delta\sigma_3 - \Delta u_1) = C_v V n \Delta u_1$$

$$\Delta u_1 = \frac{1}{1 + n\dfrac{C_v}{C_s}} \cdot \Delta\sigma_3 = B\Delta\sigma_3 \tag{6-18}$$

式中：B——孔隙压力系数。

$$B = \frac{1}{1 + n\dfrac{C_v}{C_s}} = \frac{\Delta u_1}{\Delta\sigma_3} \tag{6-19}$$

孔隙压力系数 B 是在各向等应力条件下求出的孔隙应力系数。对于完全饱和土，孔隙为水所充满，在一般压力下，可认为 $C_v = 0$，所以 $B = 1$，此时：

$$\Delta u_1 = \Delta\sigma_3 \tag{6-20}$$

对于干土，孔隙的压缩性接近于无穷大，所以 $B = 0$，非完全饱和土则 B 在 0 ~ 1 之间，饱和度越大，B 越接近于 1。

2. 求偏应力作用下的孔隙压力 Δu_2（图 6-15）

在这种应力条件下，单元土体各方向的有效应力分别为：

$$\Delta\sigma'_1 = \Delta\sigma_1 - \Delta\sigma_3 - \Delta u_2$$

$$\Delta\sigma'_2 = \Delta\sigma_2 - \Delta\sigma_3 - \Delta u_2$$

$$\Delta\sigma'_3 = -\Delta u_2$$

根据广义虎克定律以及同前述步骤可求得：

$$\Delta V = \frac{3(1-2\mu)}{E} V \cdot \frac{1}{3}[(\Delta\sigma_1 - \Delta\sigma_3) + (\Delta\sigma_2 - \Delta\sigma_3) - 3\Delta u_2] \quad (6\text{-}21)$$

而孔隙中流体在压力增量 Δu_2 作用下发生的体积变化为：

$$\Delta V_v = C_v V n \Delta u_2 \quad (6\text{-}22)$$

同前，使 $\Delta V = \Delta V_v$，可得：

$$\Delta u_2 = \frac{1}{1 + n\frac{C_v}{C_s}} \cdot \frac{1}{3}[(\Delta\sigma_1 - \Delta\sigma_3) + (\Delta\sigma_2 - \Delta\sigma_3)]$$

$$= B \cdot \frac{1}{3}[(\Delta\sigma_1 - \Delta\sigma_3) + (\Delta\sigma_2 - \Delta\sigma_3)] \quad (6\text{-}23)$$

式(6-23)即为偏应力作用下的孔隙压力表达式。由式(6-18)和式(6-23)可得图 6-15 中所示的应力条件下产生的孔隙压力的公式：

$$\Delta u = \Delta u_1 + \Delta u_2 = B\left\{\Delta\sigma_3 + \frac{1}{3}[(\Delta\sigma_1 - \Delta\sigma_3) + (\Delta\sigma_2 - \Delta\sigma_3)]\right\} \quad (6\text{-}24)$$

式(6-24)是在假定土体为弹性体的条件下得出的，而真实的土体不是完全弹性体，因此需要通过试验来验证，目前通常应用室内三轴压缩仪来实施在复杂应力条件下试样的孔隙压力测定。在轴对称三轴中，$\Delta\sigma_2 = \Delta\sigma_3$，并令系数 A 代替式(6-24)中的$\frac{1}{3}$，则得：

$$\Delta u = B[\Delta\sigma_3 + A(\Delta\sigma_1 - \Delta\sigma_3)] \quad (6\text{-}25)$$

或者写成一般的全量表达式

$$u = B[\sigma_3 + A(\Delta\sigma_1 - \Delta\sigma_3)] \quad (6\text{-}26)$$

式中：A——孔隙压力系数，它是在偏应力条件下所得到的孔隙压力系数，由试验测定，对于弹性材料，$A = \frac{1}{3}$。

孔隙压力系数 A、B 均可在室内三轴试验中通过量测试样中的孔隙压力确定。

在实际工程问题中更为关心的常是土体在剪损时的孔隙压力系数 A_f，故常在试验中监测试样剪坏时的孔隙压力 u_f，相应的强度值为 $(\sigma_1 - \sigma_3)_f$，对于饱和土，$B = 1$，则可得：

$$A_f = \frac{u_f}{(\Delta\sigma_1 - \Delta\sigma_3)_f} \quad (6\text{-}27)$$

在通过试验求孔隙压力系数 A、B 时,应分清试验方法对孔隙压力增量带来的影响。当为UU 试验时,Δu_2 中包含了 Δu_1 的累积;而在 CU 试验中则不包含 Δu_1 的累积。

孔隙压力系数 A 的数值取决于偏应力所引起的体积变化。高压缩性黏土的 A 值较大,超固结黏土在剪应力作用下会发生体积膨胀,从而产生负的孔隙压力,A 则为负值。孔隙压力系数 A 还与土的应力历史、应变大小及加荷方式等因素有关。表 6-2 是不同土类孔隙压力系数 A 值的大致范围,可供参考。

孔隙压力系数 *A* 参考值 表 6-2

土 类	A 值	土 类	A 值
很松的细砂	2.0 ~ 3.0	微超固结黏土	0.2 ~ 0.5
高灵敏度软黏土	0.75 ~ 1.50	一般超固结黏土	0 ~ 0.2
正常固结黏土	0.5 ~ 1.0	强超固结黏土	-0.5 ~ 0
压实砂质黏土	0.25 ~ 0.75		

例题 6-3 一组淤泥质黏土试样共 3 个,进行三轴固结不排水剪试验,所施加的周围压力 σ_3 以及试样剪切破坏时的偏应力 $(\sigma_1-\sigma_3)_f$ 分别列于表 6-3 中。在施加 σ_3 以及到达 $(\sigma_1-\sigma_3)_f$ 时测得的孔隙压力分别为 u_1 和 u_2,其数值大小亦列于表 6-3。求土的孔隙压力系数 A、B。

三轴固结不排水剪试验数据及孔隙压力系数 *A*、*B* 计算结果(kPa) 表 6-3

试样编号	σ_3	$(\sigma_1-\sigma_3)_f$	u_1	u_2	A	B
1	100	92	95	65	0.71	0.95
2	200	148	192	135	0.91	0.96
3	300	250	282	210	0.84	0.94

由式(6-19)和式(6-27)可以分别求得各试样的孔隙压力系数 A、B,列于表 6-3。例如,对于试样 3 有:

$$B=\frac{u_1}{\sigma_3}=\frac{282}{300}=0.94$$

$$A=\frac{u_2}{(\sigma_1-\sigma_3)_f}=\frac{210}{250}=0.84$$

六、应力路径的概念

应力路径是指在外力作用下土中某一点的应力变化过程在应力坐标图中的轨迹。它是描述土体在外力作用下应力变化情况或过程的一种方法。对于同一种土,当采用不同的试验手段和不同的加荷方法使之剪切破坏,其应力变化过程是不相同的,这种不同的应力变化过程对土的力学性质(包括强度)将产生影响。

最常用的应力路径表达方式有下列两种:

(1)$\sigma \sim \tau$ 直角坐标系统。常用于表示已定剪破面上法向应力和剪应力变化的应力路径[图 6-16a)]。

（2）$p \sim q$ 直角坐标系统。其中 $p=\frac{1}{2}(\sigma_1+\sigma_3)$，$q=\frac{1}{2}(\sigma_1-\sigma_3)$，这是表示大小主应力和之半与大小主应力差之半的变化关系的应力路径[图 6-16b)]，常用以表示最大剪应力（τ_{max}）面上的应力变化情况。这里$\frac{1}{2}(\sigma_1-\sigma_3)$又是莫尔应力圆的半径，$\frac{1}{2}(\sigma_1+\sigma_3)$则是莫尔应力圆的圆心横坐标。

由于土中应力可用总应力和有效应力表示，因此应力路径也可分为总应力路径（Total Stress Pass，简称 TSP）和有效应力路径（Effective Stress Pass，简称 ESP）。总应力路径是指受荷后土中某点的总应力变化轨迹，它与加荷条件有关，而与土质和土的排水条件无关；而有效应力路径则是指在已知的总应力条件下，土中某点有效应力的变化轨迹，它不仅与加荷条件有关，而且也与土体排水条件以及土的初始状态、初始固结条件、土类等土质条件有关。

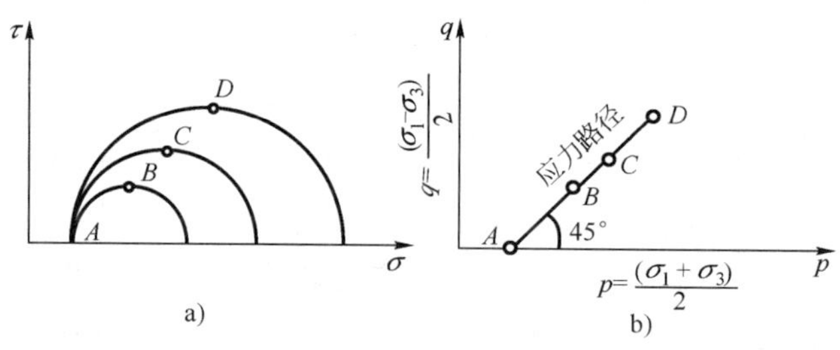

图 6-16　应力路径表达方式

a）$\sigma \sim \tau$ 坐标；b）$p \sim q$ 坐标

每一个试样剪切的全过程都可以按应力—应变关系的记录整理出一条总应力路径，若在试验中还同时记录了土中孔隙水压力的数据，则还可绘出土中任一点的有效应力路径。

图 6-17 所示的是表示在 $p=\frac{1}{2}(\sigma_1+\sigma_3)$ 或 $p'=\frac{1}{2}(\sigma'_1+\sigma'_3)$ 与 $q=\frac{1}{2}(\sigma_1-\sigma_3)$ 坐标系中，三轴固结不排水剪试验中最大剪应力面上的应力路径。图 6-17a）为正常固结土的应力路径，图中 AB 是总应力路径，AB' 是有效应力路径。由于在试验中是等向固结，所以两条应力路径线同时出发于 A 点（$p=\sigma_3$，$q=0$），受剪时，总应力路径是向右上方延伸的直线（与横轴夹角为 45°）；而有效应力路径是向左上方弯曲的曲线。它们分别终止于总应力强度包线和有效应力强度包线。总应力路径线与有效应力路径线之间各点横坐标的差值即为施加偏应力（$\sigma_1-\sigma_3$）过程中所产生的孔隙水压力 u，而 B、B' 两点间的横坐标差值即为试样剪损时的孔隙水压力 u_f，由于有效应力圆与总应力圆的半径是相等的，所以 B、B' 两点的纵坐标（即强度值）是相同的。图中 K_f 线和 K'_f 线分别为以总应力和有效应力表示的极限应力圆顶点的连线。图 6-17b）为超固结土的应力路径，图中 AB 和 AB' 分别为弱超固结土的总应力路径和有效应力路径，由于弱超固结土在受剪过程中产生正的孔隙水压力，因此，有效应力路径仍然在总应力路径的左边；图中 CD 和 CD' 分别为强超固结土的总应力路径和有效应力路径，由于强超固结土具有剪胀性，在受剪过程中开始时是出现正的孔隙水压力，以后逐渐转为负值，因此，有效应力路径开始时是在总应力路径的左边，以后逐渐转移到总应力路径的右边，直至 D' 剪切破坏。

试验表明，试样在剪切破坏时，应力路径将发生转折或趋向于水平，因此可将应力路径转

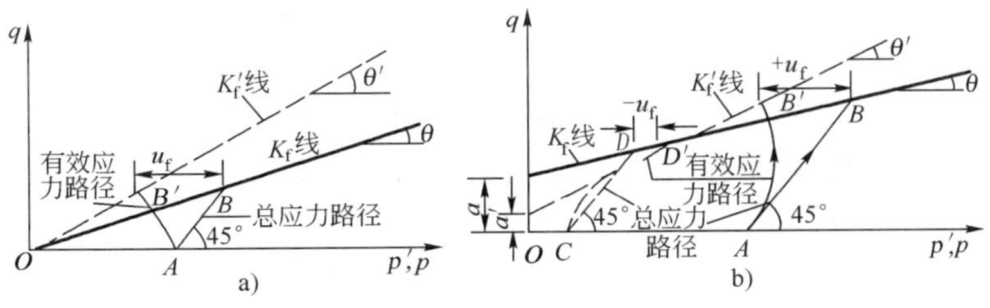

图 6-17 三轴固结不排水剪试验中的应力路径

a) 正常固结;b) 超固结

折点处的应力作为判断试样破坏的标准。将有效应力路径确定的 K'_f 线与破坏包线绘在同一张图上,可以求得有效应力强度参数 c' 和 φ'。如图 6-18 所示,设 K'_f 线与纵坐标的截距为 a',倾角为 θ',由几何关系可以证明,a'、θ' 与 c'、φ' 之间有如下的关系:

$$\sin\varphi' = \tan\theta' \tag{6-28}$$

$$c' = \frac{a'}{\cos\varphi'} \tag{6-29}$$

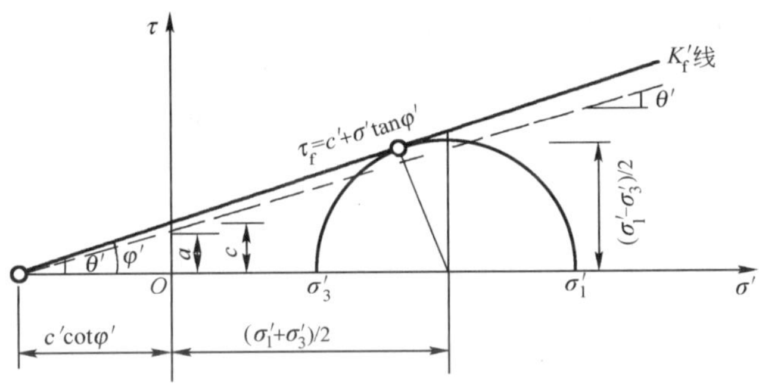

图 6-18 a'、θ' 与 c'、φ' 之间的关系

如此,就可以根据 a'、θ' 反算 c'、φ',这种方法称为应力路径法。该法比较容易从同一批土样而较为分散的试验结果中得出 c'、φ' 值。

由于土体的变形和强度不仅与受力的大小有关,还与土的应力历史有关,而土的应力路径可以模拟土体实际的应力历史,全面地研究应力变化过程对土的力学性质的影响,因此,土的应力路径对进一步探讨土的应力-应变关系和强度都具有十分重要的意义。

七、试验方法与指标的选用

从以上几个问题的介绍中可以看到,土的抗剪强度及其指标的确定将因试验时的排水条件以及所采用的分析方法(总应力法或有效应力法)的不同而不同。目前常用的试验手段主要是三轴压缩试验与直接剪切试验两种,前者能够控制排水条件以及可以量测试样中孔隙水压力的变化,后者则不能。三轴试验和直剪试验各自的三种试验方法,理论上是一一对应的。直剪试验方法中的“快”与“慢”,只是“不排水”与“排水”的等义词,并不是为了解决剪切速率对强度的影响问题,而仅是通过快和慢的剪切速率来解决试样的排水条件问题。在实际工程中,在选用不同试验方法及相应的强度指标时,宜注意到以下几点:

（1）采用的强度指标应与所采用的分析方法相吻合。当采用有效应力法分析时，应采用土的有效应力强度指标；当采用总应力法分析时，则应采用土的总应力强度指标。采用有效应力法及相应指标进行计算，概念明确，指标稳定，是一种比较合理的分析方法。只要能比较准确地确定孔隙水压力，则应该推荐采用有效应力法，有效应力强度指标可采用直剪慢剪、三轴固结排水剪和三轴固结不排水剪等方法测定。

（2）试验中的排水条件控制应与实际工程情况相符合。不固结不排水剪在试验中所施加的外力全部为孔隙水压力所承担，试样完全保持初始的有效应力状况；固结不排水剪的固结应力则全部转化为有效应力，而在施加偏应力时又产生了孔隙水压力，所以仅当实际工程中的有效应力状况与上述两种情况相对应时，采用上述试验方法及相应指标才是合理的。因此，对于可能发生快速加荷的正常固结黏性土上的路堤进行稳定分析时可采用不固结不排水试验方法；对于土层较厚、渗透性较小、施工速度较快工程的施工期分析也可采用不固结不排水剪试验方法；而当土层较薄、渗透性较大、施工速度较慢工程的竣工期分析可采用固结不排水剪试验方法，使用期一般采用固结排水强度指标。

（3）在实际工程中，一些工程情况不一定都是很明确的，如加荷速度的快慢、土层的厚薄、荷载大小以及加荷过程等都没有定量的界限值与之对应。此外，常用的三轴试验与直剪试验的试验条件也是理想化了的室内条件，在实际工程中与之完全相符合的情况并不多，大多只是近似的情况。因此在强度指标的具体使用中，还需结合工程经验予以调整和判断。

（4）直剪试验不能控制排水条件，因此，若用同一剪切速率和同一固结时间进行直剪试验，这对渗透性不同的土样来说，不但有效应力不同而且固结状态也不明确，若不考虑这一点，则使用直剪试验结果就会有很大的随意性。但直剪试验的设备构造简单，操作方便，国内各土工试验室都具备条件，因此在大多场合下仍然采用直剪试验方法，但必须注意直剪试验的适用性。

第四节　软土在荷载作用下的强度增长规律

土的天然强度是指土的结构、含水率及土中应力历史等都保持天然原始状态时土体所具有的强度。饱和软黏土地基在外荷载作用下，随着孔隙水压力的消散以及土层的固结，土的强度也将会随之而增长。

图 6-19 表示饱和软土在荷载作用下强度增长的概念。当地面瞬时加荷时，地基中某一点总应力状态可用 A 圆表示，若孔隙水压力为 u，则有效应力状态可用 A' 圆表示，如果有效应力圆与强度包线相切，该切点 B_1 处于极限平衡状态。随着孔隙水压力 u 逐渐消散，有效应力圆慢慢向右移动，即离开土的强度包线的距离越来越大，也就是说该点由极限平衡状态转入弹性状态。当孔隙水压力 u 消散到零时，A' 圆向右移到 A 圆位置，两者重合为一，抗剪强度则由 τ 增加至 $\tau+\Delta\tau$。

对于正常固结土，通常有效黏聚力 $c'=0$，则由图 6-19 中关系可得：

$$\begin{cases}\dfrac{\tau_{\mathrm{f}}}{\cos\varphi'}=\dfrac{\sigma_1'-\sigma_3'}{2}\\[2ex]\sigma_3'=\sigma_1'\cdot\dfrac{1-\sin\varphi'}{1+\sin\varphi'}\end{cases}$$

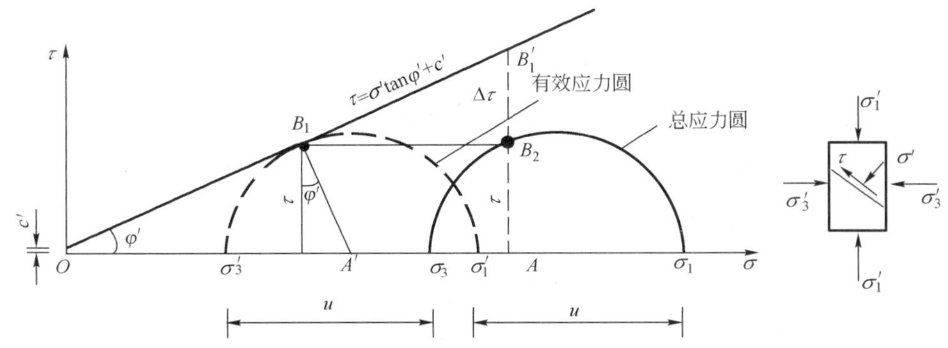

图 6-19 饱和软土强度的增长

所以

$$
\begin{aligned}
\tau_{\mathrm{f}} &= \frac{\sigma_1'}{2} \cdot \cos\varphi'\left(1 - \frac{1 - \sin\varphi'}{1 + \sin\varphi'}\right) \\
&= \sigma_1' \cdot \frac{\sin\varphi'\cos\varphi'}{1 + \sin\varphi'}
\end{aligned} \tag{6-30}
$$

若总应力增量为 $\Delta\sigma_1$，某一时刻达到的固结度为 U，则 $\Delta\sigma_1$ 产生的强度增量为：

$$
\Delta\tau_{\mathrm{f}} = \Delta\sigma_1 U \cdot \frac{\sin\varphi'\cos\varphi'}{1 + \sin\varphi'} \tag{6-31}
$$

式中：φ'——有效内摩擦角。

土体的实际受力情况和排水条件是十分复杂的，不可能在实验室内完全得到模拟。为了简化，工程中有时采用只模拟在压力作用下的排水固结过程，而不模拟剪力作用下的附加压缩的方法。对于荷载面积相对于土层厚度比较大的预压工程，正常固结的饱和黏性土，由于土层固结而增长的强度可按下式计算：

$$
\Delta\tau_{\mathrm{f}} = \Delta\sigma_1'\tan\varphi_{\mathrm{cu}} = \Delta\sigma_1 U\tan\varphi_{\mathrm{cu}} \tag{6-32}
$$

式中：φ_{cu}——固结不排水剪强度指标。

式(6-32)所表示的强度增长方法，由于用的是总应力指标，所以是近似的估算方法，但试验和计算都比较简单，在工程上已得到广泛的应用。

饱和软土地基在外荷作用下的强度增长是值得重视的研究课题。在工程实践中，例如老建筑物加层时的地基承载力问题、材料堆场和油罐地基分级加荷的稳定分析等，都涉及地基的强度增长问题。

第五节 关于土的抗剪强度影响因素的讨论

土的抗剪强度受到多种因素的影响，归纳起来，主要是土的性质（如土的颗粒组成、原始密度、黏性土的触变性等）和应力状态（如前期固结压力等）两个方面。现分述如下：

一、土的矿物成分、颗粒形状和级配的影响

就黏性土而言，主要是矿物成分的影响。不同的黏土矿物具有不同的晶格构造，它们的稳

定性、亲水性和胶体特性也各不相同，因而对黏土的抗剪强度（主要是对黏聚力）产生显著的影响。一般来说，黏性土的抗剪强度随着黏粒和黏土矿物含量的增加而增大，或者说随着胶体活动性的增强而增大。

就砂性土而言，主要是颗粒形状、大小及级配的影响。一般来说，在土的颗粒级配中，粗颗粒越多，形状越不规则，表面越粗糙，则其内摩擦角越大，因而其抗剪强度也越高。

二、土的含水率的影响

含水率的增高一般将使土的抗剪强度降低。这种影响主要表现在两个方面，一是水分在较粗颗粒之间起着润滑作用，使摩擦力降低；另一是黏土颗粒表面结合水膜的增厚使土的黏聚力减小。试验研究表明，砂土在干燥状态时的内摩擦角 φ 值与饱和状态时的内摩擦角 φ 值差别很小（仅 $1° \sim 2°$），即含水率对砂土抗剪强度的影响是很小的。而对黏性土来说，含水率则对抗剪强度有重大影响，图 6-20 表示黏土在相同的法向应力 σ 下的不排水抗剪强度随含水率的增高而急剧下降的情况。

三、土的密度的影响

一般来说，土的密度越大，其抗剪强度就越高。对于粗颗粒土（例如砂性土）来说，密度越大，则颗粒之间的咬合作用越强，因而摩擦力就越大；而对于细颗粒土（黏性土）来说，密度越大，则意味着颗粒之间的距离越小，水膜越薄，因而黏聚力也就越大。

试验结果表明（图 6-21），当其他条件相同时，黏性土的抗剪强度随着密度的增大而增大。

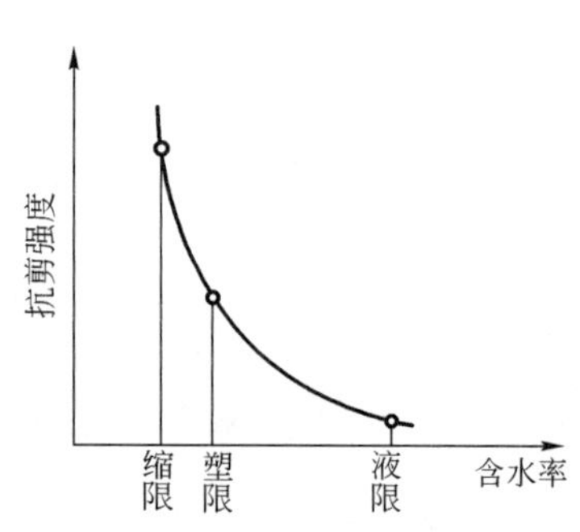

图 6-20　含水率对黏土抗剪强度的影响

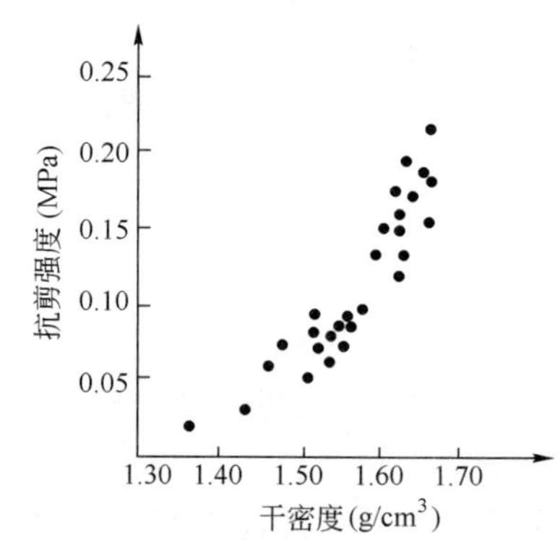

图 6-21　粉质黏土的抗剪强度与干密度的关系

图6-22所示的是不同密实程度的同一种砂土在相同周围压力 σ_3 下受剪时的应力—应变关系及体积变化。从图中可见，密砂的剪应力随着剪应变的增加，很快增大到某个峰值，而后逐渐减小一些，最后趋于某一稳定的终值，其体积变化开始时稍有减小，随后则不断增加（呈剪胀性）；而松砂的剪应力随着剪应变的增加，较缓慢地逐渐增大，并不出现峰值，其体积在受剪时相应减小（呈剪缩性）。所以，在实际允许较小剪应变的条件下，密砂的抗剪强度显然大于松砂的抗剪强度。

四、黏性土触变性的影响

黏性土的强度会因受扰动而削弱，但经过静置又可得到一定程度的恢复，黏性土的这一特性称为触变性（图 6-23）。由于黏性土具有触变性，故在黏性土地基中进行钻探取样时，若土样受到明显的扰动,则土样就不能反映其天然强度,土的灵敏度越大,这种影响就越显著;又如在灵敏度较高的黏性土地基中开挖基坑,地基土也会因施工扰动而发生强度削弱。黏性土的触变性对强度的影响是应值得注意的。另一方面,当扰动停止后,黏性土的强度又会随时间而逐渐增长。如在黏性土中进行打桩时,桩侧土因受到扰动而导致强度降低,但在停止打桩以后,土的强度则逐渐恢复,桩的承载力也随之逐渐增加。

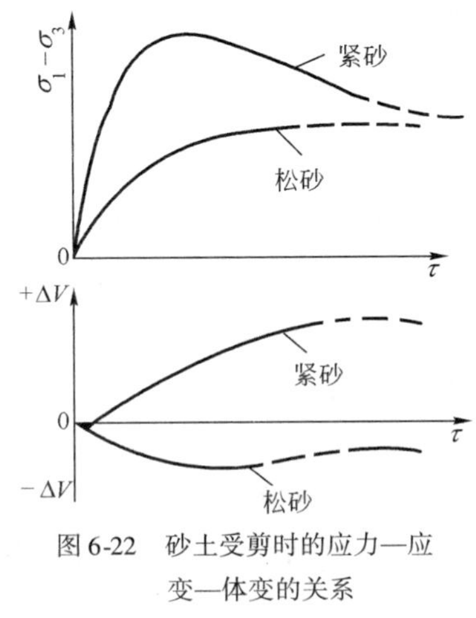

图 6-22 砂土受剪时的应力—应变—体变的关系

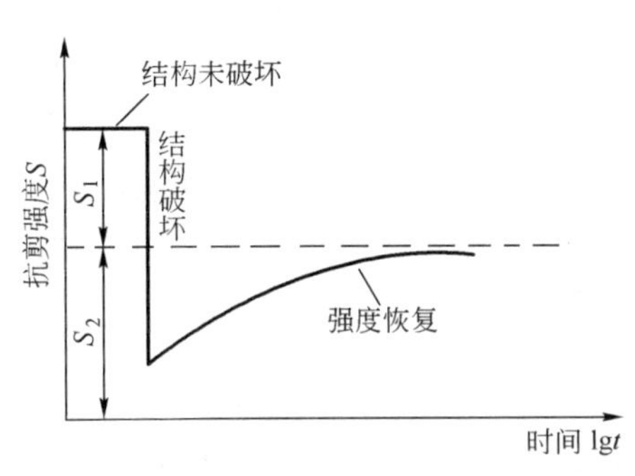

图 6-23 黏性土触变过程中抗剪强度—时间的关系

五、土的应力历史的影响

土体在历史上曾经受到过的应力状态,对土体强度的试验结果也有影响。图 6-24 所示的是土的压缩曲线与相应的强度包线。曲线 A 、B 、C 分别为初始压缩曲线、卸荷曲线以及再压缩曲线,相应地,A_s 表示正常固结土的强度包线,B_s 、C_s 均为超固结土的强度包线。对于卸荷点 a' 来说,B 和 C 两曲线上的各点如 b 、c 均处于超固结状态,A 、B 、C 曲线上 a 、b、c 三点在 A_s 、B_s 、C_s 曲线上将分别找到对应的强度值位置。从图可见,a 、b 、c 三点的垂直压力 p 虽然相同,但因应力历史不同,b 点的强度大于 c 点的强度,更大于 a 点的强度,A_s 、B_s 、C_s 三曲线的强度参数 c 、φ 值显然也各不相同。

若考虑了应力历史影响,土的强度包线实际上是两条直线组成的折线,其间有一个转折点,如图 6-25 中的虚线①、②以及 c 点所示,c 点所对应的竖向压力是前期固结压力。由此可

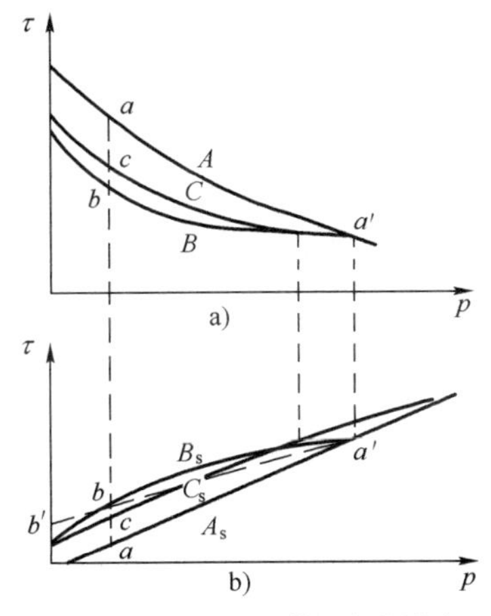

图 6-24 应力历史对土体强度的影响

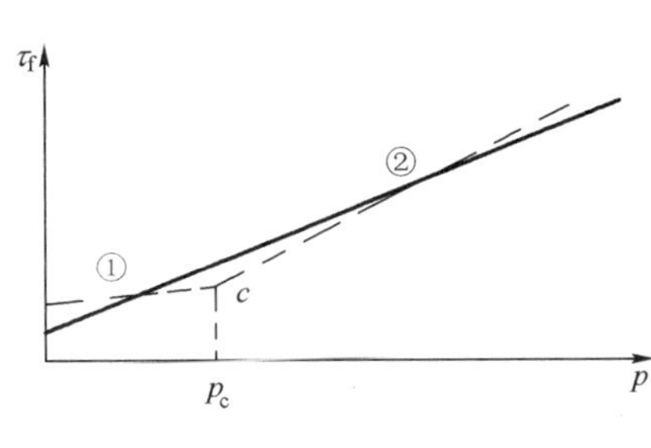

图 6-25 实际强度包线与简化强度包线

见,通常用直线来表示的库仑强度包线只是一种近似的结果。

【习题】

[6-1] 对一组土样进行直接剪切试验,对应于各竖向压力 σ ,土样在破坏状态时的水平剪应力 τ_f 如表 6-4 所示,试求该土的抗剪强度指标。

直接剪切试验数据 表 6-4

竖向压力 σ (kPa)	水平剪应力 τ_f(kPa)	竖向压力 σ (kPa)	水平剪应力 τ_f(kPa)
50	78.2	150	92.0
100	84.2		

[6-2] 对一组 3 个饱和黏性土试样,进行三轴固结不排水剪试验,3 个试样分别在 σ_3 = 100kPa、200kPa 和 300kPa 下进行固结,而剪破时的大主应力分别为 σ_1 = 205kPa、385kPa 和 570kPa,同时测得剪破时的孔隙水压力依次为 u = 63kPa、110kPa 和 150kPa。试用作图法求该饱和黏性土的总应力强度指标 c_{cu} 、φ_{cu} 和有效应力强度指标 c' 、φ' 。

[6-3] 某土样黏聚力 c = 20kPa、内摩擦角 φ = 26°,承受 σ_1 = 450kPa、σ_3 = 150kPa 的应力,试分别采用数解法和图解法判断该土样是否达到极限平衡状态。

[6-4] 某原状土样三轴固结不排水剪试验的数据如表 6-5 所示,试求孔隙水压力系数 A 、B 。

三轴固结不排水剪试验数据(单位:kPa) 表 6-5

土　　样	σ_3	u_1	$(\sigma_1 - \sigma_3)_f$	u_2
1	100	80	390	-65
2	200	180	510	-85
3	300	285	920	-166

[6-5] 三轴试验数据如表 6-6 所示,试绘制 $p \sim q$ 关系线并换算出 c 、φ 值。

三轴试验数据(单位:kPa) 表 6-6

土　　样	$\frac{1}{2}(\sigma_1 + \sigma_3)$	$\frac{1}{2}(\sigma_1 - \sigma_3)$
1	230	90
2	550	190
3	900	300

【思考题】

[6-1] 试比较直剪试验和三轴试验的土样的应力状态有何不同。

[6-2] 试比较直剪试验的三种方法及其相互间的主要异同点。

[6-3] 如何从库仑定律和莫尔应力圆原理说明:当 σ_1 不变,而 σ_3 变小时土可能破坏;反之,当 σ_3 不变,而 σ_1 变大时土也可能破坏。

[6-4] 根据孔隙水压力系数 A 、B 的物理意义,说明三轴不固结不排水剪和三轴固结不排水剪试验方法求 A 、B 的区别。

[6-5] 试从真实地基应力状态角度说明,进行三轴固结不排水剪试验时,先施加等向固结压力 σ_3 是否合理,为什么?

[6-6] 试根据有效应力原理在强度问题中应用的基本概念,分析三轴试验的三种不同试验方法中,土样孔隙水压力和含水率变化的情况。

第七章

土压力计算

第一节　概　　述

在土建工程中，挡土结构是一种常用的结构物。如桥梁工程中衔接路堤的桥台、道路工程中穿越边坡而修筑的挡土墙、基坑工程中的支挡结构、隧道工程中的衬砌以及码头、水闸、地下室等工程中采用的各种形式的挡土结构等(图 7-1)。

这些挡土结构都承受着来自它们与土体界面上侧向压力的作用，土压力就是这些侧向压力的总称。形成挡土结构物与土体界面上侧向压力的主要荷载包括：土体自重引起的侧向压力、水压力，以及影响区范围内的构筑物荷载、施工荷载，必要时还应考虑的地震荷载等引起的侧向压力。

在挡土结构物设计中，必须计算土压力的大小及其分布规律。土压力的大小及其分布规律与挡土结构物的侧向位移方向和大小、土的性质、挡土结构物的刚度和高度等因素有关，根据挡土结构物侧向位移方向和大小可分为三种类型的土压力。

(1)静止土压力[图 7-2a)]。若刚性的挡土墙保持原来位置静止不动，则作用在墙上的土压力称为静止土压力。作用在每延米挡土墙上静止土压力的合力用 E_0(kN/m) 表示，静止土压力强度用 p_0 (kPa)表示。

(2)主动土压力[图 7-2b)]。若挡土墙在墙后填土压力作用下，背离填土方向移动，这时作用在墙上的土压力将由静止土压力逐渐减小，当墙后土体达到极限平衡，并出现连续滑动面使土体下滑，这时土压力减至最小值，称为主动土压力。作用在每延米挡土墙上主动土压力的合力用 E_a(kN/m) 表示，主动土压力强度用 p_a (kPa)表示。

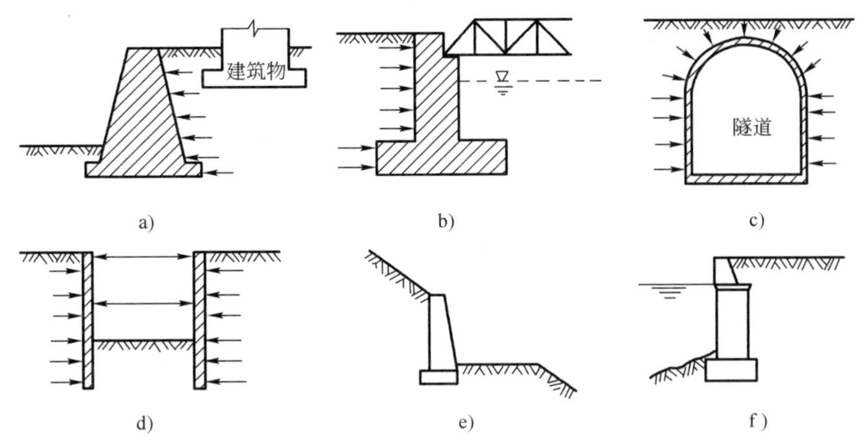

图 7-1 各种形式的挡土结构物

a) 支撑建筑物周围填土的挡土墙；b) 桥台；c) 隧道；d) 基坑围护结构；e) 支撑边坡的挡土墙；f) 码头

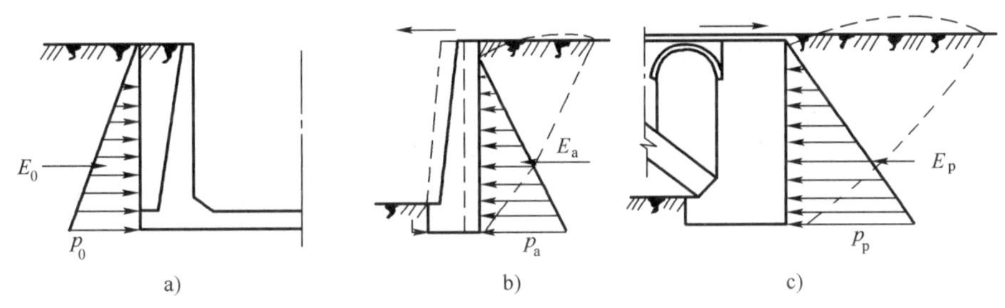

图 7-2 土压力的三种类型

a) 静止土压力；b) 主动压力；c) 被动土压力

(3) 被动土压力[图 7-2c)]。若挡土墙在外力作用下，向填土方向移动，这时作用在墙上的土压力将由静止土压力逐渐增大，一直到土体达到极限平衡，并出现连续滑动面，墙后土体向上挤出隆起，这时土压力增至最大值，称为被动土压力。作用在每延米挡土墙上被动土压力的合力用 E_p (kN/m) 表示，被动土压力强度用 p_p (kPa) 表示。

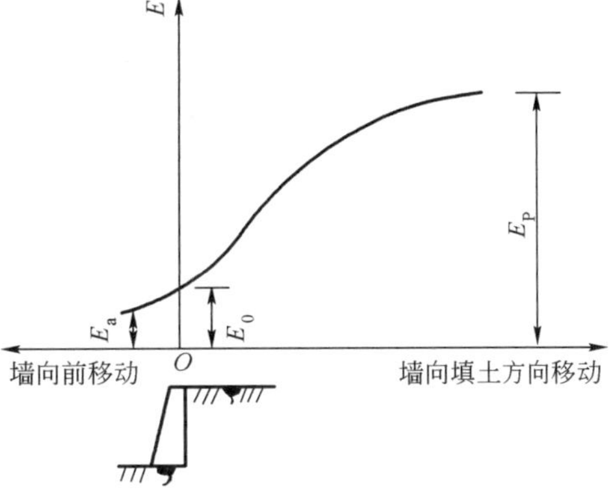

图 7-3 土压力与挡土墙位移的关系

实际上，土压力是挡土结构与土体相互作用的结果，大部分情况下，土压力均介于主动土压力和被动土压力之间。在影响土压力大小及其分布的诸因素中，挡土结构物的位移是关键因素，图 7-3 给出了土压力与挡土结构位移间的关系，从图中可以看出，挡土结构物后达到被动土压力所需的位移远大于导致主动土压力所需的位移。

第二节　静止土压力计算

计算静止土压力时，墙后填土处于弹性平衡状态，由于墙静止不动，土体无侧向位移，可假定墙后填土内的应力状态为半无限弹性体的应力状态。这时，土体表面下任意深度 z 处的静止土压力强度，可按第四章半无限体在无侧向位移条件下侧向应力的计算公式计算，即：

$$p_0 = K_0\sigma_{cz} = K_0\gamma z \tag{7-1}$$

式中：K_0——静止土压力系数，理论上为 $\mu/1-\mu$；

μ——土体泊松比；

γ——土的重度（kN/m^3）。

实际 K_0 在室内可由常规三轴仪或应力路径三轴仪测得，在原位可用自钻式旁压仪测得。当缺乏试验资料时，对于正常固结土，可用经验公式（7-2）估算；对于超固结土，可用经验公式（7-3）估算。

$$K_0 = 1 - \sin\varphi' \tag{7-2}$$

$$K_0 = \sqrt{\mathrm{OCR}}(1 - \sin\varphi') \tag{7-3}$$

式中：φ'——土的有效内摩擦角；

OCR——土的超固结比。

此外，依据土的种类与软硬状态，静止土压力系数 K_0 也可采用第五章表 5-1 提供的参考值。

由式（7-1）可知，静止土压力强度 p_0 沿深度呈直线分布。如图 7-4 所示，作用在每延米挡土墙的静止土压力为：

$$E_0 = \frac{1}{2}K_0\gamma H^2 \tag{7-4}$$

式中：H——挡土墙高度。

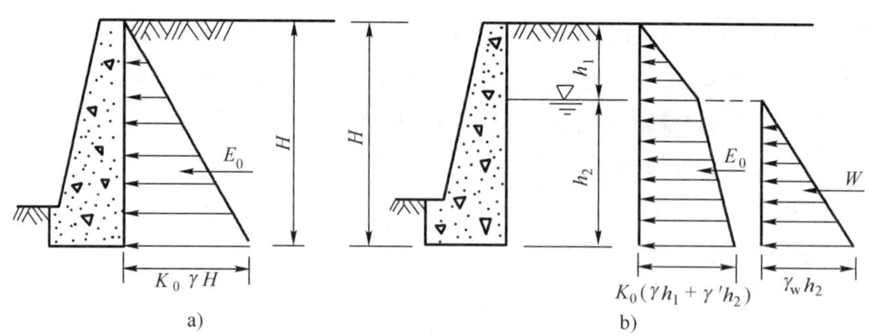

图 7-4　静止土压力的分布

a）均匀土时；b）有地下水时

对于成层土和有超载情况，静止土压力强度可按下式计算：

$$p_0 = K_0\left(\sum\gamma_i h_i + q\right) \tag{7-5}$$

式中：γ_i——计算点以上第 i 层土的重度；

h_i——计算点以上第 i 层土的厚度；

q——填土面上的均布荷载。

对于墙后填土有地下水情况计算静止土压力时，地下水位以下对于透水性的土应采用有效重度 γ' 计算，同时考虑作用于挡土墙上的静水压力，如图 7-4b) 所示。

对于墙背倾斜情况，作用在单位长度上的静止土压力 E_0 为墙背直立时的 E'_0 和土楔体 ABB' 自重 W'_0 的合力（图 7-5）。

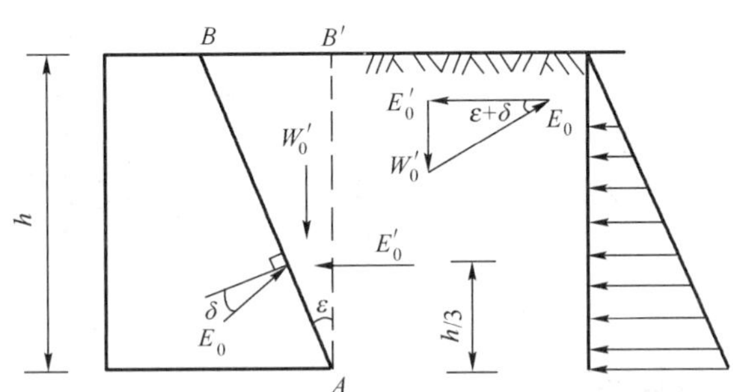

图 7-5 墙背倾斜时的静止土压力

第三节 朗金土压力理论

一、基本原理

朗金（Rankine）在 1857 年研究了半无限土体处于极限平衡状态时的应力情况。若在半无限土体中取一竖直切面 AB，如图 7-6a）所示，在 AB 面上深度 z 处取一单元土体，作用的法向应力为 σ_z、σ_x，因为 AB 面上无剪应力，故 σ_z 和 σ_x 均为主应力。当土体处于弹性平衡状态时，$\sigma_z = \gamma z$，$\sigma_x = K_0 \gamma z$，其应力圆见图 7-6b）中的圆 O_1，与土的强度包线不相交。若在 σ_z 不变的条件下，使 σ_x 逐渐减小，直到土体达到极限平衡时，则其应力圆与强度包线相切，如图 7-6b）中的应力圆 O_2。σ_z 及 σ_x 分别为最大及最小主应力，此即称为朗金主动状态，土体中产生的两组滑动面与水平面成 $\left(45° + \frac{\varphi}{2}\right)$ 夹角，如图 7-6c）所示。若在 σ_z 不变的条件下，不断增大 σ_x 值，直到土体达到极限平衡，这时其应力圆为图 7-6b）中的圆 O_3，它也与土的强度包线相切，但 σ_z 为最小主应力，σ_x 为最大主应力，土体中产生的两组滑动面与水平面成 $\left(45° - \frac{\varphi}{2}\right)$ 角，如图7-6d）所示，这时称为朗金被动状态。

假定挡土墙墙背直立、光滑，墙后填土表面水平且无限延伸，这时，朗金认为作用于挡土墙墙背上的土压力，就是半无限土体中与墙背方向、长度相对应的达到极限平衡状态时的应力情况，这样就可以应用土体处于极限平衡状态时的最大和最小主应力的关系式来计算作用于墙背上的土压力。

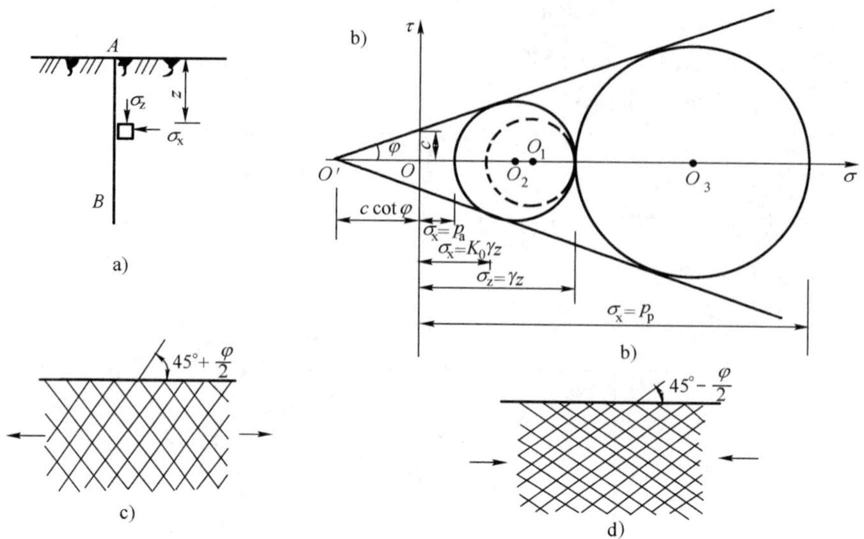

图 7-6　朗金主动及被动状态

二、朗金主动土压力计算

考察图 7-7a）所示挡土墙，已知墙背直立、光滑，填土面水平。若墙背 AB 在填土压力作用下背离填土向外移动 $A'B'$，这时墙后土体到达极限平衡状态，作用在挡土墙墙背上的土压力即为朗金主动土压力。在墙后土体表面下深度 z 取单元体，其竖向应力 $\sigma_z=\gamma z$ 是最大主应力 σ_1，水平应力 σ_x 是最小主应力 σ_3，也即要计算的主动土压力 p_a，由第六章土体极限平衡理论公式可知，其主应力应满足下述关系式：

$$\sigma_3=\sigma_1\tan^2\left(45°-\frac{\varphi}{2}\right)-2c\tan\left(45°-\frac{\varphi}{2}\right)$$

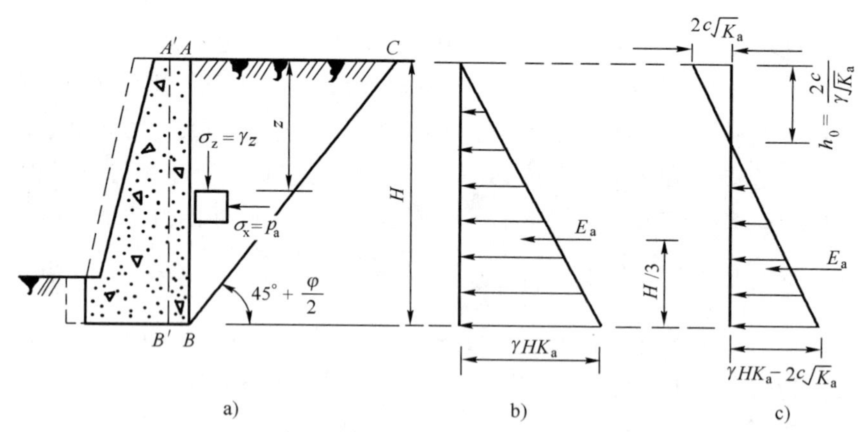

图 7-7　朗金主动土压力计算

a）挡土墙向外移动；b）无黏性土；c）黏性土

将 $\sigma_3=p_a$，$\sigma_1=\gamma z$ 代入上述公式，即可得到朗金主动土压力强度计算公式：

$$p_a=\gamma z\tan^2\left(45°-\frac{\varphi}{2}\right)-2c\tan\left(45°-\frac{\varphi}{2}\right)=\gamma zK_a-2c\sqrt{K_a}\tag{7-6}$$

式中：γ ——土的重度；

c、φ ——分别为土的黏聚力和内摩擦角；

z ——计算点深度；

K_a ——主动土压力系数，$K_a = \tan^2(45° - \varphi/2)$。

对于无黏性土，黏聚力 $c=0$，则有：

$$p_a = \gamma z\tan^2\left(45° - \frac{\varphi}{2}\right) = \gamma zK_a \tag{7-7}$$

由式(7-6)和式(7-7)可知，主动土压力 p_a 沿深度 z 呈直线分布，如图 7-7b)和图 7-7c)所示。从图可见，作用在墙背上单位长度挡土墙上的主动土压力 E_a 即为 p_a 分布图形的面积，其作用点位置在分布图形的形心处。

对于无黏性土，主动土压力 E_a 为图 7-7b)所示的三角形面积，即：

$$E_a = \frac{1}{2}\gamma K_a H^2 \tag{7-8}$$

E_a 作用于距挡土墙底面 $H/3$ 处。

对于黏性土，当 $z=0$ 时，由式(7-6)知 $p_a = -2c\sqrt{K_a}$，即出现拉力区。令式(7-6)中的 $p_a=0$，可解得拉力区的高度为：

$$h_0 = \frac{2c}{\gamma\sqrt{K_a}} \tag{7-9}$$

拉应力区高度 h_0 常称为临界直立高度，这一高度表示在填土无表面荷载的条件下，在 h_0 深度范围内可以竖直开挖，即使没有挡土结构物，土坡也不会失稳。

由于填土与墙背之间不能承受拉应力，因此在拉力区范围内将出现裂缝，在计算墙背上的主动土压力时，将不考虑拉力区的作用，即：

$$E_a = \frac{1}{2}(H - h_0)(\gamma HK_a - 2c\sqrt{K_a}) \tag{7-10}$$

E_a 作用于距挡土墙底面$(H-h_0)/3$ 处。

三、朗金被动土压力计算

图 7-8 所示挡土墙，已知墙背竖直、光滑，填土面水平。若挡土墙在外力作用下推向填土，当墙后土体达到极限平衡状态时，作用在挡土墙墙背上的土压力即为朗金被动土压力。在墙背深度 z 处取单元土体，其竖向应力 $\sigma_z = \gamma z$ 是最小主应力 σ_3，而水平应力 σ_x 是最大主应力σ_1，也是被动土压力 p_p。以 $\sigma_1 = p_p$，$\sigma_3 = \gamma z$ 代入公式(6-6a)，即得朗金被动土压力计算公式：

$$p_p = \gamma z\tan^2\left(45° + \frac{\varphi}{2}\right) + 2c\tan\left(45° + \frac{\varphi}{2}\right) = \gamma zK_p + 2c\sqrt{K_p} \tag{7-11}$$

式中：K_p ——被动土压力系数，$K_p = \tan^2\left(45° + \frac{\varphi}{2}\right)$。

对于无黏性土，黏聚力 $c=0$，则有：

$$p_p = \gamma z\tan^2\left(45° + \frac{\varphi}{2}\right) = \gamma zK_p \tag{7-12}$$

从式(7-11)和式(7-12)可知，被动土压力 p_p 沿深度 z 呈直线分布，如图 7-8b)、图 7-8c)所示。作用在墙背上单位长度挡土墙上的被动土压力 E_p，可由 p_p 的分布图形面积求得。

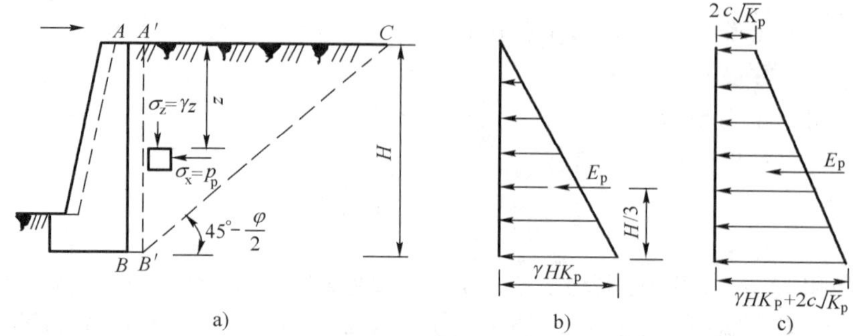

图 7-8 朗金被动土压力计算

a）挡土墙向填土移动；b）无黏性土；c）黏性土

四、几种特殊情况下的朗金土压力计算

1. 填土表面有均布荷载时的朗金土压力计算

当挡土墙后填土表面上有连续均布荷载 q 作用时，如图 7-9 所示，计算时相当于深度 z 处的竖向应力增加 q 值，因此，只要将式（7-6）中的 γz 代之以 $(q+\gamma z)$ 就得到填土表面有超载时的主动土压力强度计算公式：

$$p_a = (\gamma z + q)K_a - 2c\sqrt{K_a} \tag{7-13}$$

若填土面上为局部荷载时，如图 7-10 所示，则计算时，从荷载的两点 O 及 O' 点作两条辅助线 $\overline{OC}$ 和 $\overline{O'D}$，它们都与水平面成 $\left(45° + \frac{\varphi}{2}\right)$ 角，认为 C 点以上和 D 点以下的土压力不受地面荷载的影响，C、D 之间的土压力按均布荷载计算，AB 墙面上的土压力如图中阴影部分所示。

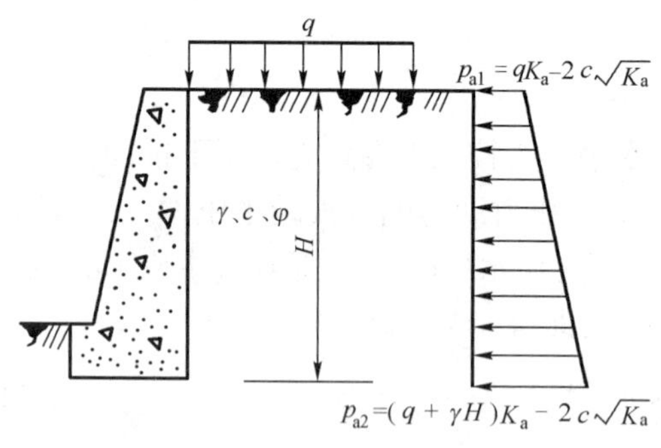

图 7-9 填土上有连续匀布荷载时的主动土压力计算

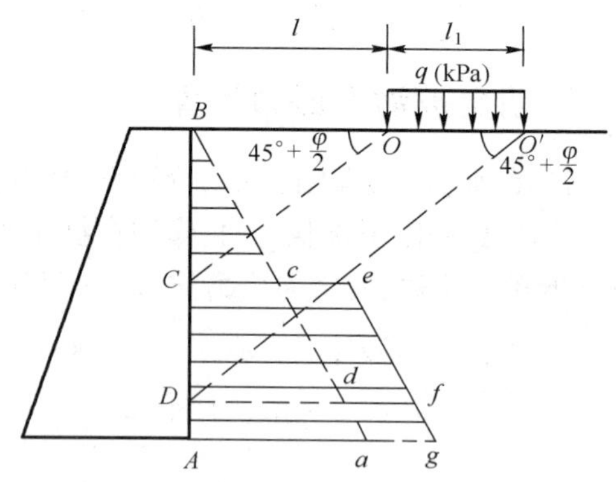

图 7-10 局部荷载作用下主动土压力的计算

2. 成层填土中的朗金土压力计算

图 7-11 所示挡土墙后填土为成层土，仍可按式（7-6）计算主动土压力。但应注意在土层分界面上，由于两层土的抗剪强度指标不同，其传递由于自重引起的土压力作用不同，使土压力的分布有突变（图 7-11）。其计算方法如下：

a 点：

$$p_{a1} = -2c_1\sqrt{K_{a1}}$$

b 点上(在第一层土中)：

$$p_{a2上} = \gamma_1 h_1 K_{a1} - 2c_1\sqrt{K_{a1}}$$

b 点下(在第二层土中)：

$$p_{a2下} = \gamma_1 h_1 K_{a2} - 2c_2\sqrt{K_{a2}}$$

c 点：

$$p_{a3} = (\gamma_1 h_1 + \gamma_2 h_2)K_{a2} - 2c_2\sqrt{K_{a2}}$$

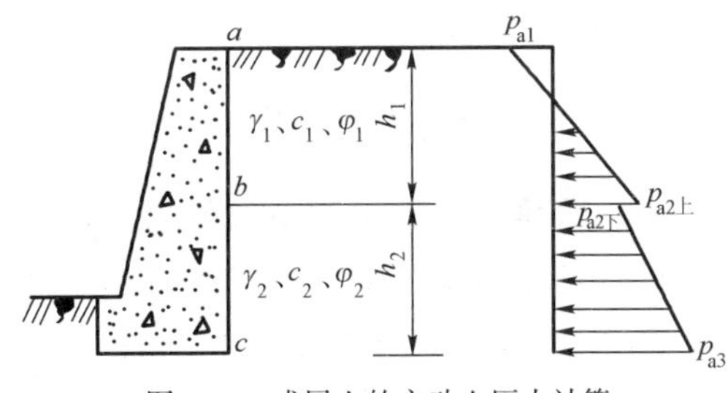

图 7-11 成层土的主动土压力计算

式中，$K_{a1} = \tan^2\left(45° - \frac{\varphi_1}{2}\right)$，$K_{a2} = \tan^2\left(45° - \frac{\varphi_2}{2}\right)$，其余符号意义见图 7-11。

例题 7-1 用朗金土压力公式计算图 7-12 所示挡土墙上的主动土压力分布及其合力。已知填土为砂土，填土面作用均布荷载 $q = 20\text{kPa}$。

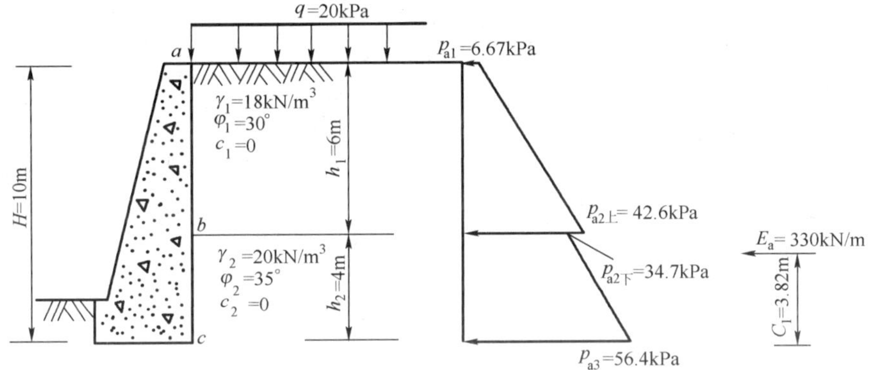

图 7-12 例题 7-1 图

解 已知 $c_1 = 0, \varphi_1 = 30°, c_2 = 0, \varphi_2 = 35°$，则 $K_{a1} = 0.333, K_{a2} = 0.271$，按式(7-13)计算墙上各点的主动土压力分布为：

a 点：

$$p_{a1} = qK_{a1} = 20 \times 0.333 = 6.67\text{kPa}$$

b 点上(在第一层土中)：

$$p_{a2上} = (\gamma_1 h_1 + q)K_{a1} = (18 \times 6 + 20) \times 0.333 = 42.6\text{kPa}$$

b 点下(在第二层土中)：

$$p_{a2下} = (\gamma_1 h_1 + q)K_{a2} = (18 \times 6 + 20) \times 0.271 = 34.7\text{kPa}$$

c 点：

$$p_{a3} = (\gamma_1 h_1 + \gamma_2 h_2 + q)K_{a2} = (18 \times 6 + 20 \times 4 + 20) \times 0.271 = 56.4\text{kPa}$$

将计算结果绘得主动土压力分布图，如图 7-12 所示。由分布图面积可求得主动土压力合力 E_a 及其作用点位置。

$$E_a = \left(6.67 \times 6 + \frac{1}{2} \times 35.93 \times 6\right) + \left(34.7 \times 4 + \frac{1}{2} \times 21.7 \times 4\right)$$

$$= (40.0 + 107.8) + (138.8 + 43.4) = 330\text{kN/m}$$

E_a 作用点距墙脚为 C_1：

$$C_1 = \frac{1}{330} \times \left(40 \times 7 + 107.8 \times 6 + 138.8 \times 2 + 43.4 \times \frac{4}{3}\right) = 3.82\text{m}$$

3. 墙后填土中有地下水时的朗金土压力计算

墙后填土常会部分或全部处于地下水位以下,这时作用在墙体的除了土压力外,还受到水压力的作用,在计算墙体受到的总的侧向压力时,对地下水位以上部分的土压力计算同前,对地下水位以下部分的水、土压力,一般采用"水土分算"和"水土合算"两种方法。对于砂性和粉土,可按水土分算原则进行,即分别计算土压力和水压力,然后两者叠加,对于黏性土可根据现场情况和工程经验,按水土分算或水土合算进行。

1)水土分算法

水土分算法采用有效重度 γ' 计算土压力,按静压力计算水压力,然后两者叠加为总的侧压力,如图 7-13 所示。

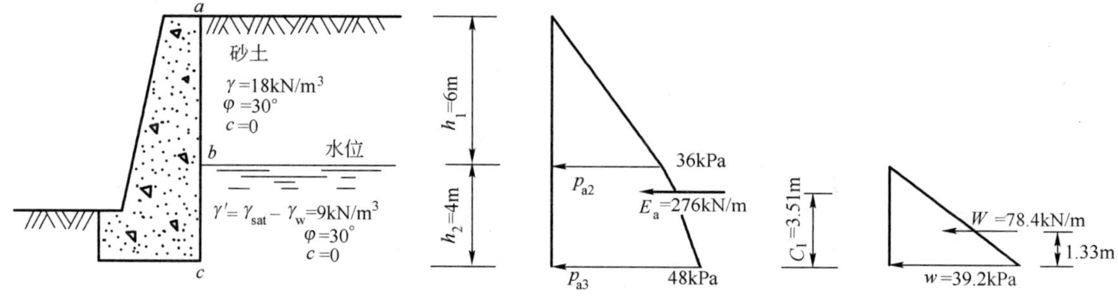

图 7-13 例题 7-2 图

$$p_a = \gamma' H K_a' - 2c'\sqrt{K_a'} + \gamma_w h_w \tag{7-14}$$

式中：γ' ——土的有效重度；

K_a' ——按有效应力强度指标计算的主动土压力系数 $K_a' = \tan^2\left(45° - \frac{\varphi'}{2}\right)$；

c' ——有效黏聚力(kPa)；

φ' ——有效内摩擦角(°)；

γ_w ——水的重度(kN/m³)；

h_w ——以墙底起算的地下水位高度(m)。

为了便于实际工程应用,在不能获取有效强度指标 c' 、φ' 时,简化起见,式(7-14)中的有效强度指标 c' 、φ' 常用三轴固结排水强度指标近似代替。

2)水土合算法

对地下水位下的黏性土,也可用土的饱和重度 γ_{sat} 计算总的水土压力,即：

$$p_a = \gamma_{sat} H K_a - 2c\sqrt{K_a} \tag{7-15}$$

式中：γ_{sat} ——土的饱和重度,地下水位下可近似采用天然重度；

K_a ——按总应力强度指标计算的主动土压力系数, $K_a = \tan^2\left(45° - \frac{\varphi}{2}\right)$；

其他符号意义同前。

例题 7-2 用水土分算法计算图 7-13 所示挡土墙上的主动土压力及水压力的分布图及其合力。已知填土为砂性土,土的物理力学性质指标见图 7-13。

解
$$K_a = \tan^2\left(45° - \frac{\varphi}{2}\right) = \tan^2\left(45° - \frac{30°}{2}\right) = 0.333$$

按式(7-7)计算墙上各点的主动土压力。

a 点:
$$p_{a1} = \gamma_1 z K_a = 0$$

b 点:
$$p_{a2} = \gamma_1 h_1 K_a = 18 \times 6 \times 0.333 = 36.0\text{kPa}$$

由于水下土的抗剪强度指标与水上土相同,故在 b 点的主动土压力无突变现象。

c 点:
$$p_{a3} = (\gamma_1 h_1 + \gamma' h_2)K_a = (18 \times 6 + 9 \times 4) \times 0.333 = 48.0\text{kPa}$$

绘出主动土压力分布图如图 7-13 所示,并可求得其合力 E_a 为:
$$E_a = \frac{1}{2} \times 36 \times 6 + 36 \times 4 + \frac{1}{2} \times (48 - 36) \times 4 = 108 + 144 + 24 = 276\text{kN/m}$$

合力 E_a 作用点距墙脚为 C_1
$$C_1 = \frac{1}{276}\left(108 \times 6 + 144 \times 2 + 24 \times \frac{4}{3}\right) = 3.51\text{m}$$

c 点水压力:
$$w = \gamma_w h_2 = 9.81 \times 4 = 39.2\text{kPa}$$

作用在墙上的水压力合力如图 7-13 所示,其合力 W 为:
$$W = \frac{1}{2} \times 39.2 \times 4 = 78.4\text{kN/m}$$

W 作用点距墙脚:$\frac{h_2}{3} = \frac{4}{3} = 1.33\text{m}$。

第四节 库仑土压力理论

一、基本原理

库仑(Coulomb)在 1776 年提出的土压力理论,由于其计算原理比较简明,适应性较广,因此至今仍得到广泛应用。

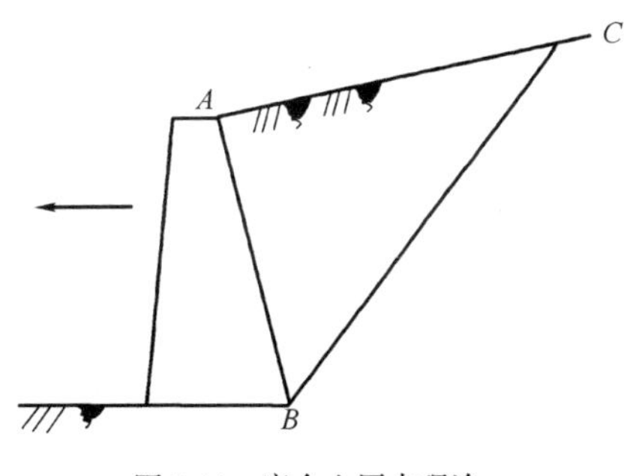

图 7-14 库仑土压力理论

库仑土压力理论假定挡土墙墙后的填土是均匀的砂性土,当墙背离土体移动或推向土体时,墙后土体达到极限平衡状态,其滑动面是通过墙脚 B 的平面 BC(图 7-14),假定滑动土楔 ABC 是刚体,根据土楔 ABC 的静力平衡条件,按平面问题解得作用在挡土墙上的土压力。因此也有把库仑土压力理论称为滑楔土压力理论。

二、主动土压力计算

如图7-15所示挡土墙，已知墙背 AB 倾斜，与竖直线的夹角为 ε；填土表面 AC 是一平面，与水平面的夹角为 β。若挡土墙在填土压力作用下离开填土向外移动，当墙后土体达到极限平衡状态时（主动状态），土体中产生两个通过墙脚 B 的滑动面 AB 及 BC。若滑动面 BC 与水平面间夹角为 α，取单位长度挡土墙，把滑动土楔 ABC 作为脱离体，考虑其静力平衡条件，作用在滑动土楔 ABC 上的作用力有：

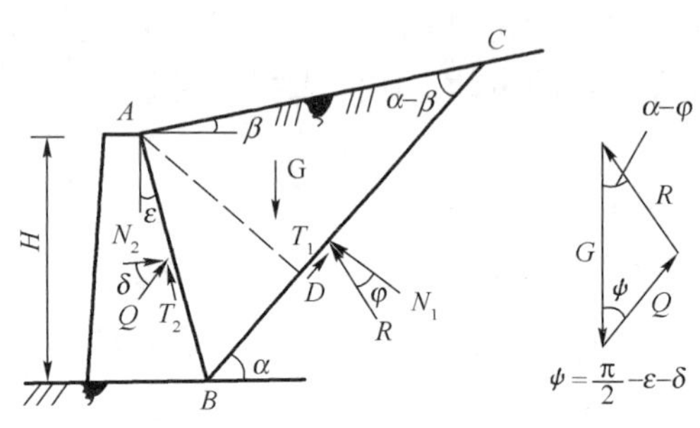

图7-15 库仑主动土压力计算

（1）土楔 ABC 的重力 G。若 α 值已知，则 G 的大小、方向及作用点位置均已知。

（2）土体作用在滑动面 BC 上的反力 R。R 是 BC 面上摩擦力 T_1 与法向反力 N_1 的合力，它与 BC 面的法线间的夹角等于土的内摩擦角 φ。由于滑动土楔 ABC 相对于滑动面 BC 右边的土体是向下移动，故摩擦力 T_1 的方向向上，R 的作用方向已知，大小未知。

（3）挡土墙对土楔的作用力 Q。它与墙背法线间的夹角等于墙背与填土间的摩擦角 δ。同样，由于滑动土楔 ABC 相对于墙背是向下滑动的，故墙背在 AB 面产生的摩擦力 T_2 的方向向上。Q 的作用方向已知，大小未知。

考虑滑动土楔 ABC 的静力平衡条件，绘出 G、R 与 Q 三个力组成封闭的力三角形，如图7-15所示，由正弦定律得：

$$\frac{G}{\sin[\pi-(\psi+\alpha-\varphi)]}=\frac{Q}{\sin(\alpha-\varphi)} \tag{7-16}$$

式中：$\psi=\frac{\pi}{2}-\varepsilon-\delta$，其余符号意义见图7-15。

由图7-15可知：

$$G=\frac{1}{2}\cdot\overline{AD}\cdot\overline{BC}\cdot\gamma \tag{7-17}$$

$$\overline{AD}=\overline{AB}\cdot\sin\left(\frac{\pi}{2}+\varepsilon-\alpha\right)=H\frac{\cos(\varepsilon-\alpha)}{\cos\varepsilon}$$

$$\overline{BC}=\overline{AB}\frac{\sin\left(\frac{\pi}{2}+\beta-\varepsilon\right)}{\sin(\alpha-\beta)}=H\frac{\cos(\beta-\varepsilon)}{\cos\varepsilon\sin(\alpha-\beta)}$$

$$G=\frac{1}{2}\gamma H^2\frac{\cos(\varepsilon-\alpha)\cos(\beta-\varepsilon)}{\cos^2\varepsilon\sin(\alpha-\beta)}$$

将 G 代入式(7-16)得：

$$Q=\frac{1}{2}\gamma H^2\left[\frac{\cos(\varepsilon-\alpha)\cos(\beta-\varepsilon)\sin(\alpha-\varphi)}{\cos^2\varepsilon\sin(\alpha-\beta)\cos(\alpha-\varphi-\varepsilon-\delta)}\right] \tag{7-18}$$

式中，γ、H、ε、β、δ、φ 均为常数。

Q 随滑动面 BC 的倾角 α 而变化。当 $\alpha=\frac{\pi}{2}+\varepsilon$ 时，$G=0$，则 $Q=0$；当 $\alpha=\varphi$ 时，R 与 G 重

合，则 $Q=0$；因此当 α 在 $\left(\frac{\pi}{2}+\varepsilon\right)$ 和 φ 之间变化时，Q 将有一个极大值，这个极大值 Q_{max} 即为所求的主动土压力 E_a。

要计算 Q_{max} 值时，可令

$$\frac{\mathrm{d}Q}{\mathrm{d}\alpha}=0 \tag{7-19}$$

因此，可将式(7-18)对 α 求导并令其为零，然后解得 α 值并代入式(7-18)，则可得库仑主动土压力计算公式：

$$E_a=Q_{max}=\frac{1}{2}\gamma H^2K_a \tag{7-20}$$

$$K_a=\frac{\cos^2(\varphi-\varepsilon)}{\cos^2\varepsilon\cos(\delta+\varepsilon)\left[1+\sqrt{\frac{\sin(\delta+\varphi)\sin(\varphi-\beta)}{\cos(\delta+\varepsilon)\cos(\varepsilon-\beta)}}\right]^2} \tag{7-21}$$

式中：γ、φ——墙后填土的重度及内摩擦角；

H——挡土墙的高度；

ε——墙背与竖直线间夹角，墙背俯斜时为正(图 7-15)，反之为负；

δ——墙背与填土间的摩擦角；

β——填土面与水平面间的倾角；

K_a——主动土压力系数，它是 φ、δ、ε、β 的函数，当 $\beta=0$ 时，K_a 可由表 7-1 查得。

若填土面水平、墙背竖直以及墙背光滑时，也即 $\beta=0$、$\varepsilon=0$ 及 $\delta=0$ 时，由式(7-21)可得：

$$K_a=\frac{\cos^2\varphi}{(1+\sin\varphi)^2}=\frac{1-\sin^2\varphi}{(1+\sin\varphi)^2}=\frac{1-\sin\varphi}{1+\sin\varphi}=\tan^2\left(45^\circ-\frac{\varphi}{2}\right)$$

主动土压力系数 K_a($\beta=0$ 时) 表 7-1

墙背倾斜情况			填土与墙背摩擦角 δ(°)	主动土压力系数 K_a					
				土的内摩擦角 φ(°)					
类型	图 式	ε(°)		20	25	30	35	40	45
仰斜		-15	$\frac{1}{2}\varphi$	0.357	0.274	0.208	0.156	0.114	0.081
			$\frac{2}{3}\varphi$	0.346	0.266	0.202	0.153	0.112	0.079
		-10	$\frac{1}{2}\varphi$	0.385	0.303	0.237	0.184	0.139	0.104
			$\frac{2}{3}\varphi$	0.375	0.295	0.232	0.180	0.139	0.104
		-5	$\frac{1}{2}\varphi$	0.415	0.334	0.268	0.214	0.168	0.131
			$\frac{2}{3}\varphi$	0.406	0.327	0.263	0.211	0.138	0.131
竖直		0	$\frac{1}{2}\varphi$	0.447	0.367	0.301	0.246	0.199	0.160
			$\frac{2}{3}\varphi$	0.438	0.361	0.297	0.244	0.200	0.162

续上表

墙背倾斜情况			填土与墙背摩擦角 δ(°)	主动土压力系数 K_a					
				土的内摩擦角 φ(°)					
类型	图式	ε(°)		20	25	30	35	40	45
俯斜		+5	$\frac{1}{2}\varphi$	0.482	0.404	0.338	0.282	0.234	0.193
			$\frac{2}{3}\varphi$	0.450	0.398	0.335	0.282	0.236	0.197
		+10	$\frac{1}{2}\varphi$	0.520	0.444	0.378	0.322	0.273	0.230
			$\frac{2}{3}\varphi$	0.514	0.439	0.377	0.323	0.277	0.237
		+15	$\frac{1}{2}\varphi$	0.564	0.489	0.424	0.368	0.318	0.274
			$\frac{2}{3}\varphi$	0.559	0.486	0.425	0.371	0.325	0.284
		+20	$\frac{1}{2}\varphi$	0.615	0.541	0.476	0.463	0.370	0.325
			$\frac{2}{3}\varphi$	0.611	0.540	0.479	0.474	0.381	0.340

此式与朗金主动土压力系数公式相同。由此可见，在相同条件下，两种土压力理论得到的结果是一致的。

为了计算滑动土楔（也称破坏棱体）的长度（即 AC 长），须求得最危险滑动面 BC 的倾角 α 值。若填土表面 AC 是水平面，即 $\beta=0$ 时，根据式(7-19)的条件，可解得 α 的计算公式如下：

墙背俯斜时（即 $\varepsilon>0$）：

$$\cot\alpha=-\tan(\varphi+\delta+\varepsilon)+\sqrt{[\cot\varphi+\tan(\varphi+\delta+\varepsilon)][\tan(\varphi+\delta+\varepsilon)]-\tan\varepsilon} \tag{7-22}$$

墙背仰斜时（即 $\varepsilon<0$）：

$$\cot\alpha=-\tan(\varphi+\delta-\varepsilon)+\sqrt{[\cot\varphi+\tan(\varphi+\delta-\varepsilon)][\tan(\varphi+\delta-\varepsilon)]+\tan\varepsilon} \tag{7-23}$$

墙背竖直时（即 $\varepsilon=0$）：

$$\cot\alpha=-\tan(\varphi+\delta)+\sqrt{\tan(\varphi+\delta)[\cot\varphi+\tan(\varphi+\delta)]} \tag{7-24}$$

由式(7-20)可以看到，主动土压力 E_a 是墙高 H 的二次函数，故主动土压力强度 p_a 是沿墙高按直线规律分布的，如图7-16所示。合力 E_a 的作用方向与墙背法线成 δ 角，与水平面成 θ 角，其作用点在墙高的1/3处。

作用在墙背上的主动土压力 E_a 可以分解为水平分力 E_{ax} 和竖向分力 E_{ay}：

$$E_{ax}=E_a\cos\theta=\frac{1}{2}\gamma H^2K_a\cos\theta \tag{7-25}$$

$$E_{ay}=E_a\sin\theta=\frac{1}{2}\gamma H^2K_a\sin\theta \tag{7-26}$$

式中：θ——E_a 与水平面的夹角，$\theta=\delta+\varepsilon$；

E_{ax}、E_{ay} 都是线性分布的，见图7-16。

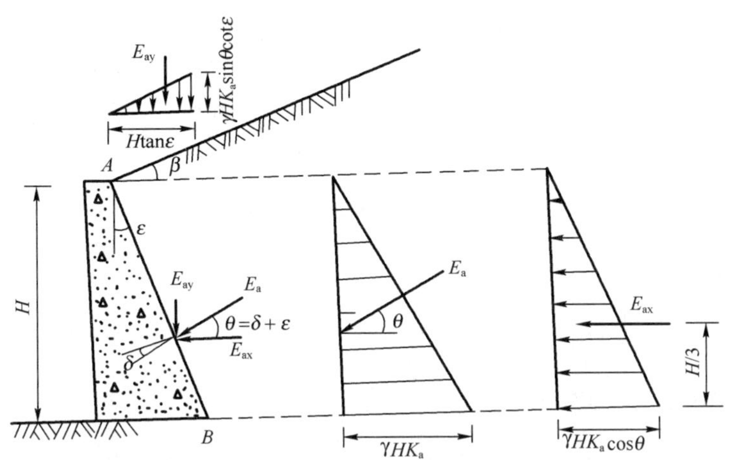

图 7-16 库仑主动土压力分布图

例题 7-3 某挡土墙如图 7-17 所示。已知墙高 $H=5\text{m}$，墙背倾角 $\varepsilon=10°$，填土为细砂，填土面水平($\beta=0$)，$\gamma=19\text{kN/m}^3$，$\varphi=30°$，$\delta=\frac{\varphi}{2}=15°$。按库仑土压力理论求作用在墙上的主动土压力 E_a。

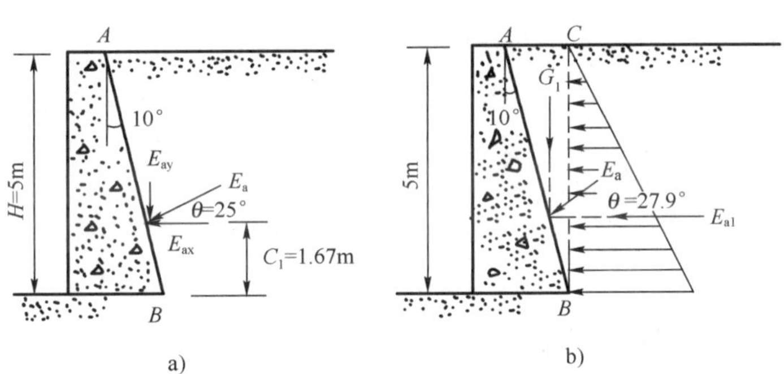

图 7-17 例题 7-3 图

解 (1)按库仑土压力理论计算

当 $\beta=0$，$\varepsilon=10°$，$\delta=15°$，$\varphi=30°$时，由表 7-1 查得库仑主动土压力系数 $K_a=0.378$。由式(7-20)、式(7-25)和式(7-26)求得作用在每延米挡土墙上的库仑主动土压力为：

$$E_a=\frac{1}{2}\gamma H^2K_a=\frac{1}{2}\times19\times5^2\times0.378=89.78\text{kN/m}$$

$$E_{ax}=E_a\cos\theta=89.78\times\cos(15°+10°)=81.36\text{kN/m}$$

$$E_{ay}=E_a\sin\theta=89.78\times\sin25°=37.94\text{kN/m}$$

E_a 的作用点位置距墙脚：

$$C_1=\frac{H}{3}=\frac{5}{3}=1.67\text{m}$$

(2)按朗金土压力理论计算

朗金主动土压力公式适用于墙背竖直($\varepsilon=0$)、墙背光滑($\delta=0$)和填土面水平($\beta=0$)的情况。而在本例题中，挡土墙 $\varepsilon=10°$，$\delta=15°$，不符合上述情况。现从墙脚 B 点作竖直面 BC，用朗金主动土压力公式计算作用在 BC 面上的主动土压力 E_{a1}，近似地假定作用在墙背 AB 上的主动土压力 E_a 是作用在 BC 面上的主动土压力 E_{a1} 与土体 ABC 重力 G_1 的合力，见图7-17b)。

当 $\varphi=30°$时，求得朗金主动土压力系数 $K_a=0.333$。按式(7-8)求得作用在 BC 面上的主动土压力为：

$$E_{a1}=\frac{1}{2}\gamma H^2K_a=\frac{1}{2}\times19\times5^2\times0.333=79.09\text{kN/m}$$

土体 ABC_1 的重力 G_1 为：

$$G_1=\frac{1}{2}\gamma H^2\tan\varepsilon=\frac{1}{2}\times19\times5^2\times\tan10°=41.88\text{kN/m}$$

作用在墙背 AB 上的主动土压力合力 E_a 为：

$$E_a=\sqrt{E_{a1}^2+G_1^2}=\sqrt{79.09^2+41.88^2}=89.49\text{kN/m}$$

合力 E_a 与水平面夹角 θ 为：

$$\theta=\arctan\frac{G_1}{E_{a1}}=\arctan\frac{41.88}{79.09}=27.9°$$

可以看到，用这种近似方法求得的土压力合力与库仑公式的结果还是比较接近的。

三、被动土压力计算

若挡土墙在外力下推向填土，当墙后土体达到极限平衡状态时，假定滑动面是通过墙脚的两个平面 AB 和 BC，如图 7-18 所示。由于滑动土体 ABC 向上挤出隆起，故在滑动面 AB 和 BC 上的摩阻力 T_2 及 T_1 的方向与主动土压力相反，是向下的。这样得到的滑动土体 ABC 的静力平衡力三角形如图 7-18 所示，由正弦定律可得：

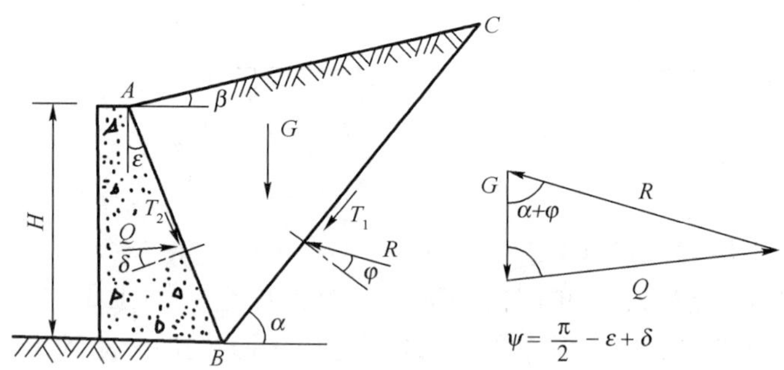

图 7-18　库仑被动土压力计算

$$Q=G\frac{\sin(\alpha+\varphi)}{\sin\left(\frac{\pi}{2}+\varepsilon-\delta-\alpha-\varphi\right)}\tag{7-27}$$

同样，Q 值是随着滑动面 BC 的倾角 α 而变化，但作用在墙背上的被动土压力值，应该是各反力 Q 中的最小值。这是因为挡土墙推向填土时，最危险的滑动面上的抵抗力 Q 值一定是最小的。计算 Q_{min}时，同主动土压力计算原理相似，可令：

$$\frac{dQ}{d\alpha}=0$$

由此可导得库仑被动土压力 E_p 的计算公式为：

$$E_p = Q_{min} = \frac{1}{2}\gamma H^2 K_p \tag{7-28}$$

$$K_p = \frac{\cos^2(\varphi+\varepsilon)}{\cos^2\varepsilon \cdot \cos(\varepsilon-\delta)\left[1-\sqrt{\dfrac{\sin(\varphi+\delta)\sin(\varphi+\beta)}{\cos(\varepsilon-\delta)\cos(\varepsilon-\beta)}}\right]^2} \tag{7-29}$$

式中：K_p——被动土压力系数；

其余符号意义均同前(图 7-18)。

E_p 的作用方向与墙背法线成 δ 角，由式(7-28)可知被动土压力强度 p_p 沿墙高为直线规律分布。

第五节 几种特殊情况下的库仑土压力计算

一、地面荷载作用下的库仑土压力

挡土墙后的土体表面常作用有不同形式的荷载，这些荷载将使作用在墙背上的土压力增大。

土体表面若有满布的均布荷载 q 时(图 7-19)，可将均布荷载换算为土体的当量厚度 $h_0=\frac{q}{\gamma}$(γ 为土体重度)，然后从图中定出假想的墙顶 A'，再用无荷载作用时的情况求出土压力强度和土压力合力。其步骤如下：

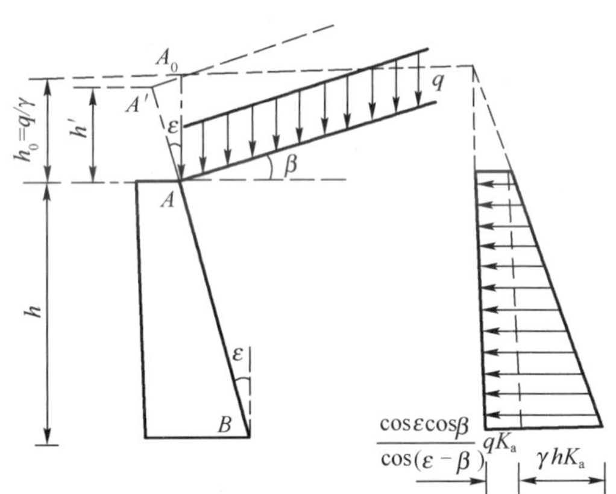

图 7-19 均布荷载作用下的库仑主动土压力计算

在 $\Delta AA'A_0$ 中，由几何关系可得：

$$AA' = h_0 \cdot \frac{\cos\beta}{\cos(\varepsilon-\beta)} \tag{7-30}$$

AA' 在竖向的投影为：

$$h' = AA'\cos\varepsilon = \frac{q}{\gamma}\cdot\frac{\cos\varepsilon\cos\beta}{\cos(\varepsilon-\beta)} \tag{7-31}$$

墙顶 A 点的主动土压力强度为：

$$p_{aA} = \gamma h' K_a \tag{7-32}$$

墙底 B 点的主动土压力强度为：

$$p_{aB} = \gamma(h+h')K_a \tag{7-33}$$

实际墙背 AB 上的土压力合力为：

$$E_a = \gamma h\left(\frac{1}{2}h+h'\right)K_a \tag{7-34}$$

二、成层土体中的库仑主动土压力

当墙后土体成层分布且具有不同的物理力学性质时,常用近似方法计算土压力。如图7-20所示,假设各层土的分层面与土体表面平行,然后自上而下逐层计算土压力。求下层土的土压力时可将上面各层土的重量当作均布荷载对待,现以图7-20为例加以说明。

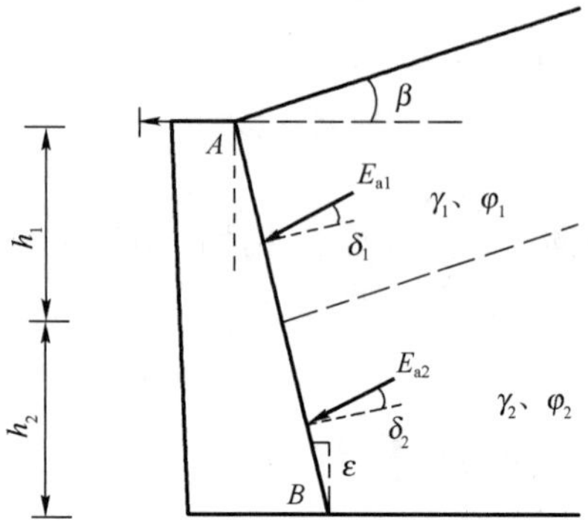

图7-20 成层土中的库仑主动土压力

第一层层面处: $p_a=0$

第一层层底处: $p_a=\gamma_1 h_1 K_{a1}$

在第二层顶面,将 $\gamma_1 h_1$ 的土重换算为第二层土的当量土厚度:

$$h_1' = \frac{\gamma_1 h_1}{\gamma_2} \cdot \frac{\cos\varepsilon\cos\beta}{\cos(\varepsilon-\beta)} \tag{7-35}$$

故第二层顶面处的土压力强度为:

$$p_a = \gamma_2 h_1' K_{a2} \tag{7-36}$$

第二层层底处的土压力强度为:

$$p_a = \gamma_2(h_1' + h_2)K_{a2} \tag{7-37}$$

式中:K_{a1}、K_{a2}——第一、第二层土的库仑主动土压力系数;

γ_1、γ_2——第一、第二层土的重度(kN/m^3)。

每层土的土压力合力 E_{a1}、E_{a2} 等于土压力分布图的面积,作用方向与 AB 法线方向成 δ_1、δ_2 角(δ_1、δ_2 分别为第一、第二层土与墙背之间的摩擦角),作用点位于各层土压力分布图的形心高度处。

另一种更简化的计算方法则是将各层的重度、内摩擦角按土层厚度进行加权平均,即:

$$\gamma_m = \frac{\sum \gamma_i h_i}{\sum h_i} \tag{7-38}$$

$$\varphi_m = \frac{\sum \varphi_i h_i}{\sum h_i} \tag{7-39}$$

式中:γ_i——各层土的重度(kN/m^3);

φ_i——各层土的内摩擦角(°);

h_i——各层土的厚度(m)。

然后近似地把它们当作均质土的抗剪强度指标求出土压力系数后再计算土压力。值得注意的是,计算结果与分层计算结果是否接近要看具体情况而定。

三、黏性土中的库仑土压力

在土建工程中,不论是一般的挡土结构,还是基坑工程中的支护结构,其后面的土体大多为黏土、粉质黏土或黏土夹石,都具有一定的黏聚力,黏性土中的库仑土压力可用等代摩擦角法计算。

等代内摩擦角,就是将黏性土的黏聚力折算成内摩擦角,经折算后的内摩擦角称之为等效内摩擦角或等值内摩擦角,用 φ_D 表示,目前工程中采用下面两种方法来计算 φ_D。

(1)根据抗剪强度相等的原理,等效内摩擦角 φ_D 可从土的抗剪强度曲线上,通过作用在基坑底面高程处的土中垂直应力 σ_t 求出(图7-21)。

$$\varphi_D = \arctan\left(\tan\varphi + \frac{c}{\sigma_t}\right) \quad (7\text{-}40)$$

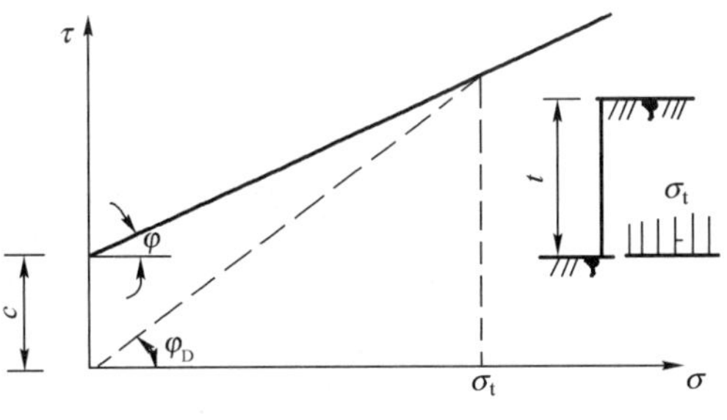

图7-21 等代内摩擦角 φ_D 的计算

式中:σ_t、c、φ 见图7-21。

(2)根据土压力相等的概念来计算等效内摩擦角 φ_D 值

为了使问题简化,假定墙背竖直、光滑;墙后填土与墙齐高,土面水平。具有黏聚力的土压力计算式为:

$$E_{a1} = \frac{1}{2}\gamma H^2\tan^2\left(45° - \frac{\varphi}{2}\right) - 2cH\tan\left(45° - \frac{\varphi}{2}\right) + \frac{2c^2}{\gamma}$$

按等效内摩擦角的土压力计算式为:

$$E_{a2} = \frac{1}{2}\gamma H^2\tan^2\left(45° - \frac{\varphi_D}{2}\right)$$

令 $E_{a1} = E_{a2}$,就可求得:

$$\tan\left(45° - \frac{\varphi_D}{2}\right) = \tan\left(45° - \frac{\varphi}{2}\right) - \frac{2c}{\gamma H}$$

$$\varphi_D = 2\left\{45° - \arctan\left[\tan\left(45° - \frac{\varphi}{2}\right) - \frac{2c}{\gamma H}\right]\right\} \quad (7\text{-}41)$$

四、车辆荷载作用下的土压力计算

在桥台或挡土墙设计时,应考虑车辆荷载引起的土压力。在《公路桥涵设计通用规范》(JTG D60—2004)中对车辆荷载(包括汽车、履带车和挂车)引起的土压力计算方法,做出了具体规定。其计算原理是按照库仑土压力理论,把填土破坏棱体(即滑动土楔)范围内的车辆荷载,用一个均布荷载(或换算成等代均布土层)来代替,然后用库仑土压力公式计算,见图7-22。

计算时首先确定破坏棱体的长度 l_0,忽略车辆荷载对滑动面位置的影响,按没有车辆荷载时的式(7-22)~式(7-24)计算滑动面的倾角 $\cot\alpha$ 值,然后用下面相应的公式求 l_0 值:

墙背俯斜时:

$$l_0 = H(\tan\varepsilon + \cot\alpha) \quad (7\text{-}42)$$

式中:H——挡土墙高度;

ε、α——分别为墙背倾角及滑动面的倾角。

作用在破坏棱体范围内的车辆荷载,可用式(7-43)换算成厚度为 h_e 的等代均布土层(图7-22)。

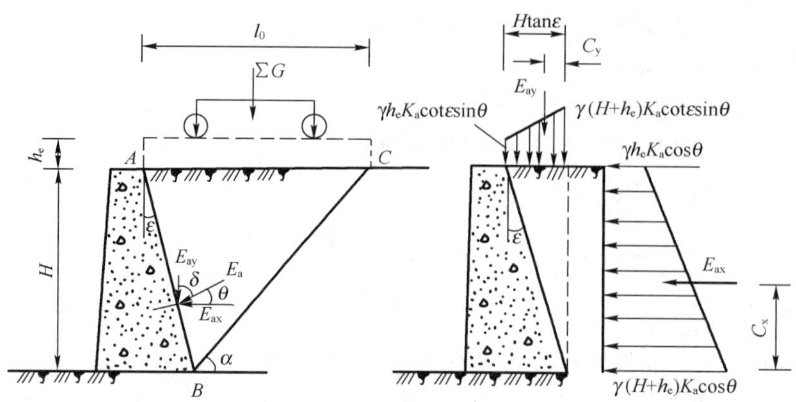

图 7-22 车辆荷载引起的土压力计算

$$h_e = \frac{\sum G}{B l_0 \gamma} \tag{7-43}$$

式中:γ——填土重度(kN/m^3);

B——桥台的计算宽度或挡土墙的计算长度(m),见下述规定;

l_0——桥台或挡土墙后填土的破坏棱体长度(m);

$\sum G$——布置在 $B \times l_0$ 面积内的车辆轮的重力(kN)。

挡土墙的计算长度 B(m)可按下列公式计算:

$$B = 13 + H\tan30° \tag{7-44}$$

式中:H——挡土墙高度,对墙顶以上有填土的挡土墙,H 为两倍墙顶填土高度加墙高(m)。

这里,由式(7-44)计算得到的挡土墙计算长度不应超过挡土墙分段长度(图 7-23)。当挡土墙分段长度小于 13m 时,B 取挡土墙分段长度。

车辆轮的重力 $\sum G$ 按下述规定计算:

(1)桥台为 $B \times l_0$ 面积内可能布置的车轮的重力;

(2)车辆荷载不分荷载等级,采用图 7-24a)所示的统一荷载标准值,车辆荷载的平面布置按图 7-24b)规定;

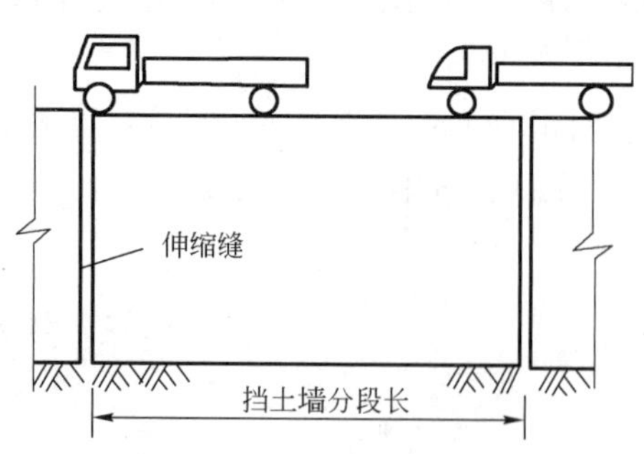

图 7-23 挡土墙的分段长度

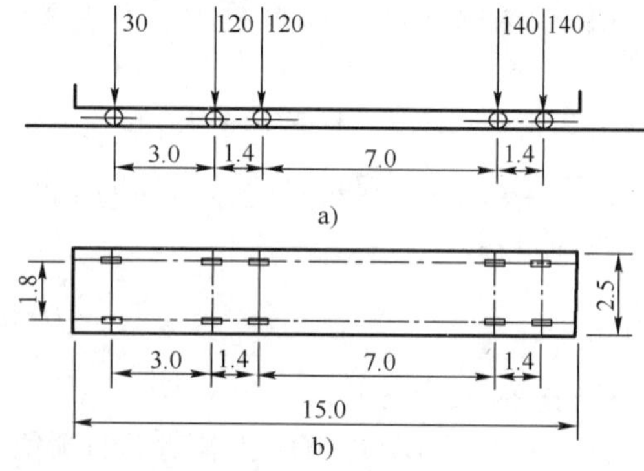

图 7-24 车辆荷载纵向布置图(轴重力单位:kN;尺寸单位:m)
a)立面;b)平面

(3)挡土墙计算时,车辆荷载的横向布置按图 7-25 规定。车辆外侧车轮中线距路面安全带边缘的距离为0.5m。

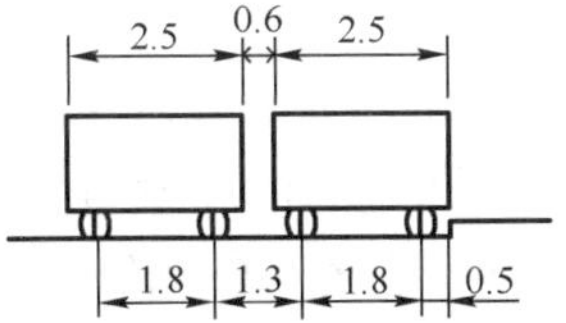

图7-25 车辆荷载横向布置图(尺寸单位:m)

当求得等代土层厚度 h_e后,可按式(7-45)计算作用在墙上的主动土压力 E_a 值(图7-22)。

$$\left.\begin{aligned} E_a &= \frac{1}{2}\gamma H(H+2h_e)K_a \\ E_{ax} &= E_a\cos\theta \\ E_{ay} &= E_a\sin\theta \end{aligned}\right\} \tag{7-45}$$

式中:θ——E_a 与水平线间夹角,$\theta=\delta+\varepsilon$;

K_a——主动土压力系数,由表 7-1 查得。

E_{ax}和 E_{ay}的分布图形见图 7-22,其作用点分别位于各分布图形的形心处,可按式(7-46)、式(7-47)计算:

E_{ax}的作用点距墙脚 B 点的竖直距离 C_x 为:

$$C_x = \frac{H}{3}\cdot\frac{H+3h_e}{H+2h_e} \tag{7-46}$$

E_{ay}的作用点距墙脚 B 点的水平距离 C_y 为:

$$C_y = \frac{d}{3}\cdot\frac{d+3d_1}{d+2d_1} \tag{7-47}$$

式中:$d=H\tan\varepsilon$,$d_1=h_e\tan\varepsilon$。

第六节 关于土压力的讨论

前面几节内容所介绍的土压力计算,是经典土力学内容,其实质是土的抗剪强度理论的应用。实际上土压力的大小和分布远比上述三种类型的土压力复杂。正如本章开头所论述的,土压力是土体与挡土结构物相互作用的结果,其大小及分布受土体性质、挡土结构类型及其位移等诸多因素的影响,因此有必要对土压力的计算问题作进一步讨论,从而使读者在实际工程运用中便于把握。

一、关于朗金土压力理论和库仑土压力理论的比较

朗金土压力理论和库仑土压力理论分别根据不同的假设,以不同的分析方法计算土压力,只有在最简单的情况下($\varepsilon=0$,$\beta=0$,$\delta=0$),用这两种理论计算的结果才相同,否则便得出不同的结果。

朗金土压力理论应用半空间中的应力状态和极限平衡理论的概念比较明确,公式简单,对于黏性土和无黏性土都可以用该公式直接计算,故在工程中得到广泛应用。但该理论必须假设墙背直立、光滑、墙后填土水平,因而使应用范围受到限制,并由于该理论忽略了墙背与填土

之间摩擦的影响,使计算的主动土压力偏大,而计算的被动土压力偏小。

库仑土压力理论根据墙后滑动土楔的静力平衡条件推导得到土压力计算公式,考虑了墙背与土之间的摩擦力,并可用于墙背倾斜,填土面倾斜的情况,但由于该理论假设填土是无黏性土,因此不能用库仑理论直接计算黏性土的土压力。库仑理论假设墙后填土破坏时,破裂面是一个平面,而实际上却是一个曲面,试验证明,在计算主动土压力时,只有当墙背的斜度不大,墙背与填土间的摩擦角较小时,破裂面才接近于一个平面,因此,其计算结果与按曲线滑动面计算的结果有出入。在通常情况下,这种偏差在计算主动土压力时为2%~10%,可以认为已满足实际工程所要求的精度;但在计算被动土压力时,由于破裂面接近于对数螺线,因此计算结果误差往往偏大,有时可达2~3倍,甚至更大。

二、关于挡土结构物位移与土压力的关系

前面已指出:挡土结构物的位移与土压力大小及分布有密切关系。

从挡土结构物位移对土压力大小的影响来看,以刚性墙为例,静止土压力减小到主动土压力,或增大到被动土压力,需要刚性墙作水平移动或转动。布林奇和汉森(Brinch & Hansen)认为这种位移δ的数量级为:

对于主动土压力:

$$\delta_a = 0.001H$$

对于被动土压力:

$$\delta_p = 0.01H$$

式中:H——墙高。

砂土和黏土中产生主动和被动土压力所需的墙顶位移如表7-2所示。

产生主动和被动土压力所需的墙顶位移　表7-2

土　类	应力状态	运动形式	所需位移
砂土	主动	平行于墙体	$0.001H$
	主动	绕墙趾转动	$0.001H$
	被动	平行于墙体	$0.05H$
	被动	绕墙趾转动	$>0.1H$
黏土	主动	平行于墙体	$0.004H$
	主动	绕墙趾转动	$0.004H$
	被动	—	—

根据以上数据,对于一般挡土结构产生主动土压力所需的墙体位移比较容易出现,而产生被动土压力所需位移数量较大,往往为设计所不允许。因此,在选择计算方法前,必须考虑变形方面的要求。

三、地下水渗流对土压力的影响

基坑施工时,围护墙内降水形成墙内外水头差,地下水会从坑外流向坑内,那么水土分算时一般可按图7-26的水压力分布图,确定地下水位以下作用在支护结构上的不平衡水压力,图7-26a)为三角形分布,适用于地下水有渗流的情况;若无渗流时,可按梯形分布考虑,如

图7-26b)所示。

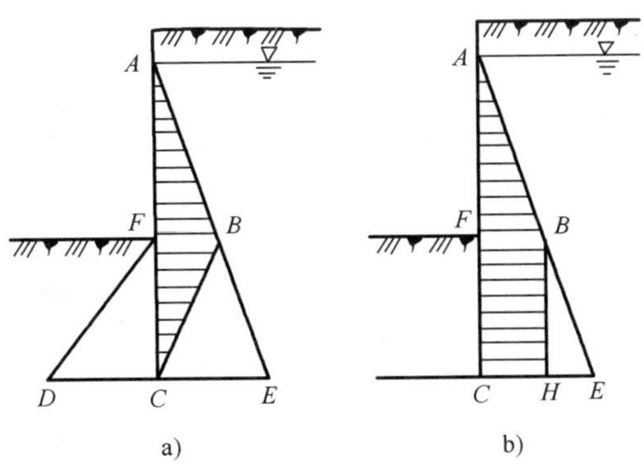

图7-26 作用在支护结构上的不平衡水压力分布图

a)三角形分布；b)梯形分布

【习题】

[7-1] 按朗金土压力理论计算图7-27所示挡土墙上的主动土压力E_a，并绘出其分布图。

[7-2] 用朗金土压力理论计算图7-28所示拱桥桥台墙背上的静止土压力及被动土压力，并绘出其分布图。

已知桥台台背宽度$B=5$m，桥台高度$H=6$m。填土性质为：$\gamma=18$kN/m³，$\varphi=20°$，$c=13$kPa；地基土为黏土，$\gamma=17.5$kN/m³，$\varphi=15°$，$c=15$kPa；土的侧压力系数$K_0=0.5$。

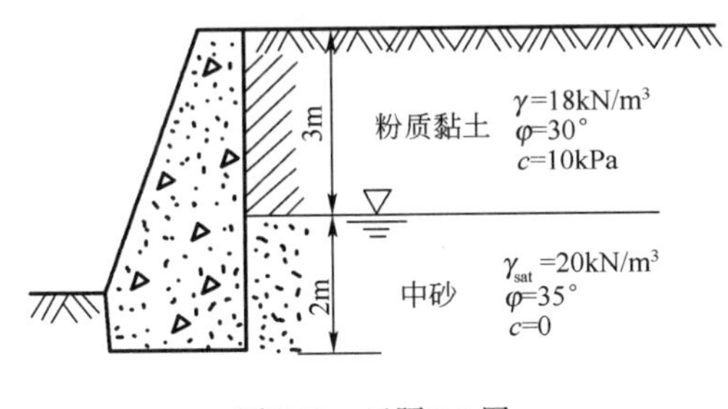

图7-27 习题7-1图

图7-28 习题7-2图

[7-3] 用库仑土压力理论计算图7-29挡土墙上的主动土压力值及滑动面方向。

已知墙高$H=6$m，墙背倾角$\varepsilon=10°$，墙背摩擦角$\delta=\frac{\varphi}{2}$；填土面水平$\beta=0$，$\gamma=19.7$kN/m³，$\varphi=35°$，$c=0$。

[7-4] 用库仑土压力理论计算图7-30所示挡土墙上的主动土压力。已知填土$\gamma=20$kN/m³，$\varphi=30°$，$c=0$；挡土墙高度$H=5$m，墙背倾角$\varepsilon=10°$，墙背摩擦角$\delta=\frac{\varphi}{2}$。

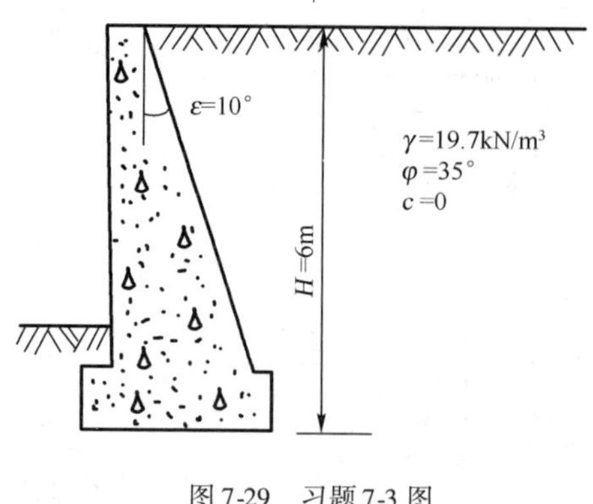

图 7-29　习题 7-3 图

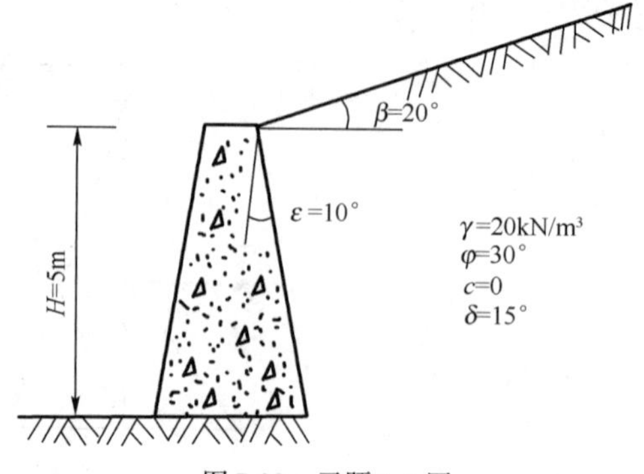

图 7-30　习题 7-4 图

【思考题】

［7-1］　何谓静止土压力、主动土压力及被动土压力？

［7-2］　静止土压力属于哪一种平衡状态？它与主动土压力及被动土压力状态有何不同？

［7-3］　朗金土压力理论与库仑土压力理论的基本原理有何异同之处？有人说“朗金土压力理论是库仑土压力理论的一种特殊情况”，你认为这种说法是否确切？

［7-4］　分别指出下列变化对主动土压力及被动土压力各有什么样的影响？δ 变小；φ 增大；β 增大；ε 减小。

［7-5］　挡土结构的位移及变形对土压力有什么影响？

第八章

土坡稳定分析

第一节　概　述

在建筑、道路及桥梁等工程中常常会遇到路堑、路堤或基坑开挖时的边坡稳定性问题。如图8-1所示，在土体重力的作用下，可能发生边坡失稳破坏，也即土体*ABCDEA*沿着土中某一滑动面*AED*向下滑动而产生破坏。由此可见，当土坡内某一滑动面上作用的滑动力达到土的抗剪强度时，土坡即发生滑动破坏。

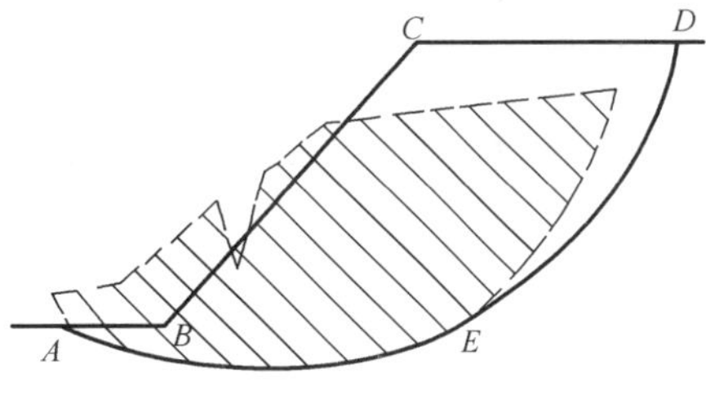

图8-1　土坡滑动破坏

土坡滑动失稳的原因有以下两种：

(1)外界力的作用破坏了土体内原来的应力平衡状态。如路堑或基坑的开挖，是由于土自身的重力发生变化，从而改变了土体原来的应力平衡状态；此外，路堤的填筑或土坡面上作用外荷载时，以及土体内部水的渗流力、地震力的作用，也都会破坏土体原有的应力平衡状态，促使土坡坍塌。

(2)土的抗剪强度由于受到外界各种因素的影响而降低，促使土坡失稳破坏。如由于外界气候等自然条件的变化，使土体时干时湿、收缩、膨胀、冻结、融化等，从而使土变松、强度降低；土坡内因雨水的浸入使土湿化，强度降低；土坡附近因施工引起的震动，如打桩、爆破等，以及地震力的作用，引起土的液化或徐变，使土的强度降低。

土坡的失稳形态与当地的工程地质条件有关。在非均质土层中，如果土坡下面有软弱层，则滑动面很大部分将通过软弱土层，形成曲折的复合滑动面，如图8-2a）所示；如果土坡位于倾斜的岩层面上，则滑动面往往沿岩层面产生，如图8-2b）所示。

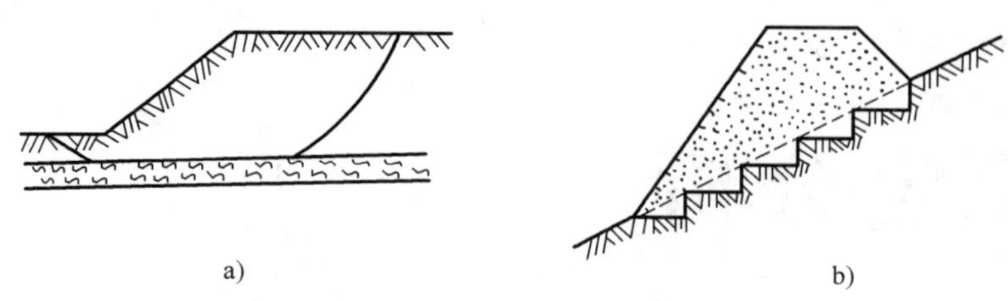

图8-2　非均质土中的滑动面

a）土坡滑动面通过软弱层；b）土坡沿岩层面滑动

在工程实践中，分析土坡稳定的目的是要检验所设计的土坡断面是否安全合理。边坡过陡可能发生坍塌，边坡过缓则会使土方量增加。土坡的稳定安全度可用稳定安全系数 K 表示，它是指土的抗剪强度与土坡中可能滑动面上产生的剪应力之间的比值。

土坡稳定分析是一个比较复杂的问题，因为尚有一些不定因素有待研究。如滑动面形式的确定，按实际情况合理地取用土的抗剪强度参数，土的非均匀性及土坡内有水渗流时的影响等。本章主要介绍土坡稳定分析的基本原理。

第二节　无黏性土的土坡稳定分析

在分析由砂、卵石、砾石等组成的无黏性土土坡稳定时，根据实际观测，同时为了计算简便起见，一般均假定滑动面是平面。

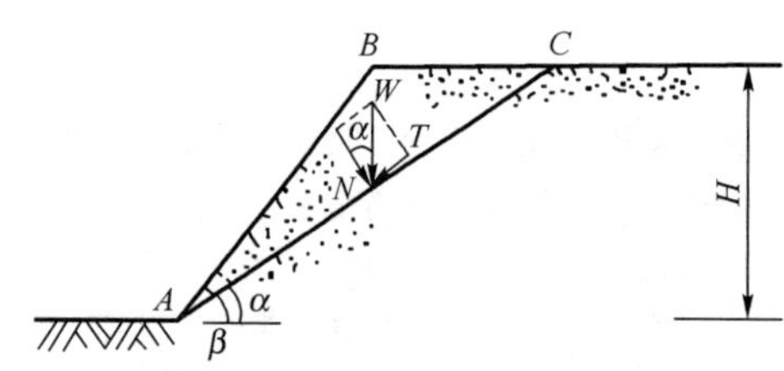

图8-3　均质无黏性土的土坡稳定计算

如图8-3所示的均质无黏性土简单土坡，所谓简单土坡是指土坡上、下两个土面是水平的，坡面 AB 是一平面。已知土坡高度为 H，坡角为 β，土的重度为 γ，土的抗剪强度 $\tau_f = \sigma\tan\varphi$。若假定滑动面是通过坡脚 A 的平面 AC，AC 的倾角为 α，则可计算滑动土体 ABC 沿 AC 面上滑动的稳定安全系数 K 值。

沿土坡长度方向截取单位长度土坡，作为平面应变问题分析。已知滑动土体 ABC 的重力 W 为：

$$W = \gamma S_{\Delta ABC}$$

式中：γ——土的重度；

$S_{\Delta ABC}$——单位长度土体 ABC 的体积。

W 在滑动面 AC 上的法向分力 N 及正应力 σ 为：

$$N = W\cos\alpha$$

$$\sigma = \frac{N}{\overline{AC}} = \frac{W\cos\alpha}{\overline{AC}}$$

W 在滑动面 AC 上的切向分力 T 及剪应力 τ 为：

$$T = W\sin\alpha$$

$$\tau = \frac{T}{\overline{AC}} = \frac{W\sin\alpha}{\overline{AC}}$$

则土坡滑动的稳定安全系数为：

$$K = \frac{\tau_f}{\tau} = \frac{\sigma\tan\varphi}{\tau} = \frac{\dfrac{W\cos\alpha}{\overline{AC}}\cdot\tan\varphi}{\dfrac{W\sin\alpha}{\overline{AC}}} = \frac{\tan\varphi}{\tan\alpha} \tag{8-1}$$

从式(8-1)可见，当 $\alpha=\beta$ 时，滑动的稳定安全系数最小，也即此时土坡面上的一层土是最容易滑动的。因此，无黏性土的土坡稳定安全系数为：

$$K = \frac{\tan\varphi}{\tan\beta} \tag{8-2}$$

一般要求 $K>1.25\sim1.30$。

第三节　黏性土的土坡稳定分析

均质黏性土的土坡失稳破坏时，其滑动面常常是曲面，通常可近似地假定为圆弧滑动面。圆弧滑动面的形式一般有以下 3 种：

(1)圆弧滑动面通过坡脚 B 点[图 8-4a)]，称为坡脚圆；

(2)圆弧滑动面通过坡面上 E 点[图 8-4b)]，称为坡面圆；

(3)圆弧滑动面通过坡脚以外的 A 点[图 8-4c)]，称为中点圆。

上述三种圆弧滑动面的产生，与土坡的坡角大小、土的强度指标以及土中硬层的位置等因素有关。

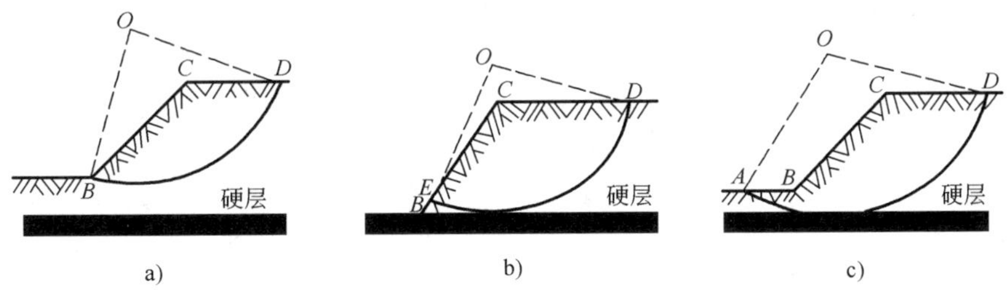

图 8-4　均质黏性土土坡的 3 种圆弧滑动面

a)坡脚圆；b)坡面圆；c)中点圆

采用圆弧滑动面进行土坡稳定分析，首先由瑞典工程师彼德森(Petterson，1916)提出，此后费伦纽斯(Fellenius，1927)和泰勒(Taylor，1948)进行了进一步的研究和改进。他们提出的分析方法可以分为两种：①土坡圆弧滑动按整体稳定分析法，主要适用均质简单土坡，如图 8-5 所示；②用条分法分析土坡稳定，条分法对非均质土坡、土坡外形复杂、土坡部分在水下时均适用。

一、土坡圆弧滑动面的整体稳定分析

1. 基本概念

土坡稳定分析采用圆弧滑动面的方法习惯上也称为瑞典圆弧滑动法。分析图 8-5 所示均质简单土坡，若可能的圆弧滑动面为 AD，其圆心为 O，半径为 R。分析时在土坡长度方向截取单位长土坡，按平面应变问题分析。滑动土体 $ABCDA$ 的重力为 W，它是促使土坡滑动的力；沿着滑动面 AD 上分布的土的抗剪强度 τ_f 是抵抗土坡滑动的力。将滑动力 W 及抗滑力 τ_f 分别对圆心 O 取矩，可得滑动力矩 M_s 及稳定力矩 M_r 为：

$$M_s = Wa \tag{8-3}$$

$$M_r = \tau_f \overset{\frown}{L} R \tag{8-4}$$

式中：W——滑动体 $ABCDA$ 的重力（kN）；

a——W 对 O 点的力臂（m）；

τ_f——土的抗剪强度，按库仑定律 $\tau_f = \sigma\tan\varphi + c$（kPa）；

c、φ——分别为土的黏聚力和内摩擦角；

$\overset{\frown}{L}$——滑动圆弧 AD 的长度（m）；

R——滑动圆弧面的半径（m）。

土坡滑动的稳定安全系数 K 也可以用稳定力矩 M_r 与滑动力矩 M_s 的比值表示，即：

$$K = \frac{M_r}{M_s} = \frac{\tau_f \overset{\frown}{L} R}{Wa} \tag{8-5}$$

由于土的抗剪强度沿滑动面 AD 上的分布是不均匀的，因此直接按式（8-5）计算土坡的稳定安全系数有一定的误差。

2. 摩擦圆法

摩擦圆法由泰勒提出，如图 8-6 所示，他认为滑动面 AD 上的抵抗力包括土的摩阻力及黏聚力两部分，它们的合力分别为 F 及 C。假定滑动面上的摩阻力首先得到发挥，然后才由土的黏聚力补充。下面分别讨论作用在滑动土体 $ABCDA$ 上的 3 个力：

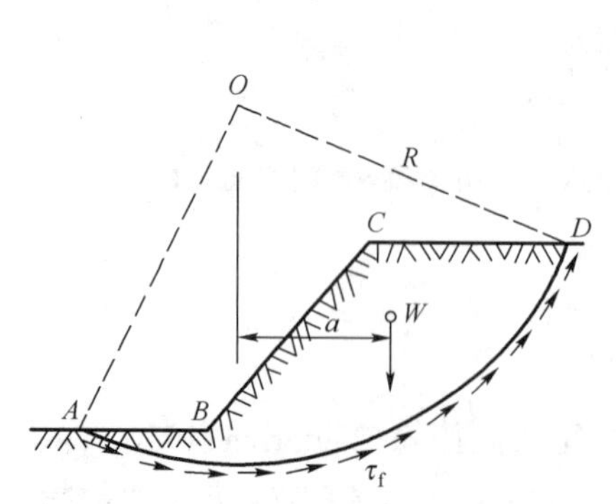

图 8-5　土坡的整体稳定分析

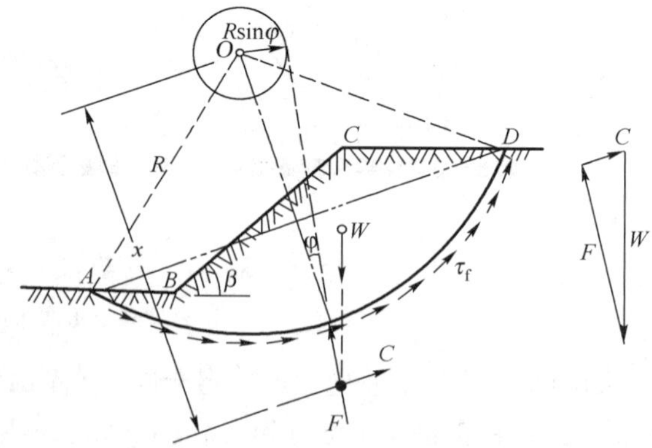

图 8-6　摩擦圆法

第一个力是滑动土体的重力 W，它等于滑动土体 $ABCDA$ 的面积与土的重度的乘积，其作用点位于滑动土体面积的形心。因此，W 的大小和作用线都是已知的。

第二个力是作用在滑动面 AD 上黏聚力的合力 C。为了维持土坡的稳定,沿滑动面 AD 上分布的需要发挥的黏聚力为 c_1,可以求得黏聚力的合力 C 及其对圆心的力臂 x 分别为:

$$C = c_1 \cdot \overline{AD} \tag{8-6}$$

$$x = \frac{\overset{\frown}{AD}}{\overline{AD}} \cdot R$$

式中:$\overset{\frown}{AD}$、$\overline{AD}$ ——分别为 AD 的弧长和弦长。

所以 C 的作用线是已知的,但其大小未知(因为 c_1 是未知值)。

第三个力是作用在滑动面 AD 上的法向力及摩擦力的合力,用 F 表示。泰勒假定 F 的作用线与圆弧 AD 的法线成 φ 角,也即 F 与圆心 O 点处半径为 $R\sin\varphi$ 的圆(称摩擦圆)相切,同时 F 还一定通过 W 与 C 的交点。因此,F 的作用线是已知的,但其大小未知。

根据滑动土体 $ABCDA$ 上的 3 个作用力 W、F、C 的静力平衡条件,可以从图 8-6 所示的力三角形中求得 C 值,由式(8-6)可求得维持土体平衡时滑动面上所需要发挥的黏聚力 c_1 值。这时土体的稳定安全系数 K 为:

$$K = \frac{c}{c_1} \tag{8-7}$$

式中:c——土的实际黏聚力。

上述计算中,滑动面 AD 是任意假定的,因此,需要试算多个可能的滑动面。相应于最小稳定安全系数 K_{min} 的滑动面才是最危险的滑动面,K_{min} 值必须满足规定数值。由此可以看出,土坡稳定分析的计算工作量是很大的。费伦纽斯和泰勒对均质的简单土坡做了大量的分析计算工作,提出了确定最危险滑动面圆心的经验方法,以及计算土坡稳定安全系数的图表。

3. 费伦纽斯确定最危险滑动面圆心的方法

(1)土的内摩擦角 $\varphi=0$ 时。费伦纽斯提出当土的内摩擦角 $\varphi=0$ 时,土坡的最危险圆弧滑动面通过坡脚,其圆心为 D 点,如图 8-7 所示。D 点是由坡脚 B 及坡顶 C 分别作 BD 及 CD 线的交点,BD 与 CD 线分别与坡面及水平面成 β_1 及 β_2 角。β_1 及 β_2 角与土坡坡角 β 有关,可由表 8-1 查得。

β_1 及 β_2 数值表 表 8-1

土坡坡度(竖直:水平)	坡角 β	β_1	β_2
1:0.58	60°	29°	40°
1:1	45°	28°	37°
1:1.5	33°41′	26°	35°
1:2	26°34′	25°	35°
1:3	18°26′	25°	35°
1:4	14°02′	25°	37°
1:5	11°19′	25°	37°

(2)土的内摩擦角 $\varphi>0$ 时。费伦纽斯提出这时最危险滑动面也通过坡脚,其圆心在 ED 的延长线上,见图 8-7。E 点的位置距坡脚 B 点的水平距离为 4.5H。φ 值越大,圆心越向外

移。计算时从 D 点向外延伸取几个试算圆心 O_1、O_2、…，分别求得其相应的滑动安全系数 K_1、K_2…，绘得 K 值曲线可得到最小安全系数值 K_{min}，其相应的圆心 O_m 即为最危险滑动面的圆心。

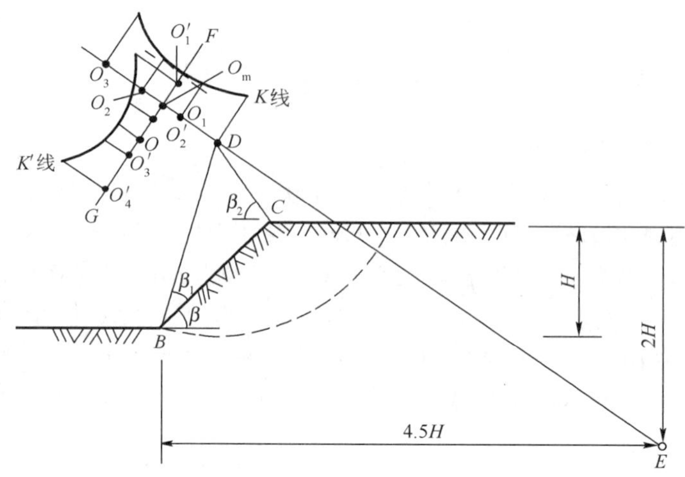

图 8-7　确定最危险滑动面圆心的位置

实际上土坡的最危险滑动面圆心位置有时并不一定在 ED 的延长线上，而可能在其左右附近，因此圆心 O_m 可能并不是最危险滑动面的圆心，这时可以通过 O_m 点作 DE 线的垂线 FG，在 FG 上取几个试算滑动面的圆心 O_1'、O_2'…，求得其相应的滑动稳定安全系数 K_1'、K_2'、…，绘得 K'值曲线，相应于 K_{min}'值的圆心 O 才是最危险滑动面的圆心。

从上述可见，根据费伦纽斯提出的方法，虽然可以把最危险滑动面的圆心位置缩小到一定范围，但其试算工作量还是很大的。泰勒对此作了进一步的研究，提出了确定均质简单土坡稳定安全系数的图表。

4. *泰勒的分析方法*

泰勒认为圆弧滑动面的 3 种形式同土的内摩擦角 φ 值、坡角 β 以及硬层埋藏深度等因素有关。泰勒经过大量计算分析后提出：

（1）当 $\varphi > 3°$时，滑动面为坡脚圆，其最危险滑动面圆心位置，可根据 φ 及 β 角值，从图 8-8 中的曲线查得 θ 及 α 值作图求得。

（2）当 $\varphi = 0°$，且 $\beta > 53°$时，滑动面也是坡脚圆，其最危险滑动面圆心位置，同样可从图 8-8中的 θ 及 α 值作图求得。

（3）当 $\varphi = 0°$，且 $\beta < 53°$时，滑动面可能是中点圆，也有可能是坡脚圆或坡面圆，它取决于硬层的埋藏深度。当土体高度为 H，硬层的埋藏深度为 n_dH［如图 8-9a）所示］。若滑动面为中点圆，则圆心位置在坡面中点 M 的铅直线上，且与硬层相切，见图 8-9a），滑动面与土面的交点为 A，A 点距坡脚 B 的距离为 n_xH，n_x 值可根据 n_d 及 β 值由图 8-9b）查得。若硬层埋藏较浅，则滑动面可能是坡脚圆或坡面圆，其圆心位置需通过试算确定。

泰勒提出在土坡稳定分析中共有 5 个计算参数，即土的重度 γ、土坡高度 H、坡角 β 以及土的抗剪强度指标 c、φ，若知道其中 4 个参数时就可以求出第 5 个参数。为了简化计算，泰勒把 3 个参数 c、γ、H 组成 1 个新的参数 N_s，称为稳定因数，即：

$$N_s = \frac{\gamma H}{c} \tag{8-8}$$

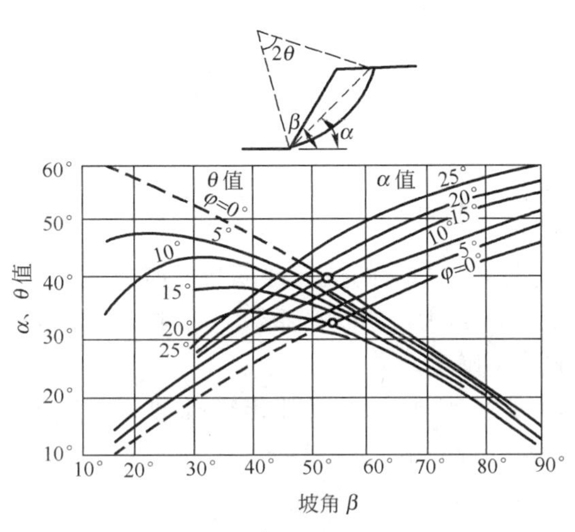

图 8-8 按泰勒方法确定最危险滑动面圆心

（当 $\varphi > 3°$ 或 $\varphi = 0°$，且 $\beta > 53°$ 时）

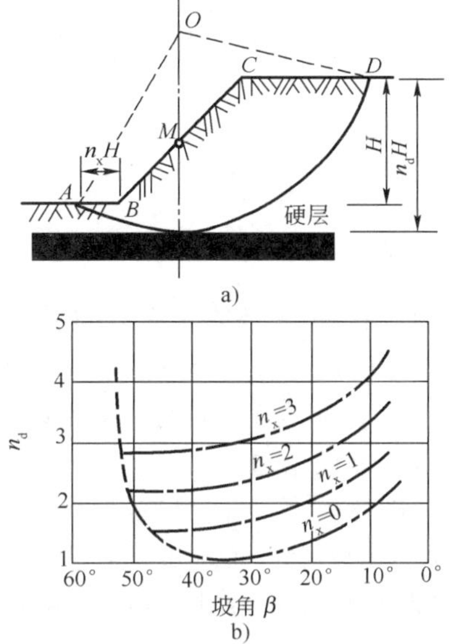

图 8-9 按泰勒方法确定最危险滑动面圆心位置

（当 $\varphi = 0°$ 且 $\beta < 53°$ 时）

通过大量计算可以得到 N_s 与 φ 及 β 间的关系曲线，见图 8-10。在图 8-10a）中，给出 $\varphi = 0°$ 时稳定因数 N_s 与 β 的关系曲线；在图 8-10b）中，给出 $\varphi > 0°$ 时稳定因数 N_s 与 β 的关系曲线，从图中可以看到，当 $\beta < 53°$ 时滑动面形式与硬层埋藏深度 $n_d H$ 值有关。

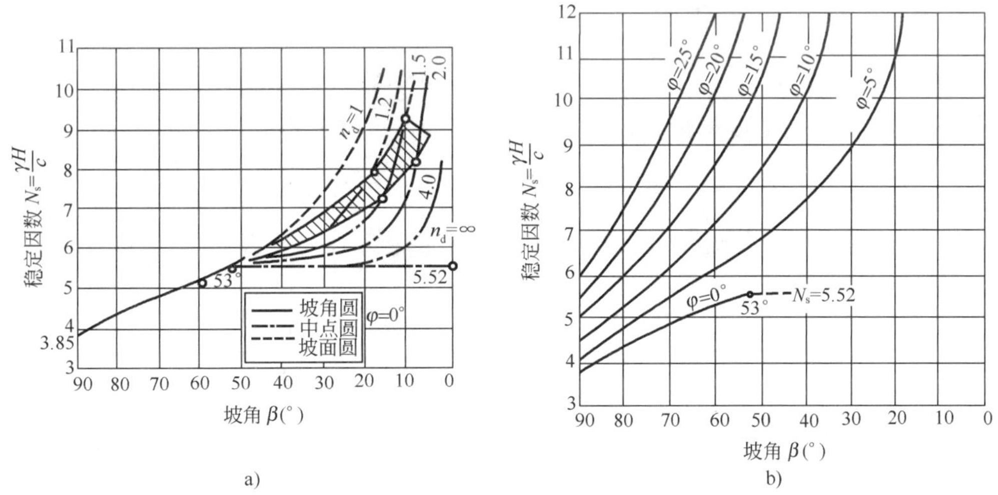

图 8-10 泰勒的稳定因素 N_s 与坡角 β 的关系

a）$\varphi = 0°$ 时；b）$\varphi > 0°$ 时

泰勒分析简单土坡的稳定性时，假定滑动面上土的摩阻力首先得到充分发挥，然后才由土的黏聚力补充。因此，在求得满足土坡稳定时滑动面上所需要的黏聚力 c_1 后，与土的实际黏聚力 c 进行比较，即可求得土坡的稳定安全系数。

例题 8-1 图 8-11 所示黏性土简单土坡，已知土坡高度 $H = 8\text{m}$，坡角 $\beta = 45°$，土的性质为：$\gamma=19.4\text{kN/m}^3$，$\varphi=10°$，$c=25\text{kPa}$。试用泰勒的稳定因数曲线计算土坡的稳定安全系数。

解 当 $\varphi=10°$，$\beta=45°$时，由图 8-10b）查得 $N_s=9.2$。由式（8-8）可求得此时滑动面上所需要的黏聚力 c_1 为：

$$c_1=\frac{\gamma H}{N_s}=\frac{19.4\times 8}{9.2}=16.9\text{kPa}$$

土坡稳定安全系数 K 为：

$$K=\frac{c}{c_1}=\frac{25}{16.9}=1.48$$

应该看到，上述安全系数的意义与前述不同，前面是指土的抗剪强度与剪应力之比。在本例中对土的内摩擦角 φ 而言，其安全系数是 1.0，而黏聚力 c 的安全系数是 1.48，两者不一致。若要求 c、φ 值具有相同的安全系数，则需采用试算法确定。

对于黏性土边坡，当土性特殊（如膨胀土等）或下卧硬层时，可能出现类似无黏性土边坡的楔体破坏类型，此时可按无黏性土边坡破坏模式进行分析。

将滑动看作平面应变模式，边坡倾角为 β，设滑动面为 AE，其倾角为 θ，$AEDA$ 为滑动体，其高度为 H，滑面 AE 长 L，受力情况如图 8-12 所示。

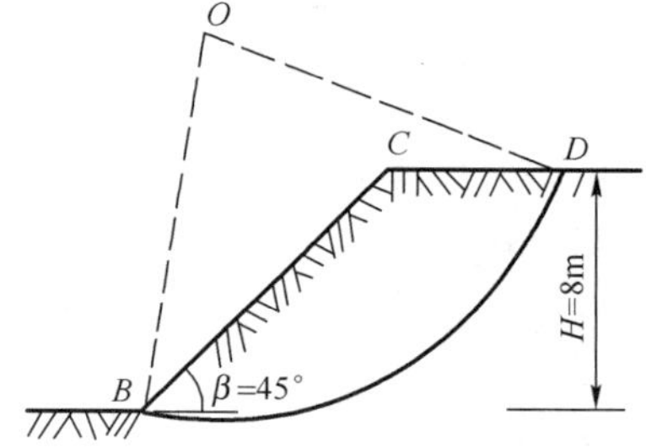

图 8-11 例题 8-1 图

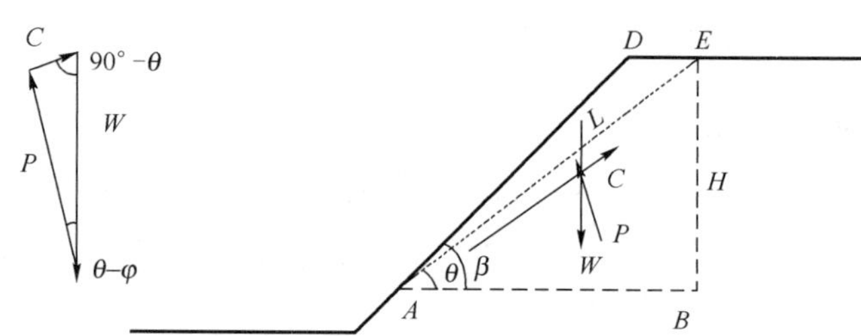

图 8-12 黏性土边坡滑动受力分析

如土的重度 γ、抗剪强度指标 c、φ 为已知，设滑动体 $AEDA$ 的重量为 W，经过几何变换可得：$W=\frac{1}{2}\gamma HL\csc\beta\sin(\beta-\theta)$，$AE$ 面上黏聚力 c 产生的抗滑力为 $C=cL$。

土楔上受到的力有法向反力和摩擦力的合力 P、黏聚力 C 与重力 W，3 个力组成平衡力三角形，由正弦定理可得：

$$\frac{W}{\sin[180°-(90°-\theta+\theta-\varphi)]}=\frac{cL}{\sin(\theta-\varphi)}$$

从而可得出临界高度：

$$H=\frac{c}{\gamma}\frac{2\sin\beta\cos\varphi}{\sin(\beta-\theta)\sin(\theta-\varphi)}=\frac{c}{\gamma}N_s \tag{8-9}$$

令 $\frac{dH}{d\theta}=0$，求得 θ，可得到最危险滑动面所对应的 N_s：

$$\theta=\frac{\beta+\varphi}{2}$$

$$N_{\text{smin}}=\frac{4\sin\beta\cos\varphi}{1-\cos(\beta-\varphi)} \tag{8-10}$$

可得土坡临界高度为：

$$H_{cr} = \frac{c}{\gamma}N_{smin} \tag{8-11}$$

二、费伦纽斯条分法

从前面分析知道，由于圆弧滑动面上各点的法向应力不同，因此土的抗剪强度各点也不相同，这样就不能直接应用式(8-5)计算土坡稳定安全系数。而泰勒的分析方法是在对滑动面上的抵抗力大小及方向作了一些假定的基础上，才得到分析均质简单土坡稳定的计算图表，泰勒方法对于非均质的土坡或比较复杂的土坡(如土坡形状比较复杂、土坡上有荷载作用、土坡中有水渗流时等)均不适用。费伦纽斯在瑞典圆弧滑动法的基础上提出的条分法是解决这一问题的基本方法，至今仍得到广泛应用，该方法又称为瑞典圆弧条分法。

1. 基本原理

如图 8-13 所示土坡，取单位长度土坡按平面应变问题计算。设可能滑动面是一圆弧 AD，圆心为 O，半径为 R。将滑动土体 $ABCDA$ 分成许多竖向土条，土条的宽度一般可取 $b=0.1R$，任一土条 i 上的作用力包括(见图 8-13)。

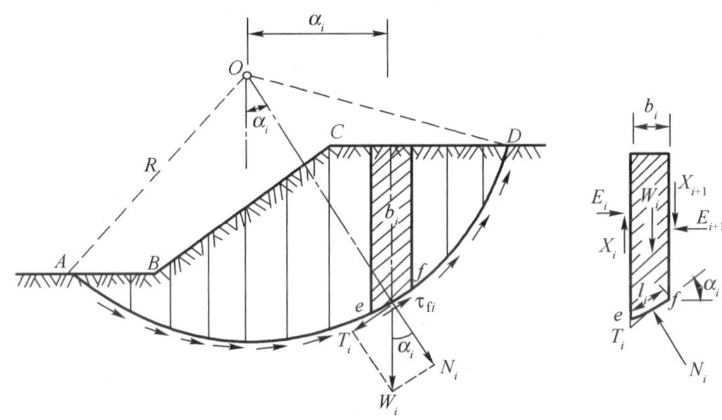

图 8-13 用条分法计算土坡稳定

土条的重力 W_i，其大小、作用点位置及方向均为已知。

滑动面 ef 上的法向力 N_i 及切向反力 T_i，假定 N_i、T_i 作用在滑动面 ef 的中点，它们的大小均未知。

土条两侧的法向力 E_i、E_{i+1} 及竖向剪切力 X_i、X_{i+1}，其中 E_i 和 X_i 可由前一个土条的平衡条件求得，而 E_{i+1} 和 X_{i+1} 的大小未知，E_{i+1} 的作用点位置也未知。

由此可以看到，作用在土条 i 上的作用力中有 5 个未知数，但只能建立 3 个平衡方程，故为静不定问题。为了求得 N_i、T_i 值，必须对土条两侧作用力的大小和位置作适当的假定。费伦纽斯的条分法是不考虑土条两侧的作用力，也即假设 E_i 和 X_i 的合力等于 E_{i+1} 和 X_{i+1} 的合力，同时它们的作用线也重合，因此土条两侧的作用力相互抵消。这时土条 i 仅有作用力 W_i、N_i 及 T_i，根据平衡条件可得：

$$N_i = W_i\cos\alpha_i$$

$$T_i = W_i\sin\alpha_i$$

滑动面 ef 上土的抗剪强度为：

$$\tau_{fi} = \sigma_i \tan\varphi_i + c_i = \frac{1}{l_i}(N_i \tan\varphi_i + c_i l_i) = \frac{1}{l_i}(W_i \cos\alpha_i \tan\varphi_i + c_i l_i)$$

式中：α_i——土条 i 滑动面的法线（亦即半径）与竖直线的夹角；

l_i——土条 i 滑动面 ef 的弧长；

c_i、φ_i——滑动面上的黏聚力及内摩擦角。

土条 i 上的作用力对圆心 O 产生的滑动力矩 M_s 及稳定力矩 M_r 分别为：

$$M_s = T_i R = W_i R \sin\alpha_i$$

$$M_r = \tau_{fi} l_i R = (W_i \cos\alpha_i \tan\varphi_i + c_i l_i) R$$

整个土坡相应与滑动面 AD 时的稳定系数为：

$$K = \frac{M_r}{M_s} = \frac{R\sum_{i=1}^{n}(W_i \cos\alpha_i \tan\varphi_i + c_i l_i)}{R\sum_{i=1}^{n} W_i \sin\alpha_i} \tag{8-12}$$

对于均质土坡，$c_i = c$，$\varphi_i = \varphi$ 则得：

$$K = \frac{M_r}{M_s} = \frac{\tan\varphi \sum_{i=1}^{n} W_i \cos\alpha_i + c\widehat{L}}{\sum_{i=1}^{n} W_i \sin\alpha_i} \tag{8-13}$$

式中：$\widehat{L}$——滑动面 AD 的弧长；

n——土条分条数。

2. 最危险滑动面圆心位置的确定

上面是对于某一个假定滑动面求得的稳定安全系数，因此需要试算多个可能的滑动面，相应于最小安全系数的滑动面即为最危险滑动面。确定最危险滑动面圆心位置的方法，同样可以利用前述费伦纽斯或泰勒的经验方法，见图 8-7、表 8-1 及图 8-8、图 8-9。

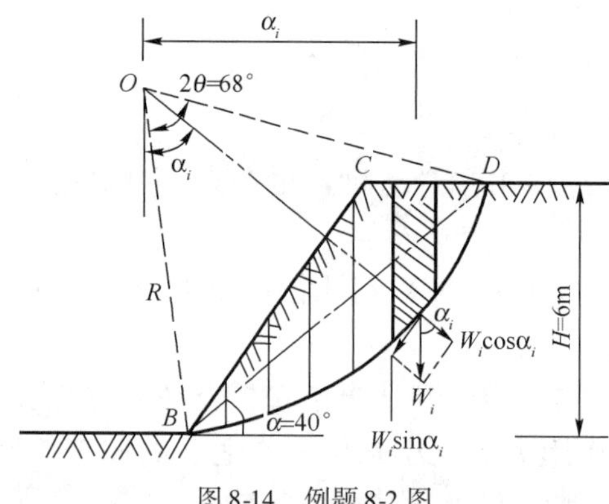

图 8-14　例题 8-2 图

例题 8-2　某土坡如图 8-14 所示。已知土坡高度 $H = 6\text{m}$，坡角 $\beta = 55°$，土的重度 $\gamma = 18.6\text{kN/m}^3$，土的内摩擦角 $\varphi = 12°$，黏聚力 $c = 16.7\text{kPa}$。试用条分法验算土坡的稳定安全系数。

解　（1）按比例绘出土坡的剖面图（图 8-14）。按泰勒的经验方法确定最危险滑动面圆心位置。当 $\varphi = 12°$，$\beta = 55°$ 时，知土坡的滑动面是坡脚圆，其最危险滑动面圆心的位置，可从图 8-8 中的曲线得到 $\alpha = 40°$，$\theta = 34°$，由此作图求得圆心 O。

（2）将滑动土体 $BCDB$ 划分成竖直土条。滑动圆弧 BD 的水平投影长度为 $H\cot\alpha = 6 \times \cot 40° = 7.15\text{m}$，把滑动土体划分成 7 个土条，从坡脚 B 开始编号，把 1 ~ 6 条的宽度 b 均取为 1m，而余下的第 7 条的宽度则为 1.15m。

（3）计算各土条滑动面中点与圆心的连线同竖直线的夹角 α_i 值。可按下式计算：

$$\sin\alpha_i = \frac{a_i}{R}$$

$$R=\frac{d}{2\sin\theta}=\frac{H}{2\sin\alpha\sin\theta}=\frac{6}{2\times\sin40°\times\cos34°}=8.35\text{m}$$

式中：a_i——土条 i 的滑动面中点与圆心 O 的水平距离；

R——圆弧滑动面 BD 的半径；

d——BD 弦的长度；

θ、α——求圆心位置时的参数，其意义见图 8-8。

将求得的各土条值列于表 8-2 中。

(4)从图中量取各土条的中心高度 h_i，计算各土条的重力 $W_i=\gamma b_i h_i$ 及 $W_i\sin\alpha_i$、$W_i\cos\alpha_i$ 值，将结果列于表 8-2。

土坡稳定计算结果 表 8-2

土条编号	土条宽度 b_i(m)	土条中心高 h_i(m)	土条重力 W_i(kN)	α_i (°)	$W_i\sin\alpha_i$ (kN)	$W_i\cos\alpha_i$ (kN)	$\widehat{L}$ (m)
1	1	0.60	11.16	9.5	1.84	11.0	
2	1	1.80	33.48	16.5	9.51	32.1	
3	1	2.85	53.01	23.8	21.39	48.5	
4	1	3.75	69.75	31.8	36.56	59.41	
5	1	4.10	76.26	40.1	49.12	58.33	
6	1	3.05	56.73	49.8	43.33	36.62	
7	1.15	1.50	27.90	63.0	24.86	12.67	
合计					186.60	258.63	9.91

(5)计算滑动面圆弧长度 $\widehat{L}$：

$$\widehat{L}=\frac{\pi}{180}2\theta R=\frac{2\times\pi\times34\times8.35}{180}=9.91\text{m}$$

(6)按式(8-13)计算土坡的稳定安全系数 K：

$$K=\frac{\tan\varphi\sum_{i=1}^{7}W_i\cos\alpha_i+c\widehat{L}}{\sum_{i=1}^{7}W_i\sin\alpha_i}=\frac{258.63\times\tan12°+16.7\times9.91}{186.6}=1.18$$

三、毕肖普条分法

用条分法分析土坡稳定问题时，任一土条的受力情况是一个静不定问题。为了解决这一问题，费伦纽斯的简单条分法假定不考虑土条间的作用力，一般来说，这样得到的稳定安全系数是偏小的。在工程实践中，为了改进条分法的计算精度，许多人都认为应该考虑土条间的作用力，以求得比较合理的结果。目前已有许多解决问题的办法，其中以毕肖普(Bishop，1955)提出的简化方法比较合理实用。

如图 8-13 所示土坡，前面已经指出任一土条 i 上的受力条件是一个静不定问题，土条 i 上的作用力有 5 个未知，故属二次静不定问题。毕肖普在求解时补充了两个假设条件：①忽略土条间的竖向剪切力 X_i 及 X_{i+1} 作用；②对滑动面上的切向力 T_i 的大小做了规定。

根据土条 i 上竖向力的平衡条件可得：

$$W_i - X_i + X_{i+1} - T_i\sin\alpha_i - N_i\cos\alpha_i = 0$$

即

$$N_i\cos\alpha_i = W_i + (X_{i+1} - X_i) - T_i\sin\alpha_i \tag{8-14}$$

若土坡的稳定安全系数为 K,则土条 i 滑动面上的抗剪强度 τ_{fi} 也只发挥了一部分,毕肖普假设 τ_{fi} 与滑动面上的切向力 T_i 相平衡,即：

$$T_i = \tau_{fi}l_i = \frac{1}{K}(N_i\tan\varphi_i + c_il_i) \tag{8-15}$$

将式(8-15)代入式(8-14)得：

$$N_i = \frac{W_i + (X_{i+1} - X_i) - \dfrac{c_il_i}{K}\sin\alpha_i}{\cos\alpha_i + \dfrac{1}{K}\tan\varphi_i\sin\varphi_i} \tag{8-16}$$

由式(8-12)知土坡的稳定安全系数 K 为：

$$K = \frac{M_r}{M_s} = \frac{\sum\limits_{i=1}^{n}(N_i\tan\varphi_i + c_il_i)}{\sum\limits_{i=1}^{n}W_i\sin\alpha_i} \tag{8-17}$$

将式(8-16)代入式(8-17)得：

$$K = \frac{\sum\limits_{i=1}^{n}\dfrac{[W_i + (X_{i+1} - X_i)]\tan\varphi_i + c_il_i\cos\alpha_i}{\cos\alpha_i + \dfrac{1}{K}\tan\varphi_i\sin\alpha_i}}{\sum\limits_{i=1}^{n}W_i\sin\alpha_i} \tag{8-18}$$

由于上式中 X_i 及 X_{i+1} 是未知的,故求解尚有困难。毕肖普假定土条间竖向剪切力均略去不计,即 $X_{i+1} - X_i = 0$,则式(8-18)可简化为：

$$K = \frac{\sum\limits_{i=1}^{n}\dfrac{1}{m_{\alpha i}}(W_i\tan\varphi_i + c_il_i\cos\alpha_i)}{\sum\limits_{i=1}^{n}W_i\sin\alpha_i} \tag{8-19}$$

其中

$$m_{\alpha i} = \cos\alpha_i + \frac{1}{K}\tan\varphi_i\sin\alpha_i \tag{8-20}$$

式(8-19)就是简化毕肖普法计算土坡稳定安全系数的公式。由于式中 $m_{\alpha i}$ 也包含 K 值,因此式(8-19)须用迭代法求解,即先假定一个 K 值,按式(8-20)求得 $m_{\alpha i}$ 值,代入式(8-19)中求出 K 值。若此值与假定值不符,则用此 K 值重新计算 $m_{\alpha i}$,求得新的 K 值,如此反复迭代,直至假定的 K 值于求得的 K 值相近为止。为了方便计算,可将式(8-20)的 $m_{\alpha i}$ 值制成曲线(如图 8-15 所示),可按 α_1 及 $\tan\varphi_i/K$ 值直接查得 $m_{\alpha i}$ 值。

最危险滑动面圆心位置的确定方法,仍可按前述经验方法确定。

例题 8-3 用简化毕肖普条分法计算例题 8-2 土坡的稳定安全系数。

解 土坡的最危险滑动面圆心 O 的位置以及土条划分情况均与例题 8-2 相同。按式(8-19)和式(8-20)计算各土条的有关各项列于表 8-3 中。

第一次试算假定稳定安全系数 $K = 1.20$,计算结果列于表 8-3,可按式(8-19)求得稳定安

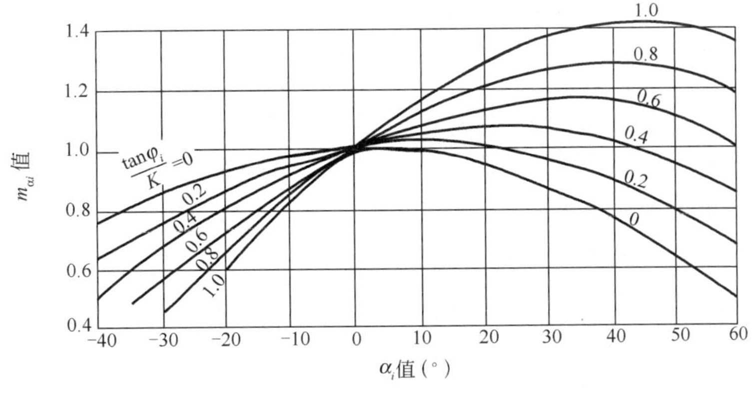

图 8-15 $m_{\alpha i}$值曲线

全系数：

$$K=\frac{\sum_{i=1}^{n}\frac{1}{m_{\alpha i}}[W_i\tan\varphi_i+c_il_i\cos\alpha_i]}{\sum_{i=1}^{n}W_i\sin\alpha_i}=\frac{221.55}{186.6}=1.187$$

第二次试算假定 $K=1.19$，计算结果列于表 8-3，可得：

$$K=\frac{221.33}{186.6}=1.186$$

计算结果与假定接近，故得土坡的稳定安全系数 $K=1.19$。

土坡稳定计算表 表 8-3

土条编号	α_i (°)	l_i (m)	W_i (kN)	$W_i\sin\alpha_i$ (kN)	$W_i\tan\alpha_i$ (kN)	$c_il_i\cos\alpha_i$	$m_{\alpha i}$		$\frac{1}{m_{\alpha i}}(W_i\tan\varphi_i+c_il_i\cos\alpha_i)$	
							$K=1.20$	$K=1.19$	$K=1.20$	$K=1.19$
1	9.5	1.01	11.16	1.84	2.37	16.64	1.016	1.016	18.71	18.71
2	16.5	1.05	33.48	9.51	7.12	16.81	1.009	1.010	23.72	23.69
3	23.8	1.09	53.01	21.39	11.27	16.66	0.986	0.987	28.33	28.30
4	31.6	1.18	69.75	36.55	14.83	16.73	0.945	0.945	33.45	33.45
5	40.1	1.31	76.26	49.12	16.21	16.73	0.879	0.880	37.47	37.43
6	49.8	1.56	56.73	43.33	12.06	16.82	0.781	0.782	36.98	36.93
7	63.0	2.68	29.70	24.86	5.93	20.32	0.612	0.613	42.89	42.82
合计				186.60					221.55	221.33

四、杨布非圆弧普遍条分法

在实际工程中常常会遇到非圆弧滑动面的土坡稳定分析问题。如土坡下面有软弱夹层存在，或者倾斜岩层面上的土坡，滑动面形状由于受到这些夹层或硬层的影响呈非圆弧的形状，费伦纽斯条分法和毕肖普条分法不适用于非圆弧滑动面的土坡稳定分析。下面介绍杨布(Janbu，1954，1972)提出的非圆弧普遍条分法。

如图 8-16a)所示土坡，已知其滑动面为 $ABCD$，将滑动土体分成许多竖向土条，其中任一

土条 i 上的作用力如图 8-16b）所示。如前面所述，其受力情况也是二次静不定问题，杨布在求解时也给出两个假定条件：第一个与毕肖普的相同，认为滑动面上的切向力 T_i 等于滑动面上土所发挥的抗剪强度 τ_{fi}，即 $T_i = \tau_{fi} l_i = \frac{1}{K}(N_i \tan\varphi_i + c_i l_i)$；第二个假定是给出土条两侧法向力 E_i 的作用点位置。经分析表明，E_i 的作用点位置对土坡稳定安全系数的影响较小，故通常假定其作用点在土条底面以上 1/3 高度处。

1. 求土坡稳定安全系数的表达式

根据图 8-16b）所示土条 i 在竖直向及水平向的静力平衡条件，求得土条的水平法向力增量 ΔE_i 的表达式，然后根据 $\sum F_y = 0$ 和 $\sum F_x = 0$ 的条件导得稳定安全系数 K 的表达式。

按 $\sum F_y = 0$，得：

$$W_i + (X_i + \Delta X_i) - X_i - N_i \cos\alpha_i - T_i \sin\alpha_i = 0$$

$$N_i = \frac{W_i + \Delta X_i}{\cos\alpha_i} - T_i \tan\alpha_i \tag{8-21}$$

按 $\sum F_x = 0$，得：

$$E_i - (E_i + \Delta E_i) + N_i \sin\alpha_i - T_i \cos\alpha_i = 0$$

$$\Delta E_i = N_i \sin\alpha_i - T_i \cos\alpha_i \tag{8-22}$$

式中的符号意义见图 8-16b）。

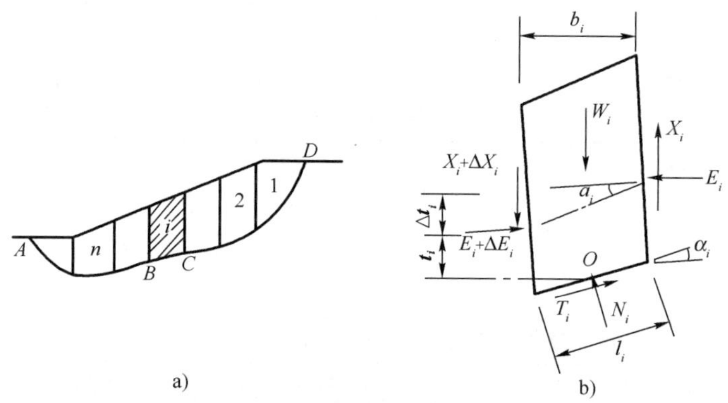

图 8-16　非圆弧滑动面计算图

将式（8-21）代入式（8-22）得：

$$\Delta E_i = (W_i + \Delta X_i)\tan\alpha_i - \frac{T_i}{\cos\alpha_i} \tag{8-23}$$

根据杨布的第一个假定条件知：

$$T_i = \frac{1}{K}(N_i \tan\varphi_i + c_i l_i) \tag{8-24}$$

联解式（8-21）及式（8-24）求得：

$$T_i = \frac{1}{K}[(W_i + \Delta X_i)\tan\varphi_i + c_i b_i]\frac{1}{m_{\alpha i}\cos\alpha_i} \tag{8-25}$$

式中：$m_{\alpha i} = \cos\alpha_i + \frac{1}{K}\tan\varphi_i \sin\alpha_i$，已制成曲线见图 8-15；

b_i——土条 i 的宽度，$b_i = l_i \cos\alpha_i$。

将式(8-25)代入式(8-23)得：

$$\Delta E_i = (W_i + \Delta X_i)\tan\alpha_i - \frac{1}{K}[(W_i + \Delta X_i)\tan\varphi_i + c_i b_i]\frac{1}{m_{\alpha i}\cos\alpha_i}$$

$$= B_i - \frac{A_i}{K} \tag{8-26}$$

式中：$A_i = [(W_i + \Delta X_i)\tan\varphi_i + c_i b_i]\dfrac{1}{m_{\alpha i}\cos\alpha_i}$； (8-27)

$B_i = (W_i + \Delta X_i)\tan\alpha_i$。 (8-28)

对整个土坡而言，ΔE_i 均为内力，若滑动土体上无水平外力作用时，则$\sum F_x = 0$，故得：

$$\sum F_x = \sum B_i - \frac{1}{K}\sum A_i = 0 \tag{8-29}$$

由此求得土坡稳定安全系数 K 的表达式：

$$K = \frac{\sum A_i}{\sum B_i} \tag{8-30}$$

2. 求 ΔX_i 值

土条上各作用力对滑动面中点 O 取矩，按力矩平衡条件$\sum M_0 = 0$ 得：

$$X_i b_i - \frac{1}{2}\Delta X_i b_i + E_i \Delta t_i - \Delta E_i t_i = 0$$

如果土条宽度 b_i 很小，则高阶微量 $\Delta X_i b_i$ 可略去，上式可写成：

$$X_i = \Delta E_i \frac{t_i}{b_i} - E_i \tan\alpha_i \tag{8-31}$$

式中：α_i—— E_i 与 $E_i + \Delta E_i$ 作用点连线(亦称压力线)的倾角。

E_i 值是土条 i 一侧各土条的 ΔE_i 之和，即 $E_i = E_1 + \sum_{i=1}^{i-1}\Delta E_i$，其中 E_1 是第一个土条边界上的水平法向力。如图 8-16 所示土坡，E_1 值为土坡 D 点处边界上的水平法向力，由图知$E_1 = 0$。故得：

$$\Delta X_i = X_{i+1} - X_i \tag{8-32}$$

因此，若已知 ΔE_i 及 E_i 值，可按式(8-31)及式(8-32)求得 ΔX_i。

3. 计算步骤

用式(8-30)计算土坡稳定安全系数时，可以看到该式是安全系数 K 的隐函数，因为 $m_{\alpha i}$ 是 K 的函数，而且式(8-26)中的 ΔE_i 也是 K 的函数。因此，在求解安全系数 K 时需用迭代法计算。其计算步骤如下：

(1)第一次迭代时，先假定 $\Delta X_i = 0$（这也就是毕肖普的公式），按式(8-27)和式(8-28)计算 A_i、B_i 值。计算 A_i 值时要先知道 $m_{\alpha i}$ 值，但它是 K 的函数，故要先假定一个 K 值进行试算。为了节省试算时间，杨布建议开始时可先假定 $1/m_{\alpha i}\cos\alpha_i = 1$，按式(8-30)求得试算的安全系数 K_0 值。然后参考 K_0 值假定一个新的 K_0 值计算 $m_{\alpha i}$ 值及 A_i 值，并求得安全 K_1 值。若 K_1 值与假定的 K 值得相近，其误差小于 5% 时，即可停止试算。

(2)第二次迭代计算时应考虑 ΔX_i 的影响。这时先用 K_1 值代入式(8-26)计算 ΔE_i 及 E_i 值(这时 A_i、B_i 值仍为第一次迭代时的结果)，并由式(8-31)、式(8-32)求得 ΔX_i 值。然后假定

一个试算安全系数 K 计算 $m_{\alpha i}$，考虑 ΔX_i 影响求得 A_i 及 B_i 值，并求得安全系数 K_2 值。同样，当 K_2 与假定的 K 值相近，其误差小于5%时，即可停止试算。

（3）第三次迭代计算同第二次迭代，用 K_2 值计算 ΔE_i、E_i 及 ΔX_i 值，然后用试算法计算 $m_{\alpha i}$、A_i、B_i 及安全系数 K_3 值。

当多次迭代求得的安全系数 K_1、K_2、K_3、…，趋向接近时，一般当其误差≤0.005时，即可停止计算。

上述计算是在滑动面已经确定的情况下进行的，因此，整个土坡稳定分析过程，需假定几个可能的滑动面分别按上述步骤进行计算，相应于最小安全系数的滑动面才是最危险的滑动面。由此可见，土坡稳定分析的计算工作量是很大的，一般均借助于电算进行。可以看到，杨布普遍条分法同样可用于圆弧滑动面的情况。

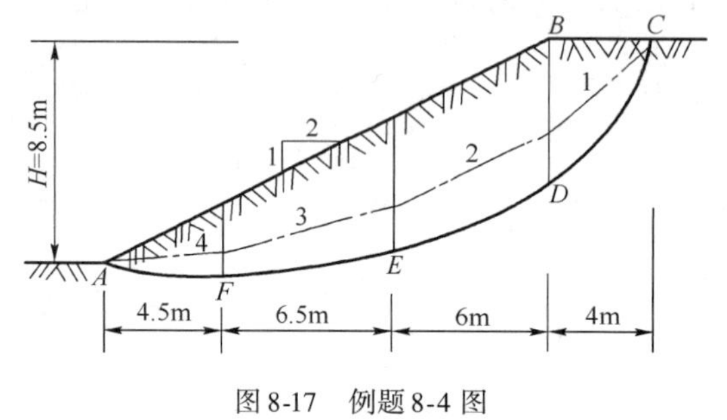

图8-17　例题8-4图

例题8-4　如图8-17所示土坡。已知土坡高度 $H=8.5\text{m}$，土坡坡度为1∶2，土的重度 $\gamma=19.6\text{kN/m}^3$，内摩擦角 $\varphi=20°$，黏聚力 $c=18\text{kPa}$。试用杨布法计算土坡的稳定安全系数。

解　若可能滑动面 *AFEDC* 如图8-17所示，将滑动土体分成4条，各土条的基本数据列于表8-4。

基 本 数 据　　表8-4

土条编号	土条宽 b_i（m）	底坡角 α（°）	$\tan\alpha_i$	$\cos\alpha_i$	$\sin\alpha_i$	土条高 h_i（m）	$\gamma_i h_i$（kPa）	土条重力 $W=\gamma_i h_i b_i$（kN/m）	$\tan\varphi_i$	c_i（kPa）	c_ib_i（kN/m）
1	4	50.7	1.222	0.633	0.774	3.5	68.6	274.4	0.364	18	72
2	6	22.6	0.416	0.923	0.384	5.5	107.8	646.8	0.364	18	109
3	6.5	9.6	0.169	0.986	0.167	4.1	80.4	522.6	0.364	18	117
4	4.5	−7.6	−0.133	0.991	−0.132	1.65	32.3	145.4	0.364	18	81

（1）第一次迭代计算

第一次迭代计算时，假定 $\Delta X_i=0$。为求得试算安全系数 K 的参考数值，可先假设 $\frac{1}{m_{\alpha i}\cos\alpha_i}=1$，则式（8-27）和式（8-28）分别为：

$$A_i = W_i\tan\varphi_i + c_ib_i$$
$$B_i = W_i\tan\alpha_i$$

将各土条按上式计算的 A_i、B_i 值列于表8-5，并求得安全系数为：

$$K_0=\frac{\sum A_i}{\sum B_i}=\frac{956.4}{673.4}=1.420$$

然后参考 K_0 值假设一个试算安全系数 $K=1.700$ 计算 $m_{\alpha i}$ 值，此时式（8-27）的 A_i 值变为：

$$A_i = (W_i\tan\varphi_i + c_ib_i)\frac{1}{m_{\alpha i}\cos\alpha_i}$$

将各土条按上式计算的 A_i 值列于表 8-5，由此可求得安全系数为：

$$K_1=\frac{\sum A_i}{\sum B_i}=\frac{1\ 155.15}{673.4}=1.715$$

因为 K_1 值与假设值 $K=1.70$ 相近（不超过 5%），故可不必再进行试算。

第一次迭代计算结果　　表 8-5

土条编号 i	第一次迭代						
	$B_i=W_i\tan\alpha_i$	$A_i=W_i\tan\varphi_i+c_ib_i$	$K_0=\sum A_i/\sum B_i$	$m_{\alpha i}$	$1/(m_{\alpha i}\cos\alpha_i)$	$A_i=(W_i\tan\alpha_i+c_ib_i)\cdot 1/(m_{\alpha i}\cos\alpha_i)$	K_1
1	335.3	171.9	956.4/673.4 = 1.420	0.799	1.977	339.81	= 1.715
2	269.1	343.4		1.005	1.078	370.22	
3	88.3	307.2		1.022	0.992	304.77	
4	−19.3	133.9		0.963	1.048	140.35	
	Σ673.4	Σ956.4		假设 $K=1.700$		Σ1 155.15	

（2）第二次迭代计算

第二次迭代计算时应考虑 ΔX_i 的作用，故要先计算 ΔE_i 及 E_i 值，从式（8-26）知：

$$\Delta E_i=B_i-\frac{A_i}{K}$$

$$E_i=E_1+\sum_{i=1}^{i-1}\Delta E_i\quad（由图 8-17 知 E_1=0）$$

按式（8-26）计算 ΔE_i 值时，安全系数采用第一次迭代结果 K_1 代入，将求得的各土条 ΔE_i 及 E_i 值列于表 8-6 中第（2）、（3）列。然后按式（8-31）计算各土条间的竖向剪切力 X_i 值［见表中第（7）列］：

$$X_i=\frac{\Delta E_i}{b_i}t_i-E_i\tan\alpha_i$$

式中：$\Delta E_i/b_i$ 应取相邻两土条的平均值，即：

$$\frac{\Delta E_i}{b_i}=\frac{\Delta E_i+\Delta E_{i+1}}{b_i+b_{i+1}}$$

$\Delta E_i/b_i$ 值列于表 8-6 中第（4）列，按式（8-32）求得 ΔX_i 值列于表 8-6 中第（8）列。

假设一个试算安全系数 $K=2.10$，计算 $m_{\alpha i}$ 及 $\frac{1}{m_{\alpha i}\cos\alpha_i}$ 值［见表中第（10）、（11）列］，然后按式（8-27）和式（8-28）计算 A_i 及 B_i 值［见表中第（12）、（9）列］，并求得安全系数为：

$$K_2=\frac{\sum A_i}{\sum B_i}=\frac{1\ 129.41}{537.91}=2.100$$

由于 K_2 与假设 K 值相同，故可结束试算。

第二次迭代计算结果 表 8-6

土条编号 i	第二次迭代							
	A_i/K_1	ΔE_i	E_i	$\Delta E_i/b_i$	t_i	$\tan\alpha_i$	X_i	ΔX_i
	(1)	(2)	(3)	(4)	(5)	(6)	(7)	(8)
			0	—	—	—	0	
1	198.14	137.16						−127.21
			137.16	19.04	−0.07	0.917	−127.21	
2	215.87	53.23						40.83
			190.39	−2.89	0.67	0.443	−86.28	
3	177.71	−89.41						47.57
			100.98	−17.32	0.62	0.277	−38.71	
4	81.84	−101.14						38.71
			0	—	—	—	0	
								$\Sigma 0$

土条编号 i	第二次迭代				
	$B_i=(W_i+\Delta X_i)\tan\alpha_i$	$m_{\alpha i}$	$1/(m_{\alpha i}\cos\alpha_i)$	$A_i=[(W_i+\Delta X_i)\tan\varphi_i+c_ib_i]\times 1/(m_{\alpha i}\cos\alpha_i)$	K_2
	(9)	(10)	(11)	(12)	(13)
1	179.99	0.767	2.059	258.63	1 129.41/537.91 =2.100
2	286.05	0.990	1.095	392.33	
3	96.36	1.015	0.999	324.22	
4	−24.49	0.968	1.042	154.23	
	$\Sigma 537.91$		假设 $K=2.10$	$\Sigma 1\,129.41$	

(3)第三次迭代计算

与第二次迭代计算相同，用第二次迭代计算结果 K_2 值，依次计算 ΔE_i、E_i、X_i 及 ΔX_i 值，列于表 8-7。然后假设一个试算安全系数 $K=1.90$，计算 $m_{\alpha i}$ 及 $\dfrac{1}{m_{\alpha i}\cos\alpha_i}$ 值，计算 A_i 及 B_i 值，并求得 $K_3=\dfrac{\sum A_i}{\sum B_i}=\dfrac{1\,147.13}{603.09}=1.902$，与假设的 K 值相近。

第三次迭代计算结果 表 8-7

土条编号 i	第三次迭代									
	A_i/K_2	ΔE_i	E_i	$\Delta E_i/b_i$	X_i	ΔX_i	B_i	$1/(m_{\alpha i}\cos\alpha_i)$	A_i	K_3
			0	—	0					
1	123.16	56.38				−53.21	270.29	2.022	308.38	1 147.13/603.09 =1.902
			56.83	15.61	−53.21					
2	186.82	99.23				−13.71	263.37	1.087	367.89	
			156.06	3.30	−66.92					
3	154.39	−58.03				30.97	93.55	0.996	317.23	
			98.03	−14.18	−35.95					
4	73.44	−97.93				35.95	−24.12	1.045	153.63	
			0	—	0					
							$\Sigma=603.09$	假设 $K=1.90$	$\Sigma=1\,147.13$	

(4)后续迭代计算

由于上述3次迭代计算结果 $K_1=1.715$,$K_2=2.100$,$K_3=1.902$ 差异较大,故尚需继续进行迭代计算,现将10次迭代计算结果列出:

$$K_1=1.715,\quad K_2=2.100$$
$$K_3=1.902,\quad K_4=2.023$$
$$K_5=1.949,\quad K_6=1.991$$
$$K_7=1.966,\quad K_8=1.980$$
$$K_9=1.972,\quad K_{10}=1.976$$

因为 K_{10}与 K_9 已很接近了(误差 <0.005),故可结束迭代计算。最后求得土坡的稳定安全系数 $K=1.976$。

第四节　土坡稳定分析的几个问题

一、土的抗剪强度指标及安全系数的选用

黏性土边坡的稳定计算,不仅需要知道计算方法,更重要的是如何测定土的抗剪强度指标,如何规定安全系数的问题。这对于软黏土尤为重要,因为采用不同的试验仪器及试验方法得到的抗剪强度指标有时会有很大的差异。

在工程实践中应该结合土坡的实际加载情况、填土性质和排水条件等,选用合适的抗剪强度指标。如验算土坡施工结束时的稳定情况,若土坡施工速度较快,填土的渗透性较差,则土中孔隙水压力不易消散,这时宜采用不排水剪或固结不排水剪总应力强度指标,用总应力法分析;如验算土坡长期稳定性时,则应采用排水剪或固结不排水剪有效应力强度指标,用有效应力法分析。

《建筑地基基础设计规范》(GB 50007—2011)规定,土坡稳定的安全系数要求不小于1.2;《公路路基设计规范》(JTG D30—2004)规定,土坡稳定的安全系数要求不小于1.25。但应该看到安全系数是与选用的抗剪强度指标相关,同一个边坡稳定分析若采用不同试验方法所得到的强度指标,会得到不同的安全系数。

二、坡顶开裂时的土坡稳定分析

在黏性土路堤的坡顶附近,可能因土的收缩及张力作用而发生裂缝,如图8-18所示。地表水渗入裂缝后,将产生静水压力 P_w,它是促使土坡滑动的作用力,故在土坡稳定分析中应该考虑进去。

坡顶裂缝的开展深度 h_0 可近似地按挡土墙后为黏性土填土时,在墙顶产生的拉力区高度公式计算,见第七章式(7-9),即:

$$h_0=\frac{2c}{\gamma\sqrt{K_a}}$$

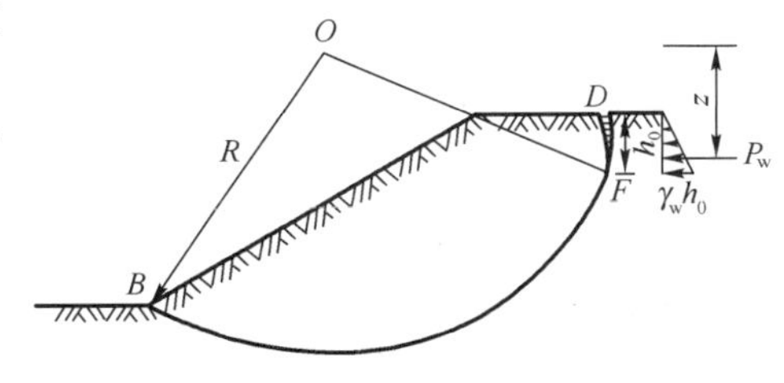

图8-18　坡顶开裂时稳定计算

裂缝内因积水产生的静水压力 $P_w = \frac{1}{2}\gamma_w h_0^2$，它对最危险滑动面的圆心 O 的力臂为 z。在按前述各种方法分析土坡稳定时，应考虑 P_w 引起的滑动力矩，同时土坡滑动面的弧长也将由 BD 减短为 BF。

坡顶出现裂缝对土坡的稳定是不利的，在工程中应当避免这种情况出现。例如，对于暴露时间较长、雨水较多的基坑边坡，应在土坡滑动范围外边设置水沟拦截水流，在土坡滑动范围内的坡面上采用水泥砂浆或塑料布铺面防水。如果坡顶出现裂缝，则应立即采用水泥砂浆嵌缝，以防止水流入土坡内而造成对土坡的损害。

三、有水渗流时的土坡稳定分析

当河道水位缓慢上涨而急剧下降时，沿河路堤内的水将向外渗流，此时路堤内水的渗流产生动水压力 D，其方向指向路堤边坡（图 8-19），它对路堤的稳定是不利的。

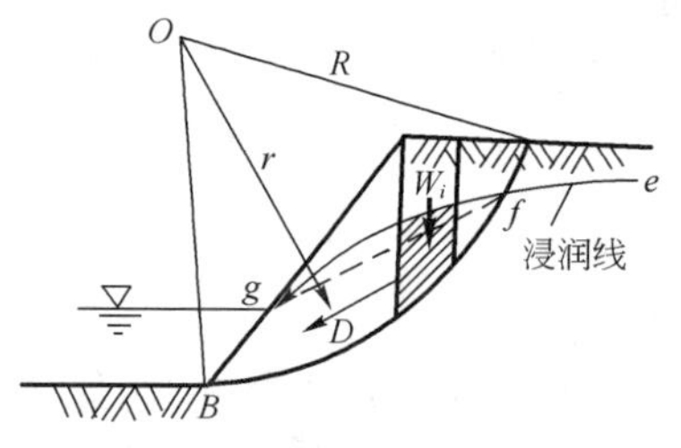

图 8-19　水渗流时的土坡稳定计算

图 8-19 所示土坡，由于水位骤降，路堤内水向外渗流。已知浸润线（渗流水位线）为 efg，滑动土体在浸润线以下部分（$fgBf$）的面积为 A，作用在这一部分土体上的动水力合力为 D。用条分法分析土体稳定时，土条 i 的重力 W_i 计算，在浸润线以下部分应考虑水的浮力作用，采用浮重度，动水力合力 D 可按式（8-33）计算。

$$D = G_D A = \gamma_w I A \tag{8-33}$$

式中：G_D——作用在单位体积土体上的动水力（kN/m^3）；

γ_w——水的重度（kN/m^3）；

A——滑动土体在浸润线以下部分（$fgBf$）的面积（m^2）；

I——在面积（$fgBf$）范围内的水头梯度平均值，可近似地假设 I 等于浸润线两端 fg 的连线的坡度。

动水力合力 D 的作用点在面积（$fgBf$）的形心，其作用方向假定与 fg 连线平行，动水力合力 D 对滑动面圆心 O 的力臂为 r。

这样考虑动水力后，用条分法分析土坡稳定安全系数的计算式（8-12）可以写为：

$$K = \frac{M_r}{M_s} = \frac{R\left(\tan\varphi \sum_{i=1}^{n} W_i \cos\alpha_i + c\sum_{i=1}^{n} l_i\right)}{R\sum_{i=1}^{n} W_i \sin\alpha_i + rD} \tag{8-34}$$

式中：D——作用在浸润线以下部分滑动土体（$fgBf$）上的动水力合力；

r——动水力合力 D 对滑动面圆心 O 的力臂；

其余符号意义同式（8-12）。

需要指出的是，关于有水渗流时的土坡稳定分析，还有其他的计算和处理方法，对于如何考虑渗流影响，目前仍还存在着不同的观点和意见。

四、按有效应力法分析土坡稳定

前面所介绍的土坡稳定安全系数计算公式都是属于总应力法，采用的抗剪强度指标也是总应力指标。若土坡采用饱和黏土填筑，因填土或施加的荷载速度较快，土中孔隙水来不及排除，将产生孔隙水压力，使土的有效应力减小，增加了土坡滑动的危险。这时，土坡稳定分析应该考虑孔隙水压力的影响，采用有效应力方法计算。其稳定安全系数计算公式，可将前述总应力方法公式修正后得到。如条分法的式(8-13)可改写为：

$$K=\frac{\tan\varphi'\sum_{i=1}^{n}(W_i\cos\alpha_i-u_il_i)+c'\widehat{L}}{\sum_{i=1}^{n}W_i\sin\alpha_i} \tag{8-35}$$

式中：c'、φ'——土的有效黏聚力和有效内摩擦角；

u_i——作用在土条 i 滑动面上的平均孔隙水压力；

其他符号意义同前。

毕肖普法的式(8-19)可改写成：

$$K=\frac{\sum_{i=1}^{n}\frac{1}{m_{\alpha i}}[(W_i-u_il_i\cos\alpha_i)\tan\varphi_i'+c_i'l_i\cos\alpha_i]}{\sum_{i=1}^{n}W_i\sin\alpha_i} \tag{8-36}$$

其中

$$m_{\alpha i}=\cos_{\alpha i}+\frac{1}{K}\tan\varphi_i'\sin_{\alpha i}$$

五、挖方、填方边坡的特点

从边坡有效应力分析的稳定安全系数计算公式(8-35)、式(8-36)中可以看出，孔隙水压力是影响边坡滑动面上土的抗剪强度的重要因素。在总应力保持不变的情况下，孔隙水压力增大，土的抗剪强度就会减小，边坡的稳定安全系数也会相应地下降；反之，孔隙水压力变小，边坡的稳定安全系数则会相应地增大。

图 8-20 所示的是在饱和黏性土地基上修筑路堤或堆载形成的边坡，以 a 点为例，填方边坡稳定分析如图 8-21 所示，从图中可见，超孔隙水压力随着填土荷载的不断增大而加大，如果近似地认为在施工过程中不发生排水，则填土荷载将全部由孔隙水来承担，施工过程中土的有效应力和土的抗剪强度也保持不变。竣工以后，土中的总应力保持不变，而超孔隙水压力则由于黏性土的固结而消散，直至趋于零[图 8-21b)]，相应地土的有效应力和土的抗剪强度就会不断地增加[图 8-21c)]。因此，当填土结束时，边坡的稳定性应采用总应力法和不排水强度来分析，而长期稳定性则应采用有效应力法和有效应力参数来分析。边坡的安全系数在施工刚结束时最小，并随着时间的增长而增大。

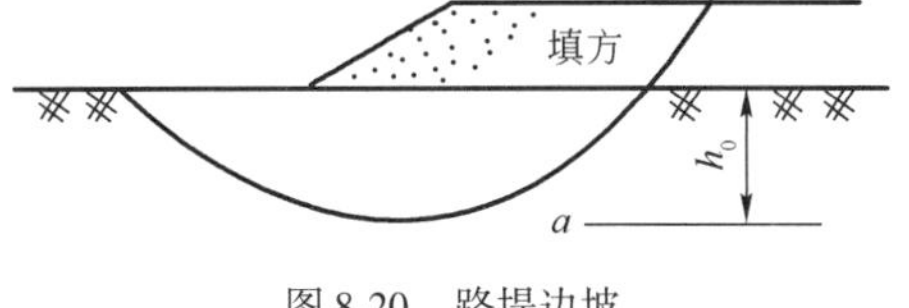

图 8-20 路堤边坡

黏性土中挖方形成的边坡如图 8-22 所示，以 a 点为例，挖方边坡稳定分析如图 8-23 所示，从图中可知，随着总应力的减小，孔隙水压力不断地下降，直至出现负值。如果同样地在施工期间不实施排水，则土的有效应力和土的抗剪强度保持不变；竣工以后，负超孔隙水压力随着时间逐渐消散[图 8-23b)]，伴随而来的是黏性土的膨胀和抗剪强度的下降[图 8-23c)]。因此，竣工时的稳定性和长期稳定性应分别采用卸载条件的不排水和排水抗剪强度来分析。与填方边坡不同，挖方边坡的最不利条件是其长期稳定性[图 8-23d)]。

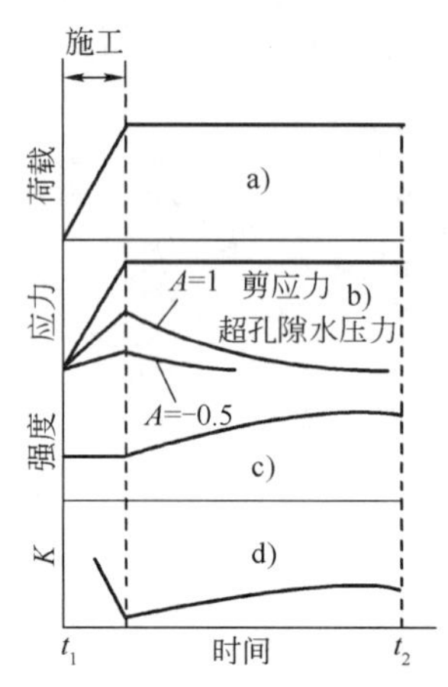

图 8-21　填方边坡稳定性分析

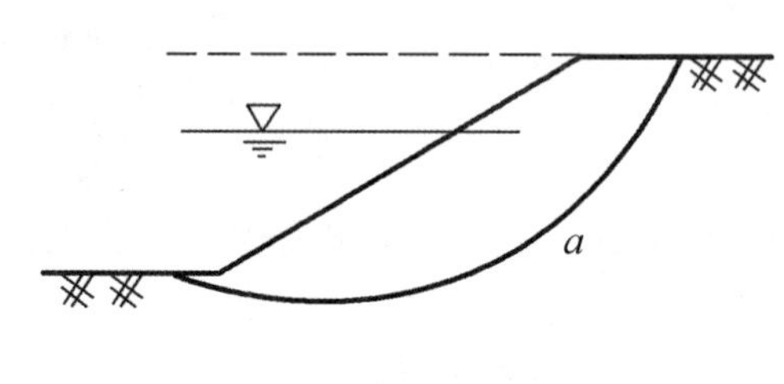

图 8-22　挖方边坡

六、边坡稳定的计算机分析方法

从第三节的分析方法中可以看出，无论是费伦纽斯方法还是毕肖普方法，其计算工作量都是很大的。计算机技术的发展为方便求解此类问题提供了可能的途径，下面介绍一种可借助于数值计算的求解方法。

对图 8-24 所示的圆弧滑动面土坡，当用费伦纽斯方法确定其稳定安全系数时，其稳定安全系数为：

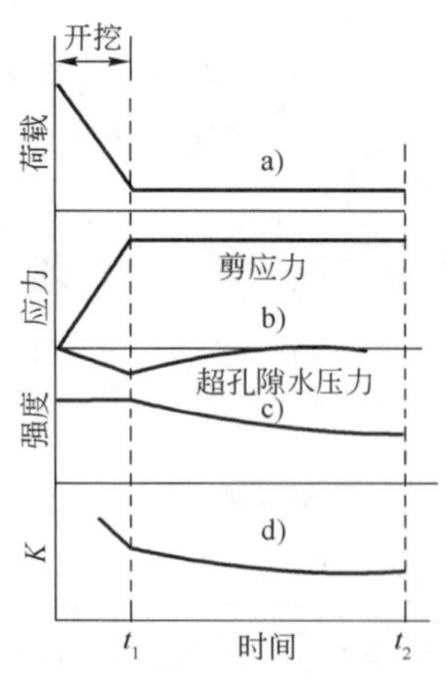

图 8-23　挖方边坡稳定性分析

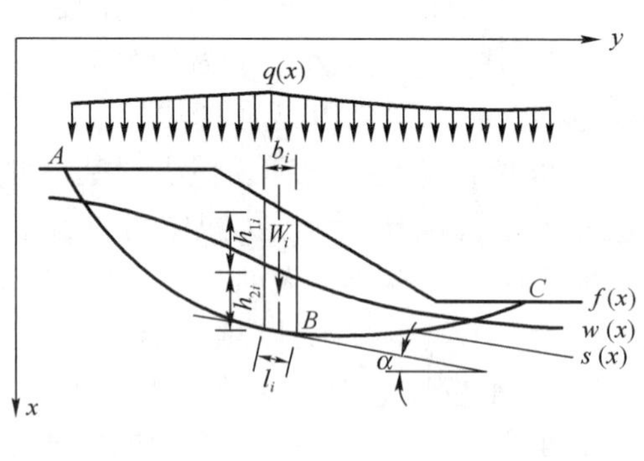

图 8-24　边坡分析简图

$$K=\frac{\sum_{i=1}^{n}[c_il_i+(q_ib_i+W_i)\cos\alpha_i\tan\varphi_i]}{\sum_{i=1}^{n}(q_ib_i+W_i)\sin\alpha_i} \tag{8-37}$$

式中：W_i——土条 i 的天然重量；

q_i——作用在土条 i 上荷载的平均集度；

c_i、φ_i——土条 i 底端所在土层的黏聚力和内摩擦角，采用总应力指标。

对(8-37)式作变形，可得：

$$K=\frac{\sum_{i=1}^{n}l_i\left[c_i+\left(q_i+\frac{W_i}{b_i}\right)\cos^2\alpha_i\tan\varphi_i\right]}{\sum_{i=1}^{n}l_i\left(q_i+\frac{W_i}{b_i}\right)\sin\alpha_i} \tag{8-38}$$

当对土坡划分为无限多的土条时，式(8-38)就从求和表达转换为积分表达，即：

$$K=\frac{\int_{\overline{ABC}}(c+\sigma_c\cos^2\alpha\tan\varphi)\mathrm{d}s}{\int_{\overline{ABC}}\sigma_c\sin\alpha\cos\alpha\mathrm{d}s}=\frac{\int_{x_A}^{x_C}\left(c+\frac{\sigma_c\tan\varphi}{1+s^2(x)}\right)\sqrt{1+s^2(x)}\,\mathrm{d}x}{\int_{x_A}^{x_C}\frac{\sigma_c s(x)\mathrm{d}x}{\sqrt{1+s^2(x)}}} \tag{8-39}$$

式中：σ_c——在滑动面 $y=s(x)$ 上点$[x,s(x)]$处的竖向应力，等于坡面上 x 处的荷载集度 q 与点$[x,s(x)]$处自重应力之和；

c、φ——土层中点$[x,s(x)]$处的黏聚力和内摩擦角。

如按有效应力法计算，则可取滑面至坡面范围内土体骨架作为隔离体（土条单元）进行分析，可得下式：

$$K=\frac{\sum_{i=1}^{n}[c_i'l_i+(q_ib_i+W_i')\cos\alpha_i\tan\varphi_i']}{\sum_{i=1}^{n}(q_ib_i+W_i')\sin\alpha_i} \tag{8-40}$$

式中：W_i'——土条 i 的有效重量；

c_i'、φ_i'——采用有效应力指标。

同样，当对土坡划分为无限多的土条时，式(8-40)就从求和表达转换为积分表达，即：

$$K=\frac{\int_{x_A}^{x_C}\left(c'+\frac{\sigma_c'\tan\varphi'}{1+s^2(x)}\right)\sqrt{1+s^2(x)}\,\mathrm{d}x}{\int_{x_A}^{x_C}\frac{\sigma_c's(x)\mathrm{d}x}{\sqrt{1+s^2(x)}}} \tag{8-41}$$

式中：σ_c'——点$[x,s(x)]$处的有效自重应力；

其他符号意义同前。

当土坡内存在渗流时，可取滑面至坡面范围内土体骨架及水体作为隔离体进行分析，可得下式：

$$K=\frac{\sum_{i=1}^{n}\{c_i'l_i+[(q_ib_i+W_i)\cos\alpha_i-u_il_i]\tan\varphi_i'\}}{\sum_{i=1}^{n}(q_ib_i+W_i)\sin\alpha_i}$$

$$=\frac{\sum_{i=1}^{n}\left[c_i'l_i+b_i\left(q_i+\gamma h_{1i}+\gamma_m h_{2i}-\gamma_w\frac{h_{wi}}{\cos^2\alpha_i}\right)\tan\varphi_i'\right]}{\sum_{i=1}^{n}(q_i+\gamma h_{1i}+\gamma_m h_{2i})b_i\sin\alpha_i} \tag{8-42}$$

式中:u_i——土条 i 底部的孔隙水压力,$u_i=\gamma_w h_{wi}$;

γ_w——水的重度。

工程中通常采用替代重度法,即令 $h_{2i}=\dfrac{h_{wi}}{\cos^2\alpha_i}$,则有:

$$K=\frac{\sum_{i=1}^{n}[c_i'l_i+(q_ib_i+W_i')\cos\alpha_i\tan\varphi_i']}{\sum_{i=1}^{n}(q_ib_i+W_i)\sin\alpha_i}$$

$$=\frac{\int_{x_A}^{x_C}\left(c'+\frac{\sigma_c'\tan\varphi'}{1+s^2(x)}\right)\sqrt{1+s^2(x)}\,dx}{\int_{x_A}^{x_C}\frac{\sigma_c's(x)\,dx}{\sqrt{1+s^2(x)}}}\quad(n\to\infty) \tag{8-43}$$

同样的思路,可将毕肖普条分表达的边坡稳定安全系数用积分方式表达。

总应力法的稳定安全系数:

$$K=\frac{\int_{x_A}^{x_C}\left[\frac{(c+\sigma_c\tan\varphi)}{\left(1+\frac{s(x)\tan\varphi}{K}\right)}\right]\sqrt{1+s^2(x)}\,dx}{\int_{x_A}^{x_C}\frac{\sigma_cs(x)\,dx}{\sqrt{1+s^2(x)}}}\quad(n\to\infty) \tag{8-44}$$

有效应力法的稳定安全系数:

$$K=\frac{\int_{x_A}^{x_C}\left[\frac{(c'+\sigma_c'\tan\varphi')}{\left(1+\frac{s(x)\tan\varphi'}{K}\right)}\right]\sqrt{1+s^2(x)}\,dx}{\int_{x_A}^{x_C}\frac{\sigma_c's(x)\,dx}{\sqrt{1+s^2(x)}}}\quad(n\to\infty) \tag{8-45}$$

由于上述稳定安全系数均为积分表示,可以很方便地将其编制成计算软件。

【习题】

[8-1] 有一土坡坡高 $H=5\text{m}$,已知土的重度 $\gamma=18\text{kN/m}^3$,土的抗剪强度指标 $c=12.5\text{kPa}$,$\varphi=10°$,要求土坡的稳定安全系数 $K\geqslant1.25$,试用泰勒图表法(图 8-8 及图 8-10)确定土坡的容许坡角 β 值及最危险滑动面圆心位置。

[8-2] 已知某土坡坡角 $\beta=60°$,土的内摩擦角 $\varphi=0°$。试按费伦纽斯方法(表 8-1)及泰勒方法(图 8-8)确定其最危险滑动面圆心位置,并比较两者得到的结果是否相同?

[8-3] 设土坡高度 $H=5\text{m}$,坡角 $\beta=30°$;土的重度 $\gamma=19\text{kN/m}^3$,土的抗剪强度指标

$c = 18\text{kPa}, \varphi = 0°$。试用泰勒方法分别计算:在坡脚下2.5m、0.75m、0.255m处有硬层时,土坡的稳定安全系数及圆弧滑动面的形式。

[8-4] 用条分法计算图8-25所示土坡的稳定安全系数(按有效应力法计算)

已知土坡高度$H=5\text{m}$,边坡坡度为1∶1.6(即坡角$\beta=32°$),土的性质及试算滑动面圆心位置如图8-25所示。

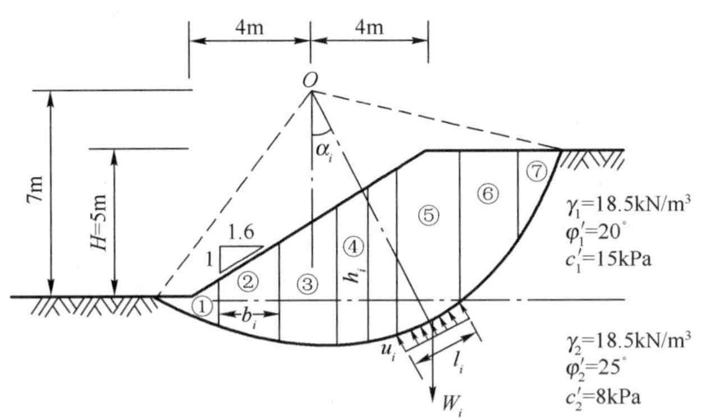

图8-25 习题8-4图

计算时将土条分成7条,各土条宽度b_i、平均高度h_i、倾角α_i、滑动面弧长l_i及作用在土条底面的平均孔隙水压力u_i,均列于表8-8。

土条计算数据 表8-8

土条编号 i	b_i(m)	h_i(m)	α_i(°)	l_i(m)	u_i(kPa)
1	2	0.7	-27.7	2.3	2.1
2	2	2.6	-13.4	2.1	7.1
3	2	4.0	0	2.0	11.1
4	2	5.1	13.4	2.1	13.8
5	2	5.4	27.7	2.3	14.8
6	2	4.0	44.2	2.8	11.2
7	2	1.8	68.5	3.2	5.7

[8-5] 用毕肖普法(考虑孔隙水压力作用时)计算习题8-4土坡稳定安全系数(第一次试算时假定安全系数$K=1.5$)。

【思考题】

[8-1] 土坡失稳破坏的原因有哪几种?

[8-2] 土坡稳定安全系数的意义是什么?有哪几种表达形式?

[8-3] 何谓坡脚圆、中点圆及坡面圆?其产生的条件与土质、土坡形状及土层构造有何关系?

[8-4] 无黏性土土坡的稳定性只要坡角不超过其内摩擦角,坡高H可不受限制,而黏性土土坡的稳定还同坡高有关,试分析其原因。

［8-5］ 试述摩擦圆法的基本原理。如何用泰勒的稳定因素图表确定土坡的稳定安全系数。

［8-6］ 掌握条分法的基本原理及计算步骤。

［8-7］ 对费伦纽斯条分法、毕肖普条分法及杨布条分法的异同进行比较。

［8-8］ 通过阅读例题8-3及例题8-4，掌握毕肖普法及杨布法稳定安全系数的试算过程。

［8-9］ 从土力学观点看，你认为土坡稳定计算的主要问题是什么？

［8-10］ 了解坡顶开裂及路堤内有水渗流时的土坡稳定分析方法。

［8-11］ 用总应力法及有效应力法分析土坡稳定时有何不同之处？各适用于何种情况？

第九章
地基承载力

第一节 概　　述

建筑物或构筑物因地基问题引起破坏,一般有两种情形:一是建筑物荷载过大,超过了地基所能承受的荷载能力而使地基破坏失稳,即强度和稳定性问题;二是在建筑物荷载作用下,地基和基础产生了过大的沉降和沉降差,使建筑物产生结构性损坏或丧失使用功能,即变形问题。因此,在进行地基基础设计时,必须满足上部结构荷载通过基础传到地基土的压力不得大于地基承载力的要求,以确保地基土不丧失稳定性。

地基承载力是指地基土单位面积上所能承受荷载的能力,其单位一般以 kPa 计。通常把地基不致失稳时地基土单位面积上所能承受的最大荷载称为地基极限承载力 p_u。由于工程设计中必须确保地基有足够的稳定性,必须限制建筑物基础基底的压力 p,使其不得超过地基的承载力容许值 p_a,因此地基承载力容许值是指考虑一定安全储备后的地基承载力。同时,根据地基承载力进行基础设计时,应考虑不同建筑物对地基变形的控制要求,进行地基变形验算。

当地基土受到荷载作用后,地基中有可能出现一定的塑性变形区。当地基土中将要出现但尚未出现塑性区时,地基所承受的相应荷载称为临塑荷载;当地基土中的塑性区发展到某一深度时,其相应荷载称为临界荷载;当地基土中的塑性区充分发展并形成连续滑动面时,其相应荷载则为极限荷载。

关于变形计算在本书前面有关章节中已有介绍，关于变形控制问题则将会在基础工程设计原理中进一步阐述。本章主要从强度和稳定性角度介绍由于承载力问题引起的地基破坏及地基承载力确定。

一、地基破坏的性状

为了了解地基承载力的概念以及地基土受荷后剪切破坏的过程及性状，可以通过现场载荷试验或室内模型试验来研究，这些试验实际上是一种基础受荷过程的模拟试验。现场载荷试验是在要测定的地基土上放置一块模拟基础的载荷板，如图 9-1 所示。载荷板的尺寸较实际基础为小，一般约为 0.25 ~ 1.0m²。然后在载荷板上逐级施加荷载，同时测定在各级荷载下载荷板的沉降量及周围土的位移情况，直到地基土破坏失稳为止。

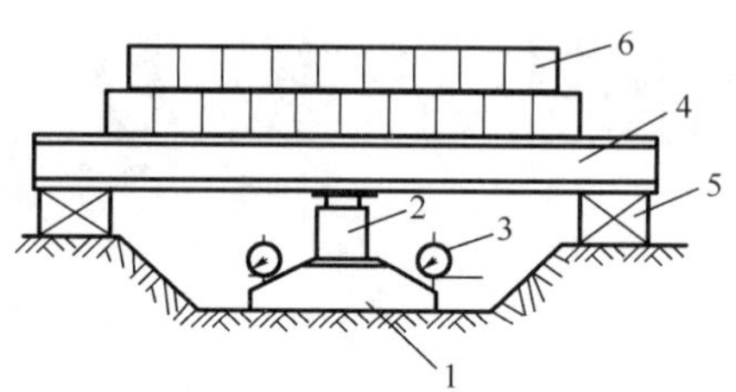

图 9-1　载荷试验

1-载荷板；2-千斤顶；3-百分表；4-反力梁；5-枕木垛；6-荷载

通过试验可得到载荷板下各级压力 p 与相应的稳定沉降量 s 之间的关系，绘得 $p \sim s$ 曲线如图 9-2 所示。对 $p \sim s$ 曲线的特性进行分析，可以了解地基破坏的机理。

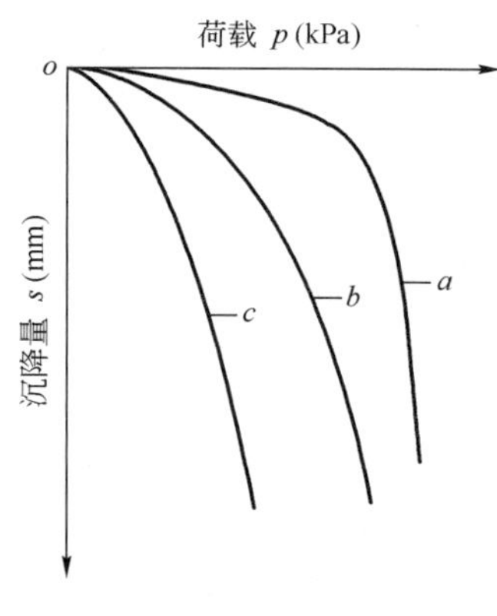

图 9-2　$p \sim s$ 曲线

a-整体剪切破坏；b-局部剪切破坏；c-刺入剪切破坏

图 9-2 中曲线 a 在开始阶段呈直线关系，但当荷载增大到某个极限值以后沉降急剧增大，呈现脆性破坏的特征；曲线 b 在开始阶段也呈直线关系，在到达某个极限以后虽然随着荷载增大，沉降增大较快，但不出现急剧增大的特征；曲线 c 在整个沉降发展的过程中不出现明显的拐弯点，沉降对压力的变化率也没有明显的变化。这三种曲线代表了三种不同的地基破坏特征，太沙基等（1943）对此作了分析，提出两种典型的地基破坏形式，即整体剪切破坏及局部剪切破坏。

整体剪切破坏的特征是，当基础上荷载较小时，基础下形成一个三角形压密区 I［图 9-3a）］，随同基础压入土中，这时 $p \sim s$ 曲线呈直线关系（图 9-2 中曲线 a）。随着荷载增加，压密区 I 向两侧挤压，土中产生塑性区，塑性区先在基础边缘产生，然后逐步扩大形成图 9-3a）中的 II、III 塑性区。这时基础的沉降增长率较前一阶段增大，故 $p \sim s$ 曲线呈曲线状。当荷载达到最大值后，土中形成连续滑动面，并延伸到地面，土从基础两侧挤出并隆起，基础沉降急剧增加，整个地基失稳破坏，如图9-3a）所示。这时 $p \sim s$ 曲线上出现明显的转折点，其相应的荷载称为极限荷载 p_u，见图 9-2 曲线 a。整体剪切破坏常发生在浅埋基础下的密砂或硬黏土等坚实地基中。

局部剪切破坏的特征是，随着荷载的增加，基础下也产生压密区 I 及塑性区 II，但塑性区仅仅发展到地基某一范围内，土中滑动面并不延伸到地面，见图 9-3b），基础两侧地面微微隆起，没有出现明显的裂缝。其 $p \sim s$ 曲线如图 9-2 中的曲线 b 所示，曲线也有一个转折点，但不像整体剪切破坏那么明显。$p \sim s$ 曲线在转折点后，其沉降量增长率虽较前一阶段为大，但不像整体剪切破坏那样急剧增加。局部剪切破坏常发生于中等密实砂土中。

魏锡克（Vesic，1963）提出除上述两种破坏情况外，还有一种刺入剪切破坏。这种破坏形式常发生在松砂及软土中,其破坏的特征是,随着荷载的增加,基础下土层发生压缩变形,基础随之下沉,当荷载继续增加,基础周围附近土体发生竖向剪切破坏,使基础刺入土中。基础两边的土体没有移动,见图9-3c)。刺入剪切破坏的 $p \sim s$ 曲线如图9-2中曲线 c,沉降随着荷载的增大而不断增加,但 $p \sim s$ 曲线上没有明显的转折点,没有明显的比例界限及极限荷载。

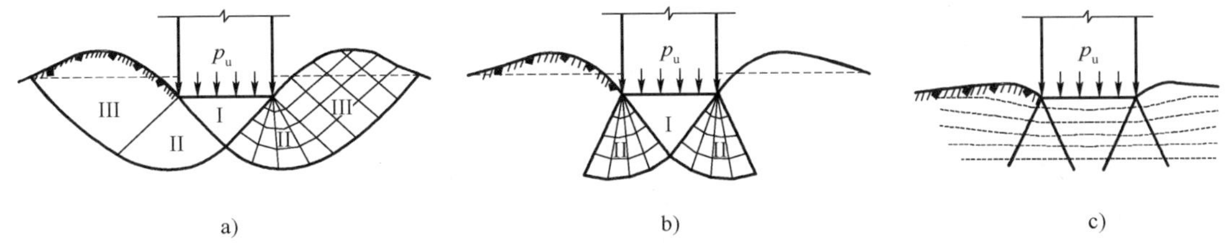

图9-3 地基破坏形式

a)整体剪切破坏;b)局部剪切破坏;c)刺入剪切破坏

地基的剪切破坏形式,除了与地基土的性质有关外,还与基础埋置深度、加荷速度等因素有关。如在密砂地基中,一般会出现整体剪切破坏,但当基础埋置很深时,密砂在很大荷载作用下也会产生压缩变形,而出现刺入剪切破坏;又如在软黏土中,当加荷速度较慢时会产生压缩变形而出现刺入剪切破坏,但当加荷很快时,由于土体不能产生压缩变形,就可能发生整体剪切破坏。

表9-1综合列出了条形基础在中心荷载下不同剪切破坏形式的各种特征。

条形基础在中心荷载下地基破坏形式的特征 表9-1

破坏形式	地基中滑动面	$p \sim s$ 曲线	基础四周地面	基础沉降	基础表现	控制指标	事故出现情况	适用条件		
								地基土	埋深	加荷速率
整体剪切	连续,至地面	有明显拐点	隆起	较小	倾斜	强度	突然倾斜	密实	小	缓慢
局部剪切	连续,地基内	拐点不易确定	有时稍有隆起	中等	可能倾斜	变形为主	较慢下沉时有倾斜	松散	中	快速或冲击荷载
刺入剪切	不连续	拐点无法确定	沿基础下陷	较大	仅有下沉	变形	缓慢下沉	软弱	大	快速或冲击荷载

格尔谢万诺夫(Герсеванов,1948)根据载荷试验结果,提出地基破坏的过程经历3个阶段,见图9-4。

1. 压密阶段(或称直线变形阶段)

相当于 $p \sim s$ 曲线上的 oa 段。在这一阶段,$p \sim s$ 曲线接近于直线,土中各点的剪应力均小于土的抗剪强度,土体处于弹性平衡状态。在这一阶段,载荷板的沉降主要是由于土的压密变形引起的,见图9-4a)和图9-4b)。相应于 $p \sim s$ 曲线上 a 点的荷载即为临塑荷载 p_{cr}。

2. 剪切阶段

相当于 $p \sim s$ 曲线上的 ab 段。在这一阶段 $p \sim s$ 曲线已不再保持线性关系,沉降的增长率 $\Delta s/\Delta p$ 随荷载的增大而增加。在这个阶段,地基土中局部范围内(首先在基础边缘处)的剪应力达到土的抗剪强度，土体发生剪切破坏而出现塑性区。随着荷载的继续增加，土中塑性区的范围也逐步扩大[图9-4c)]，直到土中形成连续的滑动面，土由载荷板两侧挤出而破坏。因此，剪切阶段也是地基中塑性区的发生与发展阶段。相应于 $p \sim s$ 曲线上 b 点的荷载即为极限荷载 p_u。

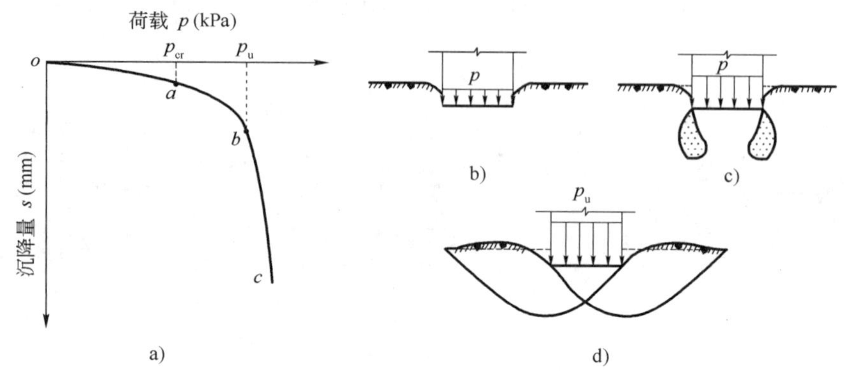

图9-4　地基破坏过程的3个阶段

a) $p \sim s$ 曲线；b)压密阶段；c)剪切阶段；d)破坏阶段

3. 破坏阶段

相当于 $p \sim s$ 曲线上的 bc 段。当荷载超过极限荷载后，载荷板急剧下沉，即使不增加荷载，沉降也不能稳定，因此，$p \sim s$ 曲线陡直下降。在这一阶段，由于土中塑性区范围的不断扩展，最后在土中形成连续滑动面，土从载荷板四周挤出隆起，地基土失稳而破坏。

二、确定地基承载力的方法

确定地基承载力的方法，一般有以下3种：

(1)根据载荷试验的 $p \sim s$ 曲线来确定地基承载力

从载荷试验曲线确定地基承载力时，可以有3种确定方法：

①用极限承载力 p_u 除以安全系数 K 可得到承载力容许值，一般安全系数取2～3。

②取 $p \sim s$ 曲线上临塑荷载(比例界限荷载) p_{cr} 作为地基承载力容许值。

③对于拐点不明显的试验曲线，可以用相对变形来确定地基承载力容许值。当载荷板面积为0.25～0.50m^2，可取相对沉降 $s/b = 0.01 \sim 0.015$（b 为载荷板宽度）所对应的荷载为地基承载力容许值。

(2)根据设计规范确定地基承载力

在《公路桥涵地基与基础设计规范》(JTG D63—2007)中给出了各种土类的地基承载力容许值表，这些表是根据在各类土上所做的大量的载荷试验资料，以及工程经验总结，并经过统计分析而得到的。使用时可根据现场土的物理力学性质指标，以及基础的宽度和埋置深度，按规范中的表格和公式得到地基承载力容许值。

(3)根据地基承载力理论公式确定地基承载力

地基承载力的理论公式中，一种是由土体极限平衡条件导得的临塑荷载和临界荷载计算公式，另一种是根据地基土刚塑性假定而导得的极限承载力计算公式。工程实践中，根据建筑物不同要求，可以用临塑荷载或临界荷载作为地基承载力容许值，也可以用极限承载力公式计算得到的极限承载力除以一定的安全系数作为地基承载力容许值。

第二节　临塑荷载和临界荷载的确定

上一节已经指出，在荷载作用下地基变形的发展经历压密阶段、剪切阶段及破坏阶段3个阶段。地基变形的剪切阶段也是土中塑性区范围随着作用荷载的增加而不断发展的阶段，土中塑性区开展到不同深度时，其相应的荷载称为临界荷载。当土中塑性区开展的最大深度相当于基础宽度的1/4或1/3时，其相应的荷载即为临界荷载 $p_{1/4}$ 或 $p_{1/3}$。

一、塑性区边界方程的推导

如图9-5a)所示，当地基表面作用条形均布荷载 p 时，土中任意点 M 由 p 引起的最大与最小主应力 σ_1 及 σ_3，可按第四章中有关均布条形荷载作用下的附加应力公式计算：

$$\begin{matrix}\sigma_1\\ \sigma_3\end{matrix} = \frac{p}{\pi}(2\alpha \pm \sin 2\alpha) \tag{9-1}$$

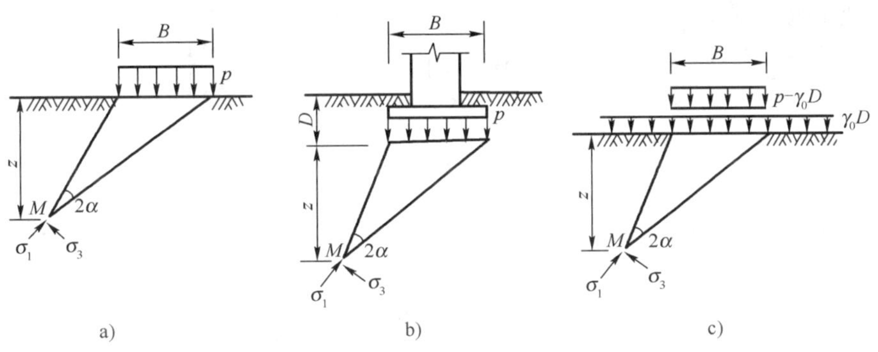

图9-5　塑性区边界方程的推导

若条形基础的埋置深度为 D 时[图9-5b)]，计算基底下深度 z 处 M 点的主应力时，可将作用在基底水平面上的荷载(包括作用在基底的均布荷载 p，以及基础两侧埋置深度 D 范围内土的自重压力 $\gamma_0 D$)，分解为图9-5c)所示两部分，即无限均布荷载 $\gamma_0 D$ 以及基底范围内的均布荷载($p-\gamma_0 D$)。严格地说，M 点上土的自重应力在各向是不等的，因此上述两项在 M 点产生的应力在数值上不能叠加，为了简化起见，在下述荷载公式推导中，假定土的自重应力在各向相等，即假设土的侧压力系数 $K_0=1$，则土的重力产生的压应力将如同静水压力一样，在各个方向是相等的，均为 $\gamma_0 D+\gamma z$，其中 γ_0 为基底以上土的加权平均重度，γ 为基底以下土的重度。这样，当基础有埋置深度时，土中任意点 M 的主应力为：

$$\begin{matrix}\sigma_1\\ \sigma_3\end{matrix} = \frac{p-\gamma_0 D}{\pi}(2\alpha \pm \sin 2\alpha) + \gamma_0 D + \gamma z \tag{9-2}$$

若 M 点位于塑性区的边界上，它就处于极限平衡状态。根据第六章土体强度理论中的公式可知，土中某点处于极限平衡状态时，其主应力间满足下述条件：

$$\sin\varphi = \frac{\frac{1}{2}(\sigma_1-\sigma_3)}{\frac{1}{2}(\sigma_1+\sigma_3)+c\cdot\cot\varphi}$$

将式(9-2)代入上式并整理后可得:

$$z = \frac{p-\gamma_0 D}{\gamma\pi}\left(\frac{\sin2\alpha}{\sin\varphi}-2\alpha\right)-\frac{c\cdot\cot\varphi}{\gamma}-\frac{\gamma_0}{\gamma}D \tag{9-3}$$

式(9-3)就是土中塑性区边界线的表达式。若已知条形基础的尺寸 B 和 D、荷载 p,以及土的指标 γ_0、γ、c、φ 时,假定不同的视角 2α 值代入式(9-3),求出相应的深度 z 值,然后把一系列由 2α 对应的 z 值处位置点连起来,就得到条形均布荷载 p 作用下土中塑性区的边界线,也即绘得土中塑性区的发展范围。

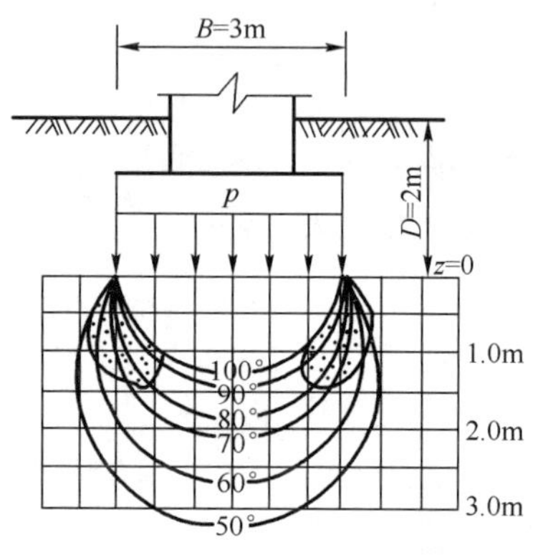

图 9-6 条形基础下塑性区计算

例题 9-1 有一条形基础如图 9-6 所示,基础宽度 $B=3\text{m}$,埋置深度 $D=2\text{m}$,作用在基础底面的均布荷载 $p=190\text{kPa}$。已知土的内摩擦角 $\varphi=15°$,黏聚力 $c=15\text{kPa}$,重度 $\gamma=18\text{kN/m}^3$。求此时地基中的塑性区范围。

解 地基土中塑性区边界线的表达式如式(9-3),即:

$$\begin{aligned} z &= \frac{p-\gamma_0 D}{\gamma\pi}\left(\frac{\sin2\alpha}{\sin\varphi}-2\alpha\right)-\frac{c\cdot\cot\varphi}{\gamma}-\frac{\gamma_0}{\gamma}D \\ &= \frac{190-18\times2}{18\times\pi}\left(\frac{\sin2\alpha}{\sin15°}-2\alpha\right)-\frac{15\times\cot15°}{18}-\frac{18}{18}\times2 \\ &= 10.52\sin2\alpha-5.45\alpha-5.11 \end{aligned}$$

将不同的 α 值代入上式,求得其相应的 z 值,列于表 9-2。按表 9-2 的计算结果,绘出土中塑性区范围,示于图 9-6。

塑性区边界线计算 表 9-2

α(°)	15	20	25	30	35	40	45	50	55
$10.52\sin2\alpha-5.45\alpha-5.11$	5.26 −1.43 −5.11	6.76 −1.90 −5.11	8.06 −2.38 −5.11	9.11 −2.86 −5.11	9.88 −3.33 −5.11	10.36 −3.81 −5.11	10.52 −4.28 −5.11	10.35 −4.75 −5.11	9.88 −5.22 −5.11
z(m)	−1.28	−0.25	0.57	1.14	1.44	1.44	1.13	0.49	−0.45

二、临塑荷载及临界荷载计算

在条形均布荷载 p 作用下,计算地基中塑性区开展的最大深度 z_{max} 值时,可以将式(9-3)对 α 求导数,并令此导数等于零,即:

$$\frac{dz}{d\alpha}=\frac{2(p-\gamma_0 D)}{\gamma\pi}\left(\frac{\cos2\alpha}{\sin\varphi}-1\right)=0 \tag{9-4}$$

由此解得:

$$\cos2\alpha=\sin\varphi \tag{9-5}$$

或

$$2\alpha = \frac{\pi}{2} - \varphi \tag{9-6}$$

将式(9-6)中的 2α 值代入式(9-3),即得地基中塑性区开展最大深度的表达式为:

$$z_{\max} = \frac{p - \gamma_0 D}{\gamma\pi}\left[\cot\varphi - \left(\frac{\pi}{2} - \varphi\right)\right] - \frac{c \cdot \cot\varphi}{\gamma} - \frac{\gamma_0}{\gamma}D \tag{9-7}$$

由式(9-7)也可得到如下相应的基底均布荷载 p 的表达式:

$$p = \frac{\pi}{\cot\varphi + \varphi - \frac{\pi}{2}}\gamma z_{\max} + \frac{\cot\varphi + \varphi + \frac{\pi}{2}}{\cot\varphi + \varphi - \frac{\pi}{2}}\gamma_0 D + \frac{\pi\cot\varphi}{\cot\varphi + \varphi - \frac{\pi}{2}}c \tag{9-8}$$

式(9-8)是计算临塑荷载及临界荷载的基本公式。从式(9-8)可以看出,地基承载力由黏聚力 c、基底以上超载 $q(=\gamma_0 D)$ 以及基底以下塑性区土的重力 $\gamma z_{\max}$ 提供的 3 部分承载力所组成。

若令 $z_{\max}=0$,代入式(9-8),此时的基底压力 p 即为临塑荷载 p_{cr}(即对应于基底土中将要出现塑性区但尚未出现塑性区时的基底压力)。其计算公式为:

$$p_{cr} = N_q \gamma_0 D + N_c c \tag{9-9}$$

式中:

$$N_q = \frac{\cot\varphi + \varphi + \frac{\pi}{2}}{\cot\varphi + \varphi - \frac{\pi}{2}}$$

$$N_c = \frac{\pi\cot\varphi}{\cot\varphi + \varphi - \frac{\pi}{2}}$$

工程实践表明,即使地基发生局部剪切破坏,地基中塑性区有所发展,只要塑性区范围不超出某以限度,就不致影响建筑物的安全和正常使用,因此以 p_{cr} 作为地基土的承载力偏于保守。地基塑性区发展的容许深度与建筑物类型、荷载性质以及土的特性等因素有关,目前在国际上尚无一致意见。

一般认为,在中心竖向荷载下,塑性区的最大发展深度 $z_{\max}$ 可控制在基础宽度的 1/4,相应的临界荷载为 $p_{1/4}$。因此,在式(9-8)中令 $z_{\max}=B/4$(B 为基础宽度),可得相应的临界荷载 $p_{1/4}$ 计算公式:

$$p_{1/4} = \gamma B N_\gamma + \gamma_0 D N_q + c N_c \tag{9-10}$$

式中:N_γ——$N_\gamma = \dfrac{\pi}{4\left(\cot\varphi + \varphi - \dfrac{\pi}{2}\right)}$;

其余符号意义同前。

N_γ、N_q、N_c 称为承载力系数,它只与土的内摩擦角 φ 有关,可从表 9-3 查用。

临塑荷载 p_{cr} 及临界荷载 $p_{1/4}$ 的承载力系数 N_γ、N_q、N_c 值　　表 9-3

φ(°)	N_γ	N_q	N_c	φ(°)	N_γ	N_q	N_c
0	0	1.00	3.14	22	0.61	3.44	6.04
2	0.03	1.12	3.32	24	0.72	3.87	6.45
4	0.06	1.25	3.51	26	0.84	4.37	6.90
6	0.10	1.39	3.71	28	0.98	4.93	7.40
8	0.14	1.55	3.93	30	1.15	5.59	7.95
10	0.18	1.73	4.17	32	1.34	6.35	8.55
12	0.23	1.94	4.42	34	1.55	7.21	9.22
14	0.29	2.17	4.69	36	1.81	8.25	9.97
16	0.36	2.43	5.00	38	2.11	9.44	10.80
18	0.43	2.72	5.31	40	2.46	10.84	11.73
20	0.51	3.06	5.66	45	3.66	15.64	14.64

通过上述临塑荷载及临界荷载计算公式的推导，可以看到这些公式是建立在下述假定基础上的：

(1)计算公式适用于条形基础。若将它近似地用于矩形和圆形基础，其结果是偏于安全的。

(2)在计算土中由自重产生的主应力时，假定土的侧压力系数 $K_0=1$，这与土的实际情况不符，但这样可使计算公式简化。

(3)在计算临界荷载 $p_{1/4}$ 时，土中已出现塑性区，但这时仍按弹性理论计算土中应力，这在理论上是相互矛盾的，其所引起的误差是随着塑性区范围的扩大而扩大。

例题 9-2　求例题 9-1 中条形基础的临塑荷载 p_{cr} 及临界荷载 $p_{1/4}$。

解　已知土的内摩擦角 $\varphi=15°$，由表 9-3 查得承载力系数 $N_\gamma=0.33$，$N_q=2.30$，$N_c=4.85$。

由式(9-9)得临塑荷载为：

$$p_{cr} = N_q\gamma D + N_c c = 2.3\times 18\times 2 + 4.85\times 15 = 155.6\text{kPa}$$

由式(9-10)得临界荷载 $p_{1/4}$ 为：

$$\begin{aligned}p_{1/4} &= N_\gamma\gamma B + N_q\gamma_0 D + N_c c\\ &= 0.33\times 18\times 3 + 2.3\times 18\times 2 + 4.85\times 15 = 173.4\text{kPa}\end{aligned}$$

第三节　极限承载力计算

地基极限承载力除了可以从载荷试验求得外，还可以用半理论半经验公式计算，这些公式都是在刚塑体极限平衡理论基础上解得的。下面介绍常用的几个地基极限承载力公式。

一、普朗特尔地基极限承载力公式

1. 普朗特尔基本解

假定条形基础置于地基表面($d=0$)，地基上无重量($\gamma=0$)，且基础底面光滑无摩擦力时，如果基础下形成连续的塑性区而处于极限平衡状态时，普朗特尔(Prandtl，1920)根据塑性力学得到的地基滑动面形状如图 9-7 所示。地基的极限平衡区可分为 3 个区：在基底下的 I

区,因为假定基底无摩擦力,故基底平面是最大主应力面,两组滑动面与基础底面间成($45° + \varphi/2$)角,也就是说 I 区是朗金主动状态区;随着基础下沉,I 区土楔向两侧挤压,因此 III 区为朗金被动状态区,滑动面也是由两组平面组成,由于地基表面为最小主应力平面,故滑动面与地基表面成($45° - \varphi/2$)角;I 区与 III 区的中间是过渡区 II,第 II 区的滑动面一组是辐射线,另一组是对数螺旋曲线,如图 9-7 中的 CD 及 CE,其方程式为(图 9-8):

$$r = r_0 e^{\theta\tan\varphi} \tag{9-11}$$

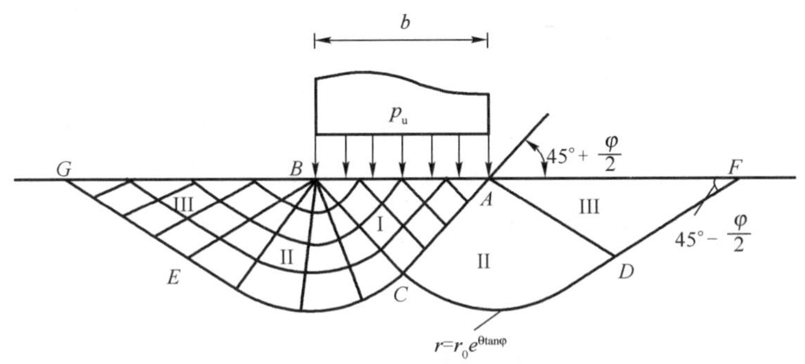

图 9-7 普朗特尔公式的滑动面形状

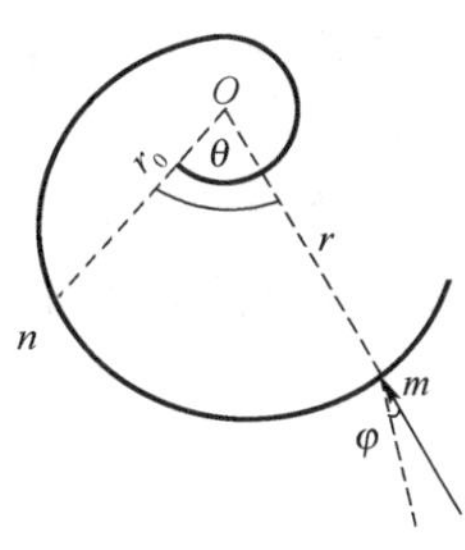

图 9-8 对数螺旋线

对以上情况,普朗特尔得出条形基础的地基极限荷载公式如下:

$$p_u = c\left[e^{\pi\tan\varphi}\tan^2\left(\frac{\pi}{4} + \frac{\varphi}{2}\right) - 1\right]\cot\varphi = cN_c \tag{9-12}$$

式中,承载力系数 $N_c = [e^{\pi\tan\varphi}\tan^2(\pi/4 + \varphi/2) - 1]\cot\varphi$,是土的内摩擦角 φ 的函数,可从表 9-4 查得。

2. 雷斯诺对普朗特尔公式的补充

普朗特尔公式是假定基础设置于地基的表面,但一般基础均有一定的埋置深度,若埋置深度较浅时,为简化起见,可忽略基础底面以上土的抗剪强度,而将这部分土作为分布在基础两侧的均布荷载 $q = \gamma_0 d$ 作用在 GF 面上,见图 9-9。雷斯诺(Reissner,1924)在普朗特尔公式假定的基础上,导得了由超载 q 产生的极限荷载公式:

$$p_u = qe^{\pi\tan\varphi}\tan^2\left(\frac{\pi}{4} + \frac{\varphi}{2}\right) = qN_q \tag{9-13}$$

式中,承载力系数 $N_q = e^{\pi\tan\varphi}\tan^2(\pi/4 + \varphi/2)$,是土内摩擦角 φ 的函数,可从表 9-4 查得。

将式(9-12)及式(9-13)合并,得到当不考虑土重力时,埋置深度为 d 的条形基础的极限荷载公式:

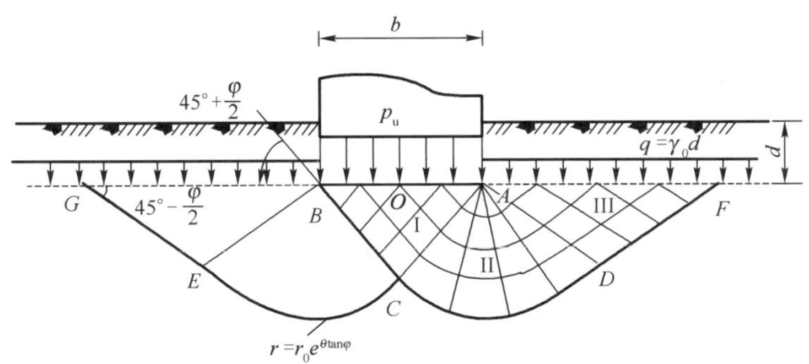

图 9-9 基础有埋置深度时的雷斯诺解

$$p_u = qN_q + cN_c \tag{9-14}$$

承载力系数 N_q、N_c 可按土的内摩擦角 φ 值由表 9-4 查得。

普朗特尔公式的承载力系数表（适用于式 9-12、式 9-13、式 9-14、式 9-15）　　表 9-4

φ	0°	5°	10°	15°	20°	25°	30°	35°	40°	45°
N_γ	0	0.62	1.75	3.82	7.71	15.2	30.1	62.0	135.5	322.7
N_q	1.00	1.57	2.47	3.94	6.40	10.7	18.4	33.3	64.2	134.9
N_c	5.14	6.49	8.35	11.0	14.8	20.7	30.1	46.1	75.3	133.9

上述普朗特尔及雷斯诺导得的公式，均是假定土的重度 $\gamma = 0$，但是由于土的强度很小，同时内摩擦角 φ 又不等于零，因此不考虑土的重力作用是不妥当的。若考虑土的重力时，普朗特尔导得的滑动面 II 区中的 CD、CE 就不再是对数螺旋曲线了，其滑动面形状很复杂，目前尚无法按极限平衡理论求得其解析值，只能采用数值计算方法求得。

3. 泰勒对普朗特尔公式的补充

普朗特尔—雷斯诺公式是假定土的重度 $\gamma = 0$ 时，按极限平衡理论解得的极限荷载公式。若考虑土体的重力时，目前尚无法得到其解析值，但许多学者在普朗特尔公式的基础上作了一些近似计算。

泰勒（Taylor，1948）提出，若考虑土体重力时，假定其滑动面与普朗特尔公式相同，那么图 9-9 中的滑动土体 $ABGECDFA$ 的重力，将使滑动面 $GECDF$ 上土的抗剪强度增加。泰勒假定其增加值可用一个换算黏聚力 $c' = \gamma t \cdot \tan\varphi$ 来表示，其中 γ、φ 为土的重度及内摩擦角，t 为滑动土体的换算高度，假定 $t = \overline{OC} = \dfrac{b}{2}\tan\left(\dfrac{\pi}{4} + \dfrac{\varphi}{2}\right)$。这样用 $(c + c')$ 代替式(9-14)中的 c，即得考虑滑动土体重力时的普朗特尔地基极限荷载计算公式。

$$\begin{aligned} p_u &= qN_q + (c + c')\cdot N_c = qN_q + cN_c + c'N_c \\ &= qN_q + cN_c + \gamma\frac{b}{2}\tan\left(\frac{\pi}{4} + \frac{\varphi}{2}\right)\left[e^{\pi\tan\varphi}\tan^2\left(\frac{\pi}{4} + \frac{\varphi}{2}\right) - 1\right] \\ &= \frac{1}{2}\gamma b N_\gamma + qN_q + cN_c \end{aligned} \tag{9-15}$$

式中，承载力系数 $N_\gamma = \tan\left(\dfrac{\pi}{4} + \dfrac{\varphi}{2}\right)\left[e^{\pi\tan\varphi}\tan^2\left(\dfrac{\pi}{4} + \dfrac{\varphi}{2}\right) - 1\right] = (N_q - 1)\tan\left(\dfrac{\pi}{4} + \dfrac{\varphi}{2}\right)$，可按 φ 值由表 9-4 查得。

二、斯肯普顿地基极限承载力公式

对于饱和软黏土地基（$\varphi = 0$），连续滑动面 II 区的对数螺线蜕变成圆弧（$r = r_0 e^{\theta\tan\varphi} = r_0$），其连续滑动面如图 9-10 所示。其中，$CD$ 及 CE 为圆周弧长。取 $OCDI$ 为隔离体。OA 面上作用着极限荷载 p_u，OC 面上受到的主动土压力：

$$p_a = p_u\tan^2\left(\frac{\pi}{4} - \frac{\varphi}{2}\right) - 2c\tan\left(\frac{\pi}{4} - \frac{\varphi}{2}\right) = p_u - 2c$$

DI 面上受到的为被动土压力：

$$p_p = q\tan^2\left(\frac{\pi}{4} + \frac{\varphi}{2}\right) + 2c\tan\left(\frac{\pi}{4} + \frac{\varphi}{2}\right) = q + 2c$$

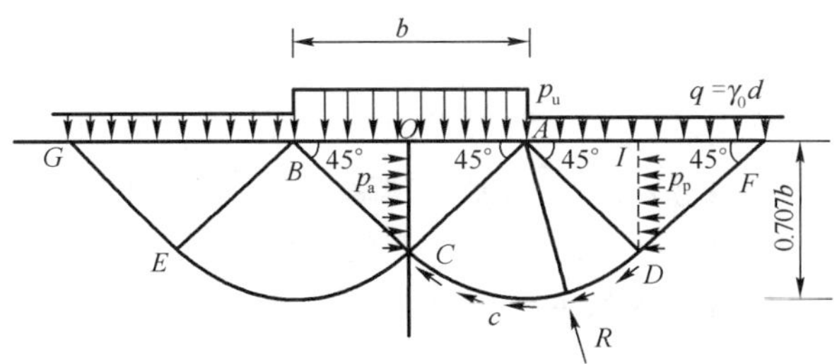

图 9-10 斯肯普顿公式的滑动面形状

在上述计算主动、被动土压力时，没有计及地基土重力（$\gamma\neq0$）的影响，因为 $\varphi=0$ 时，主动土压力和被动土压力系数均为 1，土体重力在 OC 和 DI 面上产生的主动、被动土压力大小和作用点相同、方向相反，对地基的稳定没有影响。

CD 面上还有黏聚力 c，各力对 A 点取力矩，由图 9-10 可得：

$$p_a\frac{(OC)^2}{2}+p_u\frac{(OA)^2}{2}=c(CD)\,AC+p_p\frac{(DI)^2}{2}+\frac{q}{2}(AI)^2$$

或

$$(p_a-2c)\frac{1}{2}\left(\frac{b}{2}\right)^2+p_u\frac{1}{2}\left(\frac{b}{2}\right)^2=c\frac{\sqrt{2}}{4}\pi b\frac{\sqrt{2}}{2}b+(q+2c)\frac{1}{2}\left(\frac{b}{2}\right)^2+\frac{q}{2}\left(\frac{b}{2}\right)^2$$

所以

$$p_u=(\pi+2)c+q=5.14c+q=5.14c+\gamma_0 d \tag{9-16}$$

以上是斯肯普顿（Skempton，1952）得出的饱和软黏土地基在条形荷载作用下的极限承载力公式。它是普朗特尔—雷斯诺极限荷载公式在 $\varphi=0$ 时的特例。

对于矩形基础，参考前人的研究成果，斯肯普顿给出的地基极限承载力公式为：

$$p_u=5c\left(1+\frac{b}{5l}\right)\left(1+\frac{d}{5b}\right)+\gamma_0 d \tag{9-17}$$

式中：c——地基土黏聚力（kPa），取基底以下 $0.707b$ 深度范围内的平均值；考虑饱和黏性土与粉土在不排水条件的短期承载力时，黏聚力应采用土的不排水抗剪强度 c_u；

b、l——分别为基础的宽度和长度（m）；

d——基础埋置深度（m）；

γ_0——基础埋置深度 d 范围内的土的重度（kN/m^3）。

工程实践证明，用斯肯普顿公式计算的软土地基承载力与实际情况是比较接近的，安全系数 K 可取 1.10～1.30。

三、太沙基地基极限承载力公式

太沙基（Terzaghi，1943）提出了确定条形浅基础的地基极限荷载公式。太沙基认为从实用考虑，当基础的长宽比 $l/b\geq5$ 及基础的埋置深度 $d\leq b$ 时，就可视为是条形浅基础。基底以上的土体看作是作用在基础两侧的均布荷载 $q=\gamma_0 d$。

太沙基假定基础底面是粗糙的，地基滑动面的形状如图 9-11 所示，也可以分成 3 个区：I

区为在基础底面下的土楔 ABC，由于假定基底是粗糙的，具有很大的摩擦力，因此 AB 面不会发生剪切位移，I 区内土体不是处于朗金主动状态，而是处于弹性压密状态，它与基础底面一起移动。太沙基假定滑动面 AC（或 BC）与水平面成 φ 角。II 区的假定与普朗特尔公式一样，滑动面一组是通过 AB 点的辐射线，另一组是对数螺旋曲线 CD、CE。前面已经指出，如果考虑土的重度时，滑动面就不会是对数螺旋曲线，目前尚不能求得两组滑动面的解析解。因此，太沙基是忽略了土的重度对滑动面形状的影响，是一种近似解。III 区是朗金被动状态区，滑动面 AD 及 DF 与水平面（$\pi/4-\varphi/2$）角。

若作用在基底的极限荷载为 p_u 时，假设此时发生整体剪切破坏，那么基底下的弹性压密区（I 区）ABC 将贯入土中，向两侧挤压土体 $ACDF$ 及 $BCEG$ 达到被动破坏。因此，在 AC 及 BC 面上将作用被动力 E_p，E_p 与作用面的法线方向成 δ 角，已知摩擦角 $\delta=\varphi$，故 E_p 是竖直向的，见图 9-12。取脱离体 ABC，考虑单位长基础，根据平衡条件，有：

$$p_u b = 2C_1\sin\varphi + 2E_p - W \tag{9-18}$$

式中：C_1——AC 及 BC 面上土黏聚力的合力，$C_1=c\cdot\overline{AC}=c\cdot\dfrac{b}{2\cos\varphi}$；

W——土楔体 ABC 的重力，$W=\dfrac{1}{2}\gamma Hb=\dfrac{1}{4}\gamma b^2\tan\varphi$。

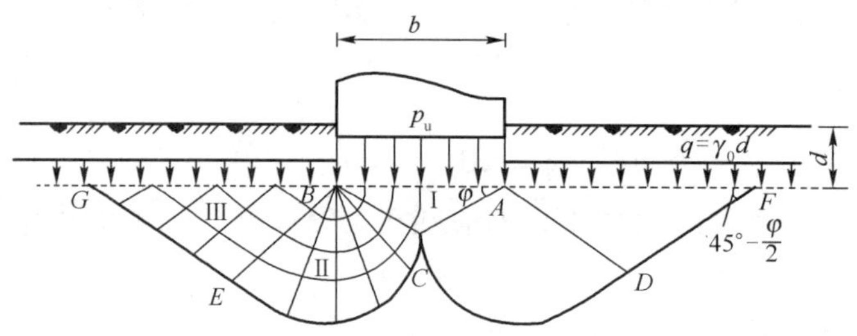

图 9-11　太沙基公式滑动面形状

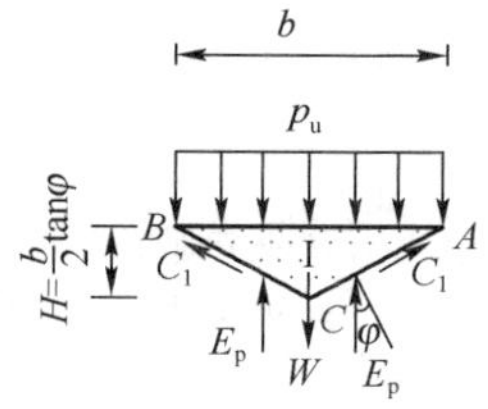

图 9-12　土楔体 ABC 受力示意图

由此，式（9-18）可写成：

$$p_u = c\cdot\tan\varphi + \frac{2E_p}{b} - \frac{1}{4}\gamma b\tan\varphi \tag{9-19}$$

被动力 E_p 是由土的重度 γ、黏聚力 c 及超载 q（也即基础埋置深度 d）3 种因素引起的总值，很难精确地确定。太沙基认为从实际工程要求的精度，可以用下述简化方法分别计算由 3 种因素引起的被动力的总和：①土是无质量、有黏聚力和内摩擦角，没有超载，即 $\gamma=0$，$c\neq0$，$q=0$；②土是无质量、无黏聚力，有内摩擦角、有超载，即 $\gamma=0$，$c=0$，$\varphi\neq0$，$q\neq0$；③土是有质量的，没有黏聚力，但有内摩擦角，没有超载。即 $\gamma\neq0$，$c=0$，$\varphi\neq0$，$q=0$。最后代入式（9-19）可得太沙基的地基极限承载力公式。

$$p_u = \frac{1}{2}\gamma bN_\gamma + qN_q + cN_c \tag{9-20}$$

式中：N_γ、N_q、N_c——承载力系数，它们都是无量纲系数，仅与土的内摩擦角 φ 有关，可由表 9-5 查得。

太沙基公式承载力系数表 表 9-5

φ	0°	5°	10°	15°	20°	25°	30°	35°	40°	45°
N_γ	0	0.51	1.20	1.80	4.00	11.0	21.8	45.4	125.0	326.0
N_q	1.00	1.64	2.69	4.45	7.42	12.7	22.5	41.4	81.3	173.3
N_c	5.71	7.32	9.58	12.9	17.6	25.1	37.2	57.7	95.7	172.2

式(9-20)只适用于条形基础，在应用于圆形或矩形基础时，计算结果偏于安全。由于圆形或方形基础属于三维问题，因数学上的困难，至今尚未能导得其分析解，因此，太沙基提出了半经验的地基极限荷载公式。

圆形基础

$$p_u = 0.6\gamma R N_\gamma + qN_q + 1.2cN_c \tag{9-21}$$

式中：R——圆形基础的半径；

其余符号意义同前。

方形基础

$$p_u = 0.4\gamma b N_\gamma + qN_q + 1.2cN_c \tag{9-22}$$

式(9-20)～式(9-22)只适用于地基土是整体剪切破坏的情况，即地基土较密实，其 $p \sim s$ 曲线有明显的转折点，破坏前沉降不大等情况。对于松软土质，地基破坏是局部剪切破坏，沉降较大，其极限荷载较小。太沙基建议在这种情况下采用较小的 φ'、c' 值代入上列各式计算极限荷载。即令：

$$\tan\varphi' = \frac{2}{3}\tan\varphi \qquad c' = \frac{2}{3}c \tag{9-23}$$

根据 φ' 值从表 9-5 中查承载力系数，并用 c' 代入公式计算。

用太沙基极限荷载公式计算地基承载力时，其安全系数应取为 3。

例题 9-3 某路堤如图 9-13 所示，检算路堤下地基承载力是否满足。采用太沙基公式计算地基极限荷载（取安全系数 $K=3$）。计算时要求按下述两种施工情况进行分析：

(1)路堤填土填筑速度很快，它比荷载在地基中所引起的超孔隙水压力的消散速率为快。

(2)路堤填土施工速度很慢，地基土中不引起超孔隙水压力。

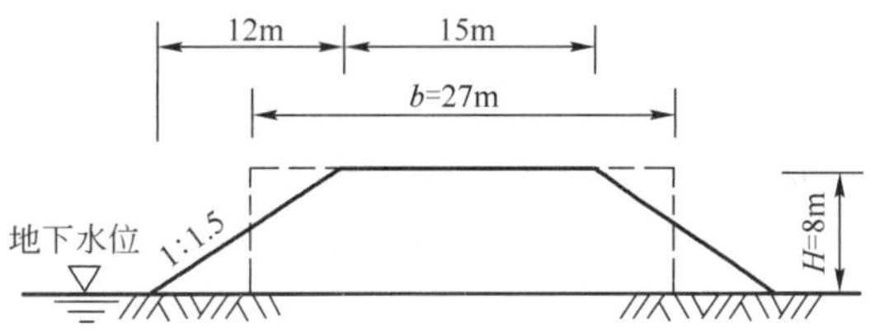

图 9-13 路堤下地基承载力计算

已知路堤填土重度 $\gamma_1 = 18.8\text{kN/m}^3$。地基土（饱和黏土）性质：$\gamma_2 = 15.7\text{kN/m}^3$；土的不排水抗剪强度指标为 $c_u = 22\text{kPa}$；$\varphi_u = 0$；土的固结排水抗剪强度指标为 $c_d = 4\text{kPa}$，$\varphi_d = 22°$。

解 将梯形断面路堤折算成等面积和等高度的矩形断面（如图中虚线所示），求得其换算路堤宽度 $b = 27\text{m}$，地基土的浮重度 $\gamma'_2 = \gamma_2 - 9.81 = 15.7 - 9.81 = 5.9\text{kN/m}^3$。

用太沙基公式(9-20)计算极限荷载：

$$p_u = \frac{1}{2}\gamma b N_\gamma + qN_q + cN_c$$

情况(a)：

$\varphi_u = 0$，由表 9-5 查得承载力系数为，$N_\gamma = 0$，$N_q = 1.0$，$N_c = 5.71$

已知：$\gamma'_2 - 5.9\text{kN/m}^3$，$c_u = 22\text{kPa}$，$d = 0$，$q = \gamma_1 d = 0$，$b = 27\text{m}$

代入上式得：

$$p_u = \frac{1}{2} \times 5.9 \times 27 \times 0 + 0 \times 1 + 22 \times 5.71 = 125.4\text{kPa}$$

路堤填土压力

$$p = \gamma_1 H = 18.8 \times 8 = 150.4\text{kPa}$$

地基承载力安全系数 $K = \frac{p_u}{p} = \frac{125.4}{150.4} = 0.83 < 3$，故路堤下的地基承载力不能满足要求。

情况(b)：

$\varphi_d = 22°$，由表 9-5 查得承载力系数为，$N_\gamma = 6.8$，$N_q = 9.17$，$N_c = 20.2$

$$p_u = \frac{1}{2} \times 5.9 \times 27 \times 6.8 + 0 + 4 \times 20.2 = 541.6 + 80.8 = 622.4\text{kPa}$$

地基承载力安全系数 $K = \frac{622.4}{150.4} = 4.1 > 3$，故地基承载力满足要求。

从上述计算可知，当路堤填土填筑速度较慢，允许地基土中的超孔隙水压力能充分消散时，则能使地基承载力得到满足。

四、考虑其他因素影响时的地基极限荷载计算公式

前面所介绍的普朗特尔、雷斯诺、斯肯普顿及太沙基等的地基极限荷载公式，都只适用于中心竖向荷载作用时的条形基础，同时不考虑基底以上土的抗剪强度的作用。因此，若基础上作用的荷载是倾斜的或有偏心，基底的形状是矩形或圆形，基础的埋置深度较深，计算时需要考虑基底以上土的抗剪强度影响，或土中有地下水时，就不能直接应用前述极限荷载公式。要得出全面地考虑这么多影响因素的地基极限荷载公式是很困难的，许多学者做了一些对比的试验研究，提出了对上述极限荷载公式(如普朗特尔—雷斯诺公式)进行修正的公式，可供一般使用。以下介绍两种计算方法。

1. 汉森地基极限承载力公式

汉森(Hanson，1961，1970)提出，对于均质地基，在中心倾斜荷载作用下，不同基础形状及不同埋置深度时的地基极限承载力计算公式如下：

$$p_u = \frac{1}{2}\gamma b N_\gamma i_\gamma s_\gamma d_\gamma g_\gamma b_\gamma + qN_q i_q s_q d_q g_q b_q + cN_c i_c s_c d_c g_c b_c \tag{9-24}$$

式中：N_γ、N_q、N_c——承载力系数。N_q、N_c 值与普朗特尔—雷斯诺公式相同，见式(9-13)及式(9-12)，或由表 9-4 查得；N_γ 值汉森建议按 $N_\gamma = 1.8(N_q - 1)\tan\varphi$ 计算；

i_γ、i_q、i_c——荷载倾斜系数，其表达式及以下各系数均见表 9-6；

g_γ、g_q、g_c——地面倾斜系数；

b_γ、b_q、b_c——基底倾斜系数；

s_γ、s_q、s_c——基础形状系数；

d_γ、d_q、d_c——深度系数；

其余符号意义同前。

汉森公式的承载力修正系数表　　表 9-6

系　数	公　式	说　明
荷载倾斜系数	$i_\gamma=\left[1-\frac{(0.7-\eta/450^\circ)H}{P+cA\cot\varphi}\right]^5>0$ $i_q=\left(1-\frac{0.5H}{P+cA\cot\varphi}\right)^5>0$ $i_c=\begin{cases}0.5-0.5\sqrt{1-\frac{H}{cA}},\varphi=0\\ i_q-\frac{1-i_q}{N_q-1},\varphi>0\end{cases}$	P、H——作用在基础底面的竖向荷载及水平荷载； A——基础底面面积，$A=b\times l$（偏心荷载时为有效面积 $A=b'\times l'$）； η——倾斜基底与水平面的夹角(°)（见图9-14）
基础形状系数	$s_\gamma=1-0.4i_\gamma K$ $s_q=1+i_qK\sin\varphi$ $s_c=1+0.2i_cK$	对于矩形基础，$K=\frac{b}{l}$；对于方形或圆形基础，$K=1$。 偏心荷载时，表中 b、l 均采用有效宽(长)度 b'、l'
深度系数	$d_\gamma=1$ $d_q=\begin{cases}1+2\tan\varphi(1-\sin\varphi)^2\left(\frac{d}{b}\right)\\ 1+2\tan\varphi(1-\sin\varphi)^2\arctan\left(\frac{d}{b}\right)\end{cases}$ $d_c=\begin{cases}1+0.4\left(\frac{d}{b}\right)\\ 1+0.4\arctan\left(\frac{d}{b}\right)\end{cases}$	式中，括号上、下两部分分别表示在 $d\leqslant b$ 和 $d>b$ 情况下的深度系数表达式； 偏心荷载时，表中 b、l 均采用有效宽(长)度 b'、l'
地面倾斜系数	$g_c=1-\beta/147^\circ$ $g_q=g_\gamma=(1-0.5\tan\beta)^5$	地面或基础底面本身倾斜，均对承载力产生影响。若地面与水平面的倾角 β 以及基底与水平面的倾角 η 为正值(图 9-14)，且满足 $\eta+\beta\leqslant 90^\circ$ 时，两者的影响可按左表中近似公式确定
基底倾斜系数	$b_c=1-\eta/147^\circ$ $b_q=\exp(-2\eta\tan\varphi)$ $b_\gamma=\exp(-2.7\eta\tan\varphi)$	

从上述公式可知，汉森公式考虑的承载力影响因素是比较全面的，下面对汉森公式的应用做简单说明：

(1)荷载偏心及倾斜的影响

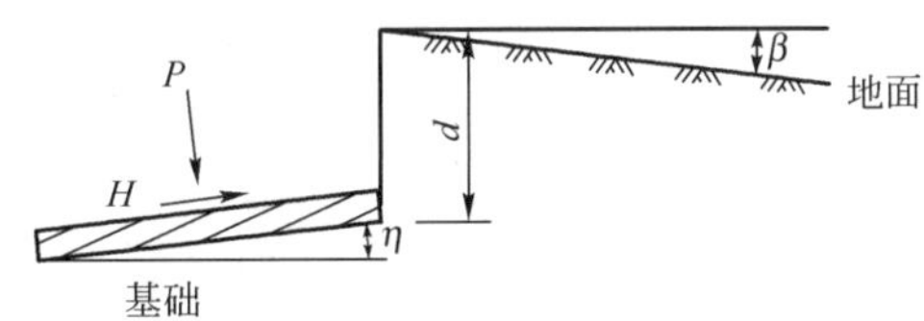

图 9-14　地面或基底倾斜情况示意图

如果作用在基础底面的荷载是竖直偏心荷载，那么计算极限荷载时，可引入假想的基础有效宽度 $b'=b-2e_b$ 来代替基础的实际宽度 b，其中 e_b 为荷载偏心距。这个修正方法对基础长度方向的偏心荷载也同样适用，即用有效长度 $l'=l-2e_l$ 代替基础实际长度 l。

如果作用的荷载是倾斜的，汉森建议可以把中心竖向荷载作用时的极限荷载公式中的各项分别乘以荷载倾斜系数 i_γ、i_q、i_c（表 9-6），作为考虑荷载倾斜的影响。

(2)基础底面形状及埋置深度的影响

矩形或圆形基础的极限荷载计算在数学上求解比较困难，目前都是根据各种形状基础所做的对比载荷试验，提出了将条形基础极限荷载公式进行逐项修正的公式。在表 9-6 中给出了汉森提出的基础形状系数 s_γ、s_q、s_c 的表达式。

前述的极限荷载计算公式，都忽略了基础底面以上土的抗剪强度影响，也即假定滑动面发展到基底水平面为止。这对基础埋深较浅，或基底以上土层较弱时是适用的；但当基础埋深较大，或基底以上土层的抗剪强度较大时，就应该考虑这一范围内土的抗剪强度影响。汉森建议用深度系数 d_γ、d_q、d_c 对前述极限荷载公式进行逐项修正，他所提出的深度系数列于表9-6。

（3）地下水的影响

式(9-24)中的第一项是基底下 γ 最大滑动深度范围内地基土的重度，第二项($q=\gamma d$)中的 γ 是基底以上地基土的重度，在进行承载力计算时，水下的土均应采用有效重度，如果在各自范围内的地基由重度不同的多层土组成，应按层厚加权平均取值。

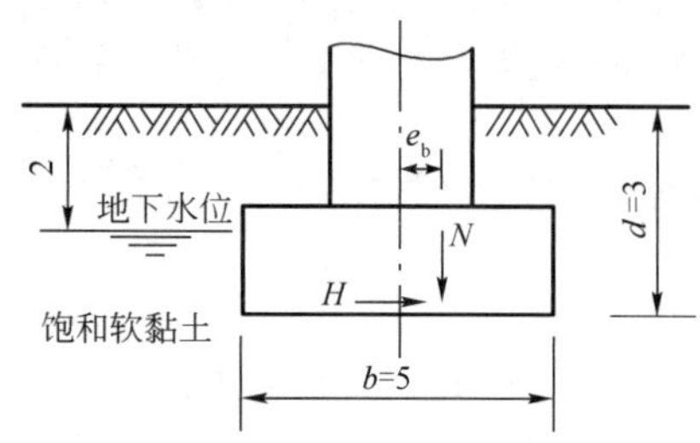

图9-15　例题9-4图(尺寸单位：m)

例题9-4　有一矩形基础如图9-15所示。已知 $b=5$m，$l=15$m，埋置深度 $d=3$m；地基为饱和软黏土，饱和重度 $\gamma_{sat}=19\text{kN/m}^3$，土的抗剪强度指标为 $c=4$kPa，$\varphi=20°$；地下水位在地面下2m处；作用在基底的竖向荷载 $P=10\,000$kN，其偏心距 $e_b=0.4$m，$e_l=0$，水平荷载 $H=200$kN。试求其极限荷载。

解　当 $\varphi=20°$时，由表9-4查得：

$$N_q=6.4, N_c=14.8$$

$$N_\gamma=1.8(N_q-1)\tan\varphi=1.8\times(6.4-1)\tan20°=3.54$$

（1）基础的有效面积计算

基础的有效宽度及长度　$b'=b-2e_b=5-2\times0.4=4.2\text{m}$

$$l'=l-2e_l=15\text{m}$$

基础的有效面积　$A=b'\times l'=4.2\times15=63\text{m}^2$

（2）荷载倾斜系数计算(按表9-6中公式计算)

$$i_\gamma=\left(1-\frac{0.7H}{P+Ac\cdot\cot\varphi}\right)^5=\left(1-\frac{0.7\times200}{10\,000+63\times4\times\cot20°}\right)^5=0.94$$

$$i_q=\left(1-\frac{0.5H}{P+Ac\cdot\cot\varphi}\right)^5=\left(1-\frac{0.5\times200}{10\,000+63\times4\times\cot20°}\right)^5=0.95$$

$$i_c=i_q-\frac{1-i_q}{N_q-1}=0.95-\frac{1-0.95}{6.4-1}=0.94$$

（3）基础形状系数计算(按表9-6中计算公式)

$$s_\gamma=1-0.4i_\gamma\frac{b'}{l'}=1-0.4\times0.94\times\frac{4.2}{15}=0.895$$

$$s_q=1+i_q\frac{b'}{l'}\sin\varphi=1+0.95\times\frac{4.2}{15}\times\sin20°=1.091$$

$$s_c=1+0.2i_c\frac{b'}{l'}=1+0.2\times0.94\times\frac{4.2}{15}=1.053$$

（4）深度系数计算(按表9-6中公式计算)

$$d_\gamma=1$$

$$d_q = 1 + 2\tan\varphi(1 - \sin\varphi)^2\left(\frac{d}{b'}\right) = 1 + 2\tan 20°(1 - \sin 20°)^2\left(\frac{3}{4.2}\right) = 1.23$$

$$d_c = 1 + 0.4\left(\frac{d}{b'}\right) = 1 + 0.4 \times \frac{3}{4.2} = 1.29$$

(5)超载 q 计算

水下土的浮重度

$$\gamma' = \gamma_{sat} - \gamma_w = 19 - 9.81 = 9.19\text{kN/m}^3$$

作用在基底两侧的超载

$$q = \gamma(d - z) + \gamma' z = 19 \times (3 - 1) + 9.19 \times 1 = 47.2\text{kPa}$$

(6)极限荷载 p_u 计算(按式 9-24)

$$p_u = \frac{1}{2}\gamma b' N_\gamma i_\gamma s_\gamma d_\gamma + qN_q i_q s_q d_q + cN_c i_c s_c d_c$$

$$= \frac{1}{2} \times 9.19 \times 4.2 \times 3.54 \times 0.94 \times 0.895 \times 1 + 47.2 \times 6.4 \times 0.95 \times 1.091 \times 1.23 + 4 \times 14.8 \times 0.94 \times 1.053 \times 1.29 = 57.48 + 385.10 + 75.59 = 518.2\text{kPa}$$

2. 偏心与水平荷载作用下地基稳定性的圆弧滑动分析法

边坡稳定性及地基承载力问题在本质上是一致的。边坡稳定性破坏和地基承载力破坏都是由于滑动面上剪应力达到土的抗剪强度而使地基失去稳定性。所不同的只是:边坡失稳的滑动面是圆弧,滑动面上的剪应力是由滑动面以上的土体重力引起的;而地基承载力破坏的滑动面是一组合曲面,滑动面上的剪应力来自建(构)筑物的荷载。

对于经常有水平荷载作用的建(构)筑物基础,如在强震区、有台风地区比较软弱的地基土建造高耸、重型和带有明显偏心荷载的浅基础、箱形基础或挡土墙基础等,在进行地基稳定性分析时,常将滑动面假定为圆弧,如图 9-16 所示,然后利用圆弧滑动条分法进行稳定性计算,其分析步骤如下:

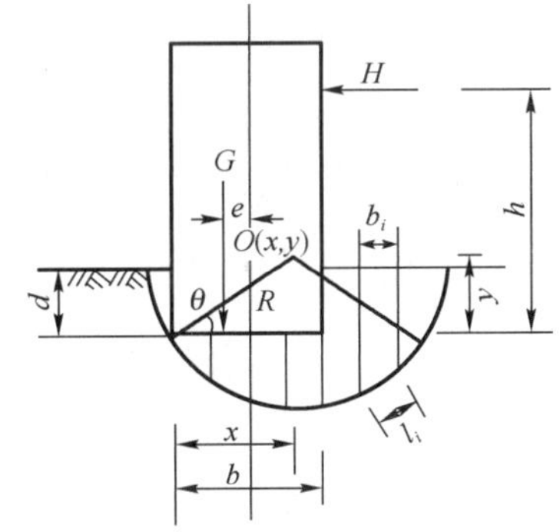

图 9-16 圆弧滑动条分法

(1)地面是水平的,假定最危险滑动圆弧通过条形基础外侧底边,滑动的圆心位于将滑动土体平分的垂直线上。

(2)将滑动土体划分为等分的土条,土条宽度为 b_i,土条自重产生的下滑力最终相互抵消,对整体稳定的影响可忽略不计。

(3)滑动力矩的计算如下:

如图 9-16 所示,令圆弧滑动面的圆心 O 点相对于基础左下端的坐标为 x 与 y,圆心与坐标原点连线与水平线的倾角为 θ,则环绕圆心的倾覆力矩 M 为:

$$M = G\left(x - \frac{b}{2} + e\right) + H(h - x\tan\theta) - \gamma bd\left(x - \frac{b}{2}\right) \tag{9-25}$$

式中:e——垂直荷载的偏心距(m);

H——水平荷载(kN);

h——水平荷载离基底的高度(m)；

G——建筑物(包括基础)的总重(kN)。

(4)抗滑力矩计算：

$$M_f = R[\sum(W_i\cos\theta_i + \Delta\sigma_i)\tan\varphi_i + \sum x_i l_i] \tag{9-26}$$

式中：$\Delta\sigma_i$——基础荷载在第 i 土条处产生的附加法向应力，按弹性力学公式计算(参见有关参考书)；其他有关符号与第八章相同。

(5)求地基整体滑动安全系数：

$$K = \frac{M_f}{M} \tag{9-27}$$

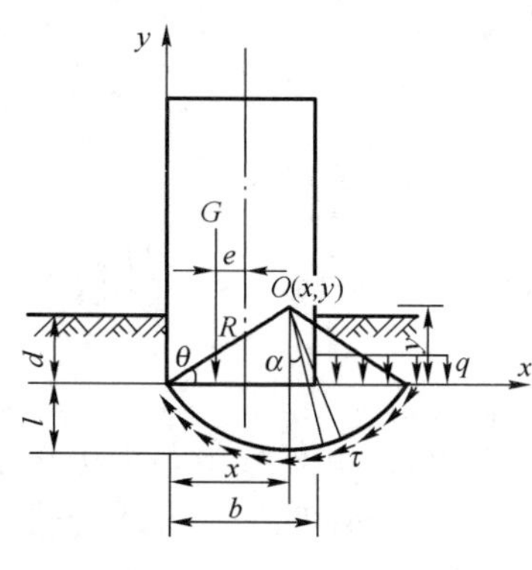

图 9-17　圆弧滑动简化分析

(6)改变圆心位置，可以得到不同的安全系数 K。找出其中最小的安全系数 K_{min}，K_{min}才是地基稳定性的真正安全系数，对应的滑动面才是最危险滑动面。由此可知，按圆弧滑动条分法计算地基稳定性考虑的因素比较全面，但比汉森公式更复杂。

为了加深对圆弧滑动分析方法的理解，将饱和软黏土地基(不固结不排水抗剪强度指标 $\varphi_u = 0$)的稳定性问题进一步展开讨论，并假定：水平力 $H = 0$，圆弧滑动面均在基底平面以下，基底平面以上土的抗剪强度忽略不计而仅考虑土的超载作用。如图 9-17 所示，滑动力矩、抗滑力矩分别改写为：

$$\begin{cases} M = G\left(x - \dfrac{b}{2} + e\right) \\ M_f = \dfrac{2c_u x^2}{\cos^2\theta}\left(\dfrac{\pi}{2} - \theta\right) + \dfrac{1}{2}qb(2x - b) \end{cases} \tag{9-28}$$

此时，抗滑安全系数为：

$$K = \frac{M_f}{M} = \frac{\dfrac{2c_u x^2}{\cos^2\theta}\left(\dfrac{\pi}{2} - \theta\right) + \dfrac{1}{2}qb(2x - b)}{G\left(x - \dfrac{b}{2} + e\right)} \tag{9-29}$$

令

$$\frac{\partial K}{\partial x} = 0, \frac{\partial K}{\partial \theta} = 0$$

得

$$\begin{cases} x - b + 2e = 0 \\ (\pi - 2\theta)\tan\theta = 1 \end{cases}$$

即最危险滑动面圆心的位置为：

$$\begin{cases} x = b - 2e \\ \theta = 23.2° \end{cases}$$

地基稳定性最小的安全系数 K_{min} 为：

$$K_{min} = \frac{5.52c_u \frac{(b-2e)^2}{2} + \frac{1}{2}qb(b-4e)}{G \cdot \frac{b-2e}{2}} \tag{9-30}$$

如果令基础埋深为零，即 $q=0$，那么：

$$K_{min} = \frac{5.52c_u}{\frac{G}{b-2e}} = \frac{p_u}{p} \tag{9-31}$$

其中

$$\begin{cases} p_u = 5.52c_u = c_u N_c \\ p = \frac{G}{b-2e} = \frac{G}{b'} \\ b' = b-2e \end{cases} \tag{9-32}$$

如果令荷载偏心距为零，即 $e=0$，则有：

$$K_{min} = \frac{5.52c_u + q}{\frac{G}{b}} = \frac{p_u}{p} \tag{9-33}$$

其中

$$\begin{cases} p_u = 5.52c_u + q = q + c_u N_c \\ p = \frac{G}{b} \end{cases} \tag{9-34}$$

由此可见，当垂直荷载的偏心距为 e 时，基础的有效宽度 $b'=b-2e$，与汉森公式相同。当土的内摩擦角 $\varphi=0$ 时，地基承载力系数 $N_c=5.52$，介于普朗特尔公式 $N_c=5.14$ 与太沙基公式 $N_c=5.71$ 之间，与饱和软黏土边坡坡角 $\beta<53°$时的因数 $N_c=\gamma H/c_u=5.52$ 相同。也就是说，对于 $\beta<53°$时的深厚饱和软黏土地基来说，其边坡稳定问题也就是地基承载力问题。

第四节　按规范方法确定地基承载力

一、《公路桥涵地基与基础设计规范》地基承载力确定方法

(1)公路桥涵地基承载力容许值，可根据地质勘测、原位测试、野外荷载试验的方法取得，其值不应大于地基极限承载力的1/2。

容许承载力设计原则是我国最常用的方法，亦已积累了丰富的工程经验。《公路桥涵地基与基础设计规范》(JTG D63—2007)采用容许承载力设计原则，还有其他一些规范也采用容许承载力设计原则。

按照我国的设计习惯,容许承载力一词实际上包括了两种概念。一种仅指取用的承载力满足强度与稳定性的要求,在荷载作用下地基土尚处于弹性状态或仅局部出现了塑性区,取用的承载力值相对于极限承载力有足够的安全度;另一种概念是指不仅满足强度和稳定性的要求,同时还必须满足建筑物容许变形的要求,即同时满足强度和变形的要求。前一种概念完全限于地基承载力能力的取值问题,是对强度和稳定性的一种控制标准,是相对于极限承载力而言的;后一种概念是对地基设计的控制标准,地基设计必须同时满足强度和变形两个要求,缺一不可。显然,这两个概念说的并不是同一个范畴的问题,但由于都使用了“容许承载力”这一术语,容易混淆概念。《公路桥涵地基与基础设计规范》(JTG D63—2007)将地基容许承载力称为地基承载力容许值,并定义地基承载力基本容许值为在地基土的压力变形曲线线性变形段内相应于不超过比例界限点的地基压力值。

(2)对于中小桥、涵洞,当受到现场条件限制,或载荷试验和原位测试有困难时,可按《公路桥涵地基与基础设计规范》(JTG D63—2007)提供的承载力表来确定地基承载力基本容许值,步骤如下:

①确定土的分类名称。通常把一般地基土,根据塑性指数、粒径、工程地质特征等分为:黏性土、粉土、砂类土、碎卵石类土及岩土。

②确定土的状态。土的状态是指土层所处的天然松密和稠密状态。黏性土的软硬状态按液性指数分为坚硬状态、硬塑状态、可塑状态、软塑状态和流塑状态;砂类土根据相对密度分为松散、中等密实、密实状态;碎卵石类土则按密实度分为密实、中等密实、稍密及松散。

③确定土的承载力基本容许值$[f_{a0}]$。当基础最小边宽度$b \leqslant 2m$、埋置深度$h \leqslant 3m$时,各类地基土在各种有关自然状态下的承载力基本容许值$[f_{a0}]$可按表9-7~表9-13查取。

一般黏性土地基承载力基本容许值$[f_{a0}]$(kPa) 表9-7

e	I_L												
	0	0.1	0.2	0.3	0.4	0.5	0.6	0.7	0.8	0.9	1.0	1.1	1.2
0.5	450	440	430	420	400	380	350	310	270	240	220	—	—
0.6	420	410	400	380	360	340	310	280	250	220	200	180	—
0.7	400	370	350	330	310	290	270	240	220	190	170	160	150
0.8	380	330	300	280	260	240	230	210	180	160	150	140	130
0.9	320	280	260	240	220	210	190	180	160	140	130	120	100
1.0	250	230	220	210	190	170	160	150	140	120	110	—	—
1.1	—	—	160	150	140	130	120	110	100	90	—	—	—

注:1. 土中含有粒径大于2mm的颗粒质量超过全部质量30%以上的,$[f_{a0}]$可酌量提高。

2. 当$e<0.5$时,取$e=0.5$;$I_L<0$时,取$I_L=0$。此外,超过表列范围的一般黏性土,$[f_{a0}]=57.22E_s^{0.57}$,式中,E_s为土的压缩模量(MPa)。

老黏性土地基承载力基本容许值$[f_{a0}]$(kPa) 表9-8

E_s(MPa)	10	15	20	25	30	35	40
$[f_{a0}]$(kPa)	380	430	470	510	550	580	620

注:当老黏性土$E_s<10$MPa时,承载力基本容许值按一般黏性土表确定。

新近沉积黏性土地基承载力基本容许值$[f_{a0}]$(kPa) 表9-9

e	I_L		
	<0.25	0.75	1.25
≤0.8	140	120	100
0.9	130	110	90
1.0	120	100	80
1.1	110	90	—

粉土地基承载力基本容许值$[f_{a0}]$(kPa) 表9-10

e	w(%)					
	10	15	20	25	30	35
0.5	400	380	355	—	—	—
0.6	300	290	280	270	—	—
0.7	250	235	225	215	205	—
0.8	200	190	180	170	165	—
0.9	160	150	145	140	130	125

砂土的地基承载力基本容许值$[f_{a0}]$(kPa) 表9-11

土　名	湿　度	密 实 度		
		密　实	中　密	松　散
砾砂、粗砂	与湿度无关	550	400	200
中砂	与湿度无关	450	350	150
细砂	水上	350	250	100
	水下	300	200	—
粉砂	水上	300	200	—
	水下	200	100	—

碎石土地基承载力基本容许值$[f_{a0}]$(kPa) 表9-12

土　名	密 实 程 度			
	密　实	中　密	稍　密	松　散
卵石	1 000 ~ 1 200	650 ~ 1 000	500 ~ 650	300 ~ 500
碎石	800 ~ 1 000	550 ~ 800	400 ~ 550	200 ~ 400
圆砾	600 ~ 800	400 ~ 600	300 ~ 400	200 ~ 300
角砾	500 ~ 700	400 ~ 500	300 ~ 400	200 ~ 300

注:1. 由硬质岩石组成,填充砂土者取高值;由软质岩石组成,填充黏性土者取低值。

2. 半胶结的碎石土,可按密实的同类土的$[f_{a0}]$值提高10% ~30%。

3. 松散的碎石土在天然河床中很少遇见,需要特别注意鉴定。

4. 漂石、块石的$[f_{a0}]$值,可参照卵石、碎石适当提高。

岩石地基承载力基本容许值$[f_{a0}]$(kPa)　　表 9-13

坚硬程度	节理发育程度		
	节理不发育	节理发育	节理很发育
坚硬岩、较硬岩	>3 000	2 000 ~ 3 000	1 500 ~ 2 000
较软岩	1 500 ~ 3 000	1 000 ~ 1 500	800 ~ 1 000
软岩	1 000 ~ 1 200	800 ~ 1 000	500 ~ 800
极软岩	400 ~ 500	300 ~ 400	200 ~ 300

④按基础深、宽度修正$[f_{a0}]$,确定地基承载力容许值$[f_a]$。从前述临界荷载及极限荷载计算公式可以看到,当基础越宽,埋置深度越大,土的强度指标 c、φ 值越大时,地基承载力也增加。因此当设计的基础宽度 $b>2$m,埋置深度 $h>3$m,地基承载力容许值$[f_a]$可以在$[f_{a0}]$的基础上修正提高:

$$[f_a]=[f_{a0}]+k_1\gamma_1(b-2)+k_2\gamma_2(h-3) \tag{9-35}$$

式中:$[f_a]$——地基土修正后的承载力容许值(kPa);

b——基础验算剖面底面的最小边宽或直径(m),当 $b<2$m 时,取 $b=2$m;当 $b>10$m 时,取 $b=10$m;

h——基础的埋置深度(m),自天然地面起算,有水流冲刷时自一般冲刷线起算;当 $h<3$m 时,取 $h=3$m;当 $h/b>4$ 时,取 $h=4b$;

γ_1——基底下持力层的天然重度(kN/m^3)。如持力层在水面以下且为透水性者,应取用浮重度;

γ_2——基底以上土的重度[如为多层土时用加权平均重度(kN/m^3)];如持力层在水面以下并为不透水性土时,则不论基底以上土的透水性性质如何,应一律采用饱和重度;当透水时,水中部分土层应取浮重度;

k_1、k_2——基底宽度、深度修正系数,根据基底持力层土的类别按表 9-14 选用。

地基土承载力宽度、深度修正系数 k_1、k_2　　表 9-14

系数 \ 土名	黏性土					黄土	
	新进沉积黏性土	一般黏性土		老黏性土	残积土	一般新黄土、老黄土	新进堆积黄土
		$I_L<0.5$	$I_L\geq0.5$				
k_1	0	0	0	0	0	0	0
k_2	1.0	2.5	1.5	2.5	1.5	1.5	1.0

系数 \ 土名	砂土								碎石土			
	粉砂		细砂		中砂		砾砂、粗砂		碎石、圆砾、角砾		卵石	
	密实	中密	密实	中密	密实	中密	密实	中密	密实	中密	密实	中密
k_1	1.2	1.0	2.0	1.5	3.0	2.0	4.0	3.0	4.0	3.0	4.0	3.0
k_2	2.5	2.0	4.0	3.0	5.5	4.0	6.0	5.0	6.0	5.0	10.0	6.0

注:1. 对于稍密和松散状态的砂、碎石土,k_1、k_2 值可采用表列中密值的 50%。

2. 强风化和全风化的岩石,可参照所风化成的相应土类取值;其他状态下的岩石不修正。

例题 9-5　某桥墩基础如图 9-18 所示。已知基础底面宽度 $b=5$m,长度 $l=10$m,埋置深度

$h=4\text{m}$，作用在基底中心的竖直荷载 $N=8\,000\text{kN}$，地基土的性质如图 9-18 所示。试按《公路桥涵地基与基础设计规范》，检算地基强度是否满足。

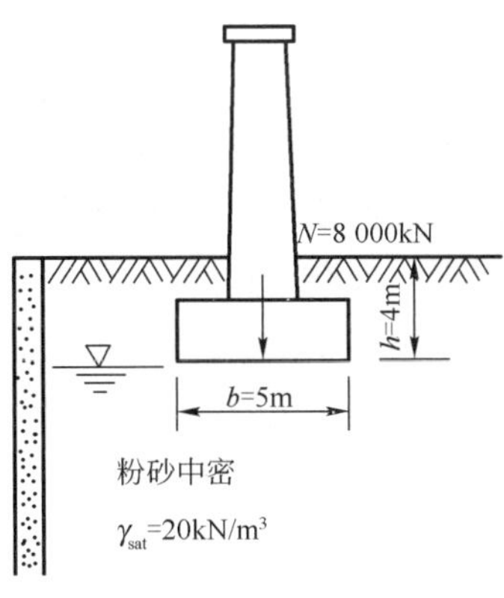

图 9-18 桥墩基础下地基强度验算

解 按《公路桥涵地基与基础设计规范》(JTG D63—2007)确定地基承载力容许值[见式(9-35)]：

$$[f_a]=[f_{a0}]+k_1\gamma_1(b-2)+k_2\gamma_2(h-3)$$

已知基底下持力层为中密粉砂(水下)，土的重度 γ_1 应考虑浮力作用，故 $\gamma_1=\gamma_{sat}-\gamma_w=20-10=10\text{kN/m}^3$。由表 9-11 查得粉砂的承载力基本容许值 $[f_{a0}]=100\text{kPa}$。由表 9-14 查得宽度及深度修正系数 $k_1=1.0$，$k_2=2.0$，基底以上土的重度 $\gamma_2=20\text{kN/m}^3$。由式(9-35)可得粉砂经过修正提高的承载力容许值 $[f_a]$ 为：

$$[f_a]=100+1\times10\times(5-2)+2\times20\times(4-3)=100+30+40=170\text{kPa}$$

基底压力 $p=\dfrac{N}{b\times l}=\dfrac{8\,000}{5\times10}=160\text{kPa}<[f_a]$ 故地基强度满足。

二、《建筑地基基础设计规范》地基承载力确定方法

《建筑地基基础设计规范》(GB 50007—2011)采用地基承载力特征值方法，其承载力计算表达式为：

$$p_k\leqslant f_a$$

式中：p_k——相应于荷载效应标准组合时，基础底面的平均总压力(kPa)；

f_a——修正后的地基承载力特征值。

地基承载力特征值，是指由载荷试验测定的地基土压力变形曲线线性变形段内规定的变形所对应的压力值，其最大值为比例界限值。因此，地基承载力特征值实质上就是地基承载力容许值。地基承载力特征值可由载荷试验或其他原位测试、公式计算，并结合工程实践经验等方法综合确定。

1. 按荷载试验确定地基承载力特征值

荷载试验(图 9-1)是对现场试坑中的天然土层中的承压板施加竖直荷载，测定承压板压力与地基变形的关系，从而确定地基土承载力和变形模量等指标。

承压板面积为 $0.25\sim0.5\text{m}^2$(一般尺寸：50cm×50cm，70cm×70cm)，加荷等级不少于 8 级，第一级荷载(包括设备重量)的最大加载量不应少于设计荷载的 2 倍，一般相当于基础埋深范围的土重。每级加载按 10min，10min，10min，15min，15min 间隔测读沉降，以后隔半小时测读，当连续 2h 内，每小时沉降小于 0.1mm 时，则认为已稳定，可加下一级荷载。直到地基达到极限状态为止。

将成果绘成压力—沉降关系($p\sim s$)曲线。根据下列规定，确定地基承载力特征值：

(1)当 $p\sim s$ 曲线有比例界限时，取该比例界限所对应的荷载值。

(2)当极限荷载小于对应比例界限值的 2 倍时，取极限荷载值的一半。

(3)当不能按上述两款要求确定时，当压板面积为 $0.25\sim0.50\text{m}^2$，可取 $s/b=0.01\sim0.015$

所对应的荷载，但其值不应大于最大加载量的 1/2。

除了载荷试验外，静力触探、动力触探、标准贯入试验等原位测试，在我国已经积累了丰富经验，《建筑地基基础设计规范》（GB 50007—2011）允许将其应用于确定地基承载力特征值。但是强调必须有地区经验，即当地的对比资料，还应对承载力特征值进行基础宽度和埋置深度修正。同时还应注意，当地基基础设计等级为甲级和乙级时，应结合室内试验成果综合分析，不宜单独应用。

当基础宽度大于 3m 或埋置深度大于 0.5m 时，从载荷试验或其他原位测试、经验值等方法确定的地基承载力特征值尚应按下式修正：

$$f_a = f_{ak} + \eta_b\gamma(b-3) + \eta_d\gamma_m(d-0.5) \tag{9-36}$$

式中：f_a——修正后的地基承载力特征值（kPa）；

f_{ak}——地基承载力特征值（kPa）；

η_b、η_d——分别为基础宽度和埋深的地基承载力修正系数，按基底下土的类别查表 9-15 取值；

d——基础埋置深度（m），当 $d<0.5$m 时按 0.5m 取值，自室外地面高程算起。在填方整平地区，可自填土地面标高算起，但填土在上部结构施工后完成时，应从天然地面高程算起。对于地下室，如采用箱形基础或筏板时，基础埋置深度自室外地面高程算起；当采用独立基础或条形基础，应从室内地面高程算起。

地基承载力修正系数表 表 9-15

土的类别		η_b	η_d
淤泥和淤泥质土		0	1.0
人工填土，e 或 I_L 大于等于 0.85 的黏性土		0	1.0
红黏土	含水比 $a_w > 0.8$	0	1.2
	含水比 $a_w \leq 0.8$	0.15	1.4
大面积压密填土	压密系数大于 0.95、黏粒含量 $\rho_c \geq 10\%$ 的粉土	0	1.5
	最大干密度大于 2 100kg/m^3 的级配砂石	0	2.0
粉土	黏粒含量 $\rho_c \geq 10\%$ 的粉土	0.3	1.5
	黏粒含量 $\rho_c < 10\%$ 的粉土	0.5	2.0
e 及 I_L 均小于 0.85 的黏性土		0.3	1.6
粉砂、细砂（不包括很湿与饱和时的稍密状态）		2.0	3.0
中砂、粗砂、砾砂和碎石土		3.0	4.4

注：1. 强风化和全风化的岩石，可参照所风化的相应土类取值，其他状态下的岩石不修正。

2. 地基承载力特征值按《建筑地基基础设计规范》（GB 50007—2011）附录 D 深层平板载荷试验时确定时 η_d 取 0。

3. 含水比是指土的天然含水率与液限的比值。

4. 大面积压实填土是指填土范围大于 2 倍基础宽度的填土。

2. 按理论公式确定

对于荷载偏心距 $e \leq 0.033b$（b 为偏心方向基础边长）时，《建筑地基基础设计规范》（GB 50007—2011）以界限荷载 $p_{1/4}$ 为基础的理论公式结合经验给出计算地基承载力特征值的公式：

$$f_a = M_b \gamma b + M_d \gamma_m d + M_c c_k \tag{9-37}$$

式中：　f_a——由土的抗剪强度指标确定的地基承载力特征值（kPa）；

M_b、M_d、M_c——承载力系数，根据 φ_k 按表 9-16 查取；

b——基础底面宽度（m），大于 6m 时按 6m 取值，对于砂土，小于 3m 时按 3m 取值；

d——基础埋置深度（m）；

c_k——基底下 1 倍短边宽度的深度范围内土的黏聚力标准值（kPa）；

φ_k——基底下 1 倍短边宽度的深度范围内土的内摩擦角标准值；

γ——基础底面以下土的重度，地下水位以下取浮重度（kN/m^3）；

γ_m——基础埋深范围内各层土的加权平均重度，地下水位以下取浮重度（kN/m^3）。

承载力系数 M_b、M_d、M_c　　表 9-16

土的内摩擦角标准值 φ_k	M_b	M_d	M_c
0	0	1.00	3.14
2	0.03	1.12	3.32
4	0.06	1.25	3.51
6	0.10	1.39	3.71
8	0.14	1.55	3.93
10	0.18	1.73	4.17
12	0.23	1.94	4.42
14	0.29	2.17	4.69
16	0.36	2.43	5.00
18	0.43	2.72	5.31
20	0.51	3.06	5.66
22	0.61	3.44	6.04
24	0.80	3.87	6.45
26	1.10	4.37	6.90
28	1.40	4.93	7.40
30	1.90	5.59	7.95
32	2.60	6.35	8.55
34	3.40	7.21	9.22
36	4.20	8.25	9.97
38	5.00	9.44	10.80
40	5.80	10.84	11.73

注：两数值间的数值可用内插法求得。

例题 9-6　某建筑物承受中心荷载的柱下独立基础底面尺寸为 3.0m×2.0m，埋深 d = 1.8m；地基土为粉土，土的物理力学性质指标：$\gamma = 17.8kN/m^3$，$c_k = 1.6kPa$，$\varphi_k = 20°$，试确定持力层的地基承载力特征值。

解 根据 $\varphi_k=20°$ 查表 9-16 得:$M_b=0.51, M_d=3.06, M_c=5.66$

$$
\begin{aligned}
f_a &= M_b\gamma b + M_d\gamma_m d + M_c c_k \\
&= 0.51\times17.8\times2.0+3.06\times17.8\times1.8+5.66\times1.6 \\
&= 125.3\text{kPa}
\end{aligned}
$$

第五节　关于地基承载力的讨论

地基承载力的研究是土力学的主要课题之一,地基承载力的确定也是一个比较复杂的问题,影响因素较多。其大小的确定除了与地基土的性质有关以外,还取决于基础的形状、荷载作用方式以及建筑物对沉降控制要求等多种因素。因此本节着重对前几节介绍的确定地基承载力的几种方法中的一些主要问题进行简要讨论,以便读者加深理解和准确运用。

一、关于载荷板试验确定地基承载力

首先,在第一节中所介绍的从载荷试验曲线中用三种方法确定的地基承载力,从理论上讲,均未包括基础埋置深度对地基承载力的影响,而基础的埋深对地基承载力影响是很显著的。因此,用载荷试验曲线确定地基承载力容许值或地基承载力特征值时,应进行深度修正。

其次,大多情况下,载荷试验的压板宽度总是小于实际基础的宽度,这种尺寸效应是不能忽略的。这里,一方面要考虑到基础宽度较压板宽度大而导致实际承载比试验承载力高(宽度修正);另一方面要考虑到基础宽度大,必然导致附加应力影响深度增加而使基础的变形要远大于载荷试验结果。因此即使采用相对变形方法确定的容许承载力也不能确切反映基础的变形控制要求,因而必要时应进行地基和基础的变形验算。

二、关于临塑荷载和临界荷载

从第二节临塑荷载与临界荷载计算公式推导中,可以看出:

(1)计算公式适用于条形基础。这些计算公式是从平面问题的条形均布荷载情况下导得的,若将它近似地用于矩形基础,其结果是偏于安全的。

(2)计算土中由自重产生的主应力时,假定土的侧压力系数 $K_0=1$,这是与土的实际情况不符,但这样可使计算公式简化。一般来说,这样假定的结果会导致计算的塑性区范围比实际偏小一些。

(3)在计算临界荷载 $p_{1/4}$ 时,土中已出现塑性区,但这时仍按弹性理论计算土中应力,这在理论上相互矛盾的,其所引起的误差是随着塑性区范围的扩大而加大。

三、关于极限承载力计算公式

1.极限承载力公式的含义

确定地基极限承载力的理论公式很多,但基本上都是在普朗特尔解的基础上经过不同修正发展起来的,适用于一定的条件和范围。对于平面问题,若不考虑基础形状和荷载的作用方式,则地基极限承载力的一般计算公式为:

$$p_u = \gamma bN_\gamma + qN_q + cN_c \tag{9-38}$$

上式表明,地基极限承载力由换算成单位基础宽度的三部分土体抗力组成:

(1)滑裂土体自重所产生的摩擦抗力。

(2)基础两侧均布荷载 $q=\gamma D$ 所产生的抗力。

(3)滑裂面上黏聚力 c 所产生的抗力。

上述三部分抗力中,第一种抗力的大小,除了决定于土的重度 γ 和内摩擦角 φ 以外,还决定于滑裂土体的体积。由于滑裂土体的体积与基础的宽度大体上是平方的关系。因此,极限承载力将随基础宽度 b 的增加而线性增加。

第二、第三种抗力的大小,首先决定于超载 q 和土的黏聚力 c,其次决定于滑裂面的形状和长度。由于滑裂面的长度大体上与基础宽度按相同的比例增加,因此,由黏聚力 c 所引起的极限承载力,不受基础宽度的影响。

另外,承载力系数 N_γ、N_q 和 N_c 的大小取决于滑裂面形状,而滑裂面的大小首先取决于 φ 值,因此 N_γ、N_q 和 N_c 都是 φ 的函数。但不同承载力公式对滑裂面形状有不同的假定,使得不同承载力公式的承载力系数不尽相同,但它们都有相同的趋势,分析它们的趋势,可得到如下结论:

(1)N_γ、N_q 和 N_c 随 φ 值的增加变化较大,特别是 N_γ 值。当 $\varphi=0$ 时,$N_\gamma=0$,这时可不计土体自重对承载力贡献。随着 φ 值的增加,N_γ 值增加较快,这时土体自重对承载力的贡献增加。

(2)对于无黏性土($c=0$),基础的埋深对承载力起着重要作用,这时,基础埋深太浅,地基承载力会显著下降。

2. 用极限承载力公式确定地基承载力时安全系数的选用

不同极限承载力公式是在不同假定情况下推导出来,因此在确定地基承载力容许值时,其选用的安全系数不尽相同。一般用太沙基极限承载力公式,安全系数采用 3;用汉森公式,对于无黏土可取 2,对于黏性土可取 3。

另外,汉森还提出了用局部安全系数的概念。“局部安全系数”的含义是,先将土的抗剪强度指标分别除以强度安全系数,得到容许强度指标,再根据容许强度指标计算地基的极限承载力,最后将计算得到的极限承载力再除以荷载系数即为地基的承载力容许值。局部安全系数可按表 9-17 所列的数据选用。

汉森局部安全系数表 表 9-17

强度系数	荷载系数
凝聚力 c 2.0(1.8)	静荷载 1.0 恒定的水压力 1.0 波动的水压力 1.2(1.1)
内摩擦系数 1.20 (1.10)	一般的活荷载 1.5(1.25) 风荷载 1.5(1.25) 土或土中颗粒压力 1.2(1.1)

注:括号中的数值属于临时建筑或者附加荷载(如静荷+最不利的活荷+最不利风荷)。

3. 极限承载力公式的局限性

最后应当指出的是,所有极限承载力公式,都是在土体刚塑性假定下推导出来的,实际上,土体在荷载作用下不但会产生压缩变形而且也会产生剪切变形，这是目前极限承载力公式中共同存在的主要问题。因此对地基变形较大时，用极限承载力公式计算的结果有时并不能反映地基土的实际情况。

四、关于按规范法确定地基承载力

在《公路桥涵地基基础设计规范》（JTG D63—2007）中所给出的各类土的地基承载力容许值表及有关计算公式，是根据大量的地基载荷试验资料及已建成桥梁的使用经验，经过统计分析后得到的。由于按规范确定地基承载力容许值比较简便，因此在一般的桥涵基础设计中得到广泛应用。但也应指出，由于我国地域广阔，土质情况比较复杂，制订规范时所收集的资料其代表性也有很大局限性，因此有些地区的土类、特殊土类或性质比较复杂的土类，在规范中均未列入，或所给的数值与实际情况差异较大，这时就应采用多种方法综合分析确定。

在规范法确定地基承载力容许值时，要用修正公式进行宽度和深度修正。但应该指出，确定地基承载力容许值时，不仅要考虑地基强度，还要考虑基础沉降的影响。因此在表9-15中黏性土的宽度修正系数 k_1 均等于零，这是因为黏性土在外荷载作用下，后期沉降量较大，基础越宽，沉降量也越大，这对桥涵的正常运营很不利，故除在制定基本承载力时已经考虑基础平均宽度的影响外，一般不再作宽度修正。而砂土等粗颗粒土，其后期沉降量较小，对运营影响不大，故可作宽度修正提高。此外，在进行宽度修正时，还规定若基础宽度 $b>10\text{m}$ 时，只能按 $b=10\text{m}$ 计算修正，这是因为基础宽度越大，基础沉降也大，故须对宽度修正作一定的经验性限制。

在进行深度修正时，规定只有在基础相对埋深 $h/b\leq4$ 时才能修正。这是因为上述的修正公式（9-35）是按照浅基础概念制定的，当 $h/b>4$ 时，已经属于深基础范畴，故不能按公式（9-35）修正，须另行考虑。

还应指出，对于一般工程和一般地质条件，在缺乏试验资料时，可结合当地具体情况和实践经验，按规范中所给表格数值及公式计算地基承载力容许值。对于重要工程或地质条件复杂时，应进行必要的室内外试验，经综合分析才能确定合适的地基承载力容许值。需要指出的是，《公路桥涵地基基础设计规范》（JTG D63—2007）给出的地基承载力容许值表主要是从强度方面定义承载力容许值（相对于极限承载力而言）。但是，我国幅员辽阔，土质相差巨大，地基承载力表的数值很难在全国各地都能适用，不利于因地制宜确定建设场地的地基承载力。因此，在《建筑地基基础设计规范》（GB 50007—2011）没有给出地基承载力特征值的表格。

【习题】

［9-1］　某条形基础如图9-19所示，试求临塑荷载 p_{cr}、临界荷载 $p_{1/4}$ 及用普朗特尔公式求极限荷载 p_u。并问其地基承载力是否满足（取用安全系数 $K=3$）。已知粉质黏土的重度 $\gamma=$

$18kN/m^3$，黏土层 $\gamma = 19.8kN/m^3$，$c = 15kPa$，$\varphi = 25°$。作用在基础底面的荷载 $p = 250kPa$。

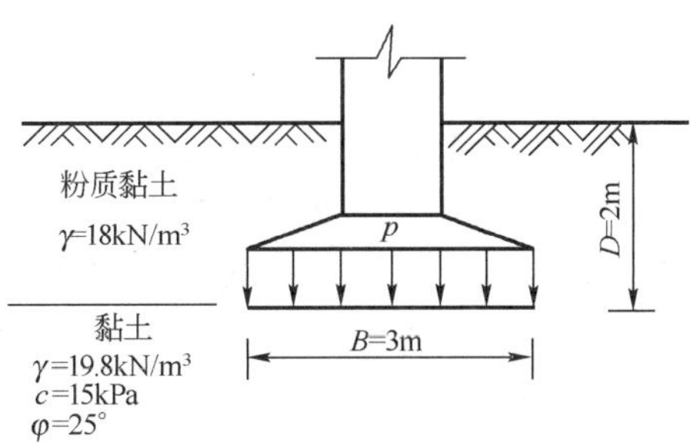

图 9-19　习题 9-1 图

[9-2]　如图 9-20 所示路堤，已知路堤填土 $\gamma = 18.8kN/m^3$，地基土的 $\gamma = 16.0kN/m^3$，$c = 8.7kPa$，$\varphi = 10°$。试求：

(1)用太沙基公式验算路堤下地基承载力是否满足(取用安全系数 $K=3$)。

(2)若在路堤两侧采用填土压重的方法，以提高地基承载力，试问填土厚度需要多少才能满足要求(填土重度与路堤填土相同)，填土范围 L 应有多少宽？

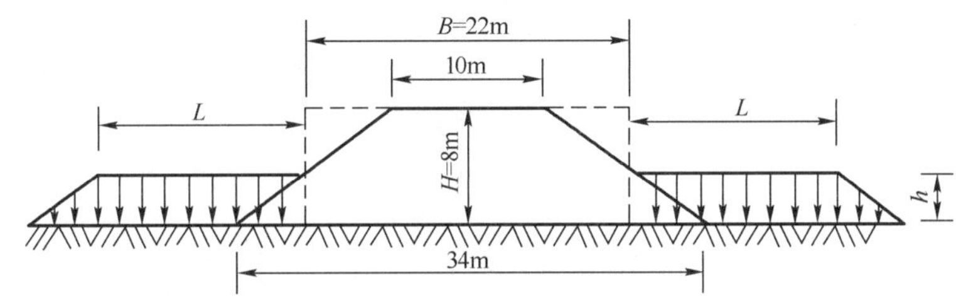

图 9-20　习题 9-2 图

[9-3]　某矩形基础如图 9-21 所示。已知基础宽度 $B = 4m$，长度 $L = 12m$，埋置深度 $D = 2m$；作用在基础底面中心的荷载 $N = 5\ 000kN$，$M = 1\ 500kN \cdot m$，偏心距 $e_L = 0$；地下水位在地面下 4m 处；土的性质 $\gamma_{sat} = 19.8kN/m^3$，$c = 25kPa$，$\varphi = 10°$。试用汉森公式验算地基承载力是否满足(采用安全系数 $K = 3$)。

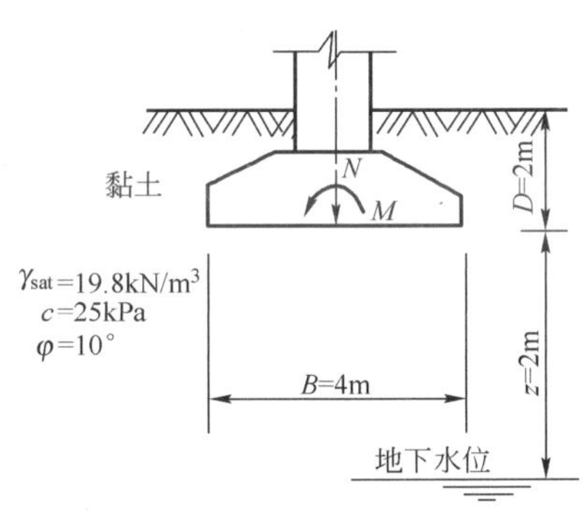

图 9-21　习题 9-3 图

[9-4]　试用规范方法及太沙基极限荷载公式确定地基承载力，并对两种方法的结果作一比较。

已知地基土为一般黏性土，$\gamma = 19.1kN/m^3$，$e_0 = 0.90$，$I_L = 0.56$，$c = 45.1kPa$，$\varphi = 15°$。方形基础的宽度 $B = 2m$，埋置深度 $D = 3m$。

【思考题】

[9-1]　地基承载力与地基承载力容许值在概念上有何差异？

[9-2]　地基破坏的形式有哪几种？它与土的性质有何关系？

[9-3]　确定地基承载力容许值时，与建筑物的许可沉降量有什么关系？与基础大小、埋置深度有什么关系？

[9-4]　怎样根据地基内塑性区开展的深度来确定临界荷载？基本假定是怎样的？导得

的计算公式有什么缺点？

［9-5］ 本章所介绍的几个极限荷载公式各有何特点？对它们作简略评价。

［9-6］ 用条形基础的极限荷载公式计算结果用于方形基础，是偏于安全还是不安全？把荷载试验结果直接用于实际基础的计算是否合适？

［9-7］ 地下水位的升降，对地基承载力有什么影响？

［9-8］ 把规范确定地基承载力的计算公式（式 9-35、式 9-36）与极限荷载计算公式进行对比，由此理解式(9-35)、式(9-36)中系数 k_1、k_2 或 η_b、η_d 及 γ_1、γ_2 的意义及用法。

第十章

土的动力性质和压实性

第一节 土在动荷载作用下的变形和强度性质

一、作用于土体的动荷载和土中波

车辆的行驶、风力、波浪、地震、爆炸以及机器的振动，都可能是作用在土体的动力荷载。这类荷载的特点，一是荷载施加的瞬时性，二是荷载施加的反复性（加卸荷或者荷载变化方向）。一般将加荷时间在10s以上者都看作静力问题，10s以下者则应视作动力问题。反复荷载作用的周期往往短至几秒、几分之一秒乃至几十分之一秒，反复次数从几次、几十次乃至千万次。由于这两个特点，在动力条件下考虑土的变形和强度问题时，往往都要考虑速度效应和循环（振次）效应。考虑速度效应时，需要将加荷时间的长短换算成加荷速度或相应的应变速率，加荷速度的不同，土的反应也不同。

如图10-1所示，慢速加荷时，土的强度虽然低于快速加荷，但承受的应变范围较大。循环（振次）效应是指土的力学特性受荷载循环次数的影响情况。图10-2是说明振次效应的一个实例，图中σ_f表示静力破坏强度，σ_d为动应力幅值，σ_s是在加动应力前对土样所施加的一个小于σ_f的竖向静偏应力。由图可见，振次越少，土的动强度越高。随着动荷载反复作用，土的强度逐渐降低，当反复作用10次时，土样的动强度（$\sigma_d+\sigma_s$）几乎与静强度σ_f等同，再加大作用次数，动强度就会低于静强度。所以，对于动荷载，除了必须考虑其幅值大小以外，尚应考虑其所包含的频率成分和反复作用的次数。

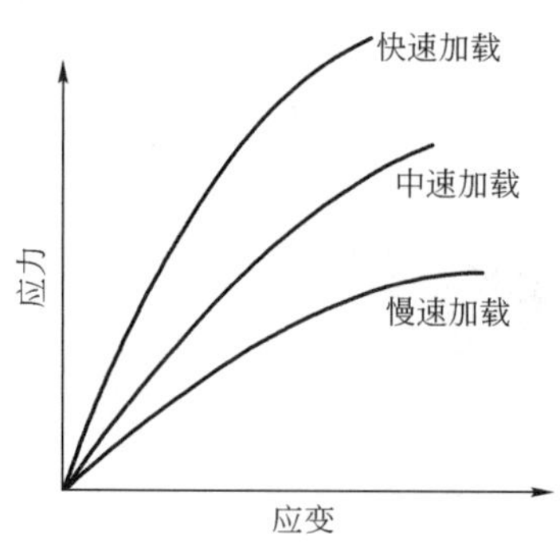

图 10-1 加载速度对土应力应变关系的影响

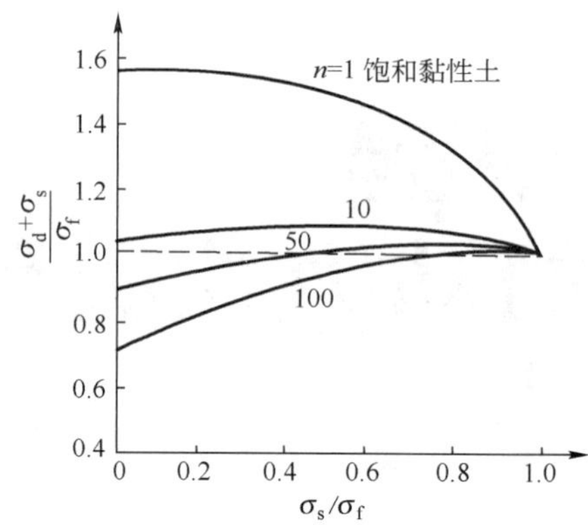

图 10-2 荷载振次对土体强度的影响（饱和黏性土）

当汽车通过路面或火车通过轨道时，将动荷传到路基上，它们荷载的周期不规则，可从0.1s到数分钟，其特点是反复多次加荷，而且循环次数很多，往往多达 10^3 次以上。因此必须从防止土体反复应变产生疲劳的角度考虑其性质变化。地震荷载也是随机作用的动荷载，一般为 0.2 ~ 1.0s 的周期作用，但次数不多。

位于土体表面、内部或者基岩的振源所引起的土单元体的动应力、动应变，将以波动的方式在土体中传播。土中波的形式有以拉压应变为主的纵波、以剪应变为主的横波和主要发生在土体自由界面附近的表面波（瑞利波）。作用于地表面的竖向动荷载主要以表面波的形式扩散能量。水平土层中传播的地震波，主要是剪切波。波动能量在土体表面和内部层面处将发生反射、折射和透射等物理现象。

二、土的动力变形特性

在周期性的循环荷载作用下，土的变形特性已不能用静力条件的概念和指标来表征，而需要了解动态的应力—应变关系。影响土的动力变形特性的因素包括土体周围压力、孔隙比、颗粒组成、含水率等，同时它还受到应变幅值的影响，而且又以后者最为显著。同一种土，它的动力变形性状将会随着应变幅值的不同而发生质的变化。日本石原研而的研究指出，只有当应变幅值在 10^{-6} ~ 10^{-4} 及以下的范围内时，土的变形特性可认为是属于弹性性质。一般由火车、汽车的行驶以及机器基础等所产生的振动的反应都属于这种弹性范围。这种条件下土的应力—应变关系及相应参数可在现场或室内进行测定。当应变幅值在 10^{-4} ~ 10^{-2} 范围内时，土表现为弹塑性性质，如打桩、地震等所产生的土体振动反应即属于此，可以用非线性的弹性应力—应变关系来加以描述。当应变幅值超过 10^{-2} 时，土将破坏或产生液化、压密等现象，此时土的动力变形特性可用仅仅反复几个周期的循环荷载试验来确定。

最简单的反复荷载下土的应力—应变关系可如图 10-3 所示。这是在静三轴仪中确定弹性模量所作的加卸荷试验曲线。图 10-4 则是动力试验中所得到的土在黏弹性阶段的应力—应变关系曲线。

静三轴加卸荷试验所确定的模量以及动三轴试验所得到的模量都可以用来表示土在动力条件下的变形特性。前者是以静代动的方法，只要应变幅值对应，将拟静法确定的模量用于动力分析，一般不会有太大的问题。

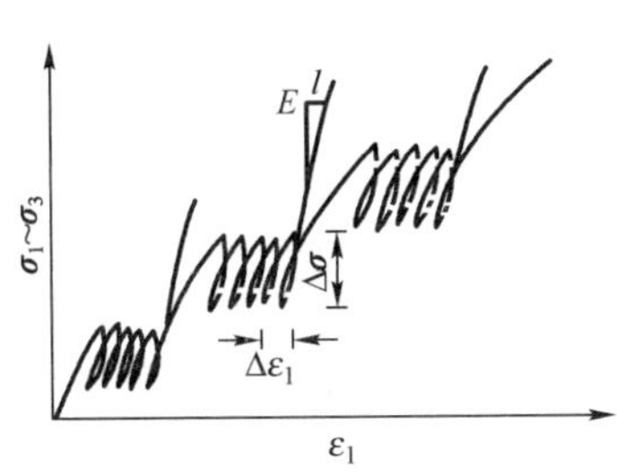

图 10-3 三轴试验确定土的弹性模量

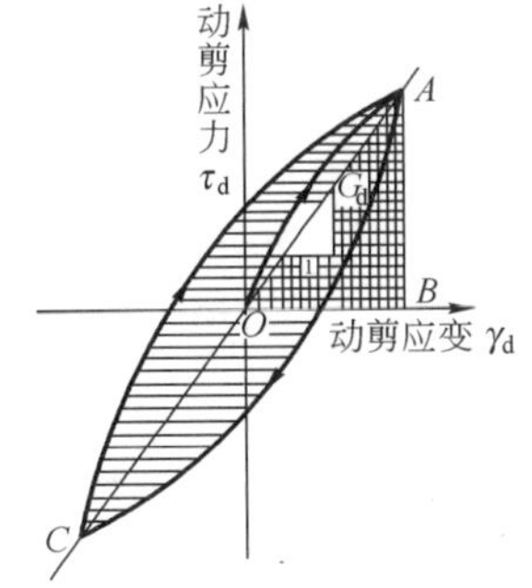

图 10-4 动力试验得到的应力—应变曲线

在动三轴仪或动单剪仪上对土样进行等幅值循环荷载试验，动态应力—应变曲线为一斜置闭合回线，称为滞回圈（图 10-4）。滞回圈的特征可由两个参数——模量和阻尼比来表示，它们就是表征土体动力变形特性的两个主要指标。土的动弹性模量 E_d（动剪切模量 G_d）是指产生单位动应变所需要的动应力，亦即动应力幅值 σ_d（τ_d）与动应变幅值 ε_d（γ_d）的比值。它可由滞回圈顶点与坐标原点连线的斜率来定出，即如式（10-1）和式（10-2）所示：

$$E_d = \frac{\sigma_d}{\varepsilon_d} \tag{10-1}$$

$$G_d = \frac{\tau_d}{\gamma_d} \tag{10-2}$$

动弹性模量 E_d 和动剪切模量 G_d 之间，一般符合下列关系：

$$G_d = \frac{E_d}{2(1+\mu)} \tag{10-3}$$

式中：μ——土的泊松比。

滞回圈所表现的循环加荷过程中应变对应力的滞后现象和卸荷曲线与加荷曲线的分离，反映了土体对动荷载的阻尼作用。这种阻尼作用主要是由土粒之间相对滑动的内摩擦效应所引起，故属于内阻尼。作为衡量土体吸收振动能量的能力的尺度，土的阻尼比由滞回圈的形状所决定。如图 10-4 所示，土的阻尼比 λ 可由下式求出：

$$\lambda = \frac{A_0}{4\pi A_T} \tag{10-4}$$

式中：A_0——整个滞回圈所包围的面积，表示在加卸荷一个周期中土体所消耗的机械能；

A_T——三角形 AOB 的面积，表示在一个周期中土体所获得的最大弹性能。

动力试验表明，土的动应力—动应变关系具有强烈的非线性性质，滞回圈位置和形状随动应变幅值的大小而变化。一般而言，当动应变幅值小于 10^{-5} 量级时，参数 E_d（G_d）和 λ 可视作常量，即作为线性变形体看待。随着动应变幅值的增大，土的模量逐步减小，阻尼比逐步加大。因此，为土体动力分析选用变形参数时，应考虑土的这种非线性特点，对应于动应变幅值的不同量级，选用不同的模量和阻尼比。

描述土的非线性应力—应变特性有很多种模型，双曲线模型是最常用的模型之一，其（$\sigma_d \sim \varepsilon_d$）关系可用下式表示：

$$\sigma_d = \frac{\varepsilon_d}{a + b\varepsilon_d} \tag{10-5}$$

或

$$E_d = \frac{1}{a + b\varepsilon_d} \tag{10-6}$$

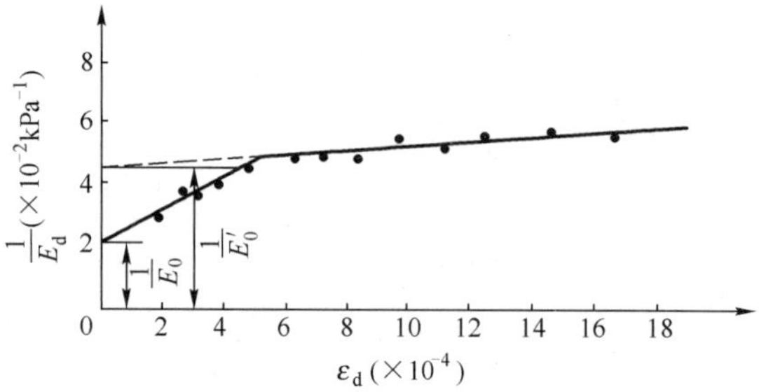

式中：σ_d——动应力幅值；

ε_d——与 σ_d 相应的动应变幅值；

E_d——动弹性模量；

a、b——试验常数。

因此，对于某个既定土样而言，在一定的变化范围内，动应变幅值对动弹性模量值的影响（图 10-5），可用式（10-7）近似地表示：

图 10-5　动弹性模量与动应变幅值的关系曲线

$$\frac{1}{E_d} = \frac{1}{E_0} + b\varepsilon_d = a + b\varepsilon_d \tag{10-7}$$

式中：E_0——当 $\varepsilon_d \to 0$ 的动弹性模量，亦称初始动弹性模量。

试验研究表明，初始动弹性模量 E_0 与周围固结压力 σ_3 的关系可按下式计算：

$$E_0 = Kp_a\left(\frac{\sigma_3}{p_a}\right)^n \tag{10-8}$$

式中：K、n——试验常数；

p_a——与固结压力 σ_3 单位相同的大气压力（kPa）。

初始动弹性模量 E_0 的确定除了通过经验统计公式外，还可以通过室内共振柱试验或现场波速试验实测得到。

三、土的动强度

土在动荷载下的抗剪强度问题即动强度问题。不同于静强度，由于存在速度效应和循环效应以及动静应力状态的组合问题，土的动强度试验确定比静强度试验确定远为复杂。循环荷载作用下土的强度有可能高于静强度，也有可能低于静强度，这要视土的类别、所处的应力状态以及加荷速度、循环次数等而定（图 10-6 和图 10-7）。从图 10-6 可见，如果对于给定的土样，在固结后施加动应力之前，先在轴向加上不同的静应力（偏应力），然后再在轴向施加相同大小的动应力，则各土样到达破坏时的循环次数就各不相同，静偏应力越大，破坏所需之振次越少；反之亦然。从图 10-7 可见，若对各个土样施加同样大小的静应力，但由于动应力不同，则各土样达到破坏时的循环次数也不一样，它将随动应力的增加而减少。

试验研究还表明，黏性土强度的降低与循环应变的幅值有很大关系。例如，当循环应变幅值不超过 1.5% 时，即使是中等灵敏的软黏土，在 200 次循环荷载作用下，其强度亦几乎等于静强度。

综合国内外的试验看来，对于一般的黏性土，在地震或其他动荷载作用下，破坏时的综合应力与静强度比较，并无太大的变化。但是对于软弱的黏性土，如淤泥和淤泥质土等，则动强度会有明显降低，所以在路桥工程遇到此类地基土时，必须考虑地震作用下土的强度的降低问题。

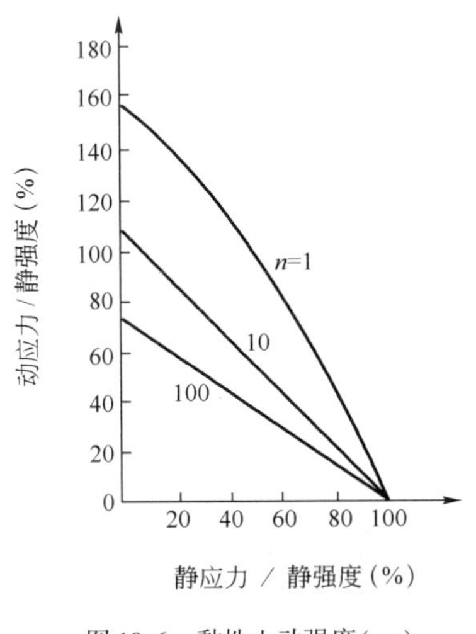

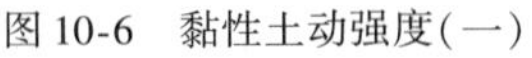

图 10-6 黏性土动强度（一）

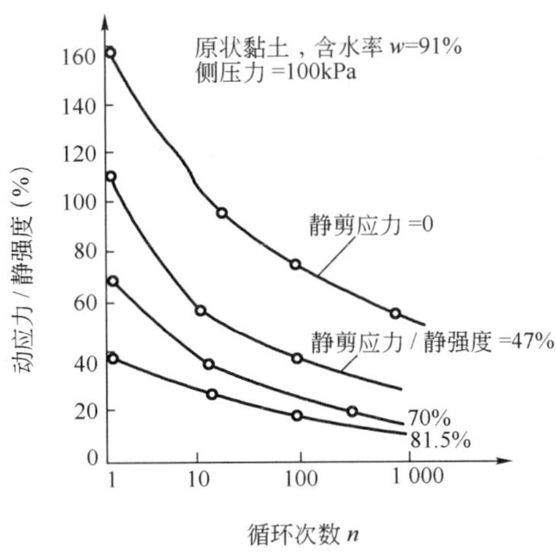

图 10-7 黏性土动强度（二）

土的动强度亦可如静强度一样通过动抗剪强度指标 c_d、φ_d 得到反映。土的动抗剪强度指标是指土在动荷载作用下发生屈服破坏或产生足够大的应变（如可以用综合应变达到 15% 作为破坏标准）时所具有的黏聚力和内摩擦角。图 10-8 所示的是土的动抗剪强度指标的确定方法，但应注意，图中的破坏状态应力圆是在初始状态（偏压固结）应力圆基础上加动应力 σ_d 得到的，图中还应注明破坏标准 ε_f 和达到破坏标准时的动荷载作用次数 N_f，这说明所谓的动抗剪强度指标 c_d、φ_d 不是唯一的，即使对于同一土样来说也是随各方面条件而变化的。进行挡土墙动土压力、地基动承载力和边坡动态稳定性等特定问题分析时，常用土样达到某一破坏标准 ε_f 所需要振次 N_f 与动应力比$\dfrac{\sigma_d}{\sigma_{3c}}$的关系曲线（$N_f \sim \dfrac{\sigma_d}{\sigma_{3c}}$）来表示土体的动强度（图 10-9），在这种动强度曲线图中，当然仍需要表明破坏标准 ε_f 和土样的固结应力比 $K_c = \dfrac{\sigma_{1c}}{\sigma_{3c}}$。

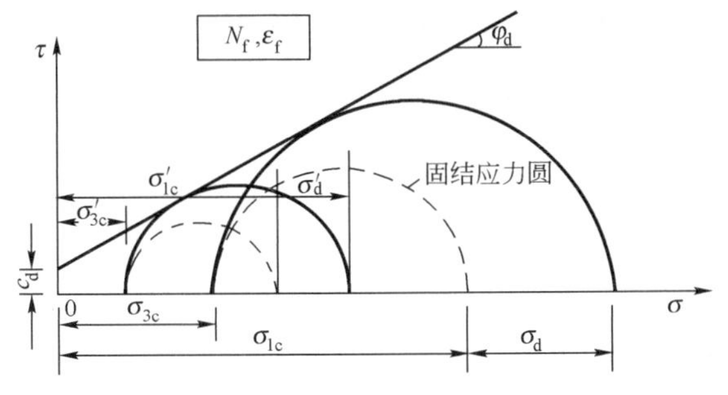

图 10-8 动态应力圆和动强度指标

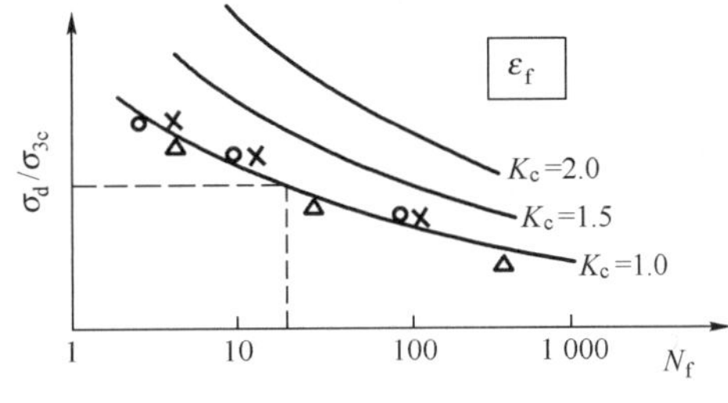

图 10-9 动强度曲线

四、土动力性质试验

1. 振动三轴试验

振动三轴仪是室内土动力性质试验的重要仪器，土的动强度、动弹性模量都可采用振动三轴仪进行试验测定。

振动三轴仪的种类很多,按动荷载施加的方式不同,有电磁式、机械惯性力式、电液伺服式和气动式;按动荷载作用方向的不同,又可分为单向式和双向式。单向振动三轴仪只能在土样的竖轴方向施加动荷载,而周围压力 σ_3 是恒定的;双向振动三轴仪则不仅能施加轴向脉动荷载,而且周围压力 σ_3 也可以是脉动荷载。

我国目前应用较多的为电磁式和电液伺服式单向振动三轴仪,其试验数据目前一般均可由计算机自动采集并处理。以电磁式单向振动三轴仪为例,主机部分如图 10-10 所示,主要由土样压力室、激振器和气垫三部分组成。土样压力室和静力三轴仪相似,是一个有机玻璃的圆筒,里面充入液压或气压后,可对土样施加侧向静荷载。激振器包括激振线圈(动圈)、励磁线圈(定圈)及磁路,其作用是当输入一定频率的电信号以后,能产生一个施加于土样的轴向动荷载。气垫由金属波纹管构成,通入压缩空气以后,可对土样施加轴向静荷载。从图 10-10 可见,土样活塞、应力传感器、激振线圈和气垫顶部由传力轴联成一个刚性的活动整体,并由导向轮保证其作轴向运动。振动三轴仪除主机外,通常还有动力控制系统、静力控制系统以及量测系统等部分。

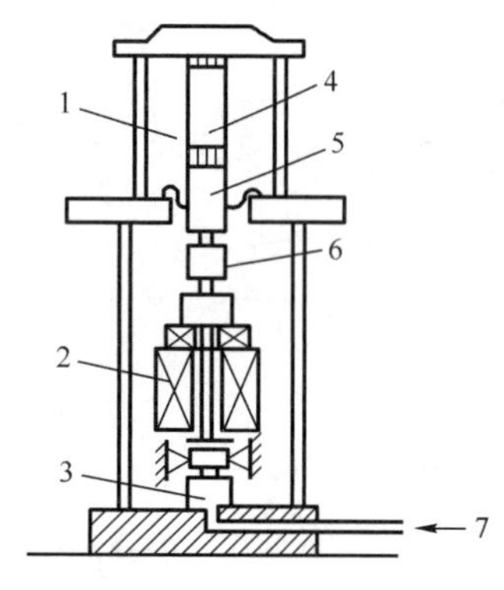

图 10-10　振动三轴仪主机示意图
1-压力室;2-激振器;3-气垫;4-土样;5-土样活塞;6-压力传感器;7-压缩空气

2. 动单剪试验

为使土样应力状态的模拟更符合地震波在土层中的传递过程,动单剪试验也经常被用于测定土的动力性质。土样被置于水平剪切刚度很小而竖向抗压刚度很大的容器内(如叠环式土样盒),进行 K_0 条件下的固结,然后施加水平向的动剪应力,同时测定动剪应变和孔隙水压力。其试验项目和成果整理方面,动单剪试验与振动三轴试验比较接近。

3. 共振柱试验

在振动三轴试验和动单剪试验中,土样的动应变幅值一般不可能小于 10^{-4} 量级,共振柱试验则可以在动应变幅值等于 $10^{-3} \sim 10^{-6}$ 条件下测定土的动力变形参数。共振柱试验是根据共振原理在一个圆柱形试样上进行振动,改变振动频率使其产生共振,并借以测求试样的动弹性模量 E_d、动剪切模量 G_d 及阻尼比 λ 等参数的试验。

共振柱试验是一种无损试验技术,土样在相对不破损的情况下,接受来自一端的激振,因此,它的优越性特别表现在试验的可逆性和可重复性上,从而可以求得十分稳定而准确的结果。

4. 现场波速试验

现场波速试验是利用波速确定地基土的物理力学性质或工程指标的现场测试方法。波速测试适用于测定各类岩土体的压缩波、剪切波或瑞利波的波速,测试目的是根据弹性波在岩土体内的传播速度,间接测定岩土体在小应变条件下($10^{-6} \sim 10^{-4}$)动弹性模量等参数。现场波速试验可以采用单孔法、跨孔法、面波法、稳态振动法、反射法和折射波法等不同方法,可根据具体要求和条件加以选用。

另外,波速测试本身也是一种检测方法,可用来评价地基土的类别和检验地基加固效果。

第二节 砂土和粉土的振动液化

一、土体液化现象及其工程危害

土体液化是指饱和状态砂土或粉土在一定强度的动荷载作用下表现出类似液体的性状，完全失去强度和刚度的现象。

地震、波浪、车辆、机器振动、打桩以及爆破等都可能引起饱和砂土或粉土的液化，其中又以地震引起的大面积甚至深层的土体液化的危害性最大，它具有面广、危害重等特点，常会造成场地的整体性失稳。因此，近年来土体液化引起国内外工程界的普遍重视，成为工程抗震设计的重要内容之一。

砂土液化造成的灾害的宏观表现主要有如下几种。

(1)喷砂冒水。液化土层中出现相当高的孔隙水压力，会导致低洼的地方或土层缝隙处喷出砂、水混合物。喷出的砂粒可能破坏农田，淤塞渠道。喷砂冒水的范围往往很大，持续时间可达几小时甚至几天，水头可高达 2～3m。

(2)震陷。液化时喷砂冒水带走了大量土颗粒，地基产生不均匀沉陷，使建筑物倾斜、开裂甚至倒塌。例如，1964 年日本新泻地震时，有的建筑物结构本身并未损坏，却因地基液化而发生整体倾侧；又如 1976 年唐山地震时，天津某农场高 10m 左右的砖砌水塔，因其西北角处地基土喷砂冒水，水塔整体向西北倾斜了 6°。

(3)滑坡。在岸坡或坝坡中的饱和砂粉土层，由于液化而丧失抗剪强度，使土坡失去稳定，沿着液化层滑动，形成大面积滑坡。1971 年美国加利福尼亚州圣费南多(San Fernando)坝在地震中发生上游坝坡大滑动，研究证明这是因为在地震振动即将结束时，在靠近坝底和黏土心墙上游处广阔区域内砂土发生液化的缘故；1964 年美国阿拉斯加地震中，海岸的水下流滑带走了许多港口设施，并引起海岸涌浪，造成沿海地带的次生灾害。

(4)上浮。贮罐、管道等空腔埋置结构可能在周围土体液化时上浮，对于生命线工程来讲，这种上浮常常引起严重的后果。

二、液化机理及影响因素

饱和的、较松散的、无黏性的或少黏性的土在往复剪应力作用下，颗粒排列将趋于密实(剪缩性)，而细、粉砂和粉土的透水性并不太大，孔隙水一时间来不及排出，从而导致孔隙水压力上升，有效应力减小。当周期性荷载作用下积聚起来的孔隙水压力等于总应力时，有效应力就变为零。根据有效应力原理，饱和砂土抗剪强度可表达为：

$$\tau_{f} = \sigma' \tan\varphi' = (\sigma - u)\tan\varphi' \tag{10-9}$$

可见，当孔隙水压力等于总应力 $u=\sigma$ 时，有效应力 $\sigma'=0$，此时，没有黏聚力的砂土其强度就完全丧失。同时，土体平衡外力的能力，即模量的大小，也是与土体的有效应力成正比关系，如剪切模量：

$$G = K(\sigma')^{n} \tag{10-10}$$

式中：K、n——试验常数。

显然，当 σ' 趋向于零的时候，G 也趋向于零，即土体处于没有抵抗外荷载能力的悬液状态。这就是所谓的“液化”。

在地震时，土单元体所受的动应力主要是由从基岩向上传播的剪切波所引起的。水平地层内土单元体理想的受力状态如图 10-11 所示。在地震前，单元体上受到有效应力 σ'_v 和 $K_0\sigma'_v$ 的作用（K_0 为静止土压力系数）。在地震时，单元上将受到大小和方向都在不断变化的剪应力 τ_d 的反复作用。在试验室里通过模拟上述受力情况进行试验研究有助于揭示液化的机理，其中动三轴试验和动单剪试验是被广泛使用的两种试验方法。试验中，土样是在不排水条件下，承受着均匀的周期荷载。当地震时，实际发生的剪应力大小是不规则的，但经过分析认为可以转换为等效的均匀周期荷载，这就比较容易在试验中重现。

图 10-12 是饱和粉砂的液化试验结果。从图中的周期偏应力 σ_d、动应变 ε_d 和动孔隙水压力 u_d 等与循环次数 n 关系的曲线可以看到，即使偏应力在很小的范围内变动，每次应力循环后都残留着一定的孔隙水压力；随着应力循环次数的增加，孔隙水压力因积累而逐步上升，有效应力逐步减小；最后有效应力接近于零，土的刚度和强度也骤然下降至零，试样发生液化。应变幅值的变化在开始阶段很小，动应力 σ_d 维持等幅值循环，孔隙水压力逐渐上升；到了某个循环以后，孔隙水压力急剧上升，应变幅值急剧放大，动应力幅值开始降低，这说明已在孕育着液化，土的刚度和承载力正在逐渐丧失；而到达孔隙水压力与固结压力几乎相等时，土已不能再承受荷载，应变猛增，动应力缩减到零，此后进入完全的液化状态，土全部丧失其承载能力。

研究与观察发现，并不是所有的饱和砂土和少黏性土在地震时都一定发生液化现象，因此必须了解影响砂土液化的主要因素，才能作出正确的判断。影响砂土液化的主要因素有如下几种。

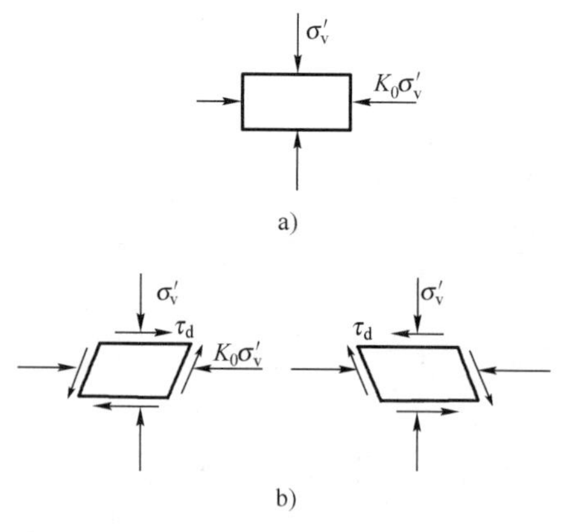

图 10-11　地震时土单元体受力状态

a）地震前；b）地震时

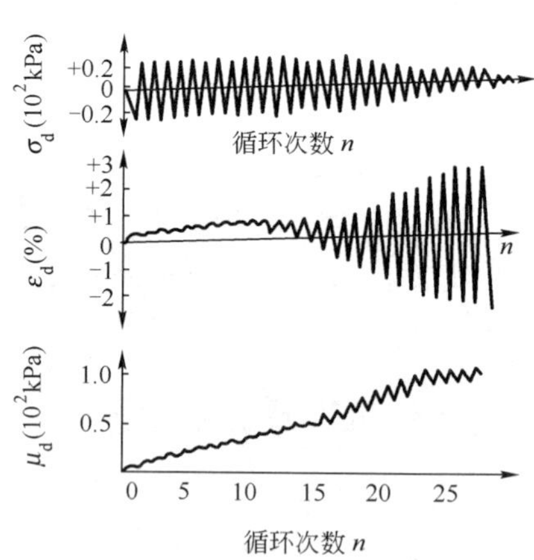

图 10-12　饱和粉砂液化动三轴试验记录

（1）土类。土类是一个重要的条件，黏性土由于有黏聚力 c，即使孔隙水压力等于全部固结应力，抗剪强度也不会全部丧失，因而不具备液化的内在条件。粗颗粒砂土由于透水性好，孔隙水压力易于消散，在周期荷载作用下，孔隙水压力亦不易积累增长，因而一般也不会产生液化。只有没有黏聚力或黏聚力相当小的处于地下水位以下的粉细砂和粉土，渗透系数比较小，不足以在第二次荷载施加之前把孔隙水压力全部消散掉，才具有积累孔隙水压力并使强度完全丧失的内部条件。因此,土的粒径大小和级配是影响土体液化可能性的一个重要因素。试验及实测资料都表明:粉、细砂土和粉土比中、粗砂土容易液化;级配均匀的砂土比级配良好的砂土容易发生液化。有文献提出,平均粒径 $d_{50}=0.05\sim0.09$mm 的粉细砂最易液化。而根据多处震害调查实例却发现,实际发生液化的土类范围还要更广一些。可以认为,在地震作用下发生液化的饱和土的平均粒径 d_{50}一般小于 2mm,黏粒含量一般低于 10% ~15%,塑性指数 I_p 常在 8 以下。

(2)土的密度。松砂在振动中体积易于缩小,孔隙水压力上升快,故松砂比较容易液化。1964 年日本新泻地震表明,相对密度 D_r 为 0.5 的地方普遍液化,而相对密度大于 0.7 的地方就没有液化。关于海城地震砂土液化的报告中亦提到,7 度的地震作用下,相对密度大于 0.5 的砂土不会液化;砂土相对密度大于 0.7 时,即使 8 度地震也不易发生液化。根据关于砂土液化机理的论述可知,往复剪切时,孔隙水压力增长的原因在于松砂的剪缩性,而随着砂土密度的增大,其剪缩性会减弱,一旦砂土开始具有剪胀性的时候,剪切时土体内部便产生负的孔隙水压力,土体阻抗反而增大了,因而不可能发生液化。

(3)土的初始应力状态。在地震作用下,土中孔隙水压力等于固结压力是初始液化的必要条件,如果固结压力越大,则在其他条件相同时越不易发生液化。试验表明,对于同样条件的土样,发生液化所需的动应力将随着固结压力的增加而成正比例地增加。显然,土单元体的固结压力是随着它的埋藏深度和地下水位深度而直线增加的,然而,地震在土单元体中引起的动剪应力随深度的增加却不如固结压力的增加来得快。于是,土的埋藏深度和地下水位深度,即土的有效覆盖压力大小就成了直接影响土体液化可能性的因素。前述关于海城地震砂土液化的考察报告指出,有效覆盖压力小于 50kPa 的地区,液化普遍且严重;有效覆盖压力介于 50 ~100kPa 地方,液化现象较轻;而未发生液化地段,有效覆盖压力大多大于 100kPa。调查资料还表明,埋藏深度大于 20m 时,甚至松砂也很少发生液化。

(4)地震强度和地震持续时间。室内试验表明,对于同一类密度相近的土,在一定固结压力时,动应力较高,则振动次数不多就会发生液化;而动应力较低时,需要较多振次才发生液化,宏观震害调查亦证明了这一点。如日本新泻地区在过去三百多年中虽遭受过 25 次地震,但记录新泻及其附近地区发生了液化的只有 3 次,而在这 3 次地震中,地面加速度都在 1.3m/s^2 以上。1964 年地震时,记录到地面最大加速度为 1.6m/s^2,其余 22 次地震的地面加速度估计都在 1.3m/s^2 以下。1964 年美国阿拉斯加地震时,安科雷奇滑坡是在地震开始以后 90s 才发生的,这表明,要持续足够的振动持续时间后才会发生液化和土体失稳。根据已有的资料,就荷载条件而言,液化现象通常出现在 7 度以上的地震场地,或者说,地面水平加速度峰值0.1g 可以作为一个门槛值。同时,使土体发生液化的振动持续时间一般都在 15s 以上,按地震主频率值换算可以得到,引起液化的振动次数 $N_{eq}=5\sim30$,这样的振动次数大体上对应于地震震级 $M=5.5\sim8$,这也就意味着,低于 5.5 级的地震,引起土层液化的可能性不大的。

三、土体液化可能性的判别

1. 基于现场试验的经验对比方法

饱和砂土和粉土的地震现场调查是一种重要的研究手段。液化调查应在如下三个方面取得定量的资料:场地受到的地震作用,即地震震级、震中距或烈度、持续时间等;场地土层剖面,主要是各埋藏土层的类别、埋深、厚度、重度和地下水位;影响土体抗液化能力的主要物理力学参数，目前应用较多的参数是标准贯入试验锤击数 N，还可以考虑采用的现场测试参数有静力触探试验贯入阻力 p_s、剪切波速 v_s 或轻便触探贯入击数 N_{10} 等。对现场调查得到的上述三方面资料进行加工整理和归纳统计，可以得出各种液化可能性判别的经验对比方法。

《建筑抗震设计规范》（GB 50011—2010）中规定，应采用标准贯入试验判别法判别地面下 20m 深度范围内土的液化；但对规范规定可不进行天然地基及基础抗震承载力验算的各类建筑，可只判别地面以下 15m 范围内土的液化。

在地面下 20m 深度范围内，液化判别标准贯入锤击数临界值可按式（10-11）计算：

$$N_{cr} = N_0 \beta [\ln(0.6d_s + 1.5) - 0.1d_w] \sqrt{\frac{3}{\rho_c}} \tag{10-11}$$

式中：N_{cr}——液化判别标准贯入锤击数临界值；

N_0——液化判别标准贯入锤击数基准值，对应于设计基本地震加速度 0.10g、0.15g、0.20g、0.30g、0.40g 时，分别采用 7、10、12、16、19；

d_s——饱和土标准贯入点深度（m）；

d_w——场地地下水位深度（m）；

ρ_c——土中黏粒含量百分率，当小于 3 或为砂土时，应采用 3；

β——调整系数，设计地震第一组取 0.80，第二组取 0.95，第三组取 1.05。

当饱和土标准贯入锤击数 N（未经杆长修正）小于液化判别标准贯入锤击数临界值 N_{cr} 时，相应的土层应判为液化土。

由于标准贯入试验技术和设备方面的问题，贯入击数一般比较离散，为消除偶然误差，每个场地钻孔应不少于 5 个，每层土中应取得 15 个以上的贯入击数，并根据统计方法进行数据处理以取得代表性的数值。

2. 基于室内试验的计算对比方法

通过前一节提到的动三轴、动单剪室内试验，可以确定土样的液化强度，用对应于不同作用周次的动剪应力比，即 $\frac{\tau_l}{\sigma_0'} \sim N_{eq}$ 曲线来表示。对于指定场地及指定土层，在地震中发生的动剪应力，可按下式近似计算：

$$\tau_{deq} = 0.65\gamma_d \sigma_v \frac{a_{max}}{g} \tag{10-12}$$

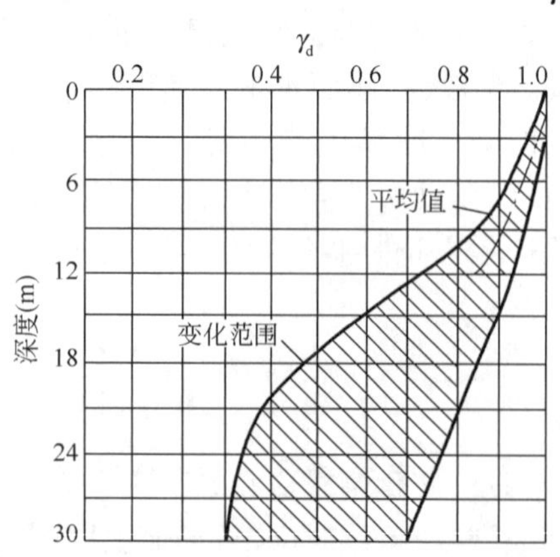

图 10-13 地震剪应力简化计算中用的修正系数 γ_d

式中：σ_v——上覆竖向压力，地下水位上下的土重分别用天然重度和饱和重度计算（kPa）；

a_{max}——地面水平振动加速度时程曲线最大峰值（m/s^2）；

g——重力加速度值（近似等于 $10m/s^2$）；

γ_d——对将黏弹性的土体简化为刚体计算得到的地震剪应力进行近似修正的系数，具体数值见图 10-13；

0.65——将随机的地震剪应力波按最大幅值转换成等幅剪应力波的折减系数。

同时,按土层的有效重度计算同一处的上覆竖向有效压力 σ'_{v}。然后,按下式判别该土层为可能液化:

$$\frac{\tau_{\mathrm{deq}}}{\sigma'_{\mathrm{v}}} > C_{\mathrm{r}} \frac{\tau_l}{\sigma'_0} \tag{10-13}$$

式中:C_{r}——考虑室内试验条件与现场差别的修正系数,一般取0.6。

在应用式(10-13)时,还要考虑等效动剪应力的作用周数 N_{eq}。可以根据可能的地震震级,按表10-1确定 N_{eq} 值。

地震震级与等效动剪应力作用周数的统计关系 表10-1

震级 M	等效动剪应力的作用周数 N_{eq}	震级 M	等效动剪应力的作用周数 N_{eq}
5.5~6.0	5	7.5	20
6.5	8	8.0	30
7.0	12		

3. 场地液化危害性的评价

上面介绍的两种方法是对某一土层的液化可能性进行判别。事实上,震害调查表明,对于某一场地而言,液化导致的危害程度,还应该与可液化土层的厚度、埋藏深度以及液化可能性的大小联系起来,因此,可采用式(10-14)所示的场地液化指数 I_{le},来定量评估场地的液化危害性。

$$I_{le} = \sum_{i=1}^{n} (1 - F_{li}) d_i W_i \tag{10-14}$$

式中:I_{le}——液化指数;

n——在判别深度范围内每一个钻孔标准贯入试验点的总数;

F_{li}——为某一土层的液化阻抗系数,采用经验判别法时,等于实测标贯击数与临界标贯击数的比值,即 $F_{li} = \dfrac{N_i}{N_{\mathrm{cri}}}$,采用室内试验结果判别时,$F_{li} = \dfrac{\tau_i}{\tau_{li}}$,其中 τ_i 为相应土层的计算地震剪应力,τ_{li} 为相应土层的抗液化试验强度,F_{li} 大于1时取1;

d_i——第 i 点所代表的土层厚度(m),可采用与该标准贯入试验点相邻的上、下两标准贯入试验点深度差的一半,但上界不高于地下水位深度,下界不深于液化深度;

W_i——第 i 土层单位土层厚度的层位影响权函数值(m^{-1}),当该层中点深度不大于5m时应采用10,等于20m时应采用零值,5~20m时应按线性内插法取值。

《建筑抗震设计规范》(GB 50011—2010)根据我国的震害调查资料,对场地的液化危害性按液化指数 I_{le} 划分,如表10-2所示,对应于不同的液化等级,应采取不同的抗液化措施。

场地液化等级(GB 50011—2010) 表10-2

液 化 等 级	轻 微	中 等	严 重
液化指数 I_{le}	$0 < I_{le} \leqslant 6$	$6 < I_{le} \leqslant 18$	$I_{le} > 18$

四、场地液化危害性防治措施简介

为保证承受场地地震危害的建筑物的安全和选用,必须采取相应的工程措施。

防止液化危害从加强基础方面着手,主要是采用桩基或沉井、全补偿筏板基础、箱形基础等深基础。采用桩基时，桩端伸入液化深度以下稳定土层中的长度应按计算确定，对碎石土，砾、粗、中砂，坚硬黏性土不应小于0.5m；对其他非岩石土不应小于2m。采用深基础时，基础底面埋入液化深度以下稳定土层中的深度不应小于0.5m。对于穿过液化土层的桩基，其桩围摩阻力应视土层液化可能性大小，或全部扣除，或作适当折减。对于液化指数不高的场地，仍可采用浅基础，但应适当调整基底面积，以减小基底压力和荷载偏心；或者选用刚度和整体性较好的基础形式，如十字交叉条形基础、筏板基础等。

从消除或减轻土层液化可能性着手，则有换土、加密、胶结和设置排水系统等方法。加密处理方法主要由振冲、挤密砂桩、强夯等。加密处理或换土处理以后，土层的实测标准贯入击数应大于规范规定的临界值。胶结法包括使用添加剂的深层搅拌桩或高压喷射注浆。设置排水通道往往与挤密结合起来，材料可以用碎石或砂。对于排水系统的长期有效性，一般还有不同看法。

在选用和确定抗液化措施的过程中，应综合考虑方法的可行性、经济性和次生影响（比如对结构静力稳定性的影响等），具体权衡场地勘察结果的准确性、防治方法的技术效果、造价、长期维护可能性、环境影响等方面的因素，从风险水平和花费代价两方面的平衡出发来进行决策。

第三节　土的压实性

一、土体压实性的工程意义

在工程建设中经常会遇到需要将土按一定要求进行堆填和密实的情况，如路堤、土坝、桥台、挡土墙、管道埋设、基础垫层以及基坑回填等。填土不同于天然土层，因为经过挖掘、搬运之后，原状结构已被破坏，含水率亦已发生变化，堆填时必然在土团之间留下许多孔隙。未经压实的填土强度低、压缩性大而且不均匀，遇到水易发生塌陷、崩解等。为使其满足稳定性和变形方面的工程要求，必须要按一定标准加以压实。特别是像道路路堤这样的构筑物，在车辆频繁运行引起的反复荷载作用下，可能出现不均匀或过大的沉陷、塌落甚至失稳滑动，从而恶化运营条件以及增加维修工作量，所以路堤填土必须具有足够的密实度以确保行车平顺和安全。

土的压实是指采用人工或机械的手段对土体施加机械能量，使土颗粒重新排列变密实，使土在短时间内得到新的结构强度，包括增强粗粒土之间的摩擦和咬合，以及增加细粒土之间的分子引力。

土的压实也常用在地基处理方面，如用重锤夯实处理松软土地基使之提高承载力。早先的重锤夯实多用于地基表层松软或地基设计荷载较小情况，目前对于松软土层较厚或设计荷载较大的情况，也可以用高功能的夯压法即所谓强夯法进行处理。

实践表明，由于土的基本性质复杂多变，同一压实功能对于不同种类、不同状态的土的压实效果可以完全不同。因此为了技术上可靠和经济上合理，需要了解土的压实特性与变化规律，以利工程实践。

二、土的击实试验与压实原理

1. 土的击实试验

击实试验就是模拟施工现场压实条件，采用锤击方法使土体密度增大、强度提高、沉降变小的一种试验方法，是研究土的压实性能的室内试验方法。土在一定的击实效应下，如果含水率不同，则所得的密度也不相同，击实试验的目的就是测定试样在一定击实次数下或某种压实功能下的含水率与干密度之间的关系，从而确定土的最大干密度和最优含水率，为施工控制填土密度提供设计依据。

击实试验分轻型击实试验和重型击实试验两种方法。轻型击实试验适用于粒径小于5mm的黏性土，其单位体积击实功约为592.2kJ/m^3；重型击实试验适用于粒径不大于20mm的土，其单位体积击实功约为2 684.9kJ/m^3。击实试验所用的主要设备是击实仪，其规格见表10-3，仪器示意图见图10-14。击实仪的基本部分都是击实筒和击实锤，前者是用来盛装制备土样，后者对土样施以夯实功能。击实试验时，将含水率为一定值的土样分层装入击实筒内，每铺一层后都用击实锤按规定的落距锤击一定的次数，然后由击实筒的体积和筒内被击实土的总质量算出被击实土的湿密度ρ，从已被击实的土中取样测定其含水率w，由式(10-15)算出击实土样的干密度ρ_d：

$$\rho_d = \frac{\rho}{1 + w} \tag{10-15}$$

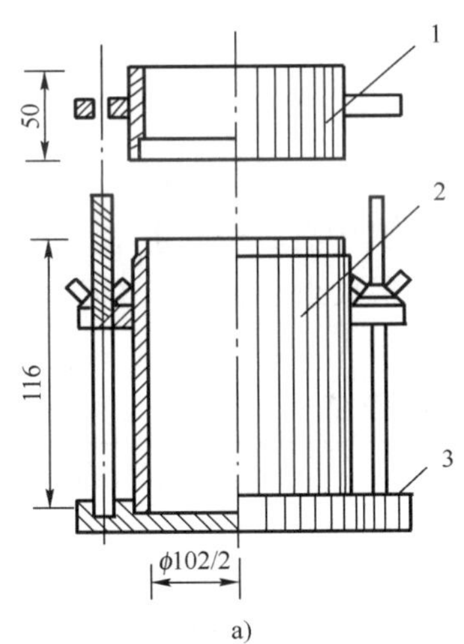

a)

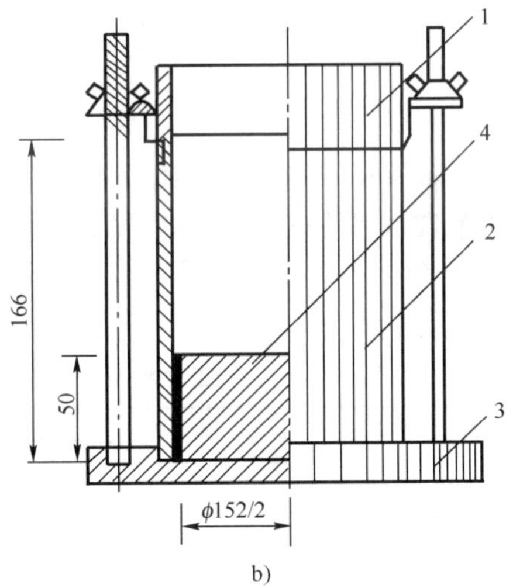

b)

图10-14 击实仪示意图(尺寸单位：mm)

a)轻型击实筒；b)重型击实筒

1-套筒；2-击实筒；3-底板；4-垫块

击实仪的规格 表10-3

试验方法	锤底直径(mm)	锤质量(kg)	落高(mm)	击实筒			护筒高度(mm)
				内径(mm)	筒高(mm)	容积(cm^3)	
轻型	51	2.5	305	102	116	947.4	50
重型	51	4.5	457	152	116	2 103.9	50

这样通过对一个土样的击实试验就得到一对数据，即击实土的含水率 w 与干密度 ρ_d。对一组不同含水率的同一种土样按上述方法做击实试验，便可得到一组成对的含水率和干密度。将这些数据绘制成的击实曲线如图 10-15 所示，它表明在一定击实功作用下土的含水率与干密度的关系。

2. 土的压实特性

(1)压实曲线性状

击实试验所得到的击实曲线(图 10-15)是研究土的压实特性的基本关系图。从图中可见，击实曲线($\rho_d \sim w$)上有一峰值，此处的干密度为最大，称为最大干密度 ρ_{dmax}；其相应的含水率则称为最佳含水率 w_{op}(或称最优含水率)。峰点表明，在一定的击实功作用下，只有当压实土粒为最佳含水率时，土才能被击实至最大干密度，从而达到最大压实效果。

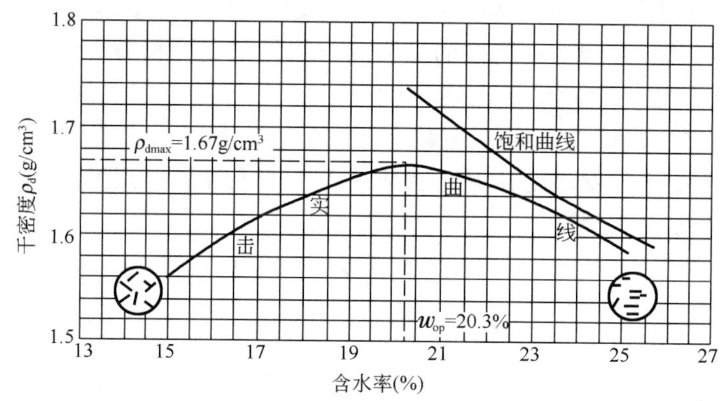

图 10-15 击实曲线

由于最佳含水率 w_{op} 与塑限 w_p 比较接近，因此可根据土的塑限预估最优含水率，加水湿润制备不少于 5 个含水率的试样，含水率依次相差为 2%，且其中有 2 个含水率大于塑限，2 个含水率小于塑限，1 个含水率接近塑限。表 10-4 给出了塑性指数小于 22 的土的最佳含水率和最大干密度的经验数值。

最佳含水率和最大干密度的经验数值 表 10-4

塑性指数 I_p	最大干密度 ρ_{dmax} (g/cm³)	最佳含水率 w_{op} (%)
<10	>1.85	<13
10 ~ 14	1.75 ~ 1.85	13 ~ 15
14 ~ 17	1.70 ~ 1.75	15 ~ 17
17 ~ 20	1.65 ~ 1.70	17 ~ 19
20 ~ 22	1.60 ~ 1.65	19 ~ 21

从图 10-15 的曲线形态还可看到，曲线左段比右段的坡度陡。这表明含水率变化对于干密度影响在偏干(指含水率低于最佳含水率)时比偏湿(指含水率高于最佳含水率)时更为明显。

在 $\rho_d \sim w$ 曲线中还给出了饱和曲线，它表示当土处于饱和状态时的 $\rho_d \sim w$ 关系。饱和曲线与击实曲线的位置说明，土是不可能被击实到完全饱和状态的。试验表明，黏性土在最佳击实情况下（即击实曲线峰点），其饱和度通常为80%左右，整个击实曲线始终在饱和曲线的左下侧。这一点可以这样理解：当土的含水率接近或大于最佳值时，土孔隙中的气体将处于与大气不连通的状态，击实作用已不能将其排出土外。

（2）不同土类与不同击实功能对压实特性的影响

在同一击实功能条件下，不同土类的击实特性是不一样的。图10-16是5种不同土料的击实试验结果。图10-16a）是5种不同土料的粒径曲线，图10-16b）是5种土料在同一标准击实试验中所得到的5条击实曲线。从图可见，含粗粒越多的土样最大干密度越大，而最佳含水率越小，即随着粗颗粒增多，曲线形态不变而峰点向左上方移动。另外，土的颗粒级配对压实效果也影响颇大，颗粒级配良好的土容易被压实，颗粒级配均匀则最大干密度偏小。

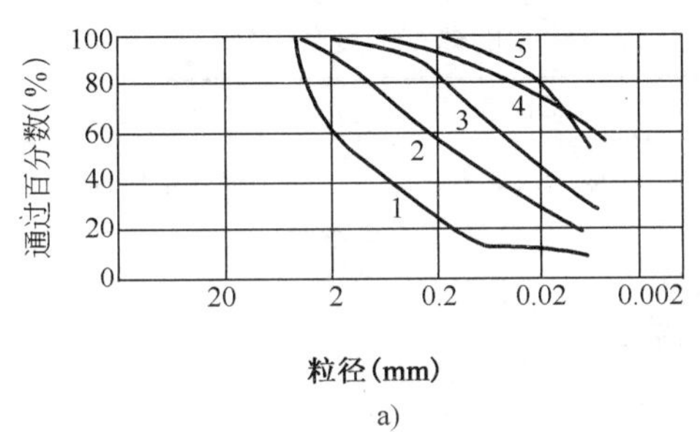

a)

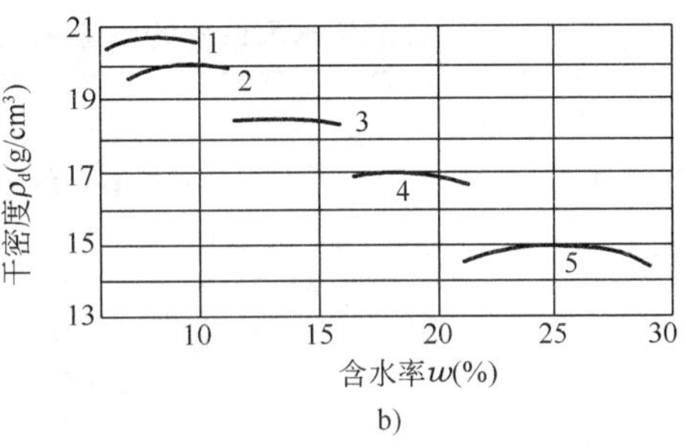

b)

图10-16 不同土料击实曲线的比较

图10-17表示同一种土样在不同击实功能作用下所得到的压实曲线。随着压实功能的增大，击实曲线形态不变，但位置发生了向左上方的移动，即ρ_{dmax}增大而w_{op}减小。图中的曲线形态还表明，当土为偏干时，增加击实功对提高干密度的影响较大，偏湿时则收效不大，故对偏湿的土企图用增大击实功的办法提高它的击实效果是不经济的。

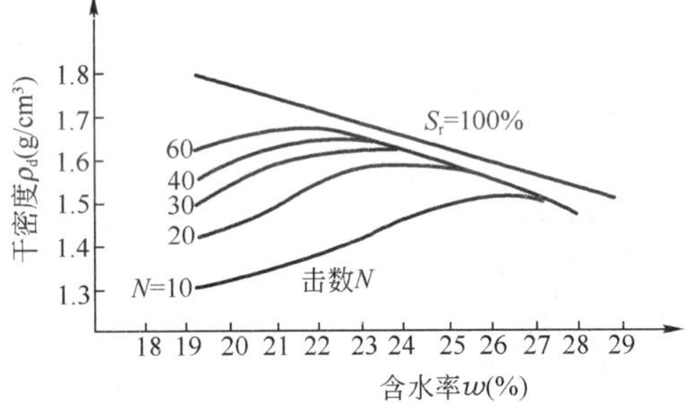

图10-17 压实功能对击实曲线的影响

（3）土的压实特性的机理解释

土的压实特性与土的组成与结构、土粒的表面现象、毛细管压力、孔隙水和孔隙气压力等均有关系，所以因素是复杂的。压实的作用是使土块变形和结构调整以致密实，当松散土的含水率处于偏干状态时，由于粒间引力使土保持比较疏松的凝聚结构，土中孔隙大都相互连通，水少而气多，在一定的外部压实功能作用下，虽然土孔隙中气体易被排出，密度可以增大，但由于较薄的强结合水水膜润滑作用不明显以及外部功能不足以克服粒间引力，土粒相对移动便不显著，因此压实效果比较差；当含水率逐渐加大时，水膜变厚、土块变软，粒间引力减弱，施以外部压实功能则土粒移动，加之水膜的润滑作用，压实效果渐佳；在最佳含水率附近时，土中所含的水量最有利于土粒受击时发生相对移动，以致能达到最大干密度；当含水率再增加到偏湿状态时，孔隙中出现了自由水，击实时不可能使土中多余的水和气体排出，从而孔隙压力升高更为显著，抵消了部分击实功，击实功效反而下降。这便出现了如图10-15中击实段曲线右段所示的干密度下降的趋势。在排水不畅的情况下，过多次数的反复击实，甚至会导致土体密度不加大而土体结构被破坏的结果，出现工程上所谓的“橡皮土”现象。

3. 压实土的压缩性和强度

(1)压缩性

压实土的压缩性取决于它的密度和加荷时的含水率,对击实土进行压缩试验时可以发现,在某一荷载作用下,有些土样压缩稳定后,如加水使之饱和,土样就会在同一荷载作用下出现明显的附加压缩。而这一现象的出现与否和击实试样时的含水率很有关系。表 10-5 中的数据表明,尽管土的干密度相同,但偏湿土样的附加压缩的增加比偏干时附加压缩的增长来得大。这一现象在路堤填筑工程的设计与施工控制中必须引起注意,特别是对于为水浸润的路堤构筑物,可能因此造成损坏和行车不安全。为了消除这一不利影响,就有必要确定填土受水饱和时不会产生附加压缩所需的最小含水率。

不同填筑含水率试样的附加压缩量(压缩试验中的体积应变值,%)　　表 10-5

有效轴向荷载(kPa)	填筑条件		
	低于最佳含水率 1% (ρ_d = 1.76g/cm^3)	最佳含水率时 (ρ_d = 1.76g/cm^3)	高于最佳含水率 1% (ρ_d = 1.76g/cm^3)
175	1.9	1.9	2.3
700	2.9	3.7	4.5
1 225	5.2	5.9	7.6
1 750	6.8	7.8	9.0

一般来说,填土在压实到一定密度以后,其压缩性就大为减小。当填土的干密度 ρ_d > 1.65g/cm^{3}时,变形模量 E_0 显著提高,这对于作为建筑物地基的填土显得尤为重要。

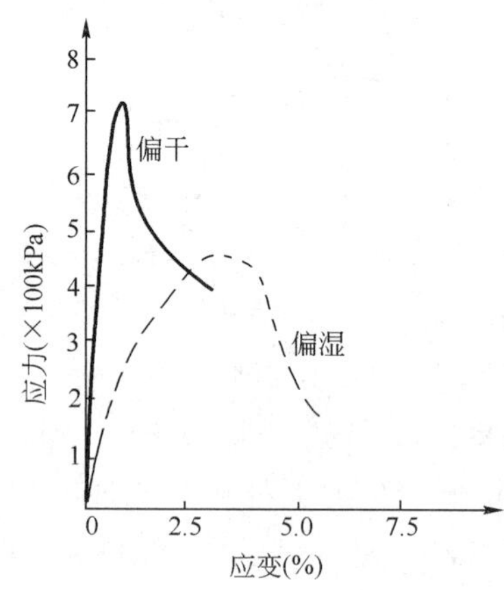

图 10-18　不同含水率压实土的无侧限抗压强度试验

(2)强度

压实土的抗剪强度性状也主要取决于受剪时的密度和含水率。图 10-18 表示两个含水率不同(偏干和偏湿)的压实土试样的无侧限抗压强度试验曲线。由图可见,偏干试样的强度大,但试样具有明显的脆性破坏特点。图 10-19 则是对同样条件的击实土试样,进行三轴不固结不排水(UU)试验和固结不排水(CU)试验的对比曲线,试验时所施加的周围压力同为 σ_3 = 175kPa。从图中可见,偏干试样强度较偏湿试样强度大,但不呈现明显的脆性破坏特性,所以就强度而言,用偏干的土样去填筑是大有好处的,这一室内试验得出的论点已为相当多的现场资料所证实。

从图 10-20 所示曲线可见,当压实土的含水率低于最佳含水率时(偏干状态),虽然干密度比较小,强度却比最大干密度时大得多。这是因为此时的击实虽未使土达到最密实状态,但它克服了土粒引力等的联结,形成了新的结构,能量转化为土的强度的提高。这就是说,压实土的强度在一定条件下可以通过增加压实功能予以提高。

上述关于土的强度试验结果说明,一般情况下,只要满足某些给定的条件,压实土的强度还是比较高的。但正如关于它的压缩性特征的研究所发现的压实土遇水饱和会发生附加压缩问题一样,在强度方面它也有潜在的危险的一面,即浸水软化会使强度降低(实际上附加压缩也可以看作是强度软化的外观表现形态），这就是所谓水稳定性问题。公路、铁路的路堤和堤坝等土工构筑物都无法避免浸水润湿，尤其是那些修筑于河滩地带的过水路堤，水稳定性的研究与控制更为重要。

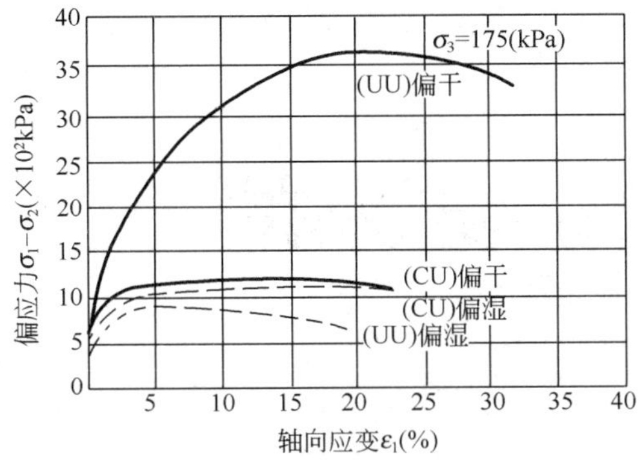

图 10-19 不同含水率压实土的三轴试验

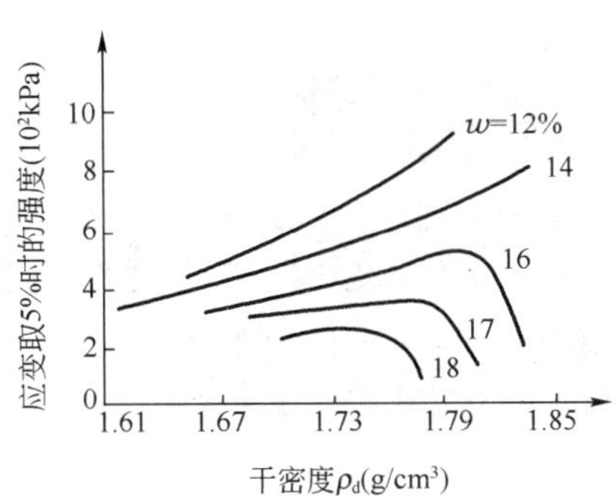

图 10-20 压实土强度与干密度、含水率的关系

【习题】

［10-1］ 某黏性土土样的击实试验结果如表 10-6 所示。

黏性土土样击实试验结果 表 10-6

含水率(%)	14.7	16.5	18.4	21.8	23.7
干密度(g/cm^3)	1.59	1.63	1.66	1.65	1.62

该土的土粒比重 $G_s=2.72$，试绘出该土的击实曲线，确定其最佳含水率 w_{op} 和最大干密度 ρ_{dmax}，并求出相应于击实曲线峰点的饱和度与孔隙比。

［10-2］ 有一仓库地基，地面以下 5～11m 系一细砂层，地下水位埋深 3m，标准贯入试验平均击数 $N=8$，试以临界标准贯入击数方法判断该土层各深度处在发生 7 度时是否发生液化（设计地震分组为第一组），并计算场地液化指数 I_{le}。

【思考题】

［10-1］ 试分析土中水对土体压密性的影响。若在黏性土料中掺加砂土，则对最佳含水率和最大干密度将有什么样的影响？

［10-2］ 试从式(10-11)分析影响土体振动液化的因素主要有哪些，它们各有什么样的影响。

第十一章

土工试验与原位测试结果的分析与利用

学习土质学与土力学的目的是为了解决工程技术问题,在运用土力学理论指导工程实践时,特别在进行各项计算时,所应用的土工指标在多大程度上反映了土的实际情况是至关重要的。如果不注意对土工指标的分析判断,由于指标所引起的偏差有可能比计算模式的误差大得多。因此,积累实际经验,掌握对土工指标的分析评价尤为重要,本章的目的就是要进一步认识土、了解土,并进一步掌握评价和利用土工指标的技能。

第一节　土的目力鉴别

认识土、了解土是掌握土力学基本知识的必要技能。通过前面十章的学习,已经对土的物质组成、土的基本性质和土的力学行为及分析计算方法有了比较系统的理性认识,为了能够解决工程实际问题,还需要进一步掌握根据土的外观特征评价土的工程性状的技能。

土的工程性状是其物质组成和物理状态的综合表现,其外观特征又常与其物质组成密切相关,例如,从外表上看到的土的颜色,在很大程度上反映了土的固相的成分及其含量。红色、黄色和棕色一般表示土中含有较多的三氧化二铁,并说明氧化程度较高,是在氧化条件下形成的土;黑色则表示土中含有较多的有机质或锰的化合物,含有机质较多的土其工程性质一般比较差;灰蓝色和灰绿色的土一般含有亚铁化合物,是在缺氧条件下形成的;白色或灰白色则表示土中有机质较少,主要含石英或含高岭土等黏土矿物,含有石英的土有肉眼可见的石英颗粒;含高岭土的夹层一般是软弱夹层,沿软弱夹层常可能产生滑坡。当然,湿度也会影响颜色的深浅,一般描述的是土处在潮湿状态的颜色。

在工程实践中,工程师经常根据目力判别与手感来描述土的颜色、湿度、组成物质、密实程度和软硬程度,并进而判断与评价土的工程性状。这种方法是非常实用的,利用这个方法在野外就可以得到对土评价的初步概念,在工程勘察报告中也常记录了对土的野外描述,并用以分析判别试验结果的可靠性。

目力鉴别可以在野外工作中进行,也可以在开土时进行,在土的分类出现矛盾和分歧时还可以作进一步的目力鉴别, 为最后判断土类提供依据。如果在野外取土描述时进行了目力鉴别,则这种第一性的资料具有重要的价值,可供室内试验后土分类时查阅。但是我国习惯采用的目力鉴别内容, 比较侧重于观察土的物理性质, 如湿度、状态、包含物等, 而缺乏对土的力学性状的了解。

野外的目力鉴别是一种重要的工作方法, 也是野外勘探工作的组成部分。在国外通用的技术标准中 , 通常都有目力鉴别的规定;在国内,《土的工程分类标准》(GB/T 50145—2007)给出了简易目力鉴别方法,《岩土工程勘察规范》(GB 50021—2001)则规定了对黏性土和粉土目力鉴别的内容。

野外的目力鉴别方法要求简单易行,不需复杂的仪器设备就可以对土进行定性的分析。野外观察和简易试验主要有下列内容。

(1)肉眼观察:用肉眼观察土的颜色、砂粒的多少、有无结核体及其他包含物。

(2)手指揉搓:将小土块在手中用手指揉搓,根据手感分辨土中砂粒、粉粒及黏粒的多少。

(3)光泽反应:用小刀切开稍湿的土,并用小刀抹过土面,观察土面有无光泽以及粗糙程度。

(4)摇震反应:将软塑或流动的小土块捏成土球,放在手掌上左右反复摇晃,并以另一手掌击该手掌,土球表面可能有水渗出,并呈现光泽,但用手指捏土球时水分与光泽很快消失,根据渗水和吸水反应的快慢,来判断土中粉粒和黏粒含量的多少。

(5)韧性试验:将土调成含水率略高于塑限、柔软而不粘手的土膏,在手掌中搓成直径为3mm 的土条,然后将土条揉成土团再进行滚搓,根据再次搓条的可能性区分为低韧性、中等韧性和高韧性三种。

(6)干强度试验:将土捏成小土块,风干后用手指捏碎,根据捏碎的难易程度来判断土的干强度。

根据上述六个方面的观察和简易试验结果,按表 11-1 进行土类鉴别。对土类的鉴别有助于判断土的性质,从而预估可能出现的工程问题,有针对性地采取相应的试验、评价方法或合适的工程措施。例如,对于鉴别为粉土又处在水下时,可以预料在地震时可能会产生液化现象,在水力坡降作用下容易发生流砂,在冻结线附近容易积聚水分,形成冻胀翻浆。因此需要采用标准贯入试验以评价液化势,在开挖基坑或处理临水工程时要验算水力稳定性,作为道路路基时要采取防冻胀的措施。

土的目力鉴别表 表 11-1

目力鉴别方法	土类		
	粉土	粉质黏土	黏土
肉眼观察	含有较多的砂粒或含有很多的云母片	含有少量的砂粒	看不到砂粒,但在残积、坡积的黏土中可看到岩石风化碎屑
手指揉搓	干时有面粉感,湿时粘手,干后一吹即掉	干土揉搓时有少量的砂感,湿时粘手,干时不粘手	湿时有滑腻感,粘手,干后仍粘在手上
光泽反应	土面粗糙	土面光滑但无光泽	土面有油脂光泽
摇震反应	渗水和吸水都很迅速	渗水和吸水反应都很慢或基本没有反应	没有反应
韧性试验	不能再揉成土团后重新搓条	可以再揉成土团,但手捏即碎	能再揉成土团后重新搓条,手捏不碎
干强度试验	易于用手指捏碎和碾成粉末	用力才能捏碎,容易折断	捏不碎,抗折强度大,断后有棱角,断口光滑

第二节　勘察、取土方法对土的试验指标的影响

土的试验指标包括物理性指标(如重度、含水率、土粒比重等)和力学性指标(如抗剪强度指标、压缩模量、渗透系数等)。工程师根据土的试验指标对土的工程性质进行分析判断,并根据指标的数据计算地基承载力、沉降或土压力等,从而进行各项设计工作。显然,设计的正确与否在很大程度上取决于这些试验指标是否反映了土层的实际情况,如果指标的试验方法与工程条件不符,试验的应力条件与土的原位应力条件相差悬殊,或者试验的土样已经扰动,与原位的物理状态不同,则计算的结果必然偏离实际,或得到错误的结果。

当土样从钻孔中取出时,产生两种效应可能使土样偏离实际情况。一是取土、搬运、试验切土时的机械作用,使土的结构受到扰动,从而降低了土的结构强度;二是土原有应力条件的卸除,使土样产生了回弹膨胀。这两种效应统称为土的扰动,扰动使土的试验指标与原位土体的工程性状不尽相符。研究成果表明,扰动可使土的不排水强度降低、破坏应变增大、固结不排水强度降低、压缩性增大而有效强度参数基本不变。

为了使土的试验指标能更好地符合实际情况,采取减少扰动的技术措施是十分必要的。在勘察取土过程中应重视土样质量,《岩土工程勘察规范》(GB 50021—2001)对土样按扰动程度划分为 4 个等级,并规定强度试验和压缩试验应采用Ⅰ级“不扰动”土样。所谓的“不扰动”,是指原位应力状态虽已改变,但土的结构、密度和含水率变化很小,能满足室内试验各项要求。用合适的取土器和取土技术可以将扰动减少到最小程度,例如,在最容易扰动的软土中取土时,如果采用薄壁取土器并用静压的方法将取土器压入土层就可以取得Ⅰ级“不扰动”土样。

曾在钻孔中对同一土层分别采用厚壁取土器(壁厚5～6mm)和薄壁取土器(壁厚1.25～2mm)取土做无侧限抗压强度对比试验,以研究取土扰动的影响,不排水强度与破坏应变的对比资料见图11-1。从图中可以看出,薄壁取土器取土试验的破坏应变 ε 小于8%,厚壁取土器取土试验的破坏应变在12%～20%之间,而强度 c_u 远低于前者,取土器的扰动对无侧限抗压强度的试验结果有非常显著的影响。表11-2给出了是我国沿海各地采用两种取土器取土试验的对比资料,薄壁取土器取样的试验强度比厚壁取土器取样的试验强度高出40%～60%。由此可见,改进取土技术对于提高勘察试验工作的质量极为重要。

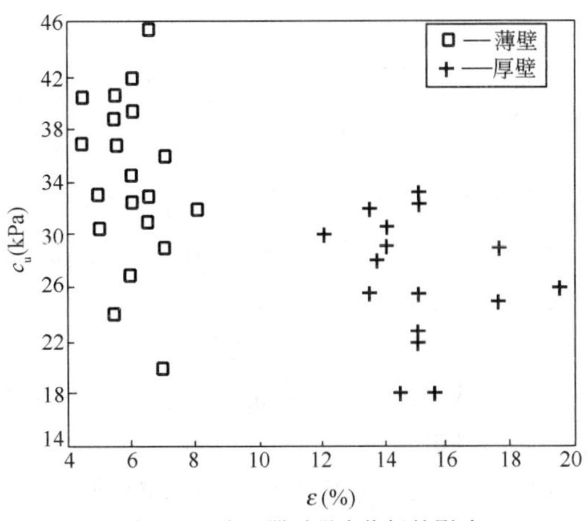

图11-1 取土器对强度指标的影响

两种取土器取土的无侧限抗压强度(kPa)对比资料 表11-2

取土器	上海	上海	上海	上海	上海	天津	天津	连云港	广州	广州	深圳
厚壁 q_h	59.5	55.8	39.6	35.8	36.7	25.6	33.0	8.0	46.0	24.0	8.8
薄壁 q_b	95.5	85.5	54.0	51.9	60.0	38.6	53.4	13.0	76.0	36.0	13.0
q_b/q_h	1.61	1.53	1.36	1.45	1.63	1.51	1.62	1.63	1.65	1.50	1.48

对于取土过程中产生的扰动,可以采取合适的取土器和取土技术加以防范;但对于土的应力条件改变对土样所产生的影响则是无法排除的,取土过程对土样来说是卸荷的过程,从天然埋藏条件下的应力状态降低到零,土的应力状态发生了改变,就改变了土样的物理状态,从而影响试验的结果,取土的深度越深,卸荷对试验结果的影响也越大。试验研究表明,卸荷时土样的轴向应变如小于1%,则对强度没有很大的影响;如超过1%,就会破坏土的结构;试验显示当伸长应变为5.8%时,强度降低20%左右。对于这种扰动效应以及应力状态的改变,在试验设计中也可采取一定措施加以考虑,例如,三轴固结不排水试验时可采取对土样进行 K_0 固结的措施,将其恢复到原位应力状态固结后再进行剪切试验。其原理是对试样施加模拟原位应力的侧向压力和竖向压力,使之排水固结以恢复到原位的有效应力状态,然后进行不排水剪试验。表11-3给出了软土抗剪强度的对比试验资料,从表中可以看出,K_0 固结不排水试验的强度比等压固结不排水试验的强度要高得多,反映了原位有效应力状态对试验结果的重要影响。

软土抗剪强度试验对比 表11-3

试验方法 / 指标	常规固结不排水剪试验	常规不排水剪试验	K_0 固结后的不排水剪试验
内摩擦角 φ (°)	14	0	1.5
黏聚力 c(kPa)	30	22	53

注:土样为淤泥质黏土,塑性指数为18.5,天然含水率为35.4%。

第三节 用原位测试方法测定土的工程性质

采用原位测试方法测定土的工程性质可以避免钻孔取土时对土的扰动和卸荷时土样的回弹对试验结果的影响。原位测试方法试验结果直接反映了原位土层的物理状态，是一种比较有效的勘察手段，已经在工程勘察中得到广泛的应用。工程勘察报告在给出取土试验结果的同时，常常还提供各种原位测试的成果，工程师可通过比较室内试验与原位测试的数据，校核钻孔取土试验的结果，并通过综合分析以确定土的工程性质指标。

原位测试有两类，一类是可以直接用以测定土的工程性质指标，如十字板剪切试验和旁压试验的结果可以直接作为设计参数；但另一类测定的则是综合性指标，如贯入阻力和锤击数等，这种指标本身并不是设计参数，需要通过对比试验取得这些综合性指标与土的设计参数之间的经验关系，才能用以估计土的工程性质指标，这一类原位测试如静力触探试验和标准贯入试验等。这些经验关系一般都在一定的适用范围内才能使用，包括指标适用范围和地区适用范围，超出适用范围便不能使用。

在前面几章里已经介绍过十字板剪切试验、标准贯入试验和静载荷试验的基本设备及其工程应用，下面再介绍静力触探试验和旁压试验。

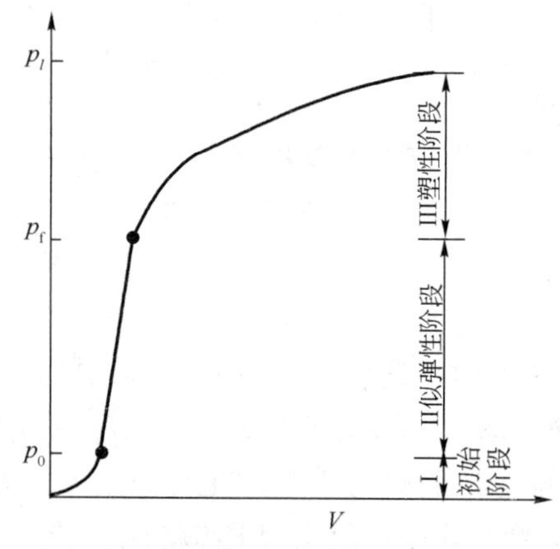

图 11-2 典型的旁压曲线

钻孔旁压试验是一种测定土体水平向应力应变特征的原位测试，其原理是向置于竖直孔内的旁压器内注入压力水，压力水使旁压器的旁压膜膨胀，挤压四周的土体使之产生水平向的变形直至破坏，通过传感器同时测定施加的压力与土体的侧向变形，可以得到如图 11-2 所示的典型的旁压曲线（压力与变形的关系曲线），由旁压曲线可以得到地基土的强度和变形等有关参数。

从图 11-2 中可见，典型的旁压曲线可分为三段，相应的有三个压力特征值，初始水平应力 p_0、临塑压力 p_f 和极限压力 p_l，其中 p_0 和 p_f 为直线段的起点和终点所对应压力值，p_l 为曲线趋向于渐近线时的压力。由从旁压试验结果求得的地基土临塑荷载 q_k 与极限荷载 q_u 可由式（11-1）和式（11-2）计算：

$$q_k = p_f - p_0 \tag{11-1}$$

$$q_u = p_l - p_0 \tag{11-2}$$

图 11-2 中的直线段称为似弹性阶段，根据直线段的斜率，由轴对称平面应变问题的弹性解求得旁压模量 E_M：

$$E_M = 2(1+\mu)\left(V_c + \frac{V_0 + V_f}{2}\right)\frac{\Delta p}{\Delta V} \tag{11-3}$$

式中：E_M——旁压模量（kPa）；

μ——泊松比；

V_c——旁压器中腔初始体积（cm^3）；

V_0——与初始压力 p_0 对应的体积(cm^3);

V_f——与临塑压力 p_f 对应的体积(cm^3);

Δp——旁压曲线上直线段两端间压力增量(kPa);

ΔV——旁压曲线上直线段两端间压力所对应的体积增量(cm^3)。

静力触探是用静力以一恒定的贯入速率将金属探头压入土中,通过测定探头的贯入阻力大小来判别土的工程性质的原位测试方法。20 世纪 60 年代发展起来的电测静力触探是将电阻应变式传感器置于探头内,可直接测定探头的阻力。根据电测探头的不同结构和功能,可以分为单桥探头、双桥探头和孔压探头。单桥和双桥探头的结构示意图见图 11-3。

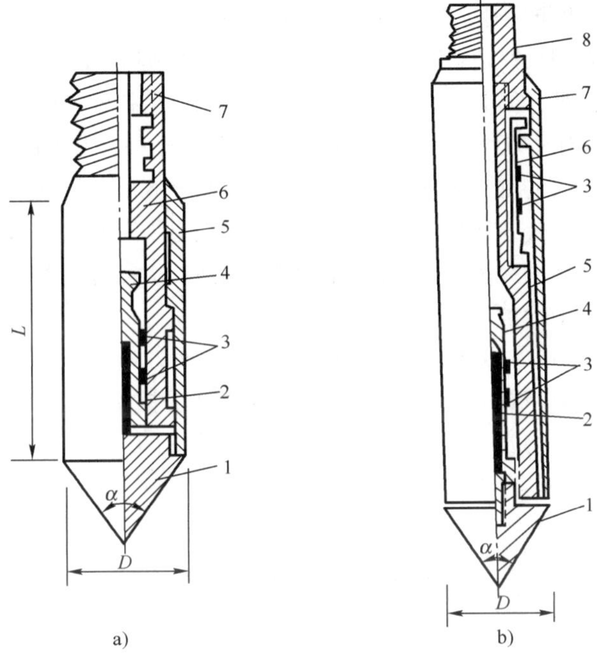

图 11-3 静力触探探头结构示意图

a)单桥探头;b)双桥探头

a):1-锥头;2-顶柱;3-电阻应变片;4-传感器;5-外套筒;6-探头管;7-探杆接头;

b):1-锥头;2-顶柱;3-电阻应变片;4-锥头传感器;5-传力筒;6-侧壁传感器;7-摩擦筒;8-探管接头

使用各种不同的探头可以测得不同的结果,单桥探头测定的是探头投影面积上的单位面积压力,称为比贯入阻力 p_s(kPa);双桥探头能同时测定锥尖阻力 q_c(kPa)和套筒摩擦力 f_s(kPa);孔隙水压力静力触探(简称孔压触探)技术自 20 世纪 80 年代在国际上迅速发展,这是将量测孔隙水压力的传感元件与标准的静力触探探头组合在一起,能在测定贯入阻力的同时量测土的孔隙水压力,当贯入停止以后,可以量测超孔隙水压力的消散,直至达到稳定的静水压力,与传统静力触探相比,孔压静力触探的主要优点是利用孔压测量的高灵敏度来修正所测参数,分辨薄土层的存在,还可评估土的固结特性等。

静力触探试验得到的结果是贯入阻力随深度变化的连续贯入曲线,根据静力触探贯入曲线的形态和变化,可以将不同工程性质的土层划分出来。与钻探取土孔相比,用静力触探划分的层位比较准确;在贯入曲线上还可以判别作为桩端持力层的砂层或硬土层的层位,为桩基础设计提供可靠的资料;静力触探贯入阻力还可用于估计土的物理力学指标和单桩承载力。

用静力触探试验结果估计土的物理力学指标时,有两种不同的情况。一种是根据理论的关系可以直接计算土的某些指标，如根据极限平衡理论求土的不固结不排水抗剪强度指标，根据固结理论求土的固结系数等；另一种可通过对比试验，建立静力触探贯入阻力与土的物理力学指标之间的经验公式，如预估压缩模量、地基承载力，预估桩端阻力和桩侧摩阻力等。20 世纪 70 年代以后，静力触探试验在我国的工程勘察中得到了非常广泛的应用，对于提高勘察质量和效益发挥了重要的作用，成为一种必备的勘探手段。

从 20 世纪 70 年代开始，用静力触探试验预估地基土工程性质的研究取得了很大的进展，并提出了分别适用于淤泥质土、一般黏性土、老黏性土、中粗砂和粉细砂的经验公式，用单桥静力触探比贯入阻力预估地基土的承载力、变形模量、压缩模量和不排水强度等设计参数，有些成果列入了当时的《工业与民用建筑工程地质勘察规范》（TJ 21—77）；双桥静力触探试验结果预估设计参数的成果则反映在当时的《静力触探技术规则》（TBJ 37—93）中。此外，全国各地都根据各自的地区特点，通过对比试验研究，统计得到适用于各地区、各种土类的大量经验公式。人们在研究和应用静力触探试验成果的过程中逐渐得到了两点非常有意义的认识：其一是认识到这类经验公式的地区性非常强，不能将其他地区的经验公式不加验证地搬用；其二是在黏性土中得到的经验公式不能套用到砂类土或粉土中。在这些认识的基础上，认为不宜在全国性的标准中列入这种经验公式或由经验公式得到的承载力表，但作为一种区域性的经验总结还是有很大的实用价值。

行业标准《建筑桩基技术规范》（JGJ 94—2008）和地方标准《上海市地基基础设计规范》（DGJ 08-11—2010）给出了根据静力触探试验资料估算单桩承载力的方法。采用静力触探的方法可以具体测定各土层的贯入阻力，反映了实际土层的工程性质，也反映了土层的组合状况，从而使预估的单桩承载力比较符合实际。

第四节　原位测试与室内试验指标之间的关系

原位测试结果和室内试验结果都反映了土的工程特性，并且存在一定的依存关系。根据经验关系可以对原位试验结果与室内试验结果进行相互校核，也可以从原位测试结果估计室内试验指标，如用静力触探的比贯入阻力估计土的压缩模量或不排水强度，用标准贯入击数估计土的内摩擦角等，各指标之间的定量经验关系可以采用回归统计方法建立。

例如，斯肯普顿（Skempton）和亨克尔（Henkel）提出的不排水抗剪强度与塑性指数之间的经验公式：

$$\frac{c_u}{p_0} = 0.11 + 0.0037 I_P \tag{11-4}$$

式中：c_u——不排水抗剪强度；

p_0——有效上覆压力；

I_P——塑性指数。

下面通过图 11-4 和图 11-5 所给出的各种试验数据随深度变化的典型曲线的比较，可以得到一些定性分析的初步认识，这些定性的认识是判断与建立定量经验关系的重要基础。

图 11-4 比较了静力触探比贯入阻力与室内试验指标内摩擦角、黏聚力和压缩系数之间的关系以及室内试验指标之间的关系，从中可以看出：

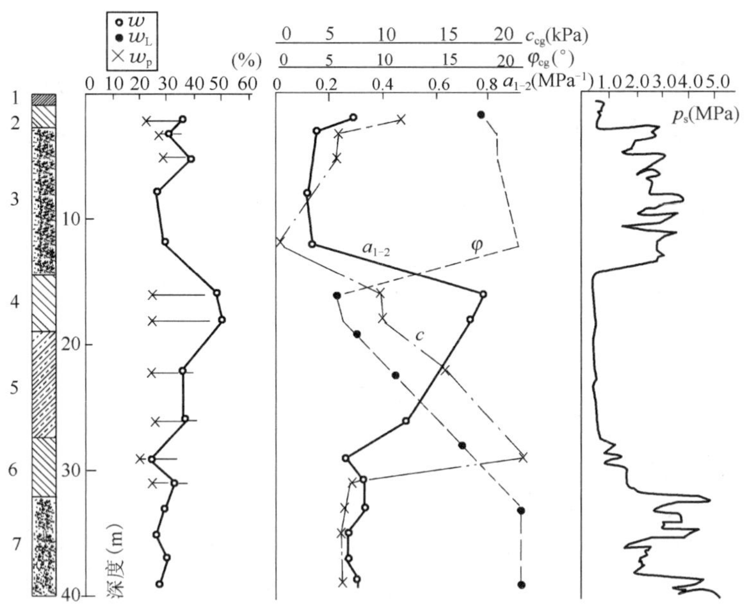

图 11-4 静力触探比贯入阻力与室内试验结果的对比

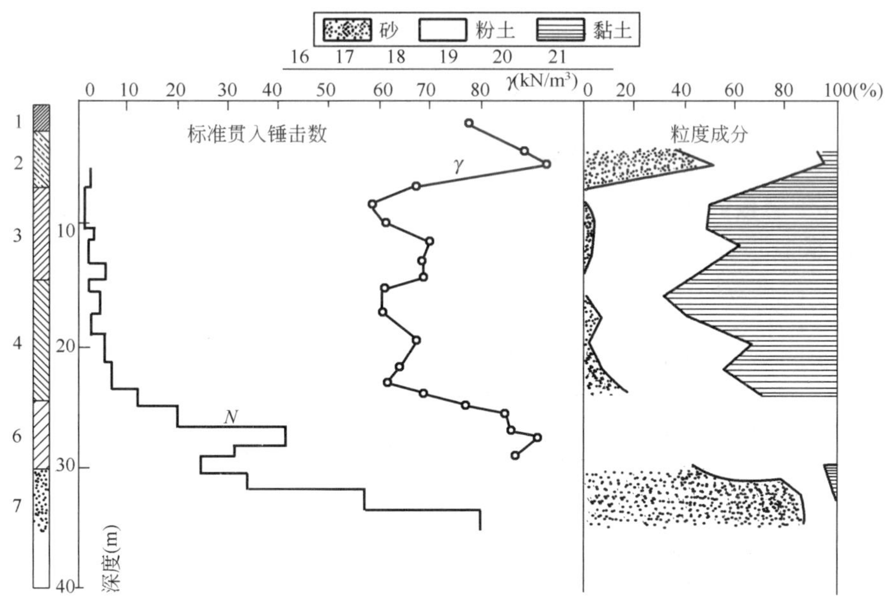

图 11-5 标准贯入试验贯入锤击数与室内试验结果的对比

(1)比贯入阻力与内摩擦角之间呈正相关的关系,即比贯入阻力越大,土的内摩擦角也越大;

(2)比贯入阻力与黏聚力和压缩系数都呈负相关的关系,即当比贯入阻力越大,压缩系数越小,黏聚力也越小;

(3)内摩擦角与黏聚力呈负相关的关系，即内摩擦角越大，黏聚力越小；

(4)压缩系数与含水率呈正相关的关系，即含水率越高，压缩系数也越大。

图11-5比较了标准贯入试验贯入锤击数与土的粒度成分及重度之间的相互关系：

(1)贯入锤击数与砂粒含量呈正相关的关系，贯入击数高的土，其砂粒含量也高；

(2)贯入锤击数与重度呈正相关的关系，贯入击数高的土，重度大，密度也高；

(3)贯入锤击数与黏粒含量呈负相关的关系，在一定含水率的条件下，黏粒含量高的土，其贯入锤击数则低；

(4)重度与黏粒含量呈负相关的关系，在一定含水率的条件下，黏粒含量高的土，其重度则小。

第五节　工程实例分析

下面通过4个工程实例讨论土工指标的选用，比较理论计算结果与工程实测之间的吻合程度，分析地基承载力和土体变形的特性，从而进一步掌握运用土质学与土力学知识分析和解决工程问题的基本方法。

实例1　京杭大运河崇弯段堤基失稳分析

通过这个实例，学习实际工程中如何分析与利用试验指标，了解分析失效事故的方法以及特殊工程设计计算分析的思路。

(一)基本情况

京杭大运河崇弯段堤位于江苏省江都市京杭大运河西堤上，双面受水，东临京杭大运河，堤西为淮河入江水道，即邵伯湖。堤身及地基土层的剖面见图11-6，土的物理力学指标见表11-4。设计堤顶高程为11.9m，综合坡度为1∶12。在图11-6中同时给出了标准贯入试验、静力触探试验和十字板剪切试验的结果随深度的变化曲线，从图可以看出II_1层是最为软弱的土层，且厚度很厚。

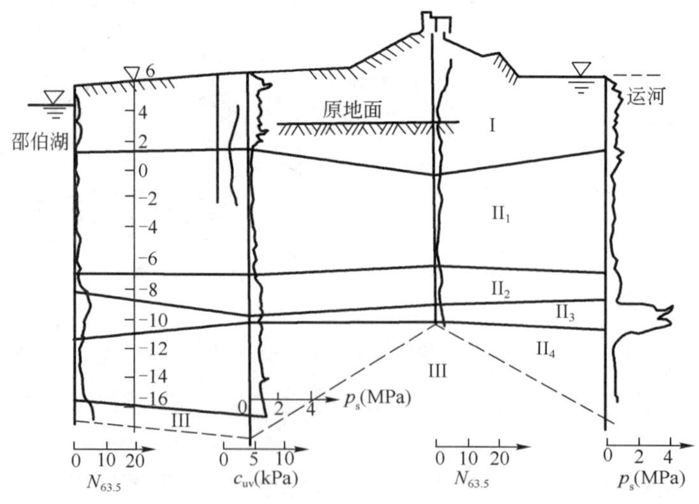

图11-6　京杭大运河崇弯段堤地基土层剖面

土的物理力学指标 表 11-4

指标 \ 土层		I	II_1	II_2	II_3	III
		黏土	淤泥	黏土	淤泥质土	粉质黏土
厚度(m)		4~5	10	8		
w(%)		39	63~92	40~55	40	25
γ (kN/m^3)		18.0	14.8~16.0	17.0~18.0	18.0	2.04
e		1.09	1.80~2.54	1.11~1.80	1.08	0.67
I_P		21	51	35	9	13
N		2~3	≤1	2~3	6	7
p_s(MPa)		0.5	0.3	0.5~0.7	3.2	2.6
q_u(kPa)		42	12~16	26~30	29	
c_q(kPa)		18	11~15	8~11	6	24
φ_q(°)		11	3.5~7	9.5~18	26	8
a_{1-2}(MPa^{-1})		0.55	3.0	0.5~1.5	3.36	
不固结不排水强度	c_{uu}(kPa)		三轴 5.1 直剪 5.1			
	φ_{uu}(°)		三轴 0.7 直剪 0.5			
固结不排水强度	c_{cu}(kPa)		三轴 7.0 直剪 8.5			
	φ_{cu}(°)		三轴 6.0 直剪 12.5			
十字板强度 c_{uv}(kPa)			原状土 3.5 重塑土 2.5			

原地面高程约 3.5m,当筑堤至高程 9.6m 时(即填高 6.1m),堤身发生下塌失稳,下沉量达 2.5~3.0m,下沉后形成了坡度为 1∶20 的自然坡,并向外滑移达 15m 之多。后来又两次加高堤身,但加高超过高程 6.9m 后又均发生了下塌失稳,终未达到设计高程,成为大运河上有名的危险工段。

(二)土工指标的分析

从表 11-4 所列的数据可以看出,各种不同的试验方法得到的指标有比较大的差别。

三轴不固结不排水(UU)与三轴固结不排水(CU)的试验结果之间以及直剪快剪与直剪固结快剪的试验结果之间均差别很大,但三轴不固结不排水与直剪快剪的试验结果之间以及三轴固结不排水与直剪固结快剪的试验结果之间则比较接近。

对于固结不排水试验,直剪试验结果要大于三轴试验结果,这说明直剪试验不能严格控制排水条件,在不排水剪切时仍有一定的排水固结,以致得到的强度偏大。

室内无侧限抗压强度 q_u 除以 2 得到的 c_u 值与三轴不固结不排水试验结果比较接近。

勘察时采用了标准贯入、十字板剪切和静力触探等 3 种原位测试手段。对于软土,由于标准贯入的击数很小,无法用以评价土的性质;十字板剪切试验应当是适用于软土的,但这次实测的数据明显偏小；静力触探的比贯入阻力为0.3MPa，用国内一些经验公式估算的不排水强度为13.24～18.72kPa，数值明显偏大，偏大的原因可能是该工程场地的地层沉积年代比较新，土的结构强度比较弱，或是与经验公式所依据的资料条件不一致。

根据已经产生地基滑动的实测数据反算土的抗剪强度指标是一种估计实际强度的途径。崇弯段堤在填土时发生了下塌失稳，并多次发生滑动，说明地基已经达到了极限状态，可以作为反算的依据；但由于没有取得滑动面性状的数据，只有简单的施工记载，故只能作非常近似的计算。按圆弧滑动面的假定，堤身填土的抗剪强度取 $c = 10\text{kPa}$、$\varphi = 12°$，当堤高为4m时按毕肖普（Bishop）法计算，若地基土取 $c_{uu} = 5\text{kPa}$、$\varphi_{uu} = 4°$，求得安全系数为0.9；对同一滑动面，若取 $c_{uu} = 2.5\text{kPa}$、$\varphi_{uu} = 3°$，则安全系数为0.6。因此地基土的不固结不排水抗剪强度指标可估计为 $c_{uu} = 5 \sim 6\text{kPa}$、$\varphi_{uu} = 3° \sim 4°$，与试验结果也比较接近。

（三）堤基稳定性分析

用有限元法分析堤基的稳定性，土的本构模型采用邓肯—张（Duncan-Chang）非线性弹性模型，按实际施工工序分级加载，计算堤底最大侧向位移和最大竖向位移，并假定应力水平大于0.95为该单元发生剪切破坏的条件，由破坏单元组成的区域为塑性开展区。

1. 对老堤地基的分析

对老堤地基的分析为验证发生滑动破坏的条件，当加载至4m时，在堤脚外侧以侧向变形为主，在堤脚附近处的最大侧向位移 $u_{max} = 101.3\text{mm}$；在堤脚内侧以竖向变形为主，最大竖向位移 $v_{max} = 90.9\text{mm}$。

塑性区首先在两侧堤脚处出现，随着荷载的增加，逐渐扩大贯通。塑性区的最大宽度 $B_t = 96\text{m}$，最大深度 $D_t = 12.5\text{m}$。

计算所得的塑性区的开展情况见图11-7，当荷载超过堤高一半时，地基中已产生了较大的塑性区，其范围与施工记录的滑动范围大体上接近。可见，堤的地基是由于塑性流动引起的堤身下塌而破坏。滑动以后勘察的土层分布也显示了堤身下陷和淤泥的挤出后土层层面的变化。

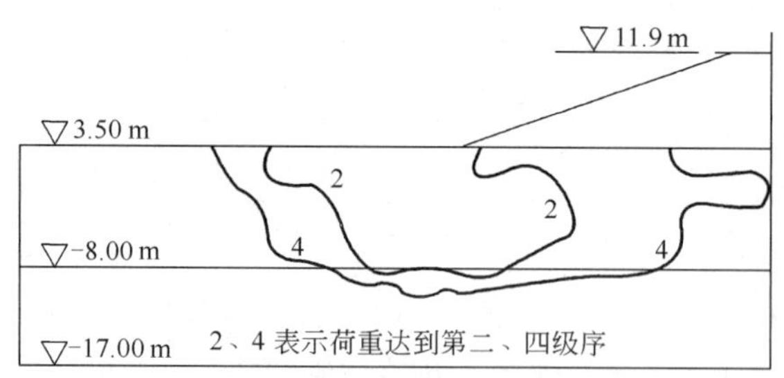

图11-7　对老堤地基的稳定性分析结果

2. 堤顶高程加高至11.9m时的稳定性分析

堤顶高程加高至11.9m时的稳定性分析目的是为了论证是否需要进行地基处理以保证将堤顶加高至原定的设计高程。荷载除自重以外，还考虑左或右两个方向的水压力和地震力的作用。

计算结果表明，正常使用期间，堤基的塑性区宽度为堤底宽度的1/2，最大侧向位移为 $u_{max} = 32.9\text{mm}$，最大竖向位移为 $v_{max} = 27.4\text{mm}$。塑性区的开展见图11-8。

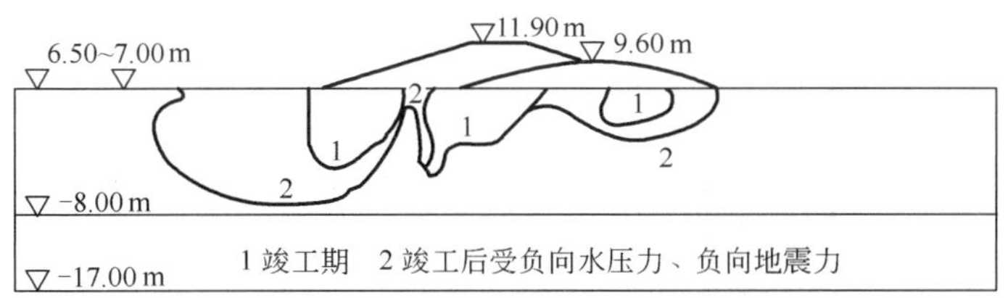

图 11-8 堤身加高至高程 11.9m 时的地基稳定性分析结果

根据计算与分析的结果,认为若不加固地基而将堤身直接加高至 11.9m 的做法将导致地基的进一步破坏,因此建议采用水泥搅拌桩方法加固地基。

实例 2 沪宁高速公路昆山试验段

通过这一实例了解在公路路堤荷载作用下地基土的变形特征,学习原型试验成果的分析研究方法,提高对实际工程分析的能力。

(一)基本情况

沪宁高速公路地处长江三角洲,沿线大部分地区为河相、海相冲积平原,地势平坦,软土分布广泛,软土层的厚度变化大,软土地基的稳定和变形问题相当突出。降低公路使用期的残余沉降量是沪宁高速公路建设的重要问题之一。

为解决这一问题,在昆山选取有代表性的路段,进行软土不同加固方法的原型试验。共进行了 6 个原型试验,试验的内容与位置见表 11-5。

原型试验一览表 表 11-5

方案编号	处理类型	试验内容	试验段长度(m)
1	不处理	无硬层,研究荷载作用下的沉降	50
2		有硬层,研究硬层的作用	200
3	浅层处理	砂沟宽 40cm,深 30cm,间距 40cm	50
4		砂垫层,厚 50cm	50
5		S-230 排水带,40cm	100
6		双层复合土工布	100

试验路堤的底宽为 36.5m,顶宽为 26m,土方填筑高度为路槽底面的设计高度加上与路面作用等效的土柱高度,第 1 组为 3.5m;第 2 组为 5.1m。

路堤填土为粉质黏土和黏质粉土,平均含水率 29%,由于土质粉性较重,作为填土的可碾压性能比较差,故要求掺 4% 的生石灰,每铺设 30cm 为一层进行碾压,填土碾压后的重度为 19.6kN/m^3。

作为土质学与土力学课程的实例,这里只介绍第 1 和第 2 两组天然地基的试验结果及其分析研究。

试验时进行了原位量测,量测项目为分层沉降、水平位移和孔隙水压力。每组均设置 3 根深层沉降管,第 1 组设 30 个沉降环,第 2 组设 23 个沉降环量测分层沉降;水平位移采用测斜仪量测,每组设置 1 根测斜管,第 1 组深度 20m,第 2 组深度 15m;第 1 组埋设 8 个孔隙水压力传感器,第 2 组埋设 9 个。

(二)地基土的工程性质

试验段的土层主要特征如下。

(1)粉质黏土硬壳层,厚约2m左右,压缩性较低,强度比较高,超固结比OCR远大于1,属超压密土,其物理力学性质见表11-6。

粉质黏土硬壳层的物理力学性质指标 表11-6

w (%)	γ (kN/m³)	e	w_L (%)	w_P (%)	I_P	C_v (cm²/s)	C_c	C_s	a_v (MPa⁻¹)	p_c (kPa)	p_0 (kPa)	$q_u/2$ (kPa)	OCR
29.4	19.0	0.85	35.1	20.7	14.4	0.0015	0.22	0.063	0.42	130	19	50	6.8

(2)淤泥质黏性土层,包括淤泥质黏土和淤泥质粉质黏土,呈流塑状态,土层厚度在5~10m,其物理力学性质指标见表11-7。

淤泥质黏性土物理力学指标 表11-7

指标 / 试验路段	w (%)	γ (kN/m³)	e	w_L (%)	w_P (%)	I_P	C_v (cm²/s)	C_c	C_s	a_v (MPa⁻¹)	p_c (kPa)	c' (kPa)	φ (°)	A_f
第1组	39.3	18.4	1.07	41.0	22.9	18.1	0.000 228	0.23	0.16	0.73	79	0	27.6	0.65
第2组	58.1	16.8	1.61	41.1	25.1	16.0	0.003 150	0.59	0.45	1.62	54	0	30.0	0.99

(3)粉质黏土层,含水率和压缩性都比较低,土的物理力学指标见表11-8。

粉质黏土物理力学指标 表11-8

指标 / 试验路段	w (%)	γ (kN/m³)	e	w_L (%)	w_P (%)	I_P	C_v (cm²/s)	C_c	C_s	a_v (MPa⁻¹)	p_c (kPa)	c' (kPa)	φ (°)	A_f
第1组	31.0	19.1	0.83	28.2	18.1	10.1	0.00477	0.10	0.05	0.17	158	5	31.3	0.26
第2组	28.5	19.7	0.99	32.3	19.6	12.7	0.0123	0.13	0.07	0.20	190	4	31.5	0.29

在试验路段进行了十字板剪切试验和静力触探等原位测试。根据原位测试得到的土性指标见表11-9。

由原位试验得到的土性指标 表11-9

指标 / 试验路段	不排水抗剪强度 c_{vu}(kPa)				固结系数 C_h
	点数	平均值	标准差	变异系数	(×10⁻²cm²/s)
第1组	9	29.1	9.2	0.32	1.57
第2组	12	12.6	2.9	0.23	2.90

注:表中的不排水强度由十字板剪切试验求得,固结系数由孔压圆锥消散试验的结果经计算求得。

(三)原型试验的结果

原型试验的量测结果以及根据量测资料进行分析的成果见表11-10。原型试验的目的是研究对软基工后沉降的控制。由于软土地区存在比较深厚的软土层,在荷载作用下不仅沉降量大而且持续很长的时间,在公路施工期间发生的沉降可以采取加高填土高度来弥补,不会对路面结构产生危害;但在路面竣工以后继续产生的沉降则会造成路面弯曲和开裂,也会形成与桥台的沉降差过大而影响行车质量。路面竣工以后继续产生的沉降称为工后沉降，是高速公路对路基要求的控制指标，一般规定对普通路段工后沉降应小于 30cm，路桥结合处的工后沉降应小于 10cm。如果天然地基的工后沉降过大，就需要采取地基加固措施。

高速公路软基的性状的研究，包括实测沉降与计算沉降的比较、不同预压时间的固结度、分层沉降的测定、沉降的影响深度、沉降的横向分布、水平位移的测定和反求地基土的固结系数等几个方面的内容。

在对沉降进行计算时，由于计算模式、计算条件及计算参数等与实际情况有一定的差别，计算得到的沉降与实际发生的沉降之间可能存在差异。为了估计沉降的准确性，通常通过实测沉降对计算沉降进行校核，积累经验的关系以修正理论计算的结果，使之更加符合实际。软土地基的沉降需要很长的时间才能达到稳定，通常测到的沉降往往并不是最终的沉降量，需要进行外推计算以求得最终沉降量的推算结果。一般认为，土越软弱，实测沉降比计算沉降大得越多。从表 11-10 中可见，在两个试验路段中，第 1 路段的土质比第 2 路段的土质好，计算沉降与实测沉降比较接近；第 2 路段的土质差，实测沉降比计算沉降大，其比值为 1.15。

原型试验资料分析　　表 11-10

试验路段		1		2	
最终沉降	实测推算结果(cm)	36.0		107.0	
	计算沉降量(cm)	36.8		92.7	
填土结束时	沉降量(cm)	23.4		59.0	
	固结度(%)	65		55	
预压 3 个月	沉降量(cm)	29.3		79.5	
	固结度(%)	81		74	
预压 6 个月	沉降量(cm)	31.3		82.5	
	固结度(%)	87		77	
分层沉降所占总沉降的比例	第 1 层(%)	15.0		10.0	
	第 2 层(%)	85.0		63.0	
	第 3 层(%)			27.0	
影响深度(m)		10		15	
横向差异沉降率(%)		0.45		1.95	
水平位移量(cm)		6.5		18	
孔隙水压力系数 B		0.18/0.30		0.37/0.64	
固结系数 C_h ($\times 10^{-2}$cm^2/s)	$u \sim t$	4.5		4.0	
	$s \sim t$	2.8		3.15	
	室内	0.282		0.315	
效果检验	c_u(kPa)	29.1	46.0	12.0	24.0
	w(%)	39.3	35.7	58.1	43.4
	γ(kN/m^3)	18.4	18.6	16.6	17.9
	C_c			0.59	0.19
	p_c(kPa)	79	84	54	

比较表 11-10 中的两个试验路段固结速率可以发现，第 1 路段的固结速率明显大于第 2 路段，在加荷后 6 个月时固结度相差 10%，这可能是由于第 1 路段将硬壳层人为破坏以后比第 2 路段更易于排水的缘故。

分层压缩量的测定是研究地基变形很重要的一种方法。通过分层测定的沉降量，可以了解压缩变形影响的范围，求得每一层土的压缩变形量及其所占的比例，查明产生沉降的主要土层，为地基处理方案的制订提供依据。从表 11-10 所给出的数据可以看出，第 1 路段的填土高度只有 3.5m，其压缩变形影响的深度为 10m；而第 2 路段的填土高度是 5.1m，故其压缩变形影响的深度已达到 15m，压缩变形的影响深度与填土的高度几乎呈正比。第 1 路段压缩变形的 85% 发生在淤泥质黏性土层中，压缩变形的绝对值为 30.6cm；第 2 路段由于压缩变形的影响深度比较深，虽然有 27% 的变形发生在第 3 层中，淤泥质黏性土层的压缩变形比例也减少到 63%，但淤泥质黏性土层的压缩变形绝对值却有 67.4cm，远大于第 1 路段，这是因为第 2 路段的填土高度高，应力水平比较高的缘故。

表 11-10 中的横向差异沉降率是专为评价路基对路面工程影响的指标。其值是中心孔的沉降与路肩孔沉降之差与横断面上孔距的比值，这个指标对于预留道路中心和路肩之间的坡降比有一定的参考价值。

沉降速率是衡量沉降是否很快稳定的标志，沉降速率与荷载的大小及加荷速率有关。在荷载比较小的时候，沉降速率比较小，沉降一般很快得到稳定；当荷载增大到一定的界限以后，沉降速率急剧增大，沉降就不易稳定。当荷载相同时，加荷速率越大，沉降速率也就越大且越不易稳定。表 11-11 给出了试验路段的加荷速率与沉降速率的关系数据。在第 1 路段，当填土高度超过 2m 后，虽然加荷速率并不大，但沉降速率为原来的 3 倍；在第 2 路段还可以看到加荷速率的影响，填土高度超过 3.2m 后，虽然荷载大了，但加荷速率减小一半左右，所以沉降速率也相应减小，在超过 4.4m 填土高度以后，加荷速率也同时加快，故沉降速率提高了近一倍。

沉降速率与加荷速率的关系　　表 11-11

	第 1 路 段		第 2 路 段			
填土高度(m)	0～2	2～3.5	1～2	2～3.2	3.2～4.4	4.4～5.2
填土荷载(kPa)	0～39.2	39.2～68.6	19.6～39.2	39.2～62.7	62.7～86.2	86.2～101.9
加荷速率(kPa/d)	0.42	0.38	1.32	1.32	0.71	1.79
沉降速率(mm/d)	0.74	2.25	3.1	8.0	2.5	4.0
单位荷载引起的沉降(mm/kPa)	1.76	5.92	2.35	6.06	3.52	7.82

实测水平位移反映了地基中塑性变形的大小。第2 路段的最大水平位移为第 1 路段的 3 倍左右，引起水平位移差异的原因主要有 3 个：一是第 2 路段的软土性质比较差；二是第 2

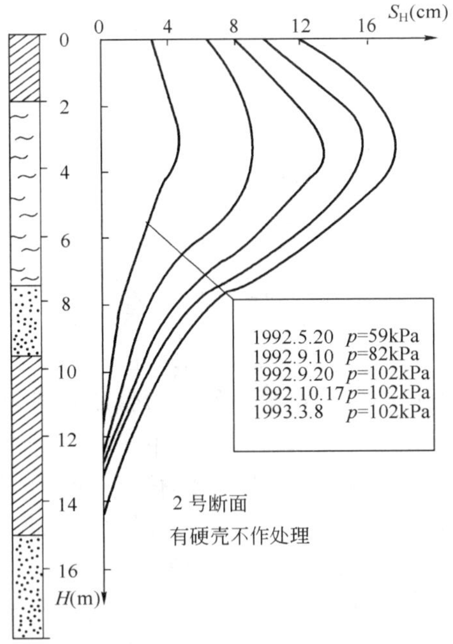

图 11-9 不同荷载下水平位移与深度的关系

路段填土高度比较高；三是第 2 路段的填土速率是第 1 路段的 2 倍。图 11-9 给出了第 2 路段水平位移与深度的关系曲线，最大水平位移发生在地表下2.5～7.5m处，说明水平位移主要发生在淤泥质黏性土层中，该层的位移值占位移总量的67%。图中的5 条曲线发生在不同的时间，最初的 3 条曲线表示水平位移随荷载的增大而增大。在填土结束以后，从 1992 年 9 月20 日至 1993 年 3 月 8 日近半年的时间里，荷载虽并没有增长，土体中的剪应力没有变化，但水平位移却在不断地增大，充分地显示了软土的流变性质。

实例 3 上海焦化厂配煤房整体倾斜事故分析

通过这个实例理解控制加荷速率的工程意义，了解软土地基的变形与承载能力之间的内在联系，从而完整地掌握土力学中的强度理论和变形分析方法。

（一）基本情况

焦化厂配煤房由 5 个圆形的钢筋混凝土储煤筒仓组成，储煤筒仓直径 8m、高 31m，并放置于带肋的钢筋混凝土筏板基础上，基础面积为 46.5m×10.76m，基础板厚度为 30cm，埋置深度 1.5m。

储煤筒仓的结构自重为 38 000kN，可装煤21 500kN。结构自重产生的基础底面压力为 76kPa，总荷载（结构自重加储煤重量）产生的基础底面压力为 119kPa。

（二）地基土的工程性质

配煤房地基土的物理性指标和压缩模量见表 11-12。对淤泥质黏土做了 3 种抗剪强度的试验，即直剪固结快剪试验、三轴不固结不排水剪试验和十字板剪切试验，具体的试验数据见表 11-13。

配煤房地基土的土工指标　　表 11-12

取土深度（m）	土　名	北面钻孔				南面钻孔			
		w（%）	γ（kN/m^3）	e	E_s（MPa）	w（%）	γ（kN/m^3）	e	E_s（MPa）
1.5～2.0	粉质黏土	29.9	19.8	0.80	5.12	31.0	19.0	0.88	3.49
3.5～4.0	淤泥质黏土	54.2	16.6	1.53	1.64	51.8	17.4	1.38	1.98
4.0～4.5	淤泥质粉质黏土	44.6	17.9	1.20	2.94	42.7	17.9	1.17	
6.0～6.5	淤泥质黏土	47.8	17.2	1.35	1.89	50.0	17.3	1.38	1.58
7.0～7.5	淤泥质黏土	51.2	17.2	1.40	1.82	56.0	16.8	1.54	1.83
9.0～9.5	淤泥质黏土	49.1	17.4	1.34	1.51	56.4	16.9	1.54	1.35

淤泥质黏土的抗剪强度指标 表 11-13

试验方法＼强度指标	c（kPa）	φ(°)
直剪固结快剪试验	12	13
三轴不固结不排水剪试验	20	0
原位十字板剪切试验	22	0

（三）配煤房的沉降情况

在上部结构竣工前后 3 个月内的平均沉降为 47mm，沉降速率为 0.5mm/d，已发现沉降稍有不均匀，南侧沉降较大，整体倾斜为 2.7‰。

竣工后 6 个月投入生产时，在 5 日内将 5 个储煤筒仓全部装满煤，荷载突然增加了 21 500kN，平均加荷速率为 4 300kN/d，基础底面压力的增长速率为 8.6kPa/d。此时发现沉降速率迅速加快，加煤停止时，基础南边的沉降速率为 10mm/d，北边为 8mm/d；停止加煤后4d时沉降速率增大至最大值，南边达 45mm/d，北边为 27mm/d。基础沉降速率随时间的变化见图 11-10。

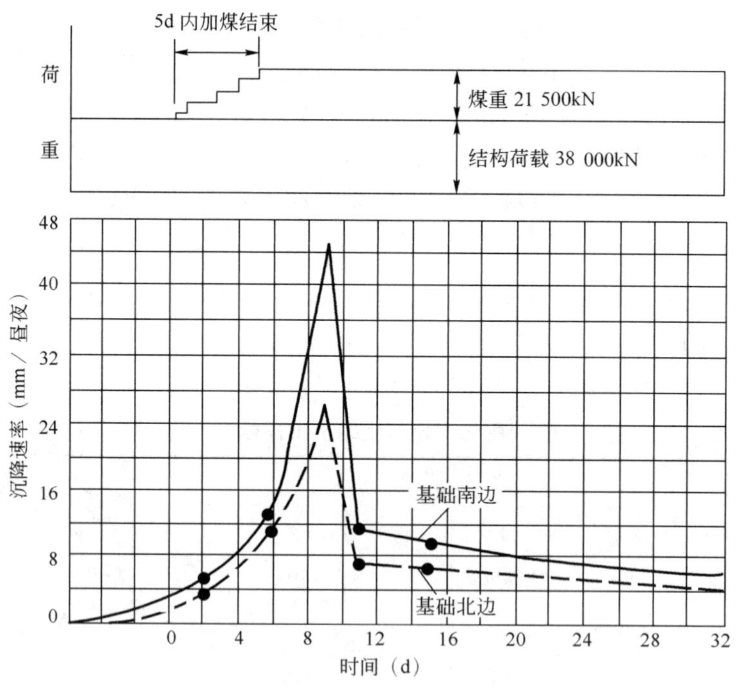

图 11-10 基础沉降速率的变化

由于南北两侧的沉降不均匀，配煤房出现了明显的倾斜，实测倾斜的发展过程曲线见图 11-11。最大的倾斜达到 24‰，储煤筒仓的重心明显偏离基础形心，不利于建筑物的稳定，于是决定采取工程措施进行纠偏。在配煤房的北侧堆放钢锭 30 000kN，控制堆载的速度不超过 500kN/d，在纠偏荷载的作用下，配煤房的倾斜逐渐减少，压载 3 年后逐渐卸载，但沉降仍在继续发展，卸载后 6 年实测的最大沉降量为 1 200mm，最小沉降 1 100mm。

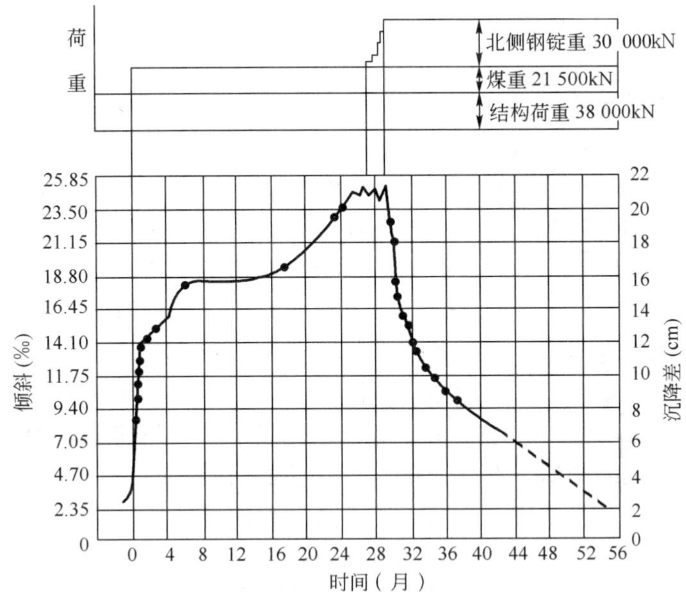

图 11-11 基础南北沉降差和倾斜

(四)分析

1. 地基承载力分析

取直剪固结快剪试验结果的内摩擦角 $\varphi = 13°$,黏聚力 $c = 12\text{kPa}$,用汉森(Hansen)公式求得地基极限承载力等于 202kPa。

取原位十字板剪切试验结果黏聚力 $c_u = 22\text{kPa}$,求得地基极限承载力等于 135kPa。

原位十字板强度相当于土的天然强度,适用于加荷速度很快、地基土来不及排水固结时的地基稳定验算,如果加荷速度比较慢,则采用不固结不排水强度指标低估了地基承载力;直剪固结快剪试验反映了地基固结对强度的影响,如果用于快速加荷条件下的地基承载力计算,则过高地估计了地基承载力,得到了偏于危险的计算结果。

在这个工程实例中,如采用固结快剪试验指标计算得到的安全系数为 1.70,与安全系数的一般经验值相比已经是偏小了。如按一般考虑取安全系数为 2,则得地基承载力容许值 101kPa,而基底压力已达 119kPa,显然即使没有快速装煤,这个设计也是偏于不安全的。

如果考虑到由于装煤的时间很短,到地基土来不及排水固结,则应采用不固结不排水试验指标验算。按不固结不排水指标得到的安全系数只有 1.13,已经邻近极限状态了。当然,实际的情况可能介于两者之间,即结构自重部分的加荷速度比较慢,施工结束后又有 6 个月的间歇时间,可以考虑部分的排水固结,而活载加荷速度又很快,后一部分加荷过程中不应考虑强度的增长。则实际的安全系数应当介于上述两种情况的安全系数 1.13 ~ 1.70 之间。

2. 地基变形分析

由于钻孔深度比较浅,沉降计算所需的数据不完整,只能作近似的计算,压缩层的厚度估计为 16.7m,压缩模量取 2MPa,在上部结构自重荷载作用下的沉降计算的结果为 440mm,在全部荷载作用下的沉降为 689mm。

从沉降观测资料可以看出,在加煤后2年时,基础的平均沉降已达630mm,此时的沉降速率还高达有7mm/d,与沉降稳定的速率0.01mm/d相差甚远。如此大的沉降量与沉降速率表明,地基土中不仅产生固结变形,而且已经发生了侧向的塑流挤出。由于在这个工程中未观测深层水平位移,所以没有资料可说明侧向塑流挤出的数量级。

在上海地区另一个大型堆载试验中进行了侧向水平位移的观测,可以作为对比资料帮助分析上述现象。堆载试验的面积为22m×30m,地基土的三轴不固结不排水强度 $c_u = 31\text{kPa}$,原位十字板剪切试验强度 $c_u = 40\text{kPa}$,与上述实例比较,堆载试验场地的地基土强度比配煤房地基土强度高50%~80%。在不同试验荷载作用下的平均沉降及承载力验算的安全系数见表11-14。在第4级荷载作用下,安全系数下降至1.57;在离堆载边缘0.7m处,于地面以下7m的地方测得水平位移810mm,水平位移与平均沉降之比为1.34,表明已有大量的侧向塑流挤出产生。通过实例对比,估计在配煤房地基中也已发生了与沉降量数量级相同的侧向挤出变形,使建筑物发生很大的倾斜。在软土地区,侧向水平位移是一个十分敏感的指标,反映了土体中是否发生了塑性变形,常作为加荷时检验地基稳定性的控制标准。

堆载试验的分析结果

表11-14

试验荷载(kPa) \ 沉降与安全系数	平均沉降量(mm)	安全系数
60	93	3.90
90	253	2.60
120	444	1.97
150	606	1.57

3. 土的强度与变形问题之间的内在联系

这一实例十分具体地说明了土力学中的强度和变形问题并不是完全不相关联的。在土力学中,关于地基变形的计算和地基稳定性的验算是分别讨论的,地基变形的计算一般限制在弹性的范围内,而强度失稳则是土体中塑性剪切变形发展的结果。对于这两类问题分别采用不同的方法来计算,似乎是互不关联的两个问题,但在实际工程中,这两个问题并不是截然分开的。在加荷的过程中,土中应力不断地增大,土体由弹性状态向塑性发展,由局部的塑性破坏逐渐扩展,直至完全破坏。完全弹性或完全塑性的状态只是两个极端,而大部分的过程是两种状态并存的、互相关联发展的。土体排水固结的结果是土的体积压缩,地基产生沉降,但与此同时土体的强度得到了加强,地基的稳定性得以提高,在对加荷有控制的条件下可以利用这一特点提高地基承载力,堆载预压方法的原理就在于此。如果对加荷速率不加以控制,事情就会走到反面,地基土的剪切破坏形成较大的侧向水平位移,使地基土的竖向变形增大,从表面上看是沉降过大,但实际上并不完全是由于固结所引起的。地面的沉降掩盖了深层的局部剪切破坏,如果不采取措施,最终就会酿成整体破坏的事故。

实例4 新关港倒虹吸渠道塌方事故分析

通过这个实例加深理解土坡坡面失稳与深层失稳滑动之间的关系。

(一)工程概况

引水工程的倒虹吸渠道为4孔箱涵,单孔尺寸为3.25m×3.60m,总长75m,箱涵基础为厚

20cm 的 C10 素混凝土垫层加 50m 厚的砂垫层。现有地面高程为 +4.20m ~ +4.70m，设计基坑底面高程为 -5.33m，开挖深度近 10m。

基坑开挖南北向均按三级放坡，坡度从上到下依次为 1:1.5、1:2 和 1:3，每级变坡处留 1.0m宽的马道。在 +1.7m 和 -1.3m 高程的马道上设置二级轻型井点，井点管长 7.0m。基坑底部宽度 19.0m。

基坑采用水冲法施工，泥浆沉淀池设置在基坑顶部南北两侧，池宽 20m，围堰边距基坑外边线 12 ~ 15m，围堰中的泥浆面高程为 6.06m，泥浆高度 1.3m 左右。

（二）地质条件

新关港倒虹吸渠道位于软土地区，地基土层的分布及主要指标见表 11-15。

土层的分布及主要物理力学指标 表 11-15

层 序	土 层 名 称	层底高程(m)	土层厚度(m)	重度(kN/m^3)	内摩擦角(°)	黏聚力(kPa)
2	褐黄色黏性土	+1.5	2.7	19.0	11.3	27.6
3	灰色淤泥质粉质黏土	-3.6	5.1	17.2	14.0	10.4
4	灰色淤泥质黏土	-8.9	5.3	17.1	9.7	11.7

（三）事故及分析

当基坑开挖到设计高程，浇捣完垫层，正在绑扎箱涵钢筋时突然发生滑坡，基坑北侧的边坡大规模塌滑，5 000m^3 的流土淹没了整个基坑，第一排轻型井点向坑内移动了 13m，坑中的泥面高程上升到 1.09m，积泥厚度约 6.4m。

这是一个典型的开挖引起的深层滑坡事故。虽然基坑开挖的方案为了防止边坡失稳，已经将边坡放得非常平缓，错误地认为将边坡的坡度放缓可以避免滑坡，但事实上仍不能避免深层滑动的产生。在土坡稳定分析时已经说明，当坡度较陡时，可能的破坏形式是坡面圆；而当坡度较平缓时，可能的破坏形式将是中点圆，即滑弧切入地基土中，形成深层滑动。

【思考题】

[11-1] 本章的 4 个工程实例分别说明了什么问题，你从中得到了哪些启发？

[11-2] 第 1 实例的滑动和第 4 实例的滑动有什么主要的区别？

[11-3] 加荷速率对工程有何影响？试用上述实例来加以分析和说明。

[11-4] 沉降、水平位移与地基稳定性之间有什么样的内在关系？如何利用观测数据控制工程的安全性？试用上述实例的数据进行说明。

[11-5] 从上述实例说明如何利用土工试验和原位试验的成果进行工程分析与设计计算。

参 考 文 献

[1] 俞调梅. 土质学与土力学[M]. 北京:中国工业出版社,1961.
[2] B. A. 弗洛林著,同济大学土力学及地基基础教研室译. 土力学原理(第一卷)[M]. 北京:中国工业出版社,1965.
[3] 黄绍铭,高大钊. 软土地基与地下工程(第二版)[M]. 北京:中国建筑工业出版社,2005.
[4] J. K. Mitchell. 岩土工程土性分析原理[M]. 高国瑞,译. 南京:南京工学院出版社. 1988.
[5] 洪毓康. 土质学与土力学(第二版)[M]. 北京:人民交通出版社,1986.
[6] 岩土工程手册编写委员会. 岩土工程手册[M]. 北京:中国建筑工业出版社,1994.
[7] 张诚厚等. 高速公路软基处理[M]. 北京:中国建筑工业出版社,1997.
[8] 高大钊. 土力学与基础工程[M]. 北京:中国建筑工业出版社,1998.
[9] 袁聚云. 土工试验与原理[M]. 上海:同济大学出版社,2003.
[10] 高大钊,袁聚云. 土质学与土力学(第三版)[M]. 北京:人民交通出版社,2001.
[11] 袁聚云,钱建固,张宏鸣,梁发云. 土质学与土力学(第四版)[M]. 北京:人民交通出版社,2009.
[12] 高大钊. 土力学与岩土工程师——岩土工程疑难问题答疑笔记整理之一[M]. 北京:人民交通出版社,2008.
[13] 李广信,张丙印,于玉贞. 土力学(第二版)[M]. 北京:清华大学出版社,2013.
[14] 中华人民共和国国家标准. GB/T 50145—2007 土的工程分类标准[S]. 北京:中国计划出版社,2008.
[15] 中华人民共和国行业标准. JTG E40—2007 公路土工试验规程[S]. 北京:人民交通出版社,2007.
[16] 中华人民共和国国家标准. GB 50021—2001 岩土工程勘察规范(2009 年版)[S]. 北京:中国建筑工业出版社,2009.
[17] 中华人民共和国国家标准. GB 50007—2011 建筑地基基础设计规范[S]. 北京:中国建筑工业出版社,2011.
[18] 中华人民共和国行业标准. JTG D63—2007 公路桥涵地基与基础设计规范[S]. 北京:人民交通出版社,2007.
[19] 中华人民共和国行业标准. JTG D60—2004 公路桥涵设计通用规范[S]. 北京:人民交通出版社,2004.
[20] 中华人民共和国行业标准. JTG D30—2015 公路路基设计规范[S]. 北京:人民交通出版社,2015.
[21] 中华人民共和国国家标准. GB 50011—2010 建筑抗震设计规范[S]. 北京:中国建筑工业出版社,2010.